農学入門

― 食料・生命・環境科学の魅力 ―

安田弘法・中村宗一郎・太田寛行
橘　勝康・生源寺眞一　編著

養賢堂

著者一覧

＊生源寺 眞一	名古屋大学教授：第Ⅰ部担当	（第1章・終章）
飯國 芳明	高知大学教授	（第2章）
納口 るり子	筑波大学教授	（第3章）
＊太田 寛行	茨城大学教授：第Ⅱ部担当	（第4章）
成澤 才彦	茨城大学教授	（第4章）
佐藤 達雄	茨城大学准教授	（第5章）
新田 洋司	茨城大学教授	（第5章）
＊橘 勝康	長崎大学教授：第Ⅱ部担当	（第6章）
小川 雅廣	香川大学教授	（第6章）
齋藤 昌義	㈱国際農林水産業研究センター プログラムディレクター	（第7章）
荒川 修	長崎大学教授	（第7章）
濱田 友貴	長崎大学准教授	（第7章）
＊中村 宗一郎	信州大学教授：第Ⅲ部担当	（第8章）
佐々 英徳	千葉大学准教授	（第9章）
高橋 伸一郎	東京大学准教授	（第10章）
神田 智正	アサヒグループホールディングス株式会社	（第11章）
宮下 直	東京大学教授	（第12章）
＊安田 弘法	山形大学教授：第Ⅳ部担当	（第13章）
小山 浩正	山形大学教授	（第14章）
武田 重信	長崎大学教授	（第15章）

＊は編者

はじめに

私たちは今，食料，生命，環境科学などに関する数多くの課題に直面しています．たとえば，これらの課題には，食料不足，農耕地の疲弊や砂漠化，食糧自給率の低下，食の安全，資源の枯渇，環境の破壊，生物多様性の減少，地球温暖化，酸性雨などがあります．さらに，このような自然科学に関係する課題だけでなく，地域社会の機能低下や活性化及び農林水産業政策の今後の展開など社会科学に関する課題にも直面しています．これらの諸課題を多面的に扱い，科学技術や政策などを包括し，解決策を探求する学問分野が農学です．それゆえ，農学に関わる人々は，食料，生命，環境科学などに関する個別な問題や複合的な課題を総合的かつ有機的に理解し，21 世紀を生きる上でますます重要となる資源循環型社会の形成について考えることが必要です．それには，多くの人々が，食料，生命，環境科学などに関する個別事象のみならず，それらの複合的な知識を習得し，私たちが直面する諸課題に対して高い見識と展望を持つことが重要です．そのためには，私たちの生活に深く関わっている農学を分かりやすく紹介し，さらに食料，生命，環境科学などの最近の研究成果とその魅力を解説する書籍が不可欠です．

本書は，これから農学を学ぼうとしている学生の皆さんや農学に関心のある一般の方々に農学に関する新たな知的基盤を与え，農学の必要性とその考え方の重要性についても啓発することを目的としています．本書は，また，私たちが 21 世紀を生きる上での方向性と課題及び展望を示すことにも挑戦しています．

私たち 5 名の編集者は，平成 22 年度の全国農学系学部長会議の役員でした．役員会では，高校生や大学生及び一般の方々に農学を分かりやすく紹介し，理解していただくことが重要な検討課題となっていました．役員会終了後の懇談会において，多くの人々に農学を紹介するには，最新の情報を取り込んだ魅力ある農学入門書を刊行することも必要であるということで意見が一致しました．これが本書を刊行することに至った簡単な経緯です．

本書に寄せられた各原稿は，複数の査読者による校閲により内容を改善しました．校閲は，編集者および執筆者の他に村山秀樹，渡辺理絵，藤科智海，角田　毅，小沢　亙，江田慧子，江口ゆみ，藤村玲子，清田早紀，佐口卓也，三田村和幸の各氏に依頼しました．これらの方々に厚くお礼を申し上げます．また，本書の刊行にあたっては，養賢堂の加藤仁氏から，一方ならぬご支援とご協力をいただきました．心からお礼申し上げます．

2013 年 8 月

安田弘法・中村宗一郎・太田寛行・橘　勝康・生源寺眞一

目　次

第Ⅱ部

食料科学の魅力

農学の根源にある「食」をめぐる科学を考える　79

第 I 部
現代社会と農学
いま，なぜ農学を学ぶのか

農学系の学部はまるで小さな大学みたいだね．こう指摘されることがある．農学のベースとなる学問領域の幅が広いからである．生物学，化学，物理学，経済学など，多彩なサイエンスを基礎に構成されているのが現代の農学である．けれども，農学はさまざまな分野の単なる寄せ集めではない．農学を支える人々は明瞭なミッションを共有しているからである．ひとことで言うならば，有限な資源を前提に人間の生存と発展を保障する総合科学．これが農学の使命である．

農学はとにかく面白い．農学系の学部に学んだ者の大半は，実験やフィールド調査や文献渉猟（しょうりょう）に没頭し，時のたつのを忘れた経験を持っている．最先端を目指すスリリングな面白さに満ちている点で，農学も他の多くの科学と変わるところはない．加えて，同じキャンパスに異なる方法や着眼で課題に取り組む仲間が数多く存在することも，学びの場としての農学の特色である．

学生だけではない．農学の研究者のバックグラウンドも実に多彩である．けれども，方法や着眼が違っていても，農学のアリーナでは活発なコミュニケーションが日常的に交わされている．人間の生存と発展への貢献という問題意識を共有しているからである．人間の生存などと大上段に振りかぶったが，農学の役割は普通の人々の毎日の暮らしを支える縁の下の力持ちといったところであろうか．

農学は日々の暮らしを支える実学である．衣食住の素材の多くは生物に起源を有し，農学は素材の生産から加工・利用のプロセスをカバーしている．また，豊かな暮らしの背後に横たわる環境問題は，地球社会の持続可能性を決定的に左右する要素であり，現代の農学がもっとも力を入れているテーマでもある．そして，衣食住の科学や環境の科学の地平を一新したのが生命科学の発展である．いまや生命科学を欠いた農学はあり得ない．農学の生命科学は直接・間接に人間の生存と発展に貢献している．

実学としての農学は，探求すべきテーマを社会の中から掘り起こし，研究の果実を社会に還元することを心掛けている．過去においても，未来においても，農学は社会と向き合う総合科学である．さらに農学が向き合う社会自体が，ローカル・ナショナル・グローバルの多層構造を持つ．それぞれのレベルで社会に貢献する点に農学の面白さがあり，難しさがある．むろん，無手勝流で貢献しようとしても，成果はおぼつかない．必要なのは人間の行動を解明する科学であり，政策のデザインを支える科学である．農学はこうした社会科学を包み込んだ学問でもある．

農学への入口となる第Ⅰ部では，食料科学，生命科学，環境科学の分野から構成される現代農学の全体像を俯瞰(ふかん)するとともに，ローカル・ナショナル・グローバルのレベルで社会との接点に着目しながら，現代農学の特色を伝える．

第１章「未来と向き合う農学」では，歴史を振り返りながら農学の発展過程を学ぶとともに，次世代に向かう農学の挑戦について考える．経済学をベースに，農業における技術進歩の役割や，環境保全と両立する食料増産のあり方などのトピックスが論じられる．第２章「世界と向き合う農学」では，先進国と途上国の双方を念頭に食料や環境をめぐる課題を提示し，農学に期待される役割について議論する．具体的には資源枯渇，気候変動，市場開放の三つのテーマについて，経済学や政策科学の観点から考察する．そして第３章「地域と向き合う農学」では，日本の農業・農村や食品産業を取り上げて，農学が私たちの生活に多面的に関わる総合科学であることを学ぶ．具体的には，生産と文化の両面を担う農村，人々の交流の場でもある農産物直売所などについて，その現代的な意義が明らかにされる．

第1章　未来と向き合う農学

生源寺 眞一

（名古屋大学大学院生命農学研究科）

キーワード

マルサスの命題，収穫逓減の法則，緑の革命，BC 技術と M 技術，持続可能な開発

概要

黎明期から今日に至る農学の歴史的な発展を俯瞰するとともに，現代農学の新たな挑戦について学ぶ．農業革命と産業革命の時代，経済成長の時代，資源環境問題の時代の三つの区分に基いて，それぞれの時代における農学の特色を浮き彫りにする．

農業革命と産業革命の時代には，典型的には三圃制農法から輪栽式農法への移行が食料問題の克服に大いに貢献した．農業技術の進歩が大きな社会的役割を果たしたわけである．ただし，当時の農学の研究が組織的に展開されていたわけではない．食料問題の克服の意味するところを理解するために，マルサスの人口理論についても学ぶ．現在も多くの途上国ではマルサスの罠からの脱却が現実の課題であり続けている．

農業革命・産業革命に続く経済成長の時代は，農学の体系的・組織的な展開が食料生産の技術進歩をリードした．緑の革命に代表される BC 技術の革新は経済成長を支える農業余剰を生み出すことにつながった．農業用の機械・施設の発明・改良をもたらした M 技術の革新は農業部門から労働力の移動を可能にし，第二次産業や第三次産業の拡大を支えた．さらに，この時代の農学は食料科学としての基本を維持しながら，急速に発展する生命科学との交流を深める

ことになった．

経済成長は豊かな生活を実現したが，反面，地球社会は資源の有限性と環境の劣化という深刻な問題に直面することになった．農林水産業は豊かな自然環境に支えられる産業であるとともに，しばしば環境に負荷を与える産業でもある．資源環境問題の時代の到来とともに，農学には新たなミッションが加わった．とりわけ重要なのは，食料増産と環境保全のトレードオフ関係のもとで，バランスのとれた人間活動を実現する科学としての貢献であり，トレードオフのフロンティアを拡大する革新の科学としての貢献である．現代の農学は食料科学であるとともに，環境科学でもある．

1．はじめに

農学系の学部は小さな大学に喩(たと)えられることがある．教育研究の基礎にある学問分野の幅が非常に広いからである．生物学・化学・物理学などの自然科学から経済学・歴史学といった人文社会科学まで，多くの基礎科学に支えられた応用科学，これが現代の農学である．けれども，農学はさまざまな専門分野の単なる寄せ集めではない．農学の教育研究は幅広い専門領域をカバーしながらも，ひとつの明快なミッションを共有している．すなわち，有限な資源を前提として，人間の安定した生存と心地よい生活に貢献するところに農学の使命がある．

農学は人間の毎日の暮らしを支える実学だと言ってもよい．農学は食料の科学だからである．私たちが生きていくために食料を欠くことはできない．食生活の素材は農産物であり，水産物である．林産物としてのキノコもある．いずれも農学の守備範囲に含まれている．もっとも，食料の科学という表現はいささか限定が強すぎる．農学が対象とする生物起源の素材は衣類や建築にも広く使われているからである．綿花の栽培や養蚕は繊維の生産のためであり，住宅建材は木材の重要な用途である．食料を中心に衣食住の問題に深く関わる科学，これが現代の農学にほかならない．

人類の歴史は衣食住の必需品を確保する戦いの連続であった．その意味で，農学は人類の歴史とともに歩んできたと言ってよい．正確に述べるならば，農学が体系的な学問となる以前から，のちの農学を構成する科学的な発見や技術の開発が蓄積されることで，多くの人口が養われ，心地よい生活が創り出されることになった．とは言え，必需品の確保をめぐる人類の戦いが終わったわけではない．2012 年現在，世界で栄養不足に苦しんでいる人々は 8 億人を超える．食料科学としての農学への期待は昔も今も変わらない．けれども長い人類の歴史を振り返ってみると，18 世紀後半のイギリスの**産業革命**を受けた経済発展の時代，すなわち 19 世紀から 20 世紀にかけての時代は，農学にとっても特別の意味を持つ．

一つは農学研究の組織的な展開である．世界初の農業試験場がイギリスのロザムステッドに開設されたのは 1843 年のことであった．第 2 に，生命科学が農学の研究方法を大きく塗り替えたことがある．生命科学の飛躍的な発展をもたらした**メンデル**による遺伝の法則の提唱は 1865 年のことであった．そして第 3 に，環境科学としての農学の形成である．経済成長は豊かな生活を実現したが，反面，地球社会は環境問題の顕在化という深刻な課題に直面することになった．農林水産業は豊かな自然環境に支えられる産業であると同時に，ときとして環境に負荷を与える産業でもある．現代の農学が環境科学の性格を強めてきたことは，農学が対象とする産業の特性に由来する必然であった．

この章では農学の歴史的な発展を俯瞰(ふかん)するとともに，未来に向けた農学の挑戦について解説する．章のねらいを端的に表現すれば，未知への挑戦の連続だった農学の歴史を振り返ることを通じて，私たち自身が未来と向き合う知恵と意欲を手にすることである．第 2 節（人口問題と食料生産）では**マルサス**の命題を援用しながら，人口と食料の基本的な関係を考える．第 3 節（組織的・体系的な農学へ）では黎明(れいめい)期から生命科学隆盛の今日までを視野に，科学としての農学の発展をスケッチする．第 4 節（経済成長と農業技術）では食料生産をめぐる技術進歩の役割を中心に，豊かな生活の実現に貢献した農学に光を当てる．第 5 節（資源環境問題と現代農学）では現代農学の挑戦について考える．すなわち，環境の保全と人類の生存基盤の確保という二律背反関係の克服に向かう農学の新局面を論じることにする.

2. 人口問題と食料生産

17世紀まで，世界の人口は年率0.1％を超えて増加したことはなかった．局面が一転したのはイギリスで産業革命が始まる18世紀後半である．ヨーロッパが人口の増加局面に入ったことで，世界全体の人口増加率も0.3％ないし0.4％にアップした．産業革命とは，織物工業の技術革新から蒸気機関の発明を経て工場制機械工業が拡大した現象を指す．重要なのは，イギリスでは産業革命に先行して**農業革命**が浸透していた点である．イギリスから広く西ヨーロッパに及んだ農業革命とは，農業技術の面では**三圃制**(さんぽせい)**農法**から**輪栽式農法**への転換を意味した．3年に1回の休耕を必要とした農法から農地を毎年利用する輪作体系に移行することで，飼料用に作付けられた牧草やカブを利用した家畜の本格導入とあいまって，農業の生産性の向上がもたらされた．これがヨーロッパの人口増加を支え，産業革命の拡大に伴う労働力需要を満たすことにも貢献したわけである．

産業革命期を境に世界の人口が停滞から増加局面に転じたことは，単純ながら説得力に富んだマルサスの命題に基づいて説明できる．マルサスの命題は1798年の著書『人口論』において次のように表現されている．

人口は，制限されなければ，等比数列的に増加する．生活資料は，等差数列的にしか増加しない．

言うまでもなく，生活資料の基本は食料である．「人口は等比数列的，食料は等差数列的」と覚えている読者も多いことであろう（訳書によっては「幾何級数的」「算術級数的」と表現）．そこで以下では食料と表現する．ところで，マルサスの命題には二つの前提がある．一つは食料生産に可能な資源，つまり土地が一定の量に限られていることである．もう一つは食料を生産する技術に変化が生じていないという前提である．これらの前提のもとで，人口と土地から得られる食料の関係は図1の右上がりの曲線として描かれる（Y＝f(L)）．ただし，人口と食料生産に投入される労働力は比例的であると想定し，横軸には労働力の数（L）をとることにする．

図1　人口と食料

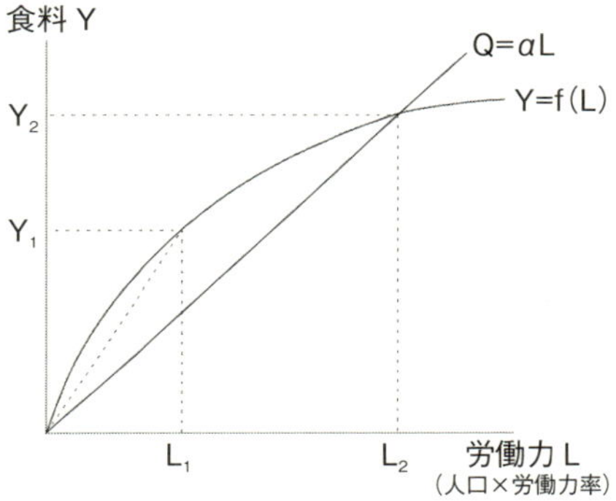

右上がりのグラフ Y＝f(L) は上に凸の形状をとる．これはマルサスの命題の別表現である．横軸の L の値が等比数列で増加し，対応する縦軸 Y の値が等差数列であるならば曲線が上に凸となることは容易に確かめられる．また，図1には原点からの半直線 Q＝αL が描かれている．これは生存に必要なミニマムの食料を表しており，α は労働力1人当たりに換算した食料の必要量を意味する係数である．さて，マルサスは上述の命題から次のような悲観的な帰結を予言した．とくに人口の多数を占める下層階級について，

適当で，十分な食糧の不足，困難な労働および不健康な住居のために，かれらが受けている困窮は，人口増加初期の積極的制限として作用している．

かくして人口増加は停止に向かう．停止状態に至るプロセスを図1で説明しよう．まず初期の状態が点（L_1, Y_1）であるとする．労働力1人当たりの食料は Y_1/L_1 であるから，ミニマムの必要量 α を超えている．この余裕が人口の増加を招く．マルサスの表現を用いれば，「両性間の情念」によって人間が増えるのである．人口の増加は労働力の増加であり，労働投入の増加は食料の増産に結びつく．Y＝f(L) のグラフ上を右上方に移動するわけである．ただし，上に凸の形状をとることから，増加の度合いは次第に小さくなる．結局，点 (L_2, Y_2) に至って人口は静止する．人口増加を可能にする食料の余裕が消失するからである．食料が制約となって人口停止状態から抜け出せないことから，この状態をマルサスの罠と表現することもある．人口増加率が年 0.1％に満たなかった時代に，世界はマルサスの罠のもとにあったと解することができる．

Y＝f(L) のグラフが上に凸の形状であるならば，L と Y が文字どおり等比数列と等差数列の関係にない場合であっても，労働力（人口）と食料に関する以上の議論は成立する．実は，Y＝f(L) は経済学で言う**生産関数**の一種である．生産関数とは投入物と生産物の技術的な対応を表す概念であり，農場単位で考えることもあれば，ひとつの国全体のマクロの生産関数を想定することもできる．世界がマルサスの罠のもとにあったと表現するとき，その背後には地球規模の生産関数が想定されているわけである．

経済学では，生産関数が図１のような形状を示すことを**収穫逓減**（ていげん）の法則と呼んでいる．土地が農業生産に不可欠の要素であり，土地の投入量が一定の面積で固定されているならば，労働力の追加的投入による食料の増加分が減少していくことは自然である．かりに収穫逓減が生じることなく，労働投入に比例して食料が得られるならば，わずかな土地面積ですべての人口を養うことができるはずだからである．収穫逓減のない状態は，土地の役割が労働によって無限に置き換え可能な状態だと言い換えてもよい．現実の食料生産がそんな夢物語の営みでないことは言うまでもない．

さて，産業革命期以降の人口増加が農業革命による生産性向上に支えられていたと述べた．農業の**技術進歩**で食料に余裕が生まれたことで，イギリスなどのヨーロッパではマルサスの罠から脱することができたわけである．農業の技術進歩を模式化するならば，生産関数の $Y=f_a(L)$ から $Y=f_b(L)$ へのシフトとして表される（図２）．すなわち，農業革命によって生産関数が上方にシフトしたことで，L_2 の労働力（人口）のも

図２　技術進歩と人口・食料

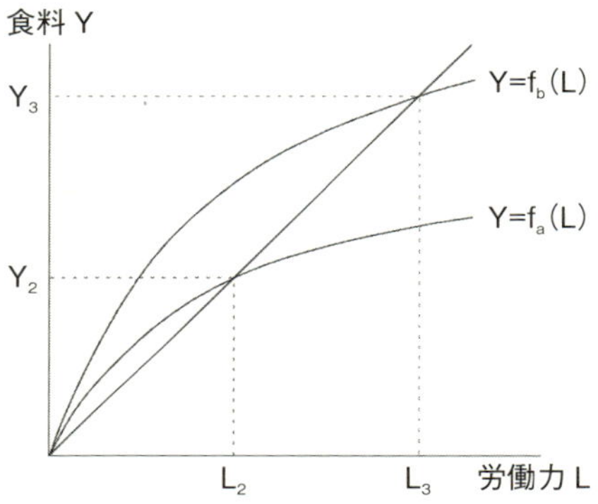

とでも食料の余剰が生じ，点（L_3, Y_3）に向けて人口増加の時代を迎えることになったのである．ここでの検討から明らかなように，マルサスの命題の前提のひとつである技術不変の状態とは，生産関数が同じ位置にとどまっていることを意味する．この前提に変化が生じたことで，マルサスの罠からの脱却が可能になったわけである．

その後のヨーロッパでは，点（L_3, Y_3）で表される状態，つまり生存水準ぎりぎりの食料で人口が停滞する事態は生じていない．この背後には食料科学としての農学の貢献や人口増加パターンの変化があったわけだが，詳しくは第4節で解説することにし，もうしばらくマルサスの罠から脱却する取り組みの話を続けることにしよう．

ヨーロッパをはじめとする先進国にとって，マルサスの命題は過去のものになった．けれども，地球上には毎日の食料の確保が最大の問題だという地域が少なくない．2010年から12年の期間について，世界の**栄養不足人口**（飢餓人口）は8億6千8百万人と推定されており，その大半は発展途上国の人々である．この状況を克服する食料増産の取り組みは，それこそ世界各地で行われてきた．なかでも目覚ましい成果を生んだのが**緑の革命**である．

緑の革命はメキシコシティで産声を上げた．第二次大戦中の1944年のことである．ロックフェラー財団のサポートのもとで，アメリカの4人の農学者によってスタートした小麦品種改良の研究は，高収量品種（メキシコ矮性小麦）の作出に実を結んだ．ご当地メキシコの食料事情を大きく改善した新品種にはさらに改良が加えられ，1960年代半ば以降，高収量品種はインドやパキスタンでも急速に普及した．研究所はその後国際トウモロコシ・小麦改良センターに改組され，現在も活動中である．

緑の革命第二幕の舞台はアジアであった．作物は米である．1960年にマニラ郊外に設立された国際稲研究所を拠点として，品種改良の研究が精力的に行われた．こちらはロックフェラー財団とフォード財団による設立である．早くも1966年には在来種の数倍の収量をもたらす改良品種IR8の開発に成功する．稲の育種の研究は引き続き実施され，アジアの発展途上国の稲作の生産性は大幅に改善された．なお，改良品種の栽培には多量の窒素肥料が必要である．農家には在来品種とは大きく異なる施肥行動が求められたのである．さらに，肥料をコントロールできる水利条件の確保が緑の革命の前提条件であったことも忘れてはならない．農学の役割という観点で言うならば，緑の革命には育種学だけでなく，栽培学や農業工学も大いに貢献した．

3. 組織的・体系的な農学へ

前節では農業革命と緑の革命を素材に人口と食料の関係を考えてみた．どちらの革命についても，農業技術の進歩が決定的な役割を果たしたことを学んだ．ただし，農業革命の時代と緑の革命の時代とでは，農学の成熟度はまったくと言ってよいほど異なっていた．と言うよりも，組織的で体系的な農学研究が本格的に行われるのは19世紀に入ってからなのである．それまでの農業技術の進歩は，望ましい品種の確保についても，農場での観察に基づく系統選抜や篤農家による交雑育種を通じて実現されるケースが多かった．例えば，野菜や果樹の品種改良で知られるイギリスのナイトは，1811年から英国学士院長を務めた人物であるが，もとはと言えば故郷の小さな農場で私的に研究を行っていた．日本でも篤農家によって見出された優良品種が少なくない．稲については，例えば1877年に兵庫県の丸尾重次郎によって発見された神力や，1893年の山形県の阿部亀治の発見による亀の尾がある．これらはコシヒカリをはじめとする今日の代表的な品種のルーツでもある．

一方，前節で紹介したとおり，20世紀の緑の革命はメキシコシティとマニラに設立された研究機関が牽引車となった．まさに組織的な研究の推進によって，多くの途上国の食料事情が改善されたわけである．組織的な研究推進とは，共通の目的に向けて多くの専門家が緊密な協力関係のもとで研究活動に携わることを意味する．現在の国際稲研究所は100名の研究者と900名の支援スタッフを擁する組織であり，マニラの本部以外にアジアに10カ所，アフリカに1カ所の支所が設けられている．研究スタッフの専門分野も，育種学・植物生理学・植物病理学・土壌学・昆虫学・生態学・水利学・気象学・経済学など，きわめて多岐にわたっている．

農学研究の組織的な展開のひとつの画期は，すでに触れたとおり，1843年に世界初の農業試験場がイギリスのロザムステッドに開設されたことであった．その後，19世紀半ばから後半にかけて，大陸ヨーロッパやアメリカで農業試験場がスタートする．日本では1893年に稲作を対象とする農事試験場が開設されたが（西ヶ原．現在の東京都北区），そのほかに内藤新宿試験場（1872年設立）や三田育種場（1877年設立）では海外から導入した果樹や花卉の栽培試験が行われていた．このように比較的短期間のうちに世界各地で農業試験場が開設され，農学の組織的な研究が展開されるようになったのは，いずれの国にとっても食料生産の拡大と安定が優先度の高い課題だったからである．

もっとも，初期の農業試験場は必ずしも多くの専門家による体系的な研究の場であったわけではない．先進国の農学の研究機関の多くは，ささやかな組織からスタートし，今日までに百年を超える発達史を有しているのである．そして，組織的な研究体制が充実していく過程の背後には，農学の専門分野の確立と深化があった．ここでは代表的な分野を取り上げて，農学の発展過程の一端を紹介することにしよう．

ひとつは土壌肥料学を一新した**リービッヒ**についてである．1803年に現在のドイツで生まれたリービッヒは，1840年の著作『化学の農業及び生理学への応用』でいわゆる無機栄養説を唱えた．土壌中の腐植が植物の養分であるとする腐植説に対して，植物の栄養源は有機物ではなく，リン酸，カリウム，アンモニア（または硝酸），カルシウム，マグネシウムなどの無機物質であるとする説である．それまで広く信じられていた腐植説とのあいだに大きな論争が巻き起こされたが，水耕栽培による証明でリービッヒの無機栄養説に軍配が上がることになる．

農芸化学の父とも称されるリービッヒであるが，窒素の吸収される経路をめぐる議論では，最終的に論敵に軍配が上がる結果となった．論争の相手はロザムステッド試験場の研究者であったローズとギルバートであり，リービッヒが植物は大気中からアンモニアガスを吸収していると考えたのに対して，それでは植物に必要な窒素を確保できないと批判した．この批判は正しかったのであるが，窒素がどのように吸収されるかについては，やはりロザムステッドで働いていたウォーリントンが1877年に「土壌中の有機物は土壌微生物によって分解され無機化する」ことを発見するまでの歳月を必要とした．

画期的な発見や鮮やかな新説の背後では多くの人々の懸命な努力が積み重ねられている．これは過去も現在も変わりない．また，ウォーリントンの発見の前提として，フランスのパスツールの研究成果を起点に，土壌が膨大な数の微生物の生息の場であることが解明されていた点も忘れてはならない．異なる専門分野で得られた成果が研究に大きな進展をもたらす土台となっていたのである．科学は単線的な経路で進歩するものではないと言ってよい．発見された当時は注目されなかった成果の重要性が，のちに再発見されるというケースもある．

再発見で知られる代表的な学説が，現在のチェコで生まれたメンデルによって唱えられた遺伝の法則である．本章の冒頭で触れたとおり，遺伝の法則そのものは1865年にメンデル自身によって公表された．7年にわたって続けられたエンドウによる実験で得られた法則が，口頭報告と論文のかたちで発表されている．けれども反響はほとんどなかった．メンデルの法則の価値が認められるのは35年後の1900年のことであった．この年，オランダのド・フリースとドイツのコレンスがメンデルの法則と本質的に同じ法則に関する論文を発表したのである．とくにコレンスの論文は，自分の実験の結果について論じるというよりも，メンデルの法則の再発見であることを強調していた．

メンデルは近代遺伝学の生みの親であり，近代育種学の開祖でもある．法則は生物一般に広くあてはまる．この点については，東京帝国大学農科大学の外山亀太郎が1906年の論文で法則がカイコにも成立することを発表した．動物に関してメンデルの法則を明らかにした最初の研究報告であった．一方，農学による技術開発の基幹部分であった育種の領域は，メンデルの法則の再発見によって一変した．経験に重きをおいた技法としての育種から，科学的な法則に裏付けられた効率的な近代育種への脱皮が実現したのである．そして，このような近代育種の広がりは農学研究の組織化・体系化をさらに後押しすることになった．

歴史を振り返るならば，メンデルの法則の再発見は生命科学が農学の重要な基盤となる流れの突破口でもあった．しばしば農学系学部の研究室の名称に遺伝学・免疫学・分子生物学といった用語が含まれているように，現代の農学は生命科学の成果をさまざまなかたちで吸収してきた．逆に，上述の外山亀太郎の先駆的な例のように，農学分野の研究成果が生命科学の発展に貢献している面も少なくない．

同時に，生命科学の骨組みそのものも顕著な発展を遂げてきたことを強調しておきたい．とくにワトソン（アメリカ）とクリック（イギリス）が1953年に発表したDNAの二重らせん構造の発見は，生命科学の研究のアリーナを一新した．むしろ，現代農学の基礎となる生命科学はワトソンとクリック以降の展開にあるとみるべきである．本書の生命科学に関連の深い章が依拠するのは，主として1960年代以降の生命科学である．21世紀は生命科学の時代だと言われている．今後も農学と生命科学の緊密な関係は持続するに違いない．

4. 経済成長と農業技術

産業革命期以降のヨーロッパでは，生存水準ぎりぎりの食料で人口が停滞する事態は生じていない．ヨーロッパだけではない．北米大陸やオセアニアの先進国，そしてアジアで最初に先進国に仲間入りした日本もマルサスの罠に捕らわれた状態にはない．先進国に限ってみれば，マルサスの命題は克服されている．

二つの理由がある．ひとつは組織的・体系的な農学研究に支えられて，食料の生産性の上昇が続いたことである．この点について，本節では**経済成長**を支えた農業の技術進歩という観点から考察する．もうひとつの理由は，**人口転換**と呼ばれる変化が生じたことである．ヨーロッパでは，産業革命期を挟んで出生率・死亡率とも高い多産・多死の段階から死亡率の低下する多産・少死の段階に移行し，さらに20世紀に入る頃には出生率も低下して少産・少死の段階を迎えた．食料に余裕がある状態となっても，人口が等比数列的に増加する事態は回避されているわけである．本書で人口転換の問題に深く立ち入ることは控えるが，ヨーロッパが経験した現象が他の地域でもそのまま再現されるとみるのは早計であろう．とくに発展途上国では，多産多死段階の出生率が相対的に高かったことに加えて，医療の普及で死亡率が急速に低下していることに留意すべきである．マルサスの罠はいまなお現実の問題なのである．

さて，本節のキーワードのひとつである経済成長とは，その国の実質国民所得の増加と定義される．**国民所得**とはその年に国民が生産し，消費できる財やサービスの価値の総和であり，実質とは物価の変動分を除去したのちの水準であることを意味する．実質との対比で名目国民所得という表現も用いられる．物価の変動を調整していない経済量については，名目と形容するわけである．むろん，人々の豊かさの指標としては，実質国民所得やその成長率に着目する必要がある．もう一つ，豊かさを測るとすれば，1人当たりの所得がより適切である．とくに人口増加率が高い社会では，豊かさをもたらすはずの国民所得の増加が，1人当たりではマイナスになる場合もありうるからである．

経済学の標準的な理解によれば，経済成長は二つの要因によってもたらされる．ひとつは技術進歩であり，同量の労働や資材の投入から従前よりも多くの生産物が得られることで，利用可能な財貨やサービスは増加する．もうひとつは資本ストックの蓄積，すなわち**投資**である．ここでの資本ストックとは，工場や機械などの私的な資本ストックから道路・港湾といった社会的な資本ストックまでを包括する広い概念であり，投資によるその水準の向上は労働生産性の引き上げを通じて国民所得の増加に貢献する．このような投資をマクロ的に捉えると，国民所得を今期の経済活動で使い切ることなく，一部を次期以降に継続的に活用可能な形態で持ち越す行為にほかならない．つまり，国の経済に余裕があるからこそ投資も可能になるわけである．

投資によって有用な資本ストックが蓄積されることで経済成長がもたらされ，経済成長は投資に振り向けることができる余剰を生み出す．持続的な経済成長とはこのような好循環のプロセスにほかならない．逆に十分な投資を行うことができないならば，その国の経済が停滞から脱却することは難しい．実は，技術進歩にも投資と似たようなメカニズムが作用している．とくに研究や教育が組織的に行われるとき，その活動はまさに投資と同様の性格を持つはずである．経済に余剰があるからこそ，その期の生産には貢献しない研究や教育に労働や資材を振り向けることができるからである．

以上の説明は農学と関係の深い食料生産にもあてはまる．資本ストックの形成と技術進歩が食料増産の鍵を握っているのである．とくに国民経済に占める農業の比率が高い発展途上国の場合，農業の成長の水準が国全体の経済成長を左右することも多い．明治から大正にかけての日本は，農業が国全体の成長の礎を形成した代表的な例である．農業の成長で生み出された経済余剰が殖産興業に向かう投資を支えたわけである．農業の余剰を国家による産業振興に振り向けるための制度が租税であり，明治前期の日本では農業の所得に対する課税率が農業以外の産業の7倍に達していたことが知られている．

さて，農業の産業としての特徴は広い土地を使用することである．そこで土地を明示するならば，農業の生産性を次の恒等式で表すことができる．ただし，農産物をY，土地面積をA，労働力をLで表している．

$$Y/L \equiv Y/A \times A/L$$

ここで左辺Y/Lは**労働生産性**であり，農業生産の改善目標はこの値を引き上げることにあると言ってよい．一方，右辺の第１項 Y/A は面積当たりの農産物，つまり**土地生産性**を表している．そして第２項 A/L は労働投入量当たりの土地面積であり，これを**土地装備率**と呼ぶことにする．１人でどれほどの面積の土地を耕作できるかが表されているわけである．

単純な恒等式ではあるが，農業の技術進歩，したがって農学の生産面への寄与を考える場合の問題の整理には役に立つ．労働生産性は土地生産性と土地装備率のふたつの要素で決まるのである．このうち土地生産性を左右する主たる要素は品種や栽培方法などである．農業経済学ではこうした農業技術の要素を Biological and chemical 技術，略して **BC 技術**と呼んでいる．日本語では生物化学的な技術である．一方，土地装備率を規定する基本要因は農業用の機械の有無と性能である．同様に，農業技術のこの側面を Mechanical 技術，略して **M 技術**と表現する．工学的な技術と訳されている．

第２節と第３節では農学の食料生産への貢献を紹介してきたが，ヘディの二分法によるならば，主として BC 技術に関する進歩について述べたわけである．食料問題の克服にとって，収量のアップと安定こそが決定的に重要だったのである．この点はいまなお不変であり，今後も変わることはないだろう．これに対して，M 技術の向上は経済成長と深く結びつくかたちで進展した．この点には二つの意味がある．ひとつは，農業用機械の発明と大量生産は製造業の発達が前提になっていることである．一国の経済における製造業の発達は経済成長の重要な一側面にほかならない．

もう一つ，土地当たり労働投入量の削減をもたらす M 技術の向上は農業の省力化を意味した．そして，農業で節約された労働を吸収したのが経済成長に伴って労働力需要が増大した製造業やサービス業であった．つまり，M 技術の発達が農業から他産業への労働力移動の条件を整えたのである．この点で，M 技術の向上は経済成長を支える役割を果たしたと言ってもよい．例えば 1960 年代後半から日本で普及した田植機などの省力型の機械化体系は，稲作の労働負担を軽減することを通じて，第二次産業や第三次産業への労働供給を後押ししたのである．

M技術の進展に貢献している農学の中心には農業工学がある．農業工学の守備範囲は機械だけではない．ハウス栽培や植物工場など施設型農業の技術進歩をリードするとともに，圃場の区画整理や農業水利施設の改善といった土地改良の技術を支えてきたのも農業工学である．日本に歴史的に蓄積された水田の土地改良技術には，国際協力への貢献の観点からの期待も高い．なお，ここで述べた例からもわかるように，機械や施設の導入の目的は必ずしも労働節約に限定されない．生産量の増加や品質の向上といった面でも，農業の資本ストック形成の果たす役割は大きい．

ここまでは技術進歩という切り口から経済成長と農学の関係について考えてきた．けれども経済成長が農学の世界に変化をもたらしたという意味では，食生活が大きく変わったことの影響も見逃せない．表1は

表1　年間1人当たり食料消費量の変化（農林水産省「食料需給表」より）

（単位：kg）

年　度	1955	1965	1975	1985	1995	2005	2005年度/1955年度
米	110.7	111.7	88.0	74.6	67.8	61.4	0.55
小　麦	25.1	29.0	31.5	31.7	32.8	31.7	1.26
いも類	43.6	21.3	16.0	18.6	20.7	19.7	0.45
でんぷん	4.6	8.3	7.5	14.1	15.6	17.5	3.80
豆　類	9.4	9.5	9.4	9.0	8.8	9.3	0.99
野　菜	82.3	108.2	109.4	110.8	105.8	96.3	1.17
果　実	12.3	28.5	42.5	38.2	42.2	43.1	3.50
肉　類	3.2	9.2	17.9	22.9	28.5	28.5	8.91
鶏　卵	3.7	11.3	13.7	14.5	17.2	16.6	4.49
牛乳・乳製品	12.1	37.5	53.6	70.6	91.2	91.8	7.59
魚介類	26.3	28.1	34.9	35.3	39.3	34.6	1.32
砂糖類	12.3	18.7	25.1	22.0	21.2	19.9	1.62
油脂類	2.7	6.3	10.9	14.0	14.6	14.6	5.41

注）1人1年当たり供給純食料．

1955年以降の半世紀について，日本の1人当たりの食料消費量の推移を示している．1955年を起点としたのは，この年に高度経済成長がスタートしたからである．表示した半世紀の間に1人当たりの実質所得はほぼ8倍に上昇した．その結果，米やいも類中心の質素な食生活から肉類，鶏卵，牛乳・乳製品といった畜産物や油脂を多く摂取する食生活への変化が生じたわけである．

表からも読み取れるように，近年の食生活はある程度落ち着いた状態にある．ただし，水田農業を食料生産の基盤としてきたモンスーンアジアの国々では，経済の成長局面への移行に伴って，これまでに日本の社会が経験したような食生活の大きな変化が生じつつある．こうした変化は，農学の研究教育にも新たな要素をもたらす．その代表的な例として，畜産の拡大とともに畜産学や獣医学の知見が広く求められるようになったことがある．技術の分類という点では，さきほどの恒等式は畜産にも応用可能である．土地のAを家畜の頭数と読み替えるならば，家畜1頭当たりの産乳や産肉の効率を高めるBC技術と労働当たりの飼養頭数の増加を可能にするM技術の両面によって，生産性の向上がもたらされるわけである．BC技術には家畜育種や動物医療などが深く関係し，効率的な畜舎の設計や搾乳設備の改良などがM技術の向上を支えている．

ところで，食生活の変化は摂取される食材の構成の変化にとどまらない．2005年の日本の飲食費支出の総額は74兆円であった．同年の国民所得が505兆円だったから，食をめぐる産業の大きさを改めて確認できる．問題は74兆円の内訳であり，53％が加工品の購入に支出されている．このほかに外食への支出が29％に達していて，生鮮食品としての購入割合は18％にとどまった．高度に加工された多彩な食品に囲まれている点も，現代の食生活の特徴なのである．そして，食生活のこうした変化も農学の研究活動の新展開につながる重要な要素だと言ってよい．なかでも食品科学の深化が際だっている．食品工学や食品化学はむろんのこと，免疫学や微生物学の方法で食品を科学的に探究する研究も現代農学に不可欠の要素となった．かつては農場に集中的に注がれていた農学の目は，いまや加工・流通・外食を経由して食卓に至るフードチェーン全体をカバーしている．

ボックス 1

ペティ＝クラークの法則

経済成長とともに所得水準が高まるとき，その国の就業人口に占める農業の割合は低下する．ある時点で国々を横断的に比較した場合に，また，一国の変化を時系列で追跡した場合にも，このような傾向が広く観察される．これを**ペティ＝クラーク**の法則と呼ぶ．ペティは『政治算術』（1690年）の著者ウィリアム・ペティであり，クラークはイギリス生まれの経済学者コーリン・クラークである．当初この法則は，『政治算術』が経済発展と産業構造の関係を論じたことに着目したクラークが，自身の著書『経済進歩の諸条件』（第1版1940年，第2版1951年）でペティの法則と名付けたことで，人々に知られるようになった．けれども，実際に各国のデータによって法則が広範囲に成立していることを検証したのはクラーク自身であったことから，今日では二人の名前をとってペティ＝クラークの法則と呼ばれている．クラークは一次・二次・三次の産業分類を創案したことでも知られている．経済統計を専門とする学者であるとともに，オーストラリアにおいて長く政府の要職を歴任し，最後は母校オックスフォード大学で農業経済研究所の所長を務めた．

5. 資源環境問題と現代農学

経済成長は，少なくとも先進国において，多くの人々に豊かな生活をもたらした．技術進歩と資本ストックの蓄積によって，人々は大量の財やサービスを消費できるようになった．食料問題の克服と豊かな食生活の実現に貢献した農学の役割も大きい．

ところで資本ストックの蓄積とは，正確に表現すれば，新たな投資による資本ストックの形成分から過去の資本ストックの劣化分を差し引いたのちのストックの純増分を意味する．経済学では過去のストックの劣化分を差し引く前の投資を粗投資と表現して，差し引き後の純投資と区別している．むろん，国民所得の向上への貢献度を左右するのは純投資の大きさである．

1年という期間を想定するとき，期末の資本ストックの水準は期首の資本ストックの水準に期間中の純投資を加えたものとなる．期首と期末のストック水準の関係は，その期の所得の定義とも結びついている．経済学の定義する所得とは，期首の状態と期末の状態を同一に保つことを前提に，その期に使うことができる価値を意味する．家計であれば，住宅などの資産の劣化は所得の減少分として計上される必要がある．これが経済学の考え方である．ましてや貯蓄の食いつぶしを所得に含めてはならない．実は，この留意事項は国全体の所得にも，そして地球全体の所得にもあてはまる．資本ストックの劣化が適切に考慮されないとき，社会の所得は過大に評価されてしまうのである．

以下では，考察の対象を地域や国や地球社会とする．問題は考慮すべき資本ストックの範囲である．人間が作り出した人工物に限定するのがオーソドックスな経済学の考え方であり，各国の国民所得もこの方式で推計されている．市場経済の状況把握であれば，これでよいかもしれない．けれども，人工物のストックの量や貨幣所得の大きさだけでは，地域社会や地球社会の真の姿を把握することはできない．とりわけ重要な要素が自然環境であり，天然資源である．人工物の巨大な蓄積やそのもとでの高所得を謳歌している現代社会の豊かな生活は，環境や資源という広い意味での資本ストックを取り崩すことによって成立しているのではなかろうか．こんな問いかけが重みを増している．

環境や資源のストックが無尽蔵であるならば，取り崩しを気にする必要はない．けれども，現実の世界は違う．この点への警鐘を比較的早い時期に打ち鳴らしたのが，1972年に発表された**ローマクラブ**のレポート『成長の限界』であった．石油などの天然資源の有限性のもとで，幾何数列的に膨張する人口と経済活動はいずれ地球社会の破綻を招くとする衝撃的な内容であった．マルサスが土地の有限性を前提としたのに対して，ローマクラブは化石燃料などの天然資源の有限性に着目したわけである．ローマクラブの警鐘を受けて，資源の有限性に対する認識が急速に高まるとともに，自然環境の劣化に対しても強い関心が寄せられるようになる．そうした流れの中で，人々の認識を大きく塗り替えることになる概念が提案される．1987 年のことであった．

この年，当時のノルウェイの首相ブルントラントが委員長を務めた国連の「環境と開発に関する世界委員会」が Our Common Future というタイトルの報告を公表した（邦訳は『地球の未来を守るために』）．報告が一躍世界に知れ渡ったのは，**持続可能な開発**という概念の提唱によってであった．持続可能な開発とは「将来の世代がそのニーズを満たす可能性を損なうことなく，現在の世代のニーズを満たすような開発」のことを言う．持続可能な開発の概念は，さきほど述べた本来の所得の定義とも重なるところがある．少なくとも，前世代から引き継いだストックの水準を次世代に引き継ぐことが含意されているからである．ともあれ，ブルントラント委員会の報告によって，地球の資源環境問題は世代間の公平の問題としても認識されることになった．

さて，資源環境問題に対する社会の認識が深まることで，また，現実に環境の劣化や資源の枯渇が顕在化することで，農学のミッションには新たな領域への挑戦が加わった．まずは資源と環境の実態の正確な把握と分析が求められている．ここに環境科学としての農学の出発点がある．農学が取り組む資源環境の把握・分析には，大別して，二つの観点がある．ひとつは，資源や環境の変化が農林水産業にどのような影響を与えているかという観点である．農林水産業をよく理解している農学にとっても，この種の影響評価は簡単な仕事ではない．例えば地球温暖化が作物の生育に及ぼす影響については，実証的な研究が緒についたばかりである．

実態の把握・分析のもう一つのアプローチは，逆に農林水産業が環境と資源に与えている影響に着目することである．具体的な例としては，森林の CO_2 吸収力があらためて注目されており，漁獲量のコントロールが水産資源に与える影響の評価も重要性を増している．いずれも地球大の空間的な広がりと数十年単位の時間軸のもとで展開される研究であり，農学のスケールの大きさをよく表している．また，生命科学としての農学がおもに分子レベルや細胞レベルの現象と格闘してきたのに対して，環境科学としての農学は個体群レベルや生態系レベルの対象に研究の照準を合わせることが多い．

農学の新たなミッションは資源環境の把握・分析にとどまらない．環境科学であり，食料科学である農学が探究しているのは，資源や環境を良好な状態に保ちながら，同時に十分な食料の確保につながる科学的知見なのである．難しいのは，食料増産の追求がしばしば環境問題の悪化に結びつくことである．半世紀前にカーソンが**『沈黙の春』**で告発したのは，農薬が自然界にもたらす深刻な影響についてであった．肥料による水質汚染が問題視されている国も多い．日本でも課題は認識されており，例えば滋賀県では琵琶湖の水質改善のために肥料などを減らす「環

ボックス2

沈黙の春

環境保全型農業の取り組みがヨーロッパやアメリカで本格的に始動するのは1980年代半ばのことであった．奇しくも同じ1985年に，EU（当時はEC）とアメリカは農業の法制度に環境保全型農業を促進する政策を導入した．けれども，農業が環境に対して負荷を与えている実態については，もっと早くに指摘されていた．よく知られているのがレイチェル・カーソンの『沈黙の春』であり，原著は1962年に出版された．カーソンは農薬による動物の生息環境の汚染の実相を具体的かつ詳細に描写した．なかでも印象深いのは，生物の食物連鎖を通じた汚染の蓄積についての記述である．例えばアメリカの鷲の減少について，DDTに汚染された川の魚類を捕食したことが原因だと述べる．アメリカだけではない．イギリスでは，捕食性の鳥類だけでなく，多数のキツネが食物連鎖を通じてディルドリンなどの農薬で死んだとされた．こんな書物だから，反響も大きかった．農薬を製造している化学薬品のメーカーからは猛烈な反発が返ってきた．当時の大統領ケネディも強い関心を寄せ，調査を指示された科学諮問委員会の報告書も公表された．このように人々の環境問題に対する関心を一挙に高めた点で，『沈黙の春』は画期的であった．それでも，欧米で環境保全型農業が本格的に推進されるまでには20年の歳月を要したことになる．

境こだわり農業」の取り組みが行われている．水質汚染という点では，密度の高い放牧もしばしば問題を引き起こす．

農業は水源の涵養（かんよう）や良好な景観の形成など，資源や環境にプラスの効果をもたらしている．こうしたプラスの効果を**農業の多面的機能**とも表現する．けれども同時に，現代の農業が資源や環境の保全に逆行する側面を持つことも否定できない．食料増産の効率的な実現を追い求めるとき，さまざまな資源環境問題が引き起こされている．食料増産も環境保全も大切である．大切であるとともに，トレードオフの関係にあることも事実である．あちらを立てれば，こちらが立たずというわけである．現代の農学の挑戦は，第１にバランスのとれた食料増産と環境保全の実現であり，第２にそのバランスをより高いレベルに引き上げることである．

ごく単純化した模式図によって，現代農学の挑戦の持つ意味を確認しておくことにしよう．図３の縦軸には食料生産（F）をとり，横軸は環境保全のレベル（E）を表している．食料生産の位置は高いほどよく，環境保全の水準は右側に位置するほどよい．けれども，両者の間にはトレードオフ関係が働いている．したがって，実行可能なライン（$f(E, F)=0$）は右下がりの形状となる．また，実行可能なラインの傾きは横軸に沿って次第に急になる状態を仮定した．これは環境保全のレベルが高まるにつれて，環境保全レベルのさらなる引き上げに必要な食料生産の代償が大きくなることを意味する．経済学のタームを用いれば，限界代替率は逓増（ていぞう）状態にある．レベルが上がるほど追加的な改善にいっそうの困難が伴うとする仮定は，私たちの日常感覚にも合致している．

図３　環境保全と食料生産

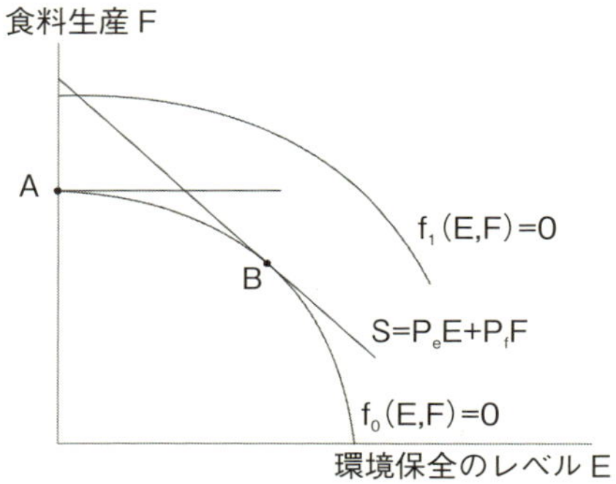

さて，現時点の科学と技術の

水準のもとで実行可能な組み合わせを示す $f_0(E, F)=0$ のもとで，どの点の選択が社会にとってベストであろうか．この問題の解は環境保全や食料に対する社会の評価に依存して決まる．環境保全レベル１単位当たりの評価を P_e，食料生産１単位当たりの評価を P_f とする．これらの評価を前提にしたベストの選択は，制約条件 $f_0(E, F)=0$ のもとで環境保全レベルの評価額と食料生産の評価額の総和 P_eE+P_fF を最大にする点となる．

問題は評価のレベルであるが，最初に環境保全にまったく無関心な社会を想定しよう．つまり，環境保全レベルの評価 P_e がゼロであるとする．このとき，いま述べた条件付最大化問題の解は図の点Ａとなる．もっぱら食料増産のみが追求されるわけである．これに対して，環境保全への関心が高まることで評価 P_e がプラスの値をとることになったとしよう．このときの解は，例えば点Ｂで表される．ただし，点Ｂで実行可能なライン $f_0(E, F)=0$ に接する直線は，評価額の総和を表す式 $S=P_eE+P_fF$ を図示している．傾きは $-P_e/P_f$ である．

さきほど，現代の農学の挑戦は第１にバランスのとれた食料増産と環境保全の実現であると述べた．この意味でバランスのとれた状態を表しているのが点Ｂにほかならない．もっとも，評価のレベル P_e や P_f を決めるのは社会である．食料の評価は基本的に市場経済のもとで価格のかたちで形成されているから，問題のポイントは環境保全の価値をどの程度に評価するかにある．大きくは政治の世界の問題であるが，身近な場面では，資源の節約や生態系の保全に貢献するボランティアの活動が環境保全に対する社会の評価に影響を与えることもある．いずれにしても，ここに農学の直接の出番はなさそうである．

けれども，図３のように表されるトレードオフの関係について，科学的な情報を提供することは，食料科学と環境科学の両面を備えた現代農学の果たすべき責務である．実は，食料生産と環境保全に関する適確な情報が提供されることで，環境保全への社会的な評価も妥当な水準に収束していく面がある．部分的な情報や科学的な知見を無視した極論に人々が振り回されているかぎり，環境保全に対する社会の評価も揺れ続けることであろう．

また，図3のようなトレードオフ関係を科学の見地から示すことは，何がどこまで可能かという意味で，社会の選択肢の広がりないしは限界を提示することでもある．簡単なことではない．図3は農場レベルのトレードオフだけでなく，地域レベル・国レベル・地球レベルの問題の構図も表している．単純化されたモデルによって資源環境問題の本質をしっかり踏まえながら，地域的な個性の強い農林漁業に科学の方法で迫る．ここに現代農学の面白さと難しさがある．

農学への期待はバランスのとれた状態の実現にとどまらない．より高いレベルのバランスへの移行を実現するのも現代の農学なのである．図3にはもうひとつの実行可能なライン $f_1(E, F)=0$ が描かれている．これまで検討の対象としていた $f_0(E, F)=0$ の外側に位置しており，同じ水準の環境保全（食料生産）でハイレベルの食料生産（環境保全）が可

ボックス 3

コモンズの悲劇

地球社会の資源環境問題に対する警鐘として，生物学者ギャレット・ハーディンの論文「**コモンズの悲劇**」を忘れることはできない．1968年に科学誌サイエンスに発表されて，大きな反響を呼んだ．もともとコモンズとは英語で共有地のことを指すが，ハーディンは地球全体をコモンズと見立てて，有限な資源のもとで深刻化する人口問題の本質を鋭く突いた．すなわち，牛を放牧する農家の利己的で合理的な増頭行動が共有地の崩壊につながるメカニズムを分かりやすく描き出し，これが地球社会の資源環境問題と同型であると論じたのである．けれども，ハーディンの比喩とは異なって，本物のコモンズは自壊することなく機能し続けた．イギリスのコモンズしかり，日本の入会地（いりあいち）しかりである．コモンズには人々の行動を律するルールが存在し，資源の合理的な管理と利用を支えてきたからである．こう述べるべきかもしれない．人間が長い年月をかけて蓄えてきたローカルなコモンズの知恵は，いまこそグローバルにも大切な知恵として再評価されてしかるべきなのである．なお，論文「コモンズの悲劇」は平易な日常用語で書かれている．一度トライしてみることを勧めたい．

能になったことを示している．このように実行可能なフロンティアを拡げるところに，農学の果たすべきもうひとつ役割がある．

食料科学としての過去の農学は，生命科学の成果をふんだんに取り入れながら，食料の効率的な増産につながる研究を第一義的なミッションとしてきた．これに対して環境科学の色彩を強めた現代の農学に期待されているのは，食料生産と環境保全を高いレベルで両立させることを通じた社会への貢献である．動植物の新品種の作出や革新的な栽培方法・飼養方法の創案にさいしても，単に生産性が向上すればよいわけではない．あるいは，無駄を排した食品加工や廃棄物の利活用を組み込んだ循環型のフードチェーンの設計など，資源の有限性が顕在化したことで一段と重要性の増した研究テーマもある．単に大量に作ればよい時代は過去のものになった．食料生産と環境保全について，いわば意識的に二兎を追うところに現代の農学の使命がある．

6. おわりに

この章では，農業革命と産業革命の時代，経済成長の時代，資源環境問題の時代の三つの区分に基づいて，農学の歴史的な発展を俯瞰してきた．比較的シンプルな食料科学としてスタートした農学は，次第に生命科学の成果をふんだんに取り入れる農学へと移行し，20 世紀の後半に至って，環境科学としての色彩を強めることになった．今日の農学は，耕地・森林・水域の三つの圏域において，人と自然のよりよい関係を具体的に創出するための科学であると言ってよい．

言うまでもなく，いま述べた三つの時代区分を経験した国は，これまでのところ先進国に限られる．少なからぬ地域において，マルサスの罠からの脱却は現在進行形のチャレンジである．農学の画期的な成果である緑の革命についても，アフリカの大半の地域が取り残されている．飢餓と飽食が隣り合わせで併存していること，これが地球社会の厳然たる事実である．したがって，先進国にとっては過去のものとなったミッションが，いまなお喫緊の課題である地域が少なくない．ただし，そんな地域の食料生産についても，現代農学の到達点を踏まえるならば，食料増産と環境保全の両立の視点を欠くことはできない．

未知の領域に挑戦する農学は，つねに未来と向き合ってきた．夢を語り合いながら，耕地・森林・水域のフィールドワークに明け暮れた先人達．研究の到達点を塗り替えるべく，時の経つのも忘れて実験に没頭した先人達．こうした先人の足跡を振り返ったいま，未知への挑戦のスピリッツを共有するよう努めることで，今度は私たち自身が未来と向き合う勇気を手にすることになる．

● 参考・引用文献

荏開津典生『農業経済学（第3版）』岩波書店，2008年．
本間正義『農業問題の政治経済学』日本経済新聞社，1994年．
小林弘明・廣政幸生・岩本博幸『環境資源経済学入門』泉文堂，2007年．
河野稠果『世界の人口（第2版）』東京大学出版会，2000年．
西尾敏彦『農の技術を拓く』創森社，2010年．
椎名重明『イギリス産業革命期の農業構造』御茶の水書房，1962年．
生源寺眞一『農業がわかると，社会のしくみが見えてくる』家の光協会，2010年．
東京大学農学部編『人口と食糧』朝倉書店，1998年．
鵜飼保雄『植物改良への挑戦』培風館，2005年．
T. R. Malthus, An Essay on the Principle of Population, London, 1798（永井義雄訳『人口論』中央公論社，1973年）．
D. L. Meadows *et al.*, The Limits to Growth, Universe Books, 1972（大来佐武郎監訳『成長の限界』ダイヤモンド社，1972年）．
World Commission on Environment and Development, Our Common Future, Oxford University Press, 1987（大来佐武郎監修『地球の未来を守るために』福武書店，1987年）．

第２章　世界と向き合う農学

飯國 芳明

（高知大学教育研究部総合科学系）

キーワード

人口増加，食料不足，気候変動，市場統合，モンスーン・アジア

概要

21 世紀に入って世界の食料・生命・環境を取り巻く状況はこれまでに体験したことのない大きな変化に直面している．本章では三つの問題をとりあげて，その状況変化の実情に迫るとともに，それぞれの問題の解決のために農学に何が求められているかを考えてみたい．

問題の一つめは食料不足である．中国やインドなどの新興国の経済発展に伴って，世界の食料は徐々に逼迫（ひっぱく）する傾向にある．21 世紀の初頭には穀物価格の高騰が世界の人々の生活を著しく混乱させて，問題の深刻さを認識する契機となった．経済学者のマルサスは人口増加に食料供給は追いつかず，やがては食料不足に陥ると説いたが，農学はこれまで「緑の革命」をはじめとした数々の成果をあげて，人口増加を上回るペースの食料供給を実現してきた．しかし，今後は世界の資源が絶対的に不足する局面に入りつつある．これからの農学には従来にない発想での技術開発や社会の設計が求められている．

第２の問題は気候変動である．気候変動は二酸化炭素をはじめとした温室効果ガスがもたらす気候の変化をさす．気候変動は，一部の地域では農業生産を増大させる可能性があるものの，他方では，急激な環境変化で生命や環境を破壊する危険性を高める．農学分野では，気候変動を抑制するための技術として

植物繊維（セルロース）由来のエネルギー生産などが注目を集めている．また，気候変動への適応策としては，温暖化の動きを先取りして産地を移動させるなどの新しいタイプの戦略が重要性を増している．ただし，気候変動は温室効果ガスだけに由来するものではない．今後は気候の変動を複眼的な視点で捉えて柔軟に対処することが重要である．

第３の問題は市場統合に関わる．市場統合とは，貿易を妨げる関税などを削減して，人やモノ，カネの移動が国境を越えてより自由に行える現象をいう．市場統合が進むと経済活動が盛んになり，富の生産は刺激される．また，国と国との結びつきが強くなり，国家間の紛争も抑制される．しかし，同時に大規模な環境破壊，国境を越えた感染症の拡大，さらには，巨大企業による世界食料市場の独占といった問題が発生しやすくなる．経済学で「市場の失敗」と呼ばれるこれらの問題を解決するには，国際的な貿易ルールやそれを実施する国際的な組織の整備が欠かせない．モンスーン・アジアという自然環境におかれた日本は，その特性を踏まえてこのルールづくりに積極的に参加すべきであり，それは日本の農学が担うべき課題でもある．

1. はじめに

第１章で触れられたように人口の動向と農学は密接な関係をもつ．世界の人口は，第二次世界大戦後になって著しく増加した．**人口爆発**といってもよいほどの急速な増加である．このことは図１にみることができる．世界人口は1950年に25億人であったものが，2010年には68億人に増加している．この60年間に世界人口は３倍近くになった．

一般に，発展途上の国では家族当たりの出生者数が多い．これは計画的な出産が難しいためであり，子供が労働力として重要だからでもある．子供が多いと子育てのために資源が使われて，経済成長に向ける資金や資材が不足するといわれる．その結果，所得が伸びず，幼児の病気などへのケアも手薄となり，多くの幼児が死亡する．貧困下では多産多死が支配的となるのである．この状況では，人口も増加しにくい．

こうした貧困と子沢山の悪循環からの脱出に多くの国々が成功したの

図１　世界の総人口の推移（国際連合社会経済局人口部の資料などにより作成）

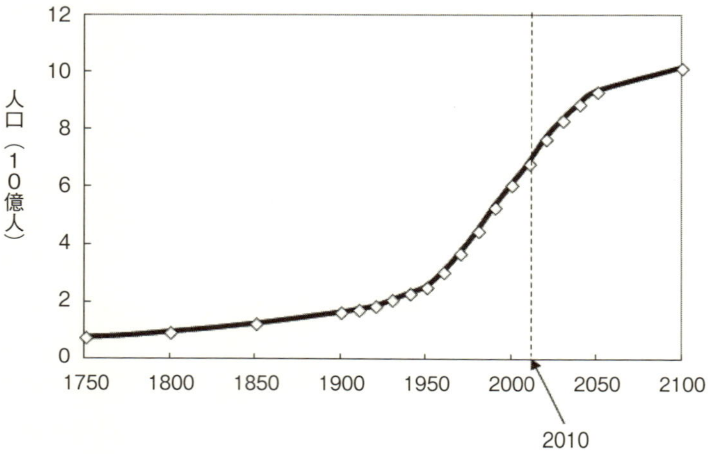

が戦後である．化学肥料や高収量品種の開発などといった農学に馴染みの深い技術をはじめとした技術革新や教育水準の引き上げがその契機となった．一旦，経済成長が始まると，所得は増大する．所得が増えれば，幼児死亡率が低下し，寿命も延びる．こうして，世界人口は空前の速度で拡大したのである（大泉 2007）．

世界の人口の増加は，経済成長を伴いながら，われわれの生活を取り巻く環境を大きく変化させつつある．この章では，そうした問題の中から農学と密接に関連するものを三つ選び，それぞれの問題がどのように起きるのかや農学の視点からこれらの問題にどう向き合うかについて考えてみたい．

一つ目の問題は，**食料不足**である．中国やインドをはじめとした新興国が 21 世紀になって経済発展を本格化させている．新興国は経済成長を進めるために石油や金属といった資源の獲得に熱心であり，世界の資源をめぐる競合は年々激しさを増している．それは資源の争奪戦といってもよい状況にある．争奪対象は，石油や金属資源にとどまらず，食料にも及んでいる．2007 年から約２年間続いた穀物価格や石油価格の高騰をきっかけに，ランドラッシュと呼ばれる国境を越えた農地の奪い合いも始まっている．食料の争奪は，食料価格の高騰を引き起こし，それは，なによりもまず，発展途上にある国の貧困層の生活に打撃を与えている．

二つ目の問題は，**気候変動**である．経済発展に伴って，世界の二酸化炭素の排出量は大幅に増加している．例えば，1971年から2007年までの約36年間だけでもその排出量は約2倍（145億トンから288億トン）になった．二酸化炭素は他の温室効果ガスとともに地球の気候を大きく変動させ始めているとされる．地球温暖化現象である，気候変動が起これば，食料生産のあり方に大きな影響を与える．身近な例でいえば，かつての良質ミカンの産地は，気温の上昇でその適性を失い，適地はより寒冷な地域に移動しつつある．コメについても，西南日本のコメの品質が低下しており，いくつかの地域では，品種を変えたり，栽培技術を変更する必要に迫られている．果樹では，果実が褐色になったり，冬が暖かすぎて春に開花が進まないなどといった問題が起こっている．ここでも途上国での問題は深刻である．温暖化で，生活必需品である食料や水の供給が低下して，さらに途上国の生活が脅かされ始めている．

最後の問題は，国際的な市場の統合である．地域市場の統合とは，輸入品にかける税（関税）や輸入の数量制限などの手段で財・サービスや人の移動を妨げる制限を削減・撤廃して，自由な移動を実現することをさす．経済が発展するためには，仕事を分けて労働を専門化し，生産の効率を引き上げる分業を進める必要がある．当初は，国内だけで済ますことができた分業は，経済の規模が大きくなるとやがては国際的な分業へと発展する．この分業を効率よく実現するために，国境を越えた財やサービスの自由な移動をうながす努力は，戦後の早い段階から着手されてきた．しかし，最近では，世界市場の自由化を一度に進めることが難しくなり，FTAやTPPなどの特定の地域内だけで市場を統合する動きが活発になっている．

こうした**市場統合**そのものは経済の効率を引き上げるために極めて有効な手段であるが，一方では競争市場が無制限に広がることで地域の環境や文化を破壊する危険性や貧困問題をさらに深刻化させるといった問題が指摘されている．国際的な市場統合とどのように向き合うかは，いまや農業を考える上で避けることのできない課題となっている．

以下では，ここに述べた三つの問題の現状を整理した上で，農学に何が期待されるかを順次に検討してみよう．

2. 食料不足とどう向き合うか

(1) 食料供給力を支えた農学

第１章で解説されている**マルサス**の**人口論**に従えば，人口の増加は幾何級数的であり，農業生産がこれに応じて増加しない限り，食料は不足してしまう．図１をみると，人口は過去100年間に急速な増加を続けており，マルサスがいう食料不足が生じてもおかしくない状況にあった．しかし，実際には食料不足は深刻化するどころか，むしろ，緩和されてきた．

表１は，世界の人口，穀物作付面積，穀物生産量，単位面積当たりの穀物生産量を1961年の値を100として指数化したものである．これをみると，世界の人口は半世紀のうちに30億から68億へと約2.3倍しているのに対して，穀物の作付面積は6億4000万ヘクタールから6億9000万ヘクタールへと約1.06倍に留まっている．マルサスに従えば，このままでは深刻な食料不足が起きるはずであった．しかし，この差は面積当たりの生産量の増加が埋めてきた．すなわち，1ヘクタール当たりから収穫される穀物の量が増えて，およそ2.6倍になっている．結果として，穀物生産は世界人口の急速な増加を上回るペースで増加して2.8倍にもなった．世界はマルサスがいうように飢餓の度合いを深めることはなかったのである．また，表１の一番下の行に示す**飢餓人口**が世界に占める割合からわかるように，飢餓人口の比率は1990年代初頭の19％から12％へと低下している．

面積当たりの収穫量を引き上げて食料危機を回避する手段は，ほかでもない農学の学問的な成果によって確立されてきた．なかでも最も輝か

表 1　世界人口，穀物生産量，穀物作付面積および飢餓人口率の推移（UN, FAOSTAT および FAO Hunger Portal より作成）

	1961	1970	1980	1990	2000	2010
世界人口	100	119	144	172	198	223
穀物作付面積	100	104	111	109	104	106
穀物生産量	100	136	177	223	235	280
単位面積当たりの穀物生産量	100	130	160	204	226	264
飢餓人口率（%）				19	15	12

注）飢餓人口の比率はそれぞれの 1990-92 年，1999-2001 年，2010-2012 年の平均値を示している．これは指数ではなく，それぞれの年の飢餓人口の比率を示している点に留意してほしい．

しい成果は「**緑の革命**」だろう．「緑の革命」は，**ノーマン・ボーローグ**博士の業績に始まる．ボーローグ氏は 1960 年代にメキシコの麦に日本の麦の遺伝子を組み込んで，丈の短い小麦を作り出した．この品種は肥料を大量に投入しても倒れない性質をもっており，一定の面積から収穫できる小麦の量を飛躍的に増加させた．この小麦が普及したメキシコで小麦の生産が増加して，小麦の輸入国から輸出国へと転じるほどの効果が現れると，今度は，コメの品種改良がこれに続いた．コメの場合にも，丈が短い稲の遺伝子が台湾とインドネシアの稲から作り出され，東南アジアの諸国で成功を収めている．これによって，1960 年代まで心配されていた東南アジアの食料危機は回避され，十分なコメ供給が可能となった．

「緑の革命」が成功した背景には，品種の改良だけに留まらない現場での対応があった．例えば，1966 年以降，フィリピンやインドネシアで新たなコメの品種が普及すると，そのたびに，トビイロウンカやツマグロヨコバイといった虫害やウィルス病によって壊滅的な被害を受けてきた．その都度，対虫性や対病性の高い遺伝子を組み込むなどの品種改良が重ねられて現場で使える品種として結実したのである（速水・神門(2002)）．

こうした試みはいずれも国際機関での試験研究が核となって各国の試

験研究機関との連携のもとで展開されてきた．研究の拠点となったのは，ボーローグ氏が活躍したメキシコに立地する国際トウモロコシ・コムギ改良センター（CIMMYT）であり，コメの場合はフィリピンの**国際稲研究所**（IRRI）である．現在では，これら二つに13の国際研究機関が加わって，**国際農業研究協議グループ**（CGIAR）が設立されており，世界的な視野で飢餓や食料問題を解決して持続的な自然の利用の確立するためのネットワークが形成されている．

（2）中長期的な食料需給の見通し

さまざまな技術開発の蓄積によって，世界の食料問題は今後とも着実に緩和され，解消されつつあるようにみえる．しかし，現実は必ずしもそうではない．「**成長の限界**」を著した**メドウズ**ら（2005）は，世界の資源はすでに過剰に使用されており，このままでは持続的に使用することができなくなると予測している．このことは，**マーティス・ワクナゲル**らの提唱した**エコロジカル・フットプリント**という考え方で端的に整理できるという．エコロジカル・フットプリントとは，世界中の人が生活するために使っている資源と地球の資源の比率といってよい．実際には，穀物，飼料，木材の生産や住宅建設などに必要な土地の面積，魚を生産するための海の面積，そして，放出された二酸化炭素を吸収するための森林面積を，いまある地球の土地面積や海の面積で割ってもとめる．この比率が１を超えなければ，人々は世界の土地を使い尽くしていない．つまり，土地の利用にはまだ余裕がある．しかし，１を超えるとき，人々は地球の土地や水を使いすぎているので，やがて自然は壊れて利用もできなくなる．ワクナゲルらは1980年代にはすでにこの値が１を超えていることを明らかにしている（図２参照）．すでに資源を持続的に利用できない段階に入っているのである．

このような資源不足を前提とするとき，今後の中長期的な食料供給の増加はこれまで以上にむずかしいものとなることが予想される．

（3）食料供給力強化に向けて

現在，食料不足が最も深刻なのはサブサハラアフリカ（サハラ砂漠よりも南のアフリカ）である．この地域では，早急な食料供給力の強化が求められてきた.

近年，この要請に対応して，新しい試みが始まっている．それは**ネリカ**（NERICA, New rice for Africa）というコメの開発・普及活動である．ネリカは西アフリカ稲開発協会（WARDA，現アフリカ・ライス・センター）が1994年にアフリカ稲とアジア稲の種間交雑によって生み出した品種である．3000種以上の系統が開発され，現在200種以上が普及段階に入っている．ネリカは，乾燥に強く，収量やタンパク含有量が高い．しかも，生育期間が短いなどの利点がある．また，アフリカの貧困問題の解決には，コメ以外にもイモ，小麦，バナナなどの主要食料を確保する必要があるため．その多様性を反映した「**虹色の革命**」が提唱されている（生源寺（2010））.

図2　エコロジカル・フットプリントの推移（Wackernagel *et.al.* (2002) 一部改変）

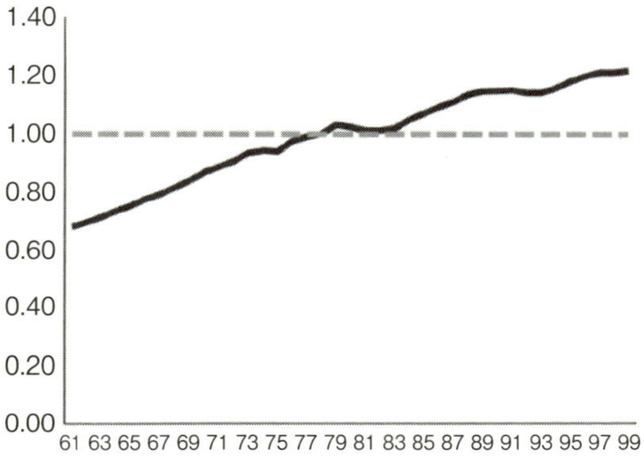

一般に食料供給力を引き上げる方法としては，「緑の革命」や「虹色の革命」のような耕地面積当たりの収穫量を引き上げるだけではなく，耕地面積を拡大して増産する方法もある．もっとも，人口が爆発した現在，使用可能な土地は使い尽くされた感があり，この点は表1の耕地面積の指数でも確認できる．しかし，ブラジルの**セラード**は例外である．セラードは，酸性の赤土であり，従来は低木が茂る草原であった．その開発可能な面積は1億2000万ヘクタールともいわれる広大な土地である．仮にヘクタール当たり3トンの穀物が取れるとすれば，3億6000万トンもの穀物が生産される．これは2012年の世界の穀物総生産量のおよそ15％に相当する量である．その規模の大きさは容易に想像できよう．セラードは，これまで主に放牧地として利用されてきた．ここに鶏

糞や石灰分などのアルカリ分を散布して土壌を改良する事業が1980年頃から始まった．日本の**国際協力事業団**（JICA）の援助で始まったこの事業によって，セラードの耕地面積は現在5000万ヘクタールほどにまで拡大している．セラードでは大豆やトウモロコシなどが生産されており，ブラジルは今やアメリカに次ぐ大豆の輸出国になっている．今後利用できる土地の余裕も十分にあるという．

食料の安定的な供給力を強化するには，上に述べたような技術革新に加えて，新しい技術を適切な形で地域社会に埋め込む作業が必要である．これに関連して，**ジェフリー・サックス**（2006）が提唱する臨床経済学（Clinical Economics）は興味深い．これは，臨床医学の手法を開発経済学に応用するものである．援助すべき対象を人体に似た複雑な系であると認識して，入念で体系的な個別診断に基づいて適切な処方箋を決めるのである．この種の総合的なアプローチは農学が得意とするところであり，開発経済学との連携も期待される．こうした方法は**ファーミング・システム**研究・普及（Farming Systems Research and Extension）とよばれる分野でもその重要性が指摘されてきた．今後の発展が望まれる分野である．

ところで，メドウズらが指摘するように，今後資源の枯渇が急速に進むとすれば，従来どおりの技術では問題を解決できない．課題の解決には，おそらく，これまでにはないタイプの技術が必要となる．そうした技術の一つとして期待されているのが**遺伝子組換え**技術である．遺伝子組換え技術では資源に依存しないさまざまな生産が目指されている．たとえば，収穫量を飛躍的に高めたり，害虫や病気への抵抗性を引き上げて肥料や農薬，労働力を大幅に削減できる技術であり，乾燥に強い作物を作り出して従来は栽培ができないとされた土地を農地への転換する技術などがある．

しかし，この技術の利用には生態系を破壊したり，作物の食品としての安全性が確認できないなどの懸念材料も多い．実際，アメリカやスペインなどの国々では広く遺伝子組換えの作物が栽培されているのに対し，ドイツやスイスをはじめとした国々では安全性が確認できないとし

図３　世界穀物価格の推移（IMF の primary commodity index より作成）

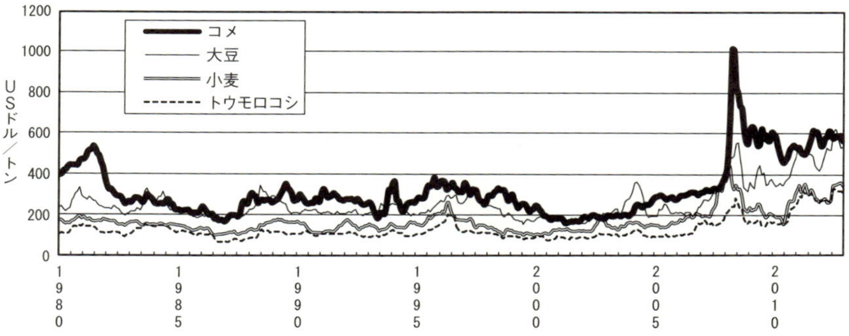

て遺伝子組換えの適用は厳しく制限されている．遺伝子組換え技術を今後の社会でいかに利用するかは，農学に問われている大きな課題となっている．

(4) 短期的な価格変動の拡大

世界の食料不足の問題はこれまで述べてきた長期的な問題にとどまらない．世界の食料市場は気候の変動などをきっかけにして，短期的にその価格を乱高下させ，人々の生活を混乱させてきた．このことは図３をみればよくわかる．世界の食料市場は，もともと短期的に大きな変動が起こりやすい市場であるが，21 世紀になってから，この価格変動に異変が生じているようである．価格の変動が従来とは異なる動きを見せ始めている．

2000 年頃までの価格の変動をみると，その変動幅は国際市場での取引量が生産量に比べて少ないコメなどで大きく，国際取引量の比率が大きい小麦やトウモロコシなどでは比較的安定して推移する傾向にあった．コメなどでは国際市場に出回る品物はそれぞれの国の自給量を確保したのちに決定されることが多く，収量が低下すればまず自給分を確保するために国際市場に出回る量が一気に減少してしまいやすい．このため，コメの価格変動幅は他の作物に比べて大きい．こうした自給率の高い市場は「薄い市場」と呼ばれている．

21世紀に入ってからの変化は，コメ以外の価格についても，著しい価格の変動がみられるようになった点である．再び図3をみてほしい．世界の穀物価格は，2006年当初から上昇の傾向がみえ始め，2007年の半ばから急上昇する．翌年の2008年にピークを迎えて，一度は下落するものの，2012年になると再び上昇傾向に入っている．2006年以降の価格は明らかにそれまでの価格の水準を超えており，しかも，コメ以外の主要な穀物においても過去のコメ並みの急速な価格上昇がみられるようになっている．

穀物価格の高騰は，途上国の食料不足に拍車をかけた．図3にみるように，その価格上昇があまりに急速であったため，エジプトやチュニジアでは暴動が発生し，アフガニスタンやバングラデシュでは穀物価格が7割も上昇する事態が発生した．また，ベトナムやインドなどのコメの輸出国では自国民の生活を守るために，コメの輸出禁止の措置がとられた．このことでコメ市場は一層混乱した．

他方，先進国では，深刻な影響はみられなかったものの，日本や韓国のような食料純輸入国では飼料用の穀物を輸入に頼っていたため，輸入価格の上昇で畜産業には少なからぬ被害が発生した．

こうした穀物価格の変動の原因についてはさまざまな議論が展開されてきた．主な原因とされるのは，a）異常気象，b）世界人口の増加，c）バイオ燃料への需要増加，d）新興国での食料需要の増加，さらにe）投機資金の流入の五つである．このうちa）異常気象説ではオーストラリアで2006，2007年に発生した旱魃（かんばつ）で小麦の生産はそれぞれ6割，4割減となったことが原因とされる．また，c）バイオ燃料の需要増加説は，アメリカのブッシュ政権が二酸化炭素抑制を掲げ，**バイオエタノール**を代替エネルギーとしてアメリカ国内全体でのエタノール使用量を6年間で2倍にするという方針を表明したことに原因があるとする．バイオエタノールの原材料には，主としてトウモロコシやサトウキビの搾りかす（バガス）などが利用される．このうち，トウモロコシは食用でもあるため，食用のトウモロコシの供給量が減少するのではないかとの憶測が世界穀物市場の価格を押し上げたと考えられている．

d）新興国の需要増説では，中国やインドなどの経済成長が食料需要を増加させたと考えている．また，e）投機資金の流入説では，市場を過熱させたのは投機であるとみる．投機とは市場の価格が大きく変動するとき，安い価格でモノを買っておいて，価格が高くなったときに売ってその利ざやを稼ごうとする動きである．世界穀物市場の価格高騰は，年金等を管理している政府系の機関や産油国や中国やインドの新興国（中国，ロシアなど）などで蓄積された巨額の資金が投機目的で農産物の市場にも流れ込んできたために，価格がつり上げられたとされる．これらの大口の資金はさらに**ヘッジファンド**と呼ばれる投資を目的とする組織に集められて，市場に投入されることが多い．

以上，a)～e）までの五つの原因のうち，例えばb）世界人口の増加やd）新興国の需要増加は中長期的には価格を引き上げる要因になるとはいえ，2007年以前から生じていたことである．したがって，短期的な変化を引き起こすとは考えにくい．そこで現在では，新興国などの需要の増加をベースにしながらも，2007年以降の価格高騰はもっぱら投機的な動きが作り出したとする見方が主流となっている．また，この状況が続けば，穀物価格は今後徐々にその基本となる水準を上げながら，短期的ではあるが大きな変動を繰り返すと予想されている．

(5) 世界の食料市場を安定させるためしくみ

短期的な価格変動を引き起こす最大の原因が，大量の投機的な資金の穀物市場への流入であるとすれば，そうした資金の動きには規制をかけるべきであろう．実際，投機資金による市場の攪乱を規制すべきだとの声は少なくない．具体的には，投機を抑制するための国家の介入のほか，備蓄や輸出制限を規制するための国際的協調などの規制方法がある．また，食料の先物市場における取引の透明性を増して，市場操作の機会を削減するなどの方法も提案されている．

これらの提案は，世界の穀物市場で混乱が発生しているにもかかわらず，これを解決する組織やルールが十分に確立されていないことを示している．途上国や食料を多く輸入する先進国の立場からすれば，世界の食料市場の安定化を図るための管理方式を早期に実現することは急務となっている．これは農学だけのテーマではないが，仕組みづくりへの参画は農学の重要な責務である．

世界市場の管理はその規模の大きさや多数の国家を超える制度の複雑さから具体像が容易にイメージしにくいが，**トービン税**は世界市場の管理とはどのようなものかを直感的に理解させてくれる提案となっている（ボックス１参照）．

ボックス１

トービン税

トービン税とは，国際通貨取引に対する低率の課税であり，マクロ経済学者のトービンが 1972 年に提唱した税制である．この税制は，国境を越える支払いに対して 0.1％程度を課税して，ヘッジ・ファンドのように繰り返し国境を越える投機的資金の動きに歯止めをかけることを目的としている．この税制は，提案後 20 年も経ったアジア通貨危機のさいに注目された．その後，実施に向けての検討が重ねられ，国際通貨取引税（CTT）条約草案が策定されるまでになっている．また，2004 年にはベルギーでトービン税法案が議会で可決され，ユーロ圏の国がこの税制を導入することを決めたときに実施されることが決まっている．トービン税は，経済研究者からは必ずしも肯定的な評価を得ていない．しかし，投機資金による市場の攪乱を防ぐ一方で地球規模の環境問題や南北問題の解決のための資金として使用する提案などもなされており，グローバルな食料市場のあり方を議論するための優れた素材といえる．（諸冨徹・浅野耕太・森昌寿（2003））

3. 気候変動とどう向き合うか

（1）気候変動をめぐる議論

気候変動は，**政府間パネル**（IPCC）によって，これまで４回に渡る報告がなされてきた．政府間パネル（IPCC）とは，気候変動の分析を目的とする世界的な組織であり，1988 年に国連環境計画（UNEP）によって設立された．2007年に提出された第4次評価報告書では，「温暖化には，疑う余地がない」との判定が参加国の全会一致でくだされている．温暖化の有無に関する最終的な判断とされる．

温暖化の影響については，**アル・ゴア**（2007）『不都合な真実』が有名である．人類が排出した温室効果ガスが気温を引き上げたことによる海面上昇，氷河の後退やハリケーンの多発といった問題を指摘するとともに，オゾン層の破壊の原因となるフロンなどのガスの発生を抑制した人類の経験を活かして，この問題に立ち向かおうと呼びかけている．日本政府もその立場に大きな違いはない．

しかし，他方では二酸化炭素などの温室効果ガスが地球の気温を引き上げているとの説については，これまでさまざまな立場からの疑問が提示されてきた．例えば，1）二酸化炭素より太陽活動や水蒸気の影響のほうが温暖化効果は大きいのではないか，2）気温が上昇した結果，二酸化炭素が増えたのではないか（因果関係が逆），3）やがて寒冷期がくるなどであり，二酸化炭素を削減しても地球の温暖化対策としては効果がないとの立場からの主張が繰り返しなされてきている．

なかでも，**ビョルン・ロンボルク**（2008）の分析は，豊富な統計データに基づいて反論を展開している点で注目される．ロンボルクは，温室効果ガスの影響を認めた上で，「議論の余地があるのは，そこでヒステリーを起こして，前例のないお値段でとんでもないCO_2削減プログラムに大盤振る舞いするのが唯一の対応なのかということだ」として，気候変動の評価とその対策に費やす資源配分の水準を問題としている．さらに，「地球温暖化は複雑な話題だ」として，その知識や解決策の限界を示唆した上で，「過激な解決策」が絶対化されている現状に疑問を呈している．

ボックス 2

ドイツ人は気候変動をどう捉えているか？

ドイツ人の環境に対する意識は極めて敏感である．2011年の原発事故の直後にその廃止を決めたことからもよく分かる．だからこそ，気候変動にもさぞかし神経を使っているに違いないと考えがちであるが，実際にはそうではなさそうである．ドイツのニュース週刊誌「シュピーゲル（Der Spiegel）」は，2006年と2010年にドイツ人が気候変動をどのように捉えているかについて1000人のドイツ人にアンケートしている．「最新の報告書によれば，気候変動はこれまで通り進展しているとされています．あなたは気候の変動に対して不安がありますか」という問いに対して，2006年では62％の回答者が不安であるとしていたのに対し，2010年には不安であるとする比率は20％も減少して42％となっている．他方，不安はないとする比率は58％に達している．また，2010年の調査では，環境保全を党是とする緑の党を支持する回答者でも，不安はないとする回答者があるとする回答者を上回っている（Spiegel Online Wissenschaft 27, 03, 2010による）．

この背景には，2009年11月に起きたいわゆる**クライメートゲート事件**がある．このスキャンダルは，イギリスのイーストアングリア大学のメールサーバーから大量のメールが流出したことに始まる．これらのメールには，初期のIPCCの温暖化議論をリードしてきたホッケースティックと呼ばれる北半球の気温の推移を示すグラフの一部を捏造したことを示す内容が含まれていたのである（モシャー・フラー（2010））．

政府間パネル（IPCC）が指摘するように，温暖化が進んでいるのは事実であろう．しかし，その原因として，人間活動から排出される温暖化ガスばかりに関心を向けることには慎重な態度が必要である．赤祖父（2008）が指摘するように「現在進行している温暖化の大部分は自然変動，すなわち小氷河期からの回復による」ものである可能性は否定しきれない．要はバランスの問題である．

気候変動の原因をどう考えるかは，これからの対応のあり方を左右する．もっぱら，温暖化ガスがその原因であるとすれば，温暖化はさらに続くであろう．しかし，大半は自然の変動によるものであれば，早晩寒冷期が到来して温暖化ではなく寒冷化が問題となろう．実際，寒冷化はいつ始まってもおかしくないとする研究者すらいる．そうなれば，温暖化ガスの削減や温暖化による新しい環境に適応するための対策に大量の資金を投入することは合理性を失ってしまう.

不確実性を排除できない以上，データや新たな研究成果を丁寧に蓄積し，正確な現状認識に努めることが肝要である．また，その認識に応じた温暖化の対処を具体化していく必要がある.

(2) 緩和策と適応策

一般に，温暖化への対処は大きく二つに分けられている．一つは**緩和策**（mitigation）であり，二酸化炭素をはじめとする温暖化を促進する物質（温室効果ガス）の発生を抑える対策である．いま一つの対処は**適応策**（adaptation）である．適応策では温暖化による環境の変化を前提に，この変化にどう対応するかが課題となる.

まず，農業ではどのような緩和策が実施されているかをみてみよう．農業から発生する温室効果ガスとしては，土壌にある植物などの分解から発生する二酸化炭素や一酸化窒素，水田から発生するメタンガス，窒素肥料が分解する際に発生する一酸化二窒素，さらには，牛などの草食性動物が出すゲップのメタンガスなどがある．政府間パネル（IPCC）の 4 次報告書によれば，これらを合計すると地球全体で放出される温室効果ガスの 13.5 % を占めるという．農業は意外に大きな発生源となっているが，これらのガスの発生の抑制は工業のように機械を更新するといった方法で対応できないため，なかなか容易ではない．そのため，2007 年からはグローバル・リサーチ・アライアンス（GRA）が設立されて国際的な規模で共同研究が進められている.

一方，農業分野では石油や天然ガスなどの地下資源系のエネルギーに代わるエネルギーを生産して温暖化を緩和する試みも始まっている．その代表例は**バイオエタノール**である．バイオエタノールはすでに述べたようにトウモロコシやサトウキビなどから作られる．これをガソリンなどの代わりに燃焼すれば，一旦は二酸化炭素が発生して温暖化を進めるものの，エタノールの生産に使った作物に相当する量の植物を植えつければ，その植物は大気中の二酸化炭素を吸収する．このため，燃焼の際に放出された二酸化炭素は大気中と植物体内を行き来するだけであり，エネルギーを発生させても，そのサイクルが続く限り大気中の二酸化炭素は増加しない．こうした性質は**カーボン・ニュートラル**と呼ばれる．バイオエタノールはアメリカではトウモロコシ，ブラジルではサトウキビを使った生産が始まっており，今後の展開が期待される領域である．ただし，トウモロコシなどを利用する場合，食用のトウモロコシがエネルギー生産に向けられて食料不足を引き起こす危険がある．そこで，近年では，木材や稲わらなどを原料とするバイオエタノールに注目が集まっている．これは植物の繊維であるセルロースを原料とするため，エネルギーと食料の競合を引き起こさない画期的な技術である．いまだ実用化には至っていないが，飛躍的な発展の可能性を秘めた研究分野となっている．

次に適応策についてみてみよう．適応策では温暖化の変化にどのように対処するかに焦点がある．温暖化による海水面上昇がもたらす被害を抑制するための防波堤の設置や水不足に対応したダムや水路の確保といった措置は適応策の典型例である．また，高温で作物がとれなくなるのであれば，品種改良をして高温耐性をもつ作物を開発するといった対処も適応策である．これらの適応策は環境変化の中で，これまでの生産・生活をできるだけ維持する試みと位置づけることができる．これは「新しい環境への順応」と呼ぶことができる．適応策には，これ以外にも二つの方法が考えられる．すなわち，「人為的な環境負荷の低減」と「新しい環境の利用」である．

「人為的な環境負荷の低減」とは，温暖化によって引き起こされる環境の変化が単なる気温の上昇だけによらない場合の対策をさす．気温や海水温の上昇が生態系を変える基礎的な変化であることは間違いないとしても，そこに，人間活動に由来する負荷が加わって被害が発生するような場合である．こうした事例は，農業ではあまりみられないが，沿岸海域ではよく観察される．人間が排出した窒素やリンなどが水質を汚染した海域では，藻場やサンゴ礁の生態系が壊れやすくなっている．そこに温暖化が進んで環境を一気に破壊することがある．こうした場合，いかにして人為的な負荷を軽減して温暖化に適応するかは重要な課題となる．人為的な負荷の低減のあり方を明らかにするには，温暖化と人為的な負荷がどのように環境を変えつつあるかを解明し，人為的負荷の変化によってそれがどの程度回復するかについて，包括的な視点で接近する必要がある．

第3の適応策である「新しい環境の利用」は，温暖化で進む環境変化が人為的な負荷の軽減などの努力によっても留めることができない場合，これを認めて人と環境の間を新しく組み直そうという発想の適応策である．例えば，温暖化に伴って適地が北上しつつあるミカンを事例に考えてみよう．適地が北上すれば，既存のミカン産地は，衰退・消滅する危機にさらされる．このとき，人為的な環境負荷を軽減したり，品種や栽培方法を改良してこの変化に対処できる余地が十分にあるのであれば，そうした適応を試みるべきである．しかし，そうした努力でも押しとどめることが難しい場合には，ミカン産地の移動を受け入れて，北上したミカン産地を新しい資源として利用するための準備に取りかかることは大切な適応であり，これが「新しい環境の利用」にあたる．新しい産地にとっては，これまでにない作物の導入となる．

- 温暖化対策
  - 緩和策（mitigation）
  - 適応策（adaptation）
    - 新しい環境への順応
    - 人為的な環境負荷の低減
    - 新しい環境の利用

気候変動が人為由来の温室効果ガスによるものであるとすれば，緩和策を着実に実行するとともに，適応策においても港湾の整備や新しい作目生産のためのインフラ整備も進めるべきである．しかし，温室効果ガスの影響が限定的であり，寒冷化も始まりかねないとなれば，緩和策やインフラなどを伴った適応策への投資を抑制することになる．

このように，世界的な状況を適宜判断しながら，それを前提とした地域への対応を柔軟に行う能力がこれからの農学には求められている．

4. 市場の統合とどう向き合うか

(1) 自由貿易を支える理念とWTO

経済発展とともに世界的な分業が進展すると，関税や輸入数量の制限などの貿易や人の移動に対する制限を削減し，自由な移動を実現しようという動きが加速する．この動きには，経済的な合理性がある．ボックス３で説明しているリカードの**比較優位**の考え方がそれである．比較優位説によれば，国境を超えた自由な取引は資源を有効に活用し，豊かな生活を実現することができる．

市場の自由化は，戦後の早い時期から**ガット**（GATT，関税と貿易に関する一般協定）によって主導されてきた．ガットの設立理念には，経済効率性の追求に加えて，第二次世界大戦の原因の一つはブロック経済にあるとの認識があった．戦前に不況が世界を覆ったとき，植民地などで自らの市場を確保していた欧州の先進国は，自らの植民地とともに閉鎖的な経済圏を形成し，国益を守った．その一方で，日本やドイツといった新興国は市場から締め出されて，経済回復の手段を断たれた．このため，自らの市場を開拓しようとしたことが戦争のきっかけの一つとなったと考えられている．

仮に市場が自由化されておれば，戦争が回避される可能性は高まったであろう．また，貿易を通じて経済が相互に深く連携していれば，争うことのデメリットが大きくなり，戦争は抑制されるはずである．だからこそ，自由貿易は大切であるとの理解がガットにはあった．

ガットは，輸入禁止や数量制限措置を原則として禁止し，合わせて関税の水準を削減することで，自由貿易を促進してきた．また，いずれかの加盟国に対して関税を引き下げた場合，他のすべての加盟国に対しても同様に関税を引き下げなければならないルールが採用された．これは「最恵国待遇」と呼ばれて，加盟国内の関税水準を広く押し下げる役割を果たしてきた．さらに，ガットは，加盟国が一堂に会して，貿易障壁を削減する会議（ラウンド）を数年ごとに繰り返し，貿易の自由化を着実に前進させてきたのである．

1995年になると，ガットはWTO（世界貿易機関）へと引き継がれる．そのときに妥結した農業交渉の内容は農産物の市場開放を大きく前進させ，日本はこれを契機にコメの関税化を受け入れることとなった．しかし，その後はWTOによる自由化交渉は暗礁に乗り上げる．2000年には，妥結するはずであった新しいWTOの交渉（ラウンド）は，度重なる参加国間の交渉にもかかわらず，いまだ決着していない（2013年5月時点）．

ボックス3

比較優位の理論

以下では，国際貿易による利益を国際貿易のリカードモデルとして知られる簡単な数値例を用いて，説明してみたい．いま，日本とアメリカで二つの財，自動車とトウモロコシを生産しているとしよう．図Jは日本にある資源を使って生産できる二つの財の組合せを示している．この図によれば，コンピュータに特化すれば200万台の生産が可能であり，トウモロコシに特化すると100万トンの生産が可能である．また，両者を組合わせれば，100万台のコンピュータと50万トンのトウモロコシが生産できる．いまこれを点C_jとして，貿易がないときの二つの財の生産量としよう．他方，図Aはアメリカの図である．読み方は図Jとほとんど同じであるが，国内の資源を用いてできるコンピュータの最大量は100万台，トウモロコシは200万トンである．また，C_aは貿易がないときのアメリカの生産の組合せを示すとしよう．

ここで，両国の間に貿易が発生して，それぞれの国が得意な財に生産を特化したとしよう．どちらの財が得意かは，ある財を一つ生産するのに他方の財をどれだけ犠牲にするかで計測する．日本の場合，点C_jにおいて自動車を1台生産するには，0.5トンのトウモロコシの生産をあきらめなければならない．すなわち，犠牲にしなければならない．これに対してアメリカの場合，2トンのトウモロコシが犠牲になる．トウモロコシで図った自動車の費用は日本の方が低い．このとき，日本は自動車の生産に比較優位をもつという．他方，トウモロコシで同様な計算をすれば，アメリカはトウモロコシの生産に比較優位をもつことになる．

そこで，両国とも得意な生産に特化すると，日本は自動車を200万台，アメリカはトウモロコシを200万トン生産できる．ここで，それぞれの国が得意な生産物を 125 万台 / トンだけ自国に残して，残りを相手国に輸出すると，消費できる財の組合せは次のようになる．すなわち，日本では自動車が 125 万台，トウモロコシが 75 万トン（C'_j の点）となり，アメリカの消費は自動車が 75 万台，トウモロコシが 125 万トンとなる（C'_a の点）．いずれの国も貿易がないとき（点 C_j，C_a）を上回る財を手に入れることができる．これが貿易の利益である．もちろん，この数値例は恣意的で簡単にすぎるが，この原理はヘクシャー＝オリーンによって一般的なケースにも適用できることが明らかにされている．

図Ｊ　日本の場合

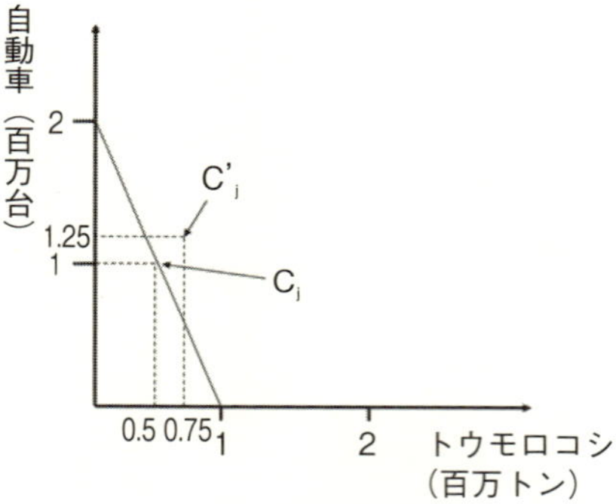

図Ａ　アメリカの場合

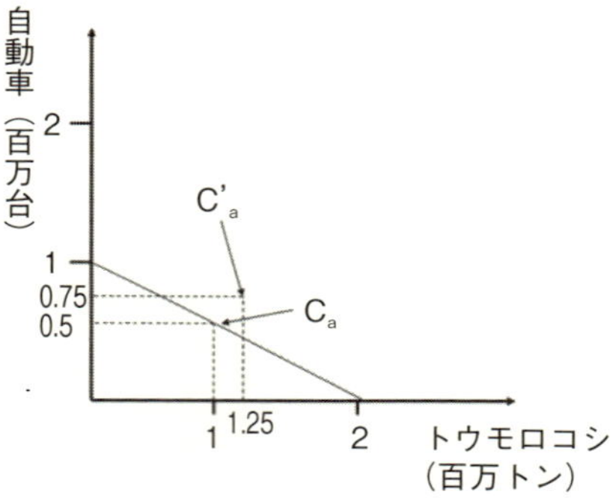

（2）地域市場統合の活発化

WTO の交渉が停滞する中で，急浮上してきたのが，**FTA**（Free Trade Agreement，自由貿易協定）である．FTA は，通常は二つの国が交渉し，その２カ国の間だけで関税の引き下げや輸入数量制限の削減を行うものである．

FTA 協定は WTO が迷走しはじめた今世紀初頭から各国で積極的に交渉が始められた．日本では，FTA に労働力の受け入れ，知的財産権の保護，投資などの政策を含めたより広い EPA（Economic Partnership Agreement，経済連携協定）も展開している．日本はシンガポール，メキシコなどとの間で，毎年のように協定を締結してきたが，韓国のそれと比べると大きく立ち遅れている．韓国は，早くからアメリカや EU

とのFTA交渉に着手しており，EUとの協定はすでに発効し，アメリカとの協定も済ませてきた．

こうした状況を受けて，日本は2010年秋から**TPP**への参加に向けた準備に着手した．TPPはTrans-Pacific Partnership（環太平洋経済連携協定）の略号であり，環太平洋の国家間で特段の定めがない限り，全ての品目の関税の撤廃を目指す協定である．実際には，全品目の約8割が即時撤廃，その他は原則10年以内の段階的撤廃が実施されている点で，FTAやEPAよりはるかに早い速度で自由化を進める仕組みとなっている．

(3) 市場の失敗への懸念

WTOやFTAなどによる自由貿易の推進は，財やサービスの効率的な生産をうながす一方で，経済学が市場の失敗と呼ぶ資源配分の非効率性を招く危険性をはらんでいる．

そもそも，市場とは，ある財やサービスの売り手と買い手をいう．例えば，ミカンや自動車を財と捉えると，それの売り手と買い手が市場を構成する．一般的な財では，市場にその取引を任せることで，その財に関わる資源の効率的な配分ができる．市場は価格というシグナルだけで，財やサービスの生産と消費をうまくさばく機能をもっているからである．アダム・スミスはこの働きを見えざる手と呼んだ．しかし，いくつかのケースではその機能が働かないことも知られている．

そうした例の一つが環境問題である．例えば，自由貿易によって安価な農産物が大量に輸入されるようになると，農業は衰退して農地は放棄される．このとき，農地を維持することで保全されてきたさまざまな働き，すなわち，水を溜める機能（水源涵養（かんよう）機能）や洪水防止機能，さらには，保健休養・やすらぎ機能などが失われる．地域の伝統文化などもこれに含まれる．これらの機能はいずれも農業や農地の維持によって発揮されてきたものであるが，その対価を受けていない．経済学ではこれを**外部経済**と呼ぶ（諸富他 2003）．市場で取引されない経済だという意味である．もし，こうした働きが失われる側面を評価せずに，輸入される農産物が安いことだけをもって自由貿易の評価をするとすれば，大きなものを見落とすことになる．日本学術会議（2001）によれば，農業のもつ洪水防止機能は年間に3兆4988億円，保健休養・やすらぎ機能は2兆3758億円などとその合計は年間の農業の生産額に匹敵する額の外部経済が供給されているという．

また，輸入食品の安全性の問題も市場の失敗の枠組みで捉えることができる．海外の農水産物の生産や流通経路がどのようになっているかの情報が，これを輸入する側（例えば日本）で知ることができないとき，財やサービスの供給側と消費側の間の情報量に偏りが生じる．情報が不足する消費側では，供給される財やサービスの品質への不安を払拭できないため，消費が減少する．これが価格の低下を招くと今度は市場価格が下がり，市場には粗悪品が出回る．このとき，消費者は食品リスクに直面せざるを得なくなる．そうなれば，ますます消費者の不安感が高まり，やがては買い手がいなくなって，市場そのものが消滅することもある．

このほかの市場の失敗としては，農地が生みだす美しい農村景観（公共財）が失われたり，多国籍企業によって世界市場を独占されることで価格が吊り上げられる問題（独占・寡占（かせん）問題）などがある．

市場が失敗する場合には，政府や共同体，NPOといった組織が一定のルールづけをして，これを補って規制する必要がある（クルーグマン（2006））．こうした市場の失敗への対処をしないまま，自由貿易を促進するとき，市場開放に伴う損失はその利益を上回ってしまいかねない．

日本政府は，自由貿易の進展がコメや酪農のような土地利用型農業に大きなダメージが避けられないと予想してきた．その際失われるであろう外部経済を農業の**多面的機能**と呼んで，その重要性を強調してきた．この理念は，1999年に成立した食料・農業・農村基本法にも反映され，同法では農業の多面的機能の発揮が食料の安定供給と並んで法律を支える柱となっている．そこでは，多面的機能は「国土の保全，水源のかん養，自然環境の保全，良好な景観の形成，文化伝承等農村で農業生産活動が行われることにより生ずる食料その他の農産物の供給機能以外の多面にわたる機能」（第3条）と定義されている．一言でいえば，日本の土地利用型の農業は国民生活に不可欠な多面的な機能をもっているからこそ高率の関税が設定されており，それは正当化しうるとの主張を日本政府は行い，基本法の理念にも反映したのである．

(4) モンスーン・アジアの視点

TPPに象徴される地域統合に対する日本農業の懸念は，なによりも，土地利用型農業へのダメージにある．例えば穀物生産をみると，日本とアメリカやオーストラリアの農場の経営規模には100倍を越える格差がある．この状態で，関税をゼロ水準に引き下げるのであるから，影響の正確な予測はともかくとして，日本の農業が大きな影響を受けることは容易に想像できよう．

この種の懸念は，日本やスイス，ノルウェー，韓国，台湾などの食料純輸入国がWTO交渉のために結成したG10グループの国々でも共有されている．なかでも，韓国，台湾はコメの位置づけのみならず，経営規模の零細性や農村社会の高齢化や急速な人口減少といった面で日本との共通性がとりわけ高い．これは，**モンスーン・アジア**における先進経済圏にこの三つの国が属するからに他ならない．

モンスーン・アジアとは，アジアの中でモンスーン気候（季節風気候）に属する地域である．その分布にはさまざまな捉え方があるが，大きく**クロモフ**(1958) とラマージュ(1971) の二つの捉え方がある．クロモフの定義は広く，ラマージュはやや限定的である．図4はクロモフの定義によるモンスーン地域を示している．

図4　クロモフの定義によるモンスーン地域の分布（Ramage（1971）より作成）

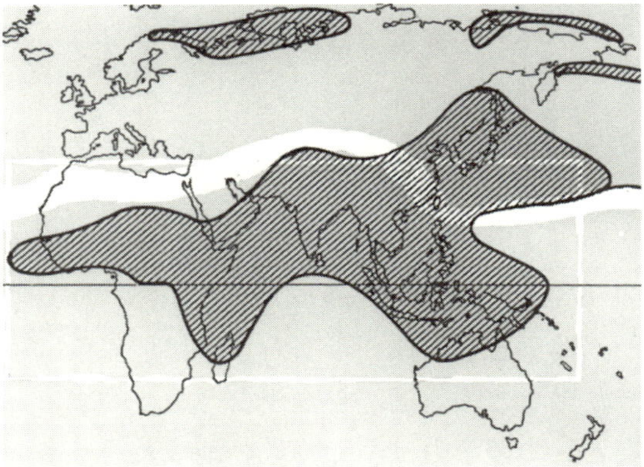

モンスーン・アジア

図５　モンスーン・アジアの分布（FAOSTAT および FAO aquastat より引用）

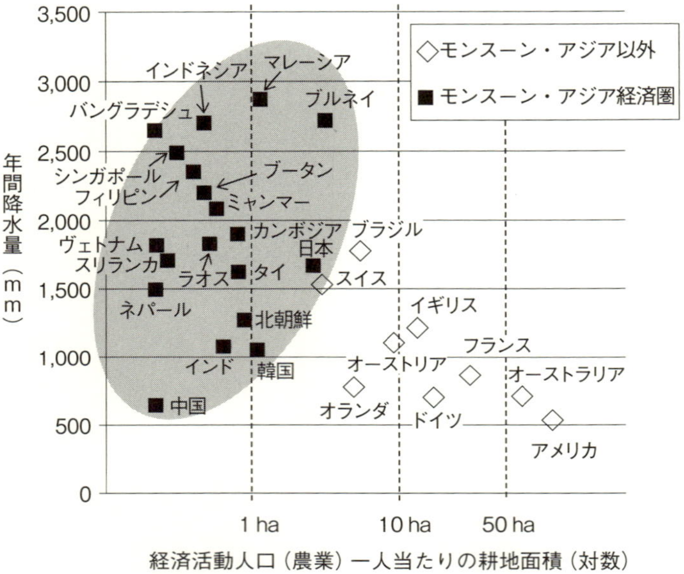

は高温多湿であり，夏季の降雨量が多い．「湿ったアジア」とも呼ばれる．また，この地域は人口が稠密であることでも知られている．年間降雨量と経済活動人口（農業）一人当たりの耕地面積をクロモフの定義でいうモンスーン・アジアの地域と他の地域を比較してみると，モンスーン・アジアの経済圏は欧州や南北アメリカの主要経済圏と明瞭に分離される（図５参照）．夏に湿潤なモンスーン・アジアは水稲作に適しており，コメへの依存度が高い．世界のコメの生産量や作付面積はモンスーン・アジアに集中しており，そのシェアは９割近くに達している．かつてのコメの単位面積当たりの収穫量は小麦よりもはるかに高く，その人口扶養力が現在のモンスーン・アジアの稠密な人口分布を形成してきた．結果として，一戸当たりの耕地面積は小さく，アメリカやオーストラリアなどの新開国や欧州などと比較すると，土地利用型の作物（穀物など）の競争力は著しく低い地域となっている．

図 6　モンスーン・アジアの分布（Anderson and Martin（2009）及び本間（2010）などにより作成）

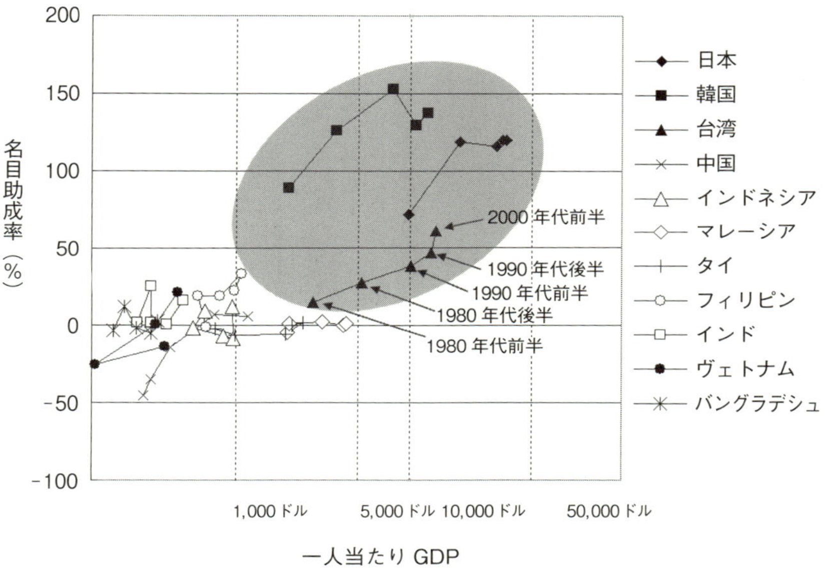

このように，モンスーン・アジアの経済圏は世界的にみて特異な自然・社会条件下にある．また，その特異性こそが域内で協同するための共通の基盤を提供している．その中でも，日本，韓国，台湾はさらに均質な経済圏を形成している．このことを整理したのが図 6 である．この図はモンスーン・アジアの主要経済圏における一人あたりの GDP と**農業保護率**（名目助成率）の動向を比較するために，1980 年代の前半から 2000 年代の前半までの 5 期間について GDP と保護率の平均を算出し，その変化を示したものである（図中の台湾の事例参照）．

ちなみに，名目保護率とは以下の式で求められる．この値が高ければ，国境措置および補助金によって農業への保護が手厚くなされていることを示す．

名目助成率(%)＝(国内価格で評価した国内農産物の生産額＋国内農

業への補助金)÷(国際価格で評価した国内農産物の生産額)×100－100

図6から，日韓台の一人当たりのGDP(国内総生産）は10000ドルを上回り，農業保護率は50％を越えていることが読み取れる．日韓台のこれらの水準はいずれも，他のモンスーン・アジア経済圏のそれをはるかに上回っており，明らかに異質な集団を形づくっていることがわかる．

日韓台の高い農業保護率は，急速な経済発展に原因がある．欧米と比較して「圧縮された」経済発展とも呼ばれるこの発展は，農工間の所得格差を一気に顕在化させた．この問題に対処するために，日韓台は世界で最も高い水準の農業保護政策を採用せざるを得なかったのである．

農業保護政策が高い水準にあるとはいえ，日韓台は大量の穀物を海外から輸入する食料純輸入国である．食料自給率をカロリーベースでみるといずれも50％を下回っている．地域市場の統合によって農業保護水準のさらなる削減が予測される中で，いかにして安定した食料を確保し，農村社会や環境の保全を図るかは共通の課題となっている．

日韓台の共通性がモンスーン・アジアの中で急速な経済発展の結果生じたものだとすれば，日韓台のような食料純輸入先進国は，やがて，経済発展のめざましいモンスーン・アジアの新興地域全体に拡大するに違いない．

これまで，モンスーン・アジアの中で他に先んじて先進国の仲間入りした日本農業が直面する問題はしばしば欧米先進国の中で例外扱いされてきた．EUやアメリカのような主要先進圏のほとんどが食料純輸出国であったためであり，日本の農業経営のような著しく小規模な経営から派生する問題は共通の議題にはなりえなかったのである．しかし，世界人口の過半数を占めるモンスーン・アジアで食料純輸入経済圏が拡大すれば，もはや例外ではなくなる．日本は今後に続くであろうモンスーン・アジアの存在を踏まえて，その実態を反映した地域市場の統合のルールを具体化していく必要がある（日本学術会議（2011））．

また，こうした国際ルールづくりへの貢献は，日本の農学の重要な役割のひとつである．

5. おわりに

世界の急速な人口の増加に対して，農業はこれを上回るペースで食料を供給し続けてきた．その背景には農学による目覚ましい技術開発の歴史があった．しかし，21 世紀に入ると，世界で利用できる資源の枯渇が目立つようになり，食料供給力の増加は従来以上に難しい段階に入りつつある．また，いまだに 9 億近い人が飢餓に悩まされており，飢餓問題は解決されていない．今後，資源制約が厳しさを増す中で，安定した食料供給を確保することは世界的な要請であり，その実現はこれからの農学の大きな使命である．

世界と向き合うとき，いま一つ忘れてはならないのは市場をうまく制御するための仕組みづくりある．農産物市場を含めて，世界規模で市場が拡大し，国境の垣根が取り払われるのは避けられない．しかし，ジョセフ・E・スティグリッツ（2006）が，グローバル化の状況を「世界政府のない世界統括」と呼んで批判しているように，世界市場をうまく誘導するには国家に相当する機関が必要である．しかし，いまのところそうした仕組みは整っていない．食料の安定供給や地球環境問題などの分野においても，市場がうまく働かない部分を補うための国際的な連携やルールづくりは急務となっており，ここでも日本の農学の貢献が求められている．

● 参考・引用文献

赤祖父俊一（2008）『正しく知る地球温暖化』誠文堂新光社

Kym Anderson and Will Martin ed.,（2009）Distortions to agricultural incentives in Asia, The World Bank.

アル・ゴア（2007）『不都合な真実』ランダムハウス講談社
速水祐次郎・神門善久（2002）『農業経済論』岩波書店
本間正義（2010）『現代日本農業の政策過程』慶應義塾大学出版会
小池恒男・新山陽子・秋津元輝編著（2010）『キーワードで読み解く現代農業と食料・環境』昭和堂
ポール・クルーグマン，ロビン・ウェルス著，大山道広他訳（2007）『ミクロ経済学』東洋経済新報社
日本学術会議（2001）「地球環境・人間生活にかかわる農業及び森林の多面的な機能の評価について（答申）」関連付属資料
日本学術会議農学委員会農業経済学分科会（2011）「提言　食料・農業・環境をめぐる北東アジアの連携強化に向けて」
ドネラ・H・メドウズ他著・枝廣淳子訳（2005）『成長の限界　人類の選択』ダイヤモンド社
諸冨徹・浅野耕太・森昌寿（2003）『環境経済学講義』有斐閣
スティーブン・モシャー，トマス・フラー著，渡辺正訳（2010）『地球温暖化スキャンダル 2009年秋クライメートゲート事件の激震』日本評論社
大泉敬一郎（2007）『老いていくアジア』中公新書
Colin S. Ramage,（1971）Monsoon Meteorology, Academic Press
ジェフリー・サックス著・鈴木主税他訳（2006）『貧困の終焉』早川書房
生源寺眞一（2010）『農業がわかると，社会のしくみが見えてくる』家の光協会
ジョセフ・E・スティグリッツ著・楡井浩一訳（2006）『世界に格差を撒いたグローバリズムを正す』徳間書店
ビョルン・ロンボルク著，山形浩生訳（2008）『地球と一緒に頭も冷やせ!』ソフトバンククリエイティブ
Mathis Wackernagel *et.al.*（2002），Tracking the ecological overshoot of the human economy, PNAS July 9, 2002 vol.99 no.14 9266–9271.
United Nations, Department of Economic and Social Affairs, Population Division（2011）. World Population Prospects：The 2010 Revision,

第3章　地域と向き合う農学

納口 るり子

（筑波大学生物資源学類）

キーワード

フードシステム，食料消費の変化，食品の安全性，農産物の流通，農業の担い手，新規参入

概要

フードシステムという考え方がある．食の流れを川上の農業，川中の加工や流通，川下の小売や外食を経由して，消費者に至る連続的なシステムとして把握する．この章では，フードシステムの川下から川上に遡っていくかたちで，日本の食料と農業の到達点と今後の課題を整理する．

経済成長に伴う食生活の変化は，消費される食材の構成の変化にとどまらず，加工食品や外食・中食の増加にも結びついた．近年は，食品の安全性への関心の高まりに加えて，インターネットや宅配による購入行動など，消費者の態度や行動にも様々な変化が現れている．特に食品の安全性を担保する観点からは，牛・牛肉のトレーサビリティー・システムが導入され，GAP（生産工程管理）が普及するなど，フードシステムは消費者の関心に応えるべく進化してきた．

農産物の流通にも変化が生じている．いまなお卸売市場を経由する青果物の割合が高いものの，セリによらない価格形成が主流になるなど，取引の形態は多様化している．他方で，市場外流通の比率も上昇している．コールドチェーンの切断や地方への転送荷の問題など，卸売市場が克服すべき課題も少なくない．流通面で注目されるのは，農産物の直売所である．消費者が川上の農業と直結する仕組みであり，地産地消の精神を象徴する取り組みである．ただし，

副業的な農家が多いことや店舗の数の増加によって，一部では過当競争の状態も生じている．

川上の農業生産の担い手の姿は作目によって一様ではないが，広い農地面積を必要とする品目ほど主業農家の比率が低い傾向が認められる．また，農家数の減少は主業農家にも及んでいる．職業選択の自由が尊重される現代にあって，規模の大きな農家だからと言って，子弟がこれを継承するとは限らない．逆に，非農家出身者の農業参入が着実の増加している．法人経営が新規参入者の受け皿になっていることも見逃せない．

近年の農業担い手の特徴に組織経営体の増加がある．農地の集団化に強みを発揮する集落営農もその一形態である．先進的な農業法人の場合，近隣の法人経営や農家とのつながりの中で販売活動を行うなど，横の連携に優れた成果を上げている例がある．一方，近年の農業生産には６次産業化の流れもある．こちらは農産物の加工や流通，あるいは食事の提供といった要素を農業経営に取り込んでいく．これからの農業経営にはフードシステム上の縦のリンケージを強めていくことも求められる．

農業の担い手は，様々な課題に直面しながらも，横と縦の多様なつながりを模索する中で，地域社会と共に歩んでいる．そんな日本の農業が現代の農学の重要な対象のひとつであることは言うまでもない．

1．はじめに

皆さんは農業について，どのような知識をお持ちだろうか．実家が農家，あるいは両親の実家が農家という人は，ある程度，農業についてのイメージがあるだろう．しかし，日本における農家世帯割合（一般世帯に占める農家世帯の割合）は，2000年6.7％，2005年5.8％，2010年4.9％と，急速に低下してきた．日本国民の多くは，農業・農村・農家が自分とかけ離れたものであると考えており，農業や農村に対する知識をあまり持っていないと思われる．実際に筆者の大学の農学部系の学生も，小学校の総合学習の時間などで，多少農作業を行ったことがあったり，マスコミによる報道の知識がある程度という場合が大半のようである．世界の食料問題について考えたいとか，環境問題に興味があって農学部系に入学してくるが，実際の農業や農村は決して身近なものではない，という学生がほとんどだろう．

本章では，そのような若い皆さんに，日本の食と農業に関する問題を取り上げて，農学が私たちの生活に多面的に関わる総合科学であることを認識して頂くことを目的としている．

食は，生きている人間のすべてが関わらざるを得ないテーマである．大学生になり実家から出て一人暮らしを始め，自分の食を自ら管理する人もいるだろう．そうでなくても，食はすべての国民の関心事だから，ここを起点として日本の農業の問題にアプローチしていくのは，あながち的外れではないと思われる．このアプローチを採用するため，本章では，**フードシステム**の川下から川上に遡って話を進めていくことにする．

ボックス 1

フードシステム

フードシステムという考え方は，食の問題を，水の流れのように，川上で農産物の生産が行われ，川中には素材の流通や加工があり，そして川下で小売や外食の形で消費者に提供され，実際の消費に至るシステムとして理解する．農業と食品加工業，流通業などをトータルで，農産物の流れに沿って把握することは，川上・川中・川下に位置する産業の物流や価値形成を考えたり，生産されたものの栽培・製造履歴を遡る際などに有効である．また農業生産のさらに川上には，資材産業である肥料産業や農薬産業，農業機械産業などが位置している．日本の産業全体における農業の位置付けを考える際にも，農業生産単独ではなく，これらの食関連産業全体で考えることが重要となる．

また，近年の傾向として，農業関連事業の法的な規制緩和が進む中で，川上である農業生産を行う主体が，川中の流通業や食品加工業に事業を展開したり，川中の流通業や川下の外食産業が川上である農業生産に参入するなどの事例がみられるようになってきた．そこでは，各々の事業主体が，もとの事業に対する川下側あるいは川上側に事業を拡大している事例が多い．このような動きは，経営学の分析によれば，企業がこれまで扱ってきた領域から関連する領域に向けて，フードシステムの流れに沿って事業を拡大することにより，それまで持っていたノウハウを生かすことができ，シナジー効果（新規部門を加えた方が，旧部門だけの時よりもコストを低く，収益を大きくすることができる）が生まれるからだとされる．

まず第２節では川下の領域として，食と小売店，外食・中食産業について述べる．第３節では，川中の流通を中心に，市場流通と市場外流通および食品加工産業について，第４節では，川上である農業生産について述べる．いずれの節に関しても，「地域と向き合う」ことを重視して論述を行う．地域と向き合うために，マクロとしての国民経済的な集計された産業としてではなく，ミクロ視点で関係する人や企業に着目し，彼らの考え方や将来の方向性にも言及する．すなわち地域＝人と場所という捉え方をして，話を進めたいと思う．

2. 食と小売店，外食，中食

1）食料消費の変化

食料は，人間の生存を支える基本的な財であるが，一方で私たちに楽しみを提供する消費財でもある．第二次世界大戦後の 1940 年代後半から 50 年代までは，食料不足の時代であったが，1961 年の**農業基本法**制定前後以降は，量的な供給は一定程度達成されて，徐々に食料の質の向上が図られてきた．1960 年代後半には日本におけるコメの自給が達成される一方で，１人当たりのコメや雑穀，いも類などの消費量が減少し始めた．そして，逆に肉，油脂，果物，牛乳・乳製品などの消費が増加した．こうした消費の変化は，1990 年頃までには一段落したが，その後もコメの消費量は年々減少している．図１には，１人当たり品目別消費量の推移を示すとともに，1960 年を 100 として，2009 年の消費量を表している．現段階では，以前に比較すると，１人当たりの消費パターンの変化は小さくなっているが，日本の総人口が減少局面に至ったことによ

図1　1人当たりの品目別消費量の推移（昭和35（1960）年＝100）（農林水産省「食料需給表」「平成23年度食料・農業・農村白書」から引用）

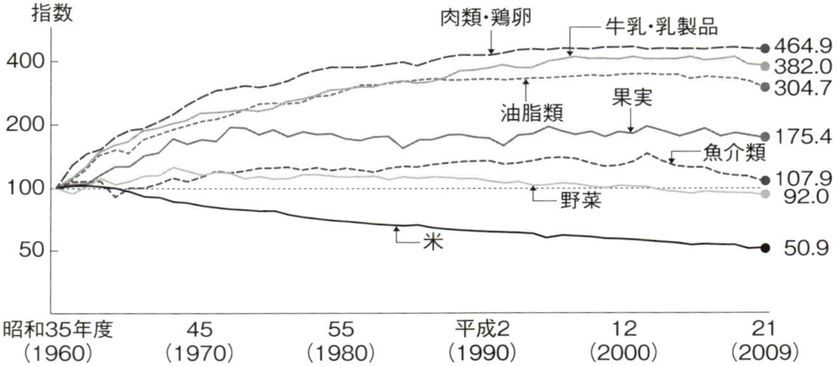

注：1）縦軸は基準（100）からの1/2倍と2倍の値の距離を等しくするために基数を2とした対数目盛を使用している．
2）国民1人1年当たりの消費量は，国民1人当たりの供給純食料．

り，総体としての食料消費が減少する段階に移行している．1990年頃までの食料消費の変化は，国の経済成長に伴う生活水準の向上に伴って生じており，消費の高級化などと言われているが，現在では中国などの途上国で顕著に見られるようになっている．

2）生鮮食料品の減少と中食・外食等の増加

近年の食を巡る変化の特徴の二つ目は，生鮮食料品の消費が減少して，外食と加工食品の消費が増加してきたことである．図2のデータは総務省の「家計調査」によるものである．「家計調査」は消費に最も近いところの食料品購入額のデータを得ることができるもので，データを提供しているモニター家庭は全国で約9000戸ある．図に示すように，消費者世帯の種類別食料費支出割合を見ると，生鮮食料品（米，生鮮魚介，生鮮肉，卵，生鮮野菜，生鮮果物）の割合は，1970年から一貫して減少している（ただし，2000年以降は30％程度で踏みとどまっている）．加工食品は1970年から，30％程度でほぼ一定である．伸びてきたのは外食と調理食品で，2000年前後まではいずれの割合も増大してきた

図２　消費者世帯の種類別食料費支出割合の推移（農林水産省「平成22年度食料・農業・農村白書」より引用）

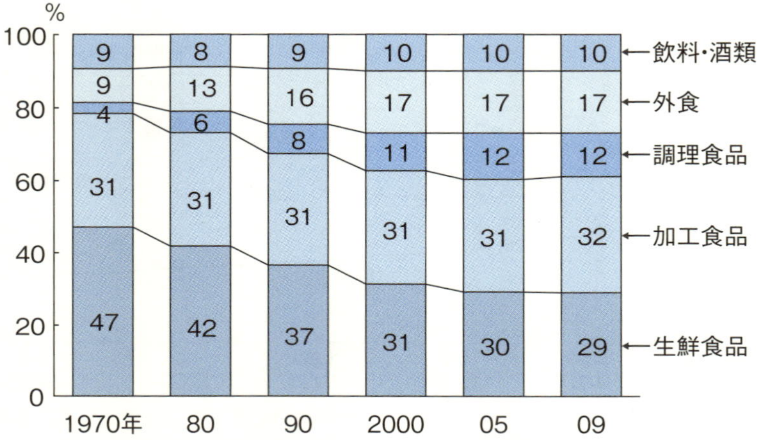

注：1）二人以上の世帯（農林漁家世帯を除く）についての名目値.
　　2）生鮮食品は米，生鮮魚介，生鮮肉，卵，生鮮野菜，生鮮果物，加工食品は生鮮食品，調理食品，外食，飲料・酒類を除くすべて.

が，2000年以降は景気の低迷の影響もあり，伸びが止まっている．この40年間において，素材を購入して家庭で調理することが減り，調理されたものを購入して家庭に持ち込んだり，外食をするという消費行動が増えてきたことが分かる．

調理済み食品を家庭や職場・学校等で調理することなく食べることや，こうした食品自体を**中食**（なかしょく）と言う．歴史的には，1974年にコンビニ第1号店が東京・豊洲に出店し，「ほか弁」が1976年に埼玉県草加市に開店した（文献1）．こうした業態の店舗が増えるに従い，調理済みの弁当やおにぎりが簡単に購入できるようになった．それまでは，弁当やおにぎりを街中で購入することは難しく，家庭で作るしか調達の方法はなかった．

現在もなお，野菜や肉などの素材を購入して家庭内で調理することが減少し，調理済み食品や冷凍食品，半加工食品などを利用する機会が増加している．このように，家計の食料費支出額に占める外食費と中食費の合計額の割合の増加を「**食の外部化**の進行」と言う．食の外部化の要因としては，単身世帯率や女性就業率の上昇に加えて，高齢者世帯における中食の増加があるとされている（文献 2）．2010 年現在，全国の一般世帯における単独世帯（世帯員 1 名）の割合は 32.4 % であり，さらに 65 歳以上の高齢者単独世帯の割合も 9.2 % に達している．今後，こうした世帯の割合はさらに上昇すると思われ，ますます家庭内の調理は減少し，調理食品の販売や弁当の宅配などが増加していくことが予想される．

3）食品購入の場所

次に，私達は上記のような食品をどこで購入しているのだろうか．経済産業省の「商業統計表」によれば，2007 年の食品小売業の販売総額は 44.2 兆円であるが，その内訳は 39 % が食料品スーパー，28 % が食料品専門店，17 % が総合スーパー，16 % がコンビニエンスストアであった．近年シェアが拡大しているのは，食料品スーパーとコンビニエンスストアである．これらの食品小売業以外に，私達は生協や食品宅配業者，農産物直売所などからも食品を購入している．食品購入の場所が多様化し，それによって，次に述べるように食品の流通にも変化が生じている．

食品の購入方法で最近急速に進みつつあるのが，購入した品物の自宅への配送サービスである．戸別配送を最初に始めたのは，会員制の青果物宅配業者である．その後，一部の生協が戸別配送を採用して顧客を拡大した．また，青果物や食品のネット注文・宅配で急激な成長を遂げてきた会社もある．2011 年には，コンビニエンスストアやスーパーマーケットも宅配事業を開始している．例えば大手スーパーマーケットのネットスーパーでは，当日に配達可能であり，一定金額以上は送料無料としている．こうしたサービスは，買い物が負担となる高齢者だけでなく，忙しく働く女性や一人暮らしの男性からも歓迎されている．今後，インターネットを用いた購入・宅配の形態は，一定程度進展していくことが予想される．

これまでは，本や航空券の購入と異なり，品目名や写真等では品質を確認できない青果物を，インターネットで購入することには抵抗がある消費者が多いとされてきた．しかし次第に消費者の意識が変ってきたと思われる．また，農産物や食品の安全性や食卓に届くまでの生産・流通の履歴について，安心・安全の担保となるような**トレーサビリティー・**システムが整備されてきたことが，販売される青果物や食品に対する信頼度を上げることに貢献してきたとも考えられる．トレーサビリティー・システムについて，次に述べる．

4）農産物の安全性を担保するシステム

2000年以降，産地偽装や食中毒事件が連続的に発生した．2000年の雪印牛乳食中毒事件や2007年のミートホープ事件などがあり，2001年には日本で初めてのBSE（狂牛病）罹患牛が発見された．さらに2000年前後から，農薬の不正使用によって農産物を回収する事態も発生している．

これらの食品安全の問題に対して，食と農に関する生産・流通の透明性を担保するためのシステムが，次第に整備されてきた．2003年からの牛の個体識別管理システムの実施や2005年のJAS法の改正などである．また，生産段階での**GAP**（生産工程管理）も普及しつつある．改正JAS法では，全ての生鮮食料品の原産地表示や，加工食品の全原料の表示などが義務化された．牛の個体識別管理では，乳牛や肉牛について，出生時からと畜の段階に至るまで，飼育の場所と期間などのデータが，個体識別番号によってただちに得られるシステムになっている．牧場の牛には耳標が装着されており，そこには個体識別番号が記載されている．

GAPについては，農林水産省が2008年に基礎GAPに関する施策を開始し，農協の作目部会単位などで取り組まれている．また，JGAP（Japan GAP）やGlobal GAPへの取り組みも進んでいる．GAPはもともと，イギリスのスーパーマーケットが，取り扱う農産物の品質や安全性の確保のために開発したものである．日本でも，2012年現在，小売店の側から，取引の条件として，特定のJASを指名するという動きも広がっている．この点において，GAPは小売店側からの生産者の系列化につながっているとみることもできる．

GAPのチェックリスト項目にも含まれているが，栽培履歴管理の普及はGAP以上に広範に進んでいる．2012年現在で，栽培履歴の記帳は，農協の扱う農産物だけでなく，直売所で販売する農産物の多くについても自主的に履行されている．小売店側としては安全な農産物の確保のための取り組みとして，生産者側としては不正農薬の使用や残留問題が生じた際の産地を守るための取り組みとして，栽培履歴は今や農業生産の重要なソフトインフラとなってきていると言えるだろう．特に，残留農薬などの問題が発生した場合にも，生産物の生産者を特定できるため，生産者側の風評被害を最小限に抑えることができる．

次に，このような消費者行動や川下側の変化の動向に対応して，川中である流通や食品加工業の状況と変化の方向性について述べることにする．

3. 農産物流通の変化とその担い手

1）市場流通

前節で農産物を巡る消費者の購買行動の変化や小売業態の変化などについて述べたが，川下と川上を結びつけるのが流通であり，その中心にあるのが卸売市場である．中央**卸売市場**は公設民営であり，例えば日本で最大規模の大田市場は，東京都が施設を設置・所有し，その管理は複数の卸売業者が請け負っている．市場には産地側から農産物が運び込まれ，仲卸などの買参人が品物を買い付けて，小売店や外食等に販売する．市場での売買における売り手は，生産者や産地の農協から販売を委託された卸売業者である．取引された品物について，一定の割合で手数料を徴収し，それにより市場を運営する．中央卸売市場は全国の都道府県庁所在都市のほとんどに開設されている．地方卸売市場は都道府県知事の認可で開設され，自治体が運営するものと民間企業が運営するものがある．

2004年の卸売市場法改正まで，市場取引の原則は，市場への現物持ち込み，セリによる値決め，出荷者から卸売業者への無条件販売委託，全国一律の手数料などであった．しかし，小売店の大型化などに伴ってこの原則が現実に適合しなくなり，法律改正が行われて，商物分離，相対取引，卸売業者による買取販売，手数料の弾力化などが認められるようになった．取引される青果物のすべてが市場に持ち込まれるわけではなく，産地から直接小売店の配送センターなどに届けられる方式，価格がセリではなく売り手（産地の農協など）と買い手との間で決定される方式，荷物の一部は卸売業者が産地の農協などから買取って買参人に販売する方式などが認められるようになった．その結果，買付比率や相対販売比率が高まるなど，市場運営のあり方が大きく変化している．2011年の数値では，大田市場における野菜・果物のセリによる取引の割合はわずか数％程度となっている．

しかし現在でもなお，卸売市場を通る品物の割合（市場経由率）は野菜で60％程度を占めている．前述のように市場の機能が変化している中で，生産者や産地側から見た市場取引の最大のメリットは，確実で迅速な代金決済だと言われている．また，卸売業者が産地と仲卸との取引を仲介したり，川下の要望がある新品目や新品種を産地に伝達する役割を果たしていることも評価できると思われる．こうした機能により，市場経由率が維持されていると言えるだろう．

逆に現在の市場流通で最も大きな課題は，品物を運び込む場所のほとんどが外気温の状態であるため，**コールドチェーン**が途切れてしまうことだと言われてきた（畑で収穫された野菜はすぐに農家の冷蔵庫で予冷され，農協などの集荷場の冷蔵庫で保管され，それ以降も原則的に生産物の鮮度を落とさないような温度帯で輸送されている．途切れることのない低温の輸送システムをコールドチェーンと言う）．そのため，商流（代金決済）では市場を通しても，物流では市場を経由しない場合が多くなっていた．この問題については，卸売市場制度を保持したいと考える行政や卸売業者を中心に，冷蔵施設を早急に整備していくことで対応しようとしている．

市場システムは，集荷・分荷・品揃え・価格形成などの機能を持っている．農林水産省統計部の調査によれば，食品製造業・食品小売業・外食産業の国産野菜の仕入れ先は，それぞれに異なる．食品製造業では生産者・集出荷団体等から直接仕入れる割合が高く，食品小売業では卸売市場からの仕入れ割合が高くなっている．外食産業は，食品小売業を経由して卸売市場から仕入れる割合が高い．

前節との関係でいえば，消費者が青果物（あるいは食品）をどこでどのような形で購入するかによって，卸売市場の重要性が変化していく．特に，食品小売業が大型化していくことや食品製造業の重要性が増すことにより，市場を通さずに生産者と直接取引をする形態が増えていくと予想される．

もう一つ，従来の市場システムは，地方から首都圏などの大消費地に大量に荷物を集荷し，そこから小売店などへと分荷して消費者に届ける流れを基本としてきた．そうした流通システムの課題の一つとして，大都市市場に荷物が集まり，地方市場への荷物には大都市からの転送荷が多くなることがあった．近年話題になることの多い地産地消という考え方は，こうした大都市中心の農産物流通システムへの反省に基づいたものでもある．

2）市場外流通

青果物の市場経由率は，以上の要因に加えて，輸入農産物が増えることによっても低下してきている．輸入農産物が食品製造業者に販売される場合，商社から直接の取引になることが多いためである．

市場外流通の形態には様々なものがあり，前述した食品製造業の産地からの仕入れという形態，産地の生産者や農協とスーパーマーケットや生協との産直，産地と小売りの間に物流業者などを通す形態，生産者が消費者に直接宅配する方式の産直などがある．その中で最近注目されているのは，**農産物直売所**での販売である．

各年次の「農林業センサス」によると，消費者への直接販売や地域の直売所への出荷を行っている農家の割合は，2000年，2005年，2010年にそれぞれ販売農家の3.6％，18.6％，21.8％と増加している（全国平均）．農林水産省の調査によれば，2010年において全国の農産物直売所は16,000カ所以上存在し，近年その数が急激に増加している．

ボックス2

農産物直売所

運営主体は，農協や第三セクター，農家による組織，農業法人，民間会社など様々である．出荷者である会員農家は，朝，野菜・果物・米や加工品，惣菜などを直売所に持ち込み，夕方，売れ残りを回収する．出荷者は販売金額の15％前後を直売所に支払うシステムで，売れ残りのリスクは，原則的に出荷者が負担することになる．直売所に出荷する農家は，消費者が購入する荷姿での袋詰め，バーコードシール張り，朝の搬入，夕方の売れ残りの搬出などの作業を負担する．小ロットでも販売できるため，農協の生産部会に加入できないような小規模農家や高齢農家，新規参入農家なども農産物を出荷できるという特徴がある．直売所で実施している事業として，直売のほかにも，消費者との交流のための事業，給食の素材の提供などを行っている事例もある．

地元の農産物を扱うことが基本であるため，鮮度が高く流通コストも低い．つまり消費者にとっては安くて新鮮な農産物を購入できる店として，歓迎されている．直売所の増加により，地域内での地場生産物流通が進んでいる．しかし，出荷者に農業収入を家の主な収入源としていない農家が多いため，安売り競争に陥りがちであるなどの欠点がある．また，直売所の設置数が多すぎて，過当競争になっている地域もあり，今後は直売所の淘汰が進むと思われる．

3）食品製造業

図3に示すように，2005年のデータによれば，国内生産の食用農水産物9.4兆円のうち，加工向けが5.8兆円で，直接消費向けの3.0兆円よりもはるかに大きな金額となっている．

食品製造業で生み出された製品は，加工品として販売されるだけでなく，外食産業にも販売される．外食が購入する原料の80％以上（金額ベース）が食品製造業により供給されている．このように，日本の食を支えているのは食品産業である．しかし，2000年と2005年の「食用農水産物の生産から飲食料の最終消費に至る流れ」を比較すると，食品製

図３　食用農水産物の生産から飲食費の最終消費に至る流れ（2005 年）（農林水産省「平成 22 年度版食料・農業・農村白書」より引用）

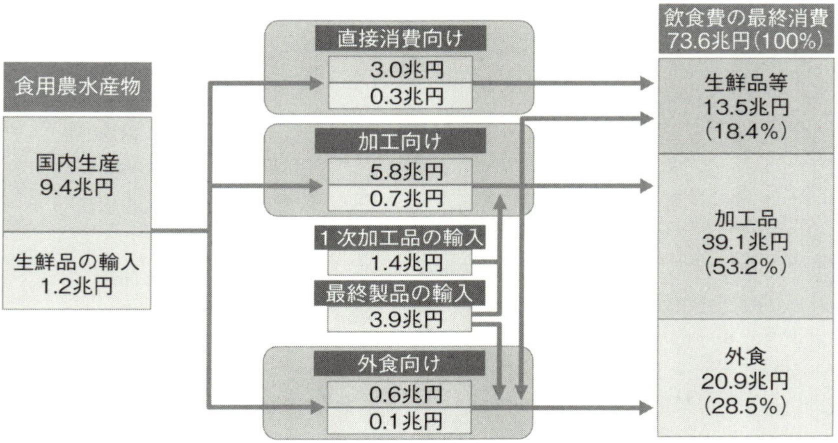

注：1）食用農水産物には，特用林産物（きのこ等）を含む．精穀（精米，精麦等），と畜（各種肉類），冷凍魚介類は，食品製造業を経由する加工品であるが，最終消費においては「生鮮品等」に含めている．
　　2）旅館・ホテル，病院等での食事は，「外食」ではなく，使用された食材費をそれぞれ「生鮮品等」及び「加工品」に計上している．

造業への供給については，一次加工品の輸入と最終製品の輸入が増加している．加工品や外食における輸入の割合が高まり，さらに加工度も上がっているのである．今後も重要性が増す食品製造業であるが，国産農水産物の利用度を高めるとともに，製造工場を日本国内に立地させるための方策についても，フードシステム全体の中で検討していく必要があると思われる．

4. 農業生産の担い手

1）作目による生産規模の違い

フードシステムの川下から遡って話を進めてきたが，いよいよ生産の担い手について述べたいと思う．アメリカやヨーロッパの国に比べて，わが国の農業の担い手は規模が小さく，脆弱であるとされている．しか

図４　農業経営組織別主業農家割合と主業農家の下限面積規模（農林水産省「2010 年農林業センサス」より作成）

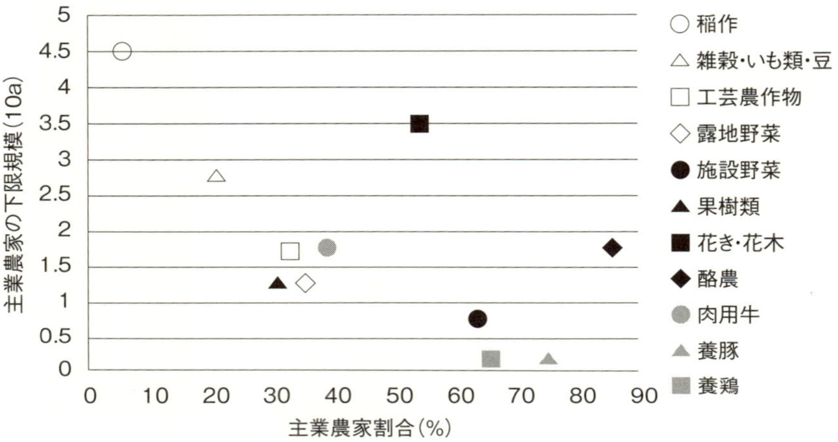

し農業の生産規模は作目により大きく異なる（作目とは，作物や畜種による農業の区分を言う）．図４に，作目ごとの**主業農家**の割合と，主業農家の下限規模（後述）の関係を示している．データは 2010 年の「**農林業センサス**」の数値を用いている．この統計は，農林水産省により５年おきに，農林家や農林業法人の全数を対象に調査して作成されており，農業に関する基礎データを提供している．ここで主業農家というのは，農林水産省の作成する統計上の用語であり，家単位で見て農業に依存する割合の高さにより，主業・準主業・副業と分類している．主業は，農業所得が主で１年間に 60 日以上自営農業に従事している 65 歳未満の世帯員がいる農家，準主業は農業所得が従で１年間に 60 日以上自営農業に従事している 65 歳未満の世帯員がいる農家，副業は１年間に 60 日以上自営農業に従事している 65 歳未満の世帯員がいない農家のことである．主業農家割合が高い作目ほど，農業依存度の高い農家に支えられていると言える．

日本ではこれまで，地域差はあるが，農地面積を拡大することが困難であった．そのため，大幅な農地面積拡大なしには規模拡大が困難な稲作のような作目では，主業農家の割合が低くなっている．一方で施設園芸などのように，農地面積は広くなくても，そこに資本を投じてハウスなどを建設し，面積当たりの高い売上げや収益を確保しうる作目もある．図4には，この関係を示している．縦軸に示す主業農家の下限規模とは，作目ごとに経営耕地面積の大きな層から主業農家が生産をカバーすると仮定して，もっとも規模の小さい主業農家が位置する面積規模階層の中央値（例えば2～3haなら2.5ha）をとったもので，あくまでも仮定に基づく推計値である．推計結果を見ると，例外はあるが，下限面積規模が大きい作目は主業農家の割合が低く，下限面積規模の小さい作目は主業農家の割合が高いことが分かる．

主業農家率の高低を決める要因としては，上記の点以外に，作目ごとの作業の繁閑の程度の相違もある．稲作では田植えや稲刈りの時期以外の仕事は少ないので，農業以外の会社勤務をしながらでも農業を行うことができる．しかし，施設園芸や酪農では，日々の農作業が切れ目なく続くので，農業に専念する家族がいないと，農業を続けることが困難である．

いずれにしても，稲作では主業農家の割合が低く，逆に酪農や養豚，養鶏では主業農家の割合が高いことが分かる．このため，稲作は農業の構造が未だに脆弱（ぜいじゃく）で，大規模の稲作農家が大半を占めるようにしなければならないと言われる．しかし，水田は地域的な水利用やそれに伴う用水路の管理などが必要であり，それを少数の大規模な農家で担うことは困難ではないかという議論もある．作目ごとの担い手のあるべき姿については，経営の規模や地域的な集中度（産地としての広がりや戸数）などが作目ごとに異なると思われる．

2）旧来の農家の動向

「農林業センサス」によると，販売農家戸数（経営耕地面積が30a以上あるいは農産物販売金額が50万円以上ある農家）は，1990年の297.1万戸，2000年の233.7万戸が，2010年には163.1万戸にまで減少している．農家減少の要因は，高齢者が順次，農業からリタイアしていくのに対して，それを補う数の後継者が農業に入ってこないことである．2010

年現在の**農業就業人口**の平均年齢（全国平均）は65歳を超えているので，これからも農家戸数は減少していくと思われる．もちろん，これまでの農家戸数が多すぎた作目もあるので，戸数が減ることは一概に悪いことではない．実際，これまで規模拡大が困難であった稲作経営でも，法人化した会社経営として，100 haに迫る大規模化が実現する事例も見られるようになった．

前に述べた主業・準主業・副業という区分ごとの農家数の減少率は，2005年から2010年にかけて，それぞれ16％，12％，19％で，主業農家の減少率が低いというわけではない．すなわち，農業度の高い農家の経営ほど継続するとは，一概には言い切れない．しかし，農家を継承することを第一とする考え方よりも，職業選択の自由が尊重される現代の価値観の中で，規模の大きい農業から一定数を継続的に確保していくことは，既に困難な状況にあると思われる．農家という形にこだわらない経営を考えていく必要があるが，その前に，農業という産業に，どれだけの人材が新規で就業しているかについて，農家の後継者と非農家からの参入者に分けて，傾向を見てみたいと思う．

3）新規就農者と新規参入者

農林水産省の「平成22年新規就農者調査結果」の概要を表1に示す．これによれば，2010年1年間に新たに就農した人の合計は全国で54570人である．もし毎年，同じ人数が就農するとしたら，20年間で109万人となり，これは2010年の実際の基幹的農業従事者205万人のほぼ半数である．

新規就農者を年齢別にみると，39歳以下が全体の24％，40歳以上が76％を占める．新規就農の種類としては，新規自営農業就農者（農家出身のみ，自家の農業に従事），新規雇用就農者（農家・非農家出身，農業法人などの従業員），新規参入者（非農家出身のみ，独立就農）がある．人数では新規自営農業就農者が最も多く，全体の82％を占める．次いで新規雇用就農者15％，新規参入者3％となっている．ただし，39歳以下では，新規自営農業就農者58％，新規雇用就農者37％，新規参入者5％で，新規雇用就農者の割合が高い．若い人の場合，農

表 1　就農形態別新規就農者数（2010 年）（農林水産省「平成 22 年新規就農者調査結果」）

単位：人

	新規自営農業就農者	新規雇用就農者		新規参入者	合計
		農家出身	非農家出身		
39 歳以下	7,660	780	4,070	640	13,150
40 歳以上	37,140	880	2,310	1,090	41,420
総計	44,800	1,660	6,380	1,730	54,570
39 歳以下	8,440（64 %）		4,710（36 %）		24 %
40 歳以上	38,020（92 %）		3,400（8 %）		76 %
総計	46,460（85 %）		8,110（15 %）		100 %

業法人の従業員となることが，農業就業の受け皿となっている．

新規就農者全体の 24 % が 39 歳以下で，若い就農者が多いとは必ずしも言えない．けれども，特に注目すべきは，39 歳以下の新規就農者において，非農家出身者の割合が高いことである．39 歳以下の 3 分の 1 以上が，非農家出身者である．

農家出身の後継者が就農する場合，有形・無形の資産を親の世代から引き継ぐことになり，恵まれたスタートを切ることができる．非農家の出身者の場合，事前に想定していた就業条件とは異なっていたことなどから，離職率が高いことも指摘される．しかし他方で，これまでの既成概念に縛られない，新しい形の農業が行われるケースもある．これからも農家出身・非農家出身いずれの就農者も確保していく必要がある．

政策的には，「農の雇用事業」として，農業法人での研修生に対する補助事業が行われたことが，雇用就農者を確保することに貢献してきたと言えよう．2012 年度からは，青年就農給付金の助成が開始されるが，こうした制度がきちんとした農業の担い手を育成することにつながるかどうか，注意深く見守る必要がある．

4）新たな農業の担い手（1）—組織経営体の増加—

次に，新たな担い手として，家族経営の脆弱性を補完しうる，組織経営体の動向を見てみたい．「農林業センサス」によると，2005 年には 2.8

万であった組織経営体が，2010年には3.1万に増加している．このうち，法人化している（会社形態をとっている）経営体では，1.9万から2.2万になった．この2.2万のうち，**農事組合法人**（組合員が平等に組織運営に関わる法人で農業協同組合法に依拠する）および会社（商法に依拠し株式会社などの形態をとる）が2千ずつ増加して，それぞれ4.6千，12.7千になった．会社の多くは，家族を基本にしながら世帯員以外を雇用している一戸一法人であるが，**集落営農**の法人化も増えており，中には企業による農業参入も見られる．

集落営農とは，1つの集落あるいは数集落を単位として，農地を集積し，共同で組織的に農業経営を行う方式をいう．政策として農業の担い手への直接支払制度が採用された際に，農家による一定規模以上の経営とともに，集落を単位とする組織的な営農が，合理的な農業の一つの形として，補助金支払いの対象とされた．農地の集団化・団地化という意味では，これまで日本農業の特性として困難であった，団地的な農地利用につながるものとして期待されている．けれども，組織運営のリーダーを生み出すことができるかどうかが危ぶまれていたのも事実である．振り返ってみるならば，農業の担い手がいよいよ減少する中で，それぞれの地域で担い手を見出す努力を行った結果が，集落営農の法人化の進展という結果に表れつつあると評価できる．

法人化した集落営農は，農事組合法人や株式会社の形態をとり，「農林業センサス」の2005年から2010年にかけて増加した組織経営体の約半分を占めると思われる．農林水産省の「平成22年集落営農実態調査」によれば，2010年3月段階の集落営農は，全国で13577組織あり，そのうち法人化しているものが2038組織であった．2005年3月には，それぞれ10063組織，646組織であったから，法人化した集落営農は1.4千組織増加したことになる．

また，法人化した組織の多くが，消費者への直接販売，農産物加工，都市住民との交流，新規作目の導入などを行っており，農業経営体としての活動を活発化させている．

5）新たな担い手（2）―農業生産法人―

農業生産法人とは，**農地法**のもとで農地の所有や利用の権利を持つ会社形態の農業経営である．2012年1月現在，全国で12800社余りの農業生産法人がある．集落営農を除くと，その出自は，家族経営を基本に雇用を増やしてきた形や，数戸の農家が共同して法人を設立したものなどが多いと思われる．ただし，複数の従業員を雇用していても，人事や農作業の管理の水準が旧来の家族経営の域を出ていない法人も多く，現在まさに，家族経営から組織経営に移行する努力が行われている段階である．

中には，長野県の（株）トップリバーの嶋崎社長（「儲かる農業」竹書房，2009年），群馬県の（株）グリーンリーフの澤浦社長（「農業で利益を出し続ける7つのルール」ダイヤモンド社，2010年），千葉県の農事組合法人和郷園の木内社長（「最強の農家のつくり方」PHP研究所，2010年）のように，農業経営に関する著書のある法人経営者もいる．

業績をあげている農業法人に共通の特徴として，生産は個別の法人で行い，販売は仲間の農家や農業法人と共同して行っている形が多く見られる．いま挙げた3つの法人は，販売を共同で行うネットワークの中心となっている．

これらの経営の実現しているモデルは，図5のように様々な機能を持っている．ひとつの特徴は，会員である農家や農業法人は基本的には生産に専念しているが，共同で農産物を販売している点にある．中心となる農業法人は，販売や事務作業を担当する専任スタッフを雇用し，販売先からのニーズ情報収集と会員農家へのフィードバック，GAPや有機栽培・特別栽培などの認証取得，消費者との交流，生産資材の共同購入や購入先の斡旋，土壌検査・食味測定・技術相談などの外部検査組織への委託などを行っている．中心となる農業法人自身も生産を行うが，仲間の生産物を一緒に販売することによりロットが拡大するとともに，生産品目が増えることにより有利販売が可能になっている．このような機能は農協に類似しているが，構成員農家が明確な参加の意思を持って活動していることが特徴である．

図５　農業の基本的なビジネスモデル

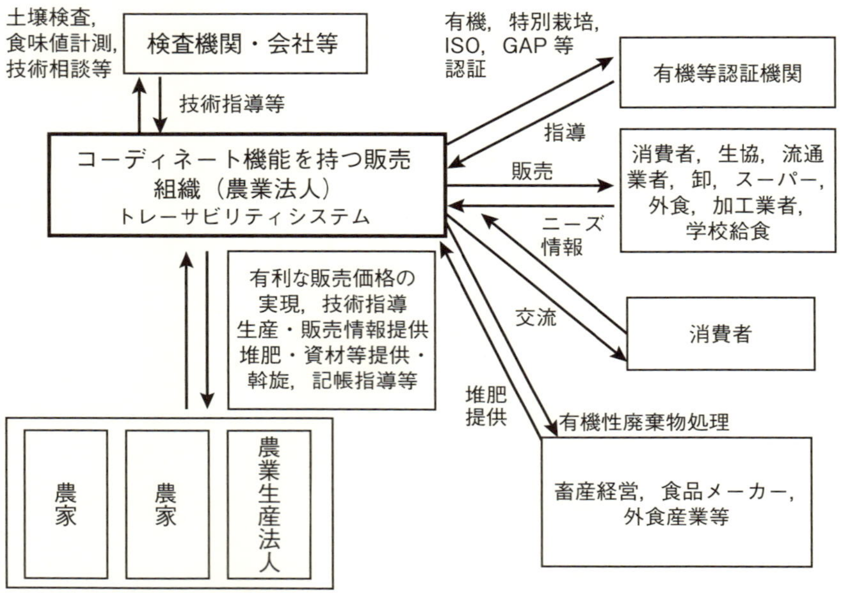

中心的な法人が加工工場などを保有し，生産と共に加工を行っている事例も多くなっている．このように多様化した事業活動は，**６次産業化**や農商工連携という言葉で表現されている．

ボックス３

６次産業化

農業生産だけでなく，加工や販売，グリーンツーリズムなどに取り組み，一体的に事業を行うことを６次産業化と言う．フードシステムの中で十分な価値を得るためには，農業生産だけでは限界がある．農村にある様々な地域資源や情報を生かして，一次産業・二次産業・三次産業それぞれの要素を組み合わせた商品やサービスを提供することにより，顧客の満足度を高めることが可能になる．例えば，歴史ある農家の建物を生かして，自家栽培や地域で収穫された農産物を使って郷土料理を作り，都市住民に提供するなどの取り組みがある．農業者が自分達だけで事業を実施する場合と，商工業者と連携する場合がある．農商工連携や農商観連携は，商業・工業・観光業などと連携して，同様の事業を行うことを意味している．

6）新たな担い手（3）—企業の農業参入—

農林水産省の調査によれば，2012 年 3 月現在，一般法人（企業）の農業参入は 838 社であり，毎年急激に増加している．2009 年の農地法改正により，借地の形であれば，株式会社等の一般法人の農地利用が全国どこでも認められるようになったことによる．法人の業務形態別には，食品関連産業が最も多く，農業・畜産業（農業生産法人の資格を持っていない法人），建設業などが次いでいる．農地法改正以前は，耕作放棄地などに限って，企業の参入を認めていたが，現在はそのような制約はなくなった．

企業を農業の担い手として，どう評価できるかはまだ定まっているとは言えない．農業技術を短期間に習得することの困難性や，生産における気象リスクなどを危ぶむ声もある．また，短期的な収益状況次第で，事業の撤退を図ることへの危惧もある．しかし，飲食店の人事管理システムや製造業の品質管理システムなどを農業に持ち込んで，合理的な農業経営を行う法人も多く，また，殆どの法人で販売を起点に生産を考える，**マーケットイン**型の経営が行われているなど，これまでの農業関係者にとって刺激になる経営が多いことも事実である．

特に最近の動向として注目されるのは，全国展開をしているスーパーマーケットによる農業生産の取り組みである．マーケティングを起点に農業生産を計画し，自社および関連会社による生産，流通，加工，販売というサイクルの中に自社農場の生産を位置づけている．自社農場と契約農場からの供給比率を高めて，市場からの仕入れを減らす方向性が，大規模なスーパーマーケットにより提示されていることにも注目すべきである．農業生産も含めて，フードシステム全体の構造が変化しつつある．こうした動向の背景には，日本のスーパーマーケットの収益率が低く，生産の合理化やコスト節減が求められている事実がある．

5. おわりに

本章では，若い皆さんにとって親しみのある食から入り，フードシステムを川下から川上に遡り，最後には農業の担い手にまで話を進めてきた．現在，食と農を連続的にとらえ，その上でそれぞれの関係する組織や農家の将来方向を考えることが重要となっている．また，川中・川下の企業や組織にも，同様の姿勢が必要である．さらに，フードシステムの各場面での関係者は，それぞれの主体が単独で行動するのではなく，生産に関する情報交換を行ったり，一緒に販売を行う仲間を作る必要がある．また，システムとして，川下のニーズに応じて，適切な供給が可能となるような仕組み作りが重要である．現在のフードシステムの担い手達は，農外からの参入企業も含めて，様々な連携を模索しながら，この仕組み作りに取り組んでいると評価できる．

●参考・引用文献

1　岸康彦「食と農の戦後史」日本経済新聞社　1996 年.

2　冬木勝仁・小林茂典 「今日の食品流通の見方・とらえ方」日本農業市場学会編『食料・農産物の流通と市場Ⅱ』筑波書房　2008 年.

第Ⅱ部 食料科学の魅力

農学の根源にある「食」をめぐる科学を考える

生態学でいう「食物連鎖（生食連鎖）」とは，ある生態系の生物群集のなかで，食う・食われるの関係でたどって見えてくる生物間の関係である．その関係の境界は，「食」という行為であり，ある生命を絶って別の生命を生かす自然の営みである．こう考えると，農業や漁業とは，人間の「食」に至るまでの生命の連鎖を制御・管理する産業と言える．そして，食料科学とは，その複雑な生命の連鎖を研究して，それを食料生産のシステムや技術の開発に応用し，さらに食の安全や品質を追究する科学と言えるだろう．もう一つの食物連鎖として，生物の枯死体の分解に係わる生物間の関係（「腐食連鎖」）がある．この連鎖で生じる二酸化炭素や無機態窒素などは，植物の生育に欠かせない栄養素であり，物質循環を成立させている．土壌中で起こっている生物間の腐食連鎖について，英国の土壌微生物学者，E. J. ラッセルは「農業労働の大部分は，土壌中の莫大かつ多様な生物集団を養うのに投入され，われわれは土壌生物の作用の副産物を得ているにすぎない」（「土壌の世界」E. J. ラッセル著，高井康雄・西尾道徳訳）と看破した．こうして，農業とは，腐食連鎖のコントロールに挑戦する行為とも言える．こうして，ヒトの口に入るまでの食べ物のルートには大きくて深い生物のつながりがある．

第Ⅱ部では，まず，土壌-植物生態系の基本的なこととそこでの物質の動きを概観し，「共生」を軸にして農地における微生物と植物の相互関係やウシのルーメン胃での微生物社会を紹介する（第4章）．次に，日本人の主食である米と稲作をめぐる知識を整理し，さらにご飯のおいしさを科学的に解き明かす．そして，野菜栽培の状況と環境との調和を考えた生産技術を紹介する（第5章）．次の章では，「おいしさ」について，生体側の感じる生理生化学的メカニズムと，食品側の化学性の両面から解説する（第6章）．特に，後者の観点では，水産物と畜産物を中心に調理の科学的解釈も含めて紹介する．最後に，食品の安心を保証する技術，伝統食品を安定して高品質で生産する技術，そして食の安全・安心を脅かす危害因子として，食中毒の原因となる魚介毒を中心に解説する（第7章）．

第Ⅱ部での各章のマッピング
「食べ物」は生態系の産物であり，生物間のつながりが内包されている

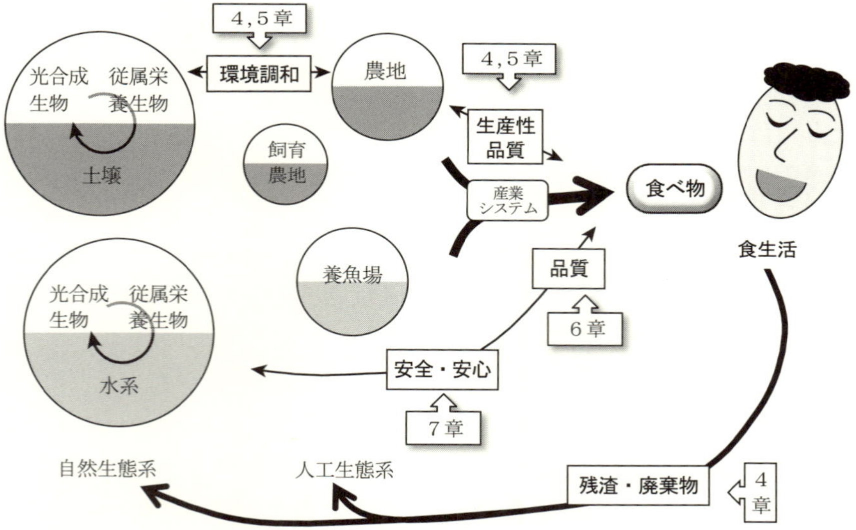

第4章　土・植物・動物のつながりを探る科学

太田 寛行・成澤 才彦

（茨城大学農学部）

キーワード

共役，食物連鎖，物質循環，共生，エンドファイト

概要

アフリカの草原を舞台にした弱肉強食の映像を見たことがあると思う．それは，食う-食われるの関係の瞬間であり，生態学的に見れば，一つの生命の死がもう一つの生命の存続につながった瞬間でもある．この関係は，食物連鎖の一つで“生食連鎖”という．土壌に目を転じると，枯死体や排泄物の分解の食物連鎖である“腐食連鎖”がある．国際生物学事業計画の志賀山研究サイト（亜高山帯針葉樹林）での分析では，光合成で太陽エネルギーの2.4％が固定され，生食連鎖には1.5％，残りの98.5％が腐食連鎖に入ると計算された．この観点に立てば，農業は農地で起きている「作物→植食者」という最初の生食連鎖の抑制と，腐食連鎖から無機態窒素などの作物栄養素を巧みに引き出す仕業と言える．前者では，植物病害という，植物と微生物の負の関係の制御も農業における大きな課題である．一方で，植物は微生物とプラスの関係も持っている．例えば，マメ科植物と根粒菌の共生関係である．カビ類と植物の関係はさらに多様で，病害に至る関係から相利共生の関係まで幅広い．植物体に内生する微生物はエンドファイトと呼ばれ，カビ類のエンドファイトは多様なものが知られている．その1種であるアーバスキュラー菌根菌（AM菌）は，地上部の生食連鎖にも影響を与えている．植物とAM菌の間では，栄養素の交換が

あることがわかっており，AM菌は作物生育の向上に利用されている．また，病害防除や環境ストレス耐性にも，根部エンドファイト（DSE）と呼ばれる糸状菌の利用が研究されている．土壌中の腐食連鎖は，酸素のあるなしで大きく変化する．湛水（たんすい）した水田土壌では，一連の微生物群で構成される嫌気的な食物連鎖が起こり，分解の最終生産物としてメタンが発生する．同じような嫌気的食物連鎖はウシなどの反芻動物の第一胃（ルーメン）のなかにもある．ウシは草食動物のように見えるけれど，ウシ自身は飼料の繊維成分は消化できず，ルーメンに住む微生物たちが分解している．ウシはその分解産物とルーメンで増殖した微生物を消化して生きている．農業の基盤は，生き物を育てることであり，その行為は生物の代謝を通じて外の環境との物質の受け渡しをともなっている．腐食連鎖から発生する炭酸ガスや嫌気的食物連鎖から発生するメタンは温室効果ガスである．農業における「土・植物・動物のつながり」は地球環境とも大きくつながっている．

1. はじめに

第Ⅱ部では，複雑な生命の連鎖を研究し，それを食料生産システムや技術の開発に応用して，さらに食の安全や品質を追究する科学として食料科学を位置づけた．本章の目的は，食料科学における生命連鎖の意味を理解し，生物間相互関係の実態を知り，さらにその応用を考えることである．具体的には，食物連鎖を介して物質が循環することを，農地から社会にまで拡大して解いてみる．また，植物と微生物間の共生関係の実態とその栽培技術への応用例を紹介する．

2. 生命生存の仕組み—食物連鎖

生物のエネルギーの源は太陽からの光エネルギーである．ここで，光合成のメカニズムを見てみよう．光合成反応では，光エネルギーが水（H_2O）の水素と酸素への開裂に使われ，生じた水素原子（[H]）は炭酸ガス（CO_2）と反応して有機物｛炭水化物，$(CH_2O)_n$｝ができる．化学反応式にすると次の通りである：

$$H_2O+CO_2+\text{光エネルギー}\rightarrow CH_2O+O_2 \quad (1)$$

両辺に6を掛ければ，有機物は$C_6H_{12}O_6$となってブドウ糖の化学式になる．(1) の逆反応は酸素呼吸の化学反応式である：

$$CH_2O+O_2\rightarrow H_2O+CO_2+\text{生化学エネルギー} \quad (2)$$

(1) と (2) の化学反応式を足し合わせると，

光エネルギー → 生化学エネルギー

となり，水 (H_2O)，二酸化炭素 (CO_2)，炭水化物 (CH_2O) は，反応式から消えてしまう．すなわち，二つの反応がかみ合うことによって，三つの化合物は増えも減りもせずに，光エネルギーが生物活動の生化学エネルギーに変換される．このような二つの反応のかみ合い方を“共役”という．上の二つの反応の共役関係を図1に示した．共役によって，酸素，炭素，水素は循環する．この循環こそが地球生命が生み出したエネルギー変換系であり地球の生物を支える基盤である．

植物のように光合成によって二酸化炭素を固定して有機物を合成できる生物を“**独立栄養生物**”という．一方，有機物を消費して酸素呼吸を行ってエネルギーを得る動物や多くの微生物は，“**従属栄養生物**”と呼ばれる．陸地全体で考えると，植物による光合成産物の約半分は植物自身の酸素呼吸に使われ，残りの半分が従属栄養生物によって消費される (Shively *et al.* 2001)．従属栄養生物による有機物の消費には二つの生態

図1　地球の生物による「炭素-水素-酸素」の循環と太陽光エネルギー変換の関係

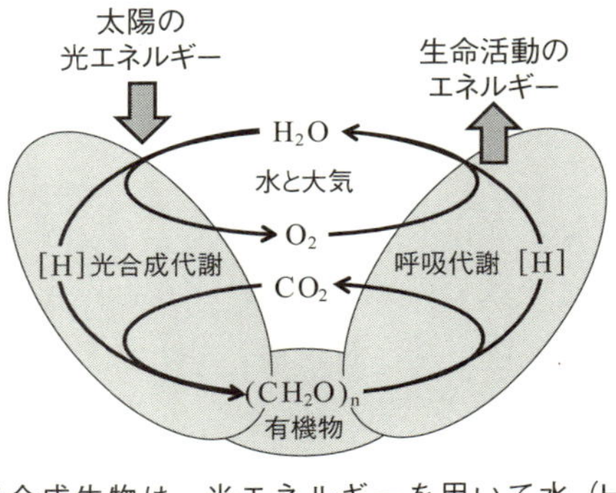

光合成生物は，光エネルギーを用いて水 (H_2O) を水素と酸素に開裂し，水素原子 ([H]) を炭酸ガス (CO_2) と反応させて有機物 {炭水化物，$(CH_2O)_n$} を作る．一方，従属栄養生物が行う酸素呼吸は，光合成と対称的な反応で，炭水化物から水素原子を取り出し，その水素原子を酸素で還元して水を生成する際にエネルギーを獲得して生命活動に利用する．

図２　志賀山亜高山帯針葉樹林地において生食連鎖と腐食連鎖の大きさを測定した例（Kitazawa（1977）と金子（2007）の図より改変）

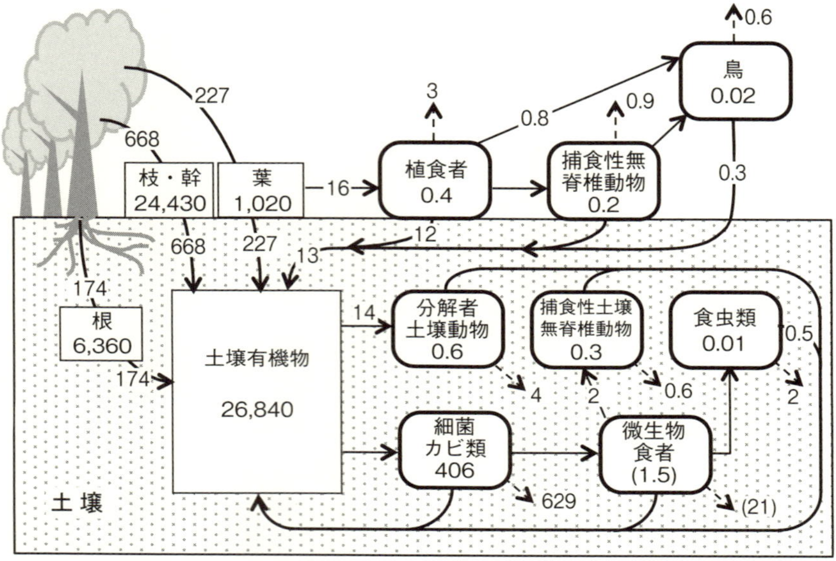

四角中および丸四角中の数字（単位は１平方メートル当たりのグラム乾物量）は，それぞれ枯死した生物体の量と生きている生物体の量を示す．太い矢印は腐食連鎖に関係する物質の流れを，細い矢印は生食連鎖の関係を示し，点線の矢印は生物の呼吸を示す．矢印に添えた数字（単位は年間１平方メートル当たりのグラム乾物量）は，生物枯死体の年間流入量（太い矢印），生物間の年間捕食量（細い矢印），および物質量に換算した生物の年間呼吸量（点線の矢印）を示す．括弧内の数値は推定値を示す．

学的なメカニズムがある．ここで，亜高山帯針葉樹林からなる志賀山特別研究地域での調査結果（Kitazawa 1977）を見てみよう．その調査では，植物体（葉，枝・幹，根）と従属栄養生物の量がグループ毎に測定された（図２）．生態学的なメカニズムの一つは，植物体から鳥に至る「食う–食われる」の食物連鎖であり，この食物連鎖は“**生食連鎖**”という．もう一つは，地面に落ちた植物の枯死体が一連の土壌生物によって分解される食物連鎖であり，“**腐食連鎖**”と呼ばれる．志賀山の研究地域に流入する光合成産物（葉，枝・幹，根）の量は，乾物重でみると，年間１平方メートル当たり 1085 グラムと算出された．その中で，生食連鎖で使われた量は年間1平方メートル当たり16グラム（1.5％）にすぎない．残りの98.5％は土壌の腐食連鎖に入ったことになる．この研究地域の呼吸量を，植物の呼吸を除いて計算すると，乾物換算で，生食連鎖では，年間1平方メートル当たり4.5グラム，腐食連鎖では，年間1平方メートル当たり657グラムとなる．すなわち，植物自身による消費を除外すれば，光合成産物の約99％は腐食連鎖に関わる生物，その中でも細菌とカビ類は年間1平方メートル当たり629グラムの呼吸量があり，これは全体の約95％に相当する．この計算結果からすれば，化学反応式（2）のほとんどを担うのは微生物たちと植物であると言える．

大きな役割を果たしている土壌微生物たちであるが，その姿はまだ全体の1％しかわかっていない．最近になって土壌のDNAを直接調べる手法（メタゲノミクス）で未知なる土壌微生物の探索が始まった．詳しくはボックス1を参照されたい．

3. 土壌での窒素をめぐる生物間のつながり

イギリスにあるローザムステッド農業試験場のブロードボーク小麦圃場では，1843年以来現在まで同じ肥料実験を継続している．その圃場で，毎年きゅう肥を1ヘクタール当たり35トン施用している実験区がある．**きゅう肥**とは，家畜の排泄物や家畜の敷きわらをわらと混ぜて腐熟させた有機質肥料である．ラッセルの教科書（Russell 1957）には，栽培試験を始めてから100年間に土壌窒素量がどのように変化したかのデータが載っている．きゅう肥施用試験区では，最初の50年間で土壌窒素含量が0.12％から0.21％に増えたが，その後の伸びは鈍くほぼ頭打ちの状態であった．頭打ちに見える状態は，投入された窒素量と同じ量が畑地から無くなっていることを意味する．単純に無くなった量は作物が吸収して利用した量と一致するのであろうか．ここで，土壌中での窒素の動きをたどってみる．

まず，きゅう肥中の窒素成分を分類してみると，**有機態窒素**（窒素を含む有機物）と**無機態窒素**（アンモニアと硝酸イオン）に大別される．

図３　土壌中の好気／嫌気条件下での窒素の動き

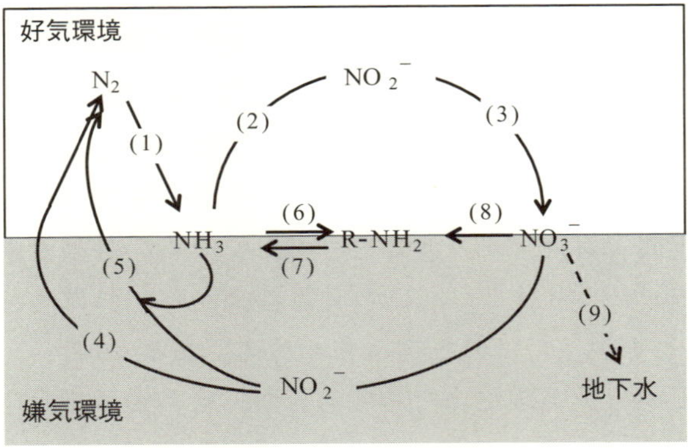

R-NH_2は有機態窒素を示す．図中の反応：(1) 窒素固定；(2) アンモニア酸化；(3) 亜硝酸酸化；(4) 脱窒；(5) アナモックス反応；(6) 有機化；(7) 無機化；(8) 同化的硝酸還元；(9) 流亡．(2) と (3) の反応は好気条件を，(4) と (5) の反応は嫌気条件を必要とする．その他の反応は，どちらの条件でも起こる．流亡は生物反応ではないので，点線で示した．

微生物がこれらの窒素の形態を変換し，窒素循環を駆動している（図3）．ここで，土壌に入った有機態窒素（図3ではR-NH_2と表示した）の動態を考えてみる．有機態窒素の物質の例としてタンパク質を考えると，土壌微生物によってタンパク質はアミノ酸に分解され，さらにアミノ酸は分解されてアンモニア（NH_3）を生じる（**無機化**）．アンモニアは作物に栄養素として利用される部分（**有機化**または**同化**）もあるが，土壌中の硝化菌によって酸化されて硝酸イオン（NO_3^-）になる（**硝化**）．正確には，この反応は，アンモニア酸化と亜硝酸酸化の２段階からなり，それぞれアンモニア酸化菌と亜硝酸酸化菌が役割を分担して，各酸化反応からエネルギーを獲得している．生じた硝酸イオンも作物の栄養素になる（**同化的硝酸還元**）．しかし，硝酸イオンはマイナスに荷電している土壌粒子には吸着されないので，地下水にまで逃げてしまう（流亡）．そのスピードは，ごく浅い地下水なら１年くらいと考えられている．また，脱窒菌の働きで硝酸イオンは窒素ガス（N_2）に変換される（**脱窒**）．このように，窒素の動きを詳細に追ってみると，窒素成分は作物に利用される部分もあるが，地下水や大気へ出てなくなってしまう部分もある．では，我が国の農業実態では，作物に利用される窒素の割合はどのくらいあるのだろうか？　露地栽培野菜，施設栽培野菜，果樹，茶やバレイショなどの普通作物，合計40種類について，供給した無機態窒素量（化学肥料＋堆肥由来）に対する作物の利用効率の調査データを解析した結果では，平均約40％であった（西尾 2001）．残りの60％は流亡か土壌微生物による脱窒で畑地から無くなる計算になる．ブロードボーク小麦圃場（ほじょう）のきゅう肥施用区をもう一度考えてみると，50年間きゅう肥を施用し続けたことによって，窒素投入と窒素損失（＝作物利用＋流亡＋脱窒）がほぼ釣り合う状態になったと推察される．正確には，窒素投入の方に，収穫残渣の窒素成分や土壌微生物による窒素固定，降雨や乾性降下物による窒素成分の流入も考える必要がある．

ボックス 1

土壌微生物学の新たな研究法：メタゲノミクス

NCBI（National Center for Biotechnology Information）のデータベース（http：//www. ncbi. nlm. nih. gov/genomes/lproks. cgi）を覗いてみると，ゲノム解読が完了した微生物株の数は1840にのぼり，現在でも5230の微生物株ゲノムの解析が進行している（2012年1月3日現在）．ゲノム解析が一般化するなかで，微生物を分離することなく，土壌から直接抽出・回収したDNAを丸ごと使って，土壌微生物群集全体のゲノムを解析する科学が始まっている．これは「メタゲノミクス」と呼ばれ，DNAの塩基配列を分析する装置（DNAシークエンサー）の著しい進化によって生まれた科学分野と言える．顕微鏡を使って土壌中の細菌を直接観察して計数する方法（直接検鏡法）は，人工培地で増殖させてコロニーを形成させて計数する方法（平板培養法）の約100倍高い結果を示すことが知られていた．その差は，培養困難な細菌が多く存在するためであると考えられている．その膨大な未知なる細菌の情報が，メタゲノミクスによって明らかにされることが期待されている．筆者らが，三宅島2000年噴火火山灰堆積物に住み始めるパイオニア微生物の群集をメタゲノミクスで解析した結果では，培養困難な鉄酸化細菌が数種存在し，それらは窒素固定や炭酸ガス固定に関わる遺伝子を持っていた．そのような鉄酸化細菌が無機的な火山灰堆積物に炭素や窒素をもたらし，多様な従属栄養微生物や植物が生育できる環境を作ると推察される．メタゲノミクスへの期待が膨らむが，課題がまだ沢山ある．例えば，データベースにある既知の遺伝子情報は，メタゲノミクスがもたらす膨大な塩基配列情報を解読するにはまだ足りない．引き続き，培養困難な微生物を分離する地道な努力や培養実験による生化学的情報の収集，分離した微生物のゲノムを解読してデータベースを拡充する研究がまだ重要である．

4. 人間社会での食料窒素の流れ

次に，収穫物として農地の外に出た窒素の動きを追ってみる．袴田（1999）は食料と飼料の量を窒素に換算して，産業間での窒素の流れを解析した．図4はその窒素フロー分析の結果のなかで1992年のデータだけ抜き出して作成したものである．これは，食物連鎖で生物間の体を通る窒素という見方を，産業間の関係に当てはめて分析したものと言える．産業は，加工業，畜産業，穀物保管の三つに分類し，人間の食という活動を「食生活」というカテゴリーにしている．図4では，食料だけでなく飼料の窒素量も含めているため，国内の収穫物から「畜産業」に流れる割合が比較的高くなっている（35％）．国内収穫物の25％が「加工業」に，21％が「穀物保管」に入り，直接，収穫物から「食生活」に入る割合は19％程度である．すなわち，作物の窒素成分の多くは，畜産業，加工業，穀物保管という三者の間を行き来しながら人間の食に到達している．さらに，この図から日本の産業社会での窒素循環の特徴が二つ見えてくる．一つは輸入食料・飼料の窒素量が，国内生産の量の1.3倍もある点で，日本の食料システムが輸入に大きく依存していることが分かる．二つ目は，輸入と国内生産を合わせた窒素量（1611キロトン）に匹敵する窒素（1665キロトン）が環境中に排出されている点である．また，この排出窒素量の34％に相当する化学肥料の窒素（572キロトン）が別経路で環境中に入る．袴田（1999）の計算では，化学肥料を除いた食料システムの経路で環境に入った窒素量は，1960年で609キロトン，22年後の1982年には1446キロトン（この間の増加速

図 4　食料・飼料を介した窒素の動態（袴田（1999）より改変）

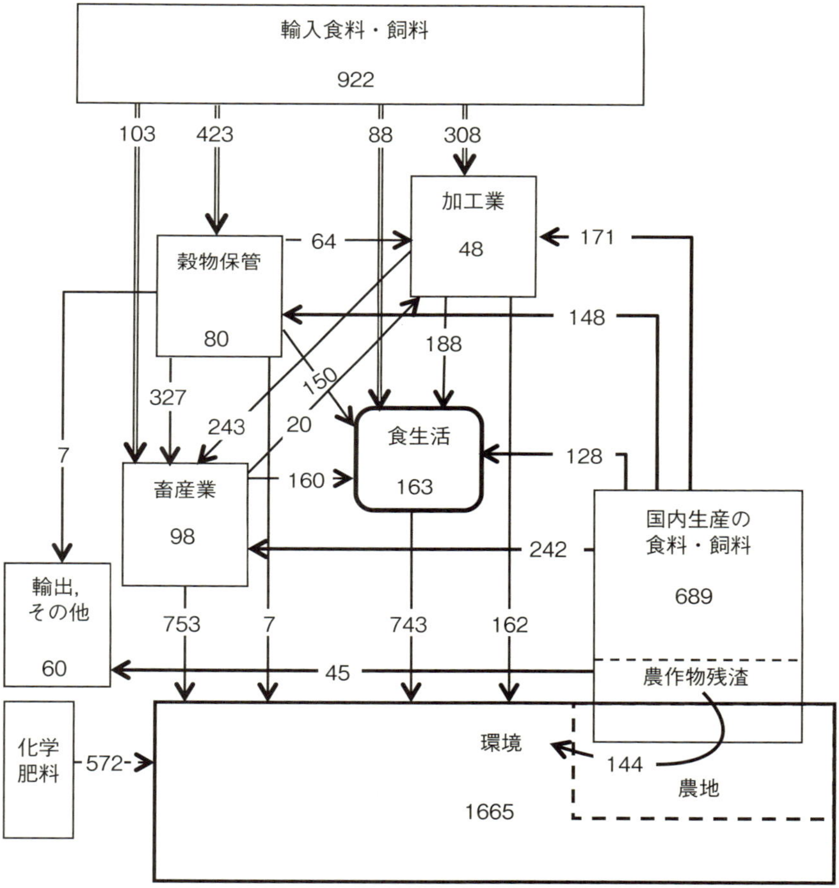

数字は，我が国での 1992 年における食料・飼料の動きを窒素量（キロトン）に換算して表している．太い矢印は，国内生産から発する経路を，二重線矢印は，輸入食料・飼料に由来する経路を示す．細い矢印は産業間と環境への排出の経路を示す．

度，38 キロトン / 年)，1987 年には 1547 キロトン（この間の増加速度，20 キロトン / 年）であり，1987 年から 1992 年の間での増加速度は 24 キロトン / 年と算出される．このような窒素負荷速度に対して，ブロードボーク小麦圃場での窒素動態で考えたのと同じように，微生物による脱窒や流亡の速度が高まっていることが推察される．流亡窒素の行く末は河川を経た海洋であり，最近になって沿岸域の窒素汚染が深刻化している（米国の例では，Fulweiler *et al.* 2007）．さらに，脱窒の過程では，中間産物として，炭酸ガスの約300倍の温室効果がありオゾン層破壊ガスでもある亜酸化窒素が発生する（楊 1994）．このように，人間社会での窒素フローの増大は環境問題と密接に結びついている．

5. ミクロな生物間のつながり―植物と微生物間の共生と寄生

さて，ここからは生産者である植物と分解者である微生物の巧妙な関係を解説する．植物の根からは，糖，アミノ酸，さらにビタミン類等の栄養物が分泌されるため，それらを求めて多くの微生物が集まる．集まった微生物は，植物から栄養物の提供を受けることはもちろんであるが，その見返りとして土壌中の窒素やリン酸等を植物に供給し，相互に利益を得る共生関係を築いている．ここでは，このような植物と微生物との相互作用，特に共生関係を考えてみよう．まず，強固な相互関係があり，古くから共生のモデルとしても知られている菌類と藻類の共生体である**地衣**を取り上げる．次に，空中の窒素を固定できる細菌とマメ科植物との間に形成される**根粒**を，そして最後に緩やかな共生のモデルとして菌類と植物の根との共生体である**菌根**を取り上げる．

地衣は菌類と藻類の共生体であり，樹木の幹や岩石などの表面をよくみると見つけることができる．小さいものは，直径数ミリメートルのものから，大きいものは3メートルも超える．熱帯から寒帯の広い温度帯に分布する樹木，高山から砂漠にまでにある岩石，さらには大気が清浄な環境から汚染された市街地など，地球上のあらゆる環境に分布している．

パートナーである菌類と藻類との組み合わせは，通常は1対1の関係であるが，その相互の組合せは決まっておらず，さまざまな共生菌が様々な共生藻と地衣体を構成することができる．一般に，地衣体の基底部は共生菌の菌糸から成り，藻類はその上層内部に存在する．藻類は光合成によって得た炭素源や窒素源を菌に与え，一方，菌類は藻類に水分や無機塩類を与える．また，地衣類は他の生物が生育できない岩や樹木の幹などの表面に生息することが可能であるが，これらへの定着も菌類が担当している．地衣類を構成する菌類や藻類は，自然界では単独で生存できないほど強固な共生関係を築いて共存している．

根粒菌は土壌中に広く生息している細菌である．根粒菌が宿主であるマメ科植物の根に出会うと，双方から分泌されるシグナル物質により互いの存在が認知され，根粒細菌は，マメ科植物の根に侵入を試み，マメ科植物は細菌の侵入を受け入れ細胞内に根粒を形成する．根内部では，根粒細菌が空気中の窒素を固定して宿主植物へ供給する．一方，マメ科植物は光合成による炭素源を細菌に与え，また根粒内を嫌気的に保って，細菌が行う窒素固定に必要な環境としている．マメ科植物は，根粒菌との共生により，窒素肥料に乏しい土壌でも旺盛な生育が可能となる．

菌根菌は植物の根の細胞間隙や細胞内に定着し，菌根と呼ばれる特徴的な構造物を形成し，相互間で共生関係を成立させる．菌根菌は，水中，砂漠，熱帯多雨林から高緯度地方に至る世界中の地域において豊富に存在する．特に低温，貧栄養，乾燥等，植物にとってストレス環境下では，ほとんどの植物が菌根菌と共生しており，植物は共生関係無しでは生育できないとまで考えられている．植物はその光合成産物である糖類を菌根菌に与え，菌根菌は土壌から吸収した窒素やリンなどを植物へ供給する．また，菌類の宿主植物の根組織への侵入様式によって，タイプ分けされている．

菌根菌としては，植物根細胞に内生して特徴的な樹枝状体（アーバスキュル）を形成するアーバスキュラー菌根菌が良く知られており，草本植物を中心に広い宿主範囲を有する．アーバスキュラー菌根菌は，菌類としては大型（直径 50 ～ 500 マイクロメートル）の胞子を形成し，菌糸細胞内に数千の核を有している．胞子は好適な環境条件下で発芽し，宿主となる植物根を求めて土壌中で菌糸を伸長させる．菌糸が根に出会うと，根表面に付着器を形成し，そこからさらに菌糸を根の細胞間隙，細胞内に侵入し，細かく分岐した菌糸からなる樹枝状体を形成する．これに対し，外生する菌根は，主に樹木を宿主とする．菌糸が根組織の表面を取り囲み菌鞘とよばれる菌糸層を形成し，また，内部ではハルティヒネット（細胞間菌糸のネットワーク）と呼ばれる特徴的な形態を示す．これら外生菌根菌の多くは，子実体であるキノコを形成する．その代表的なものとしてマツに共生するマツタケが知られている．

このように微生物と植物や藻類との共生関係は，お互いが完全に依存している関係から単独でも生育可能なゆるやかな関係まで様々なタイプが知られている．ここで，宿主側の植物についてもう少し詳しく見てみる．マメ科植物は，一般にアーバスキュラー菌根菌の宿主植物であるが，ルピナス属だけは菌根を形成しない．さらに，アブラナ科，アカザ科などの植物でも菌根菌が認められない．これらの植物では，根から有機酸などを分泌することにより，自身で難溶性のリン酸塩からリン酸を調達することが可能であり，自身の養分獲得能を高めたことにより，菌根菌との共生を必要としないで生育できると考えられている．しかし，このような植物であっても，条件を整えると共生関係を結ぶことができる菌類エンドファイトが存在することも明らかになってきた．植物体に内生する微生物はエンドファイトと呼ばれ，特にカビ類のエンドファイトは多様なものが知られている．

ところで，この微生物と植物の関係はさらに多様で，共生ばかりでなく病害に至る寄生関係まで幅広い．この微生物による寄生という現象は，多くの植物病原菌の行動としても知られ，今でも植物病害という，植物と微生物の負の関係の制御は農業における大きな課題である．世界における栽培作物の生産量の約三分の一が病害虫や雑草によって失われているとされており（難波 2008），世界の人口が 70 億人にせまる現在でも食料危機の話題に事欠かない．さらには，2050 年に 90 億人に達する世界の人々をどのように養うのかと多方面から議論がされている．そして，その一つの答えが，病害虫による作物の喪失を減らすことであるのは言うまでもない．また，そのために化学農薬などが果たしてきた役割は多大であったし，現在でも病害虫を制御する手法としての有用性は疑うまでもない．しかし，ここでは，病害を生じる病原菌を作物生産における単なる敵とばかり認識せずに考えてみる．

かつては，この病原菌などによる**寄生**と共生は，全く別の現象と考えられてきた．そのため，病原菌を制御することを中心に研究が進められてきた．しかし今では，関係する生物相互のバランスによって双方が利益を得る状態（相利共生）から片方が利益を得てもう片方が被害を受ける状態（寄生）まで連続して移行する例が多く知られるようになり，互いにはっきりと分離できないこともわかってきた．今では，共生がむしろ普遍的な現象であり，生態系を形成する基本的で重要な関係の一つであることが認識されている．共生という関係は，相利共生や寄生といった関係をすべて含む上位概念としてとらえられているのである．すなわち，条件によっては，植物に寄生性を示し，あるいは共生関係を結ぶことができる微生物も存在するのである．作物生産において，病原菌を単純に敵と見なすだけでは不十分であることが次第に明らかになってきた．

6. 生物間のつながりを利用する—エンドファイトの農業利用

そこで，この植物と微生物の広義の共生関係に関する農業利用に関して，エンドファイトを取り上げ具体的に考えてみる．

エンドファイトとは，生きている植物体の組織や細胞内で生活する生物のことである．すなわち，エンドファイト＝endophyte は，endo（within）と phyte（plant）からなる呼称で，細菌類や菌類などの微生物はもちろんのこと，広義にはヤドリギに代表される寄生植物まで含まれる（Kirk *et al.* 2008）（図 5）．一方，宿主となる植物は，コケ，シダ，地衣類や，草本植物，そして木本植物にわたる大部分の植物種が報告されている．さらにその植物の根，葉，茎，および幹など，さまざまな部位をすみかとすることもわかってきた．これらエンドファイトは，生活史の上で，そのすべてを植物体内で過ごすものもあれば，少しの間だけ植物内で生活するものも存在する．

図５　根部エンドファイトが定着した植物（ハクサイ）根（横断面）

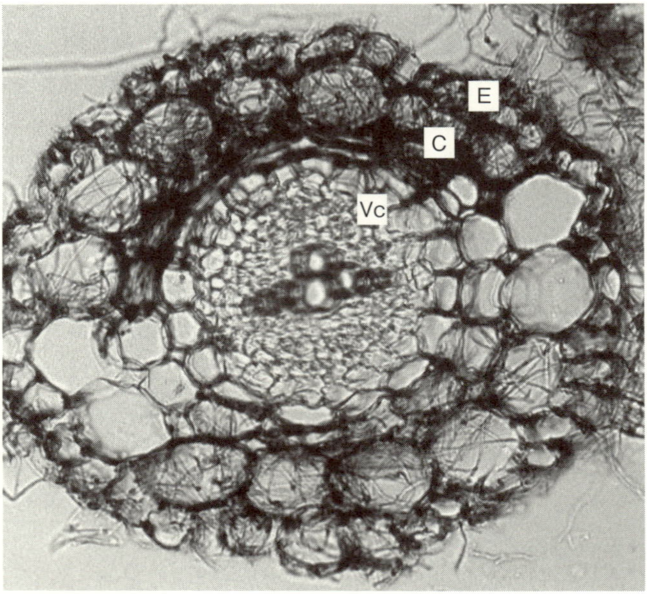

黒色に見えるのがエンドファイトの菌糸である．細胞間隙および細胞内に認められる．表皮（E）および皮層細胞（C）には定着しているが，維管束（Vc）には侵入していない．この定着様式により植物に病害を生じない．

この定義からすると，菌類だけに限定しても，上述の菌根菌もエンドファイトである．また，イネ科植物などの茎葉部にみられる茎葉部のエンドファイト（いわゆるグラスエンドファイト）は，研究例も多く，エンドファイトという用語から，多くの人が連想するのがこの菌類グループであると思う．このようにエンドファイトは，多くの異なる菌種を含む大きなグループである．

ところで，この菌根菌とエンドファイトは別々に扱うことができない事実も存在している．アブラナ科植物であるハクサイと共生関係にあることがわかったエンドファイトをツツジ科植物に接種してみた．その結果，ツツジ科植物の菌根菌に特徴的なコイル状の構造物を根の細胞内に

図６　エンドファイト接種による植物（ユーカリ）の生育促進効果

左が対照区，右がエンドファイト接種区である．土壌中の窒素源を植物が利用しにくい有機質にすることでその効果が顕著に現れる．

形成した．この接種試験の結果より，ハクサイではエンドファイトとして，宿主をツツジ科植物に変えると菌根菌として植物の生育を支えていることが明らかとなった（Usuki and Narisawa 2005）．もちろん，森林では，ツツジ科植物ばかりでなく，森林に分布している他の草本植物，マツ等の木本植物にもエンドファイトの存在が認められている．このようなエンドファイトの存在量についてはボックス２を参照されたい．

これらエンドファイトや菌根菌は，地上部の生食連鎖にも影響を与えている．植物と菌根菌の間では，栄養素の交換があることがわかっており，菌根菌は作物生育の向上に利用されている．また，病害防除などの環境ストレス耐性にも，糸状菌エンドファイトの利用が研究されている．

このようなエンドファイトと植物との関係では，生育促進効果がよく知られている（図6）．この関係は，植物単独では利用しにくい窒素源等が土壌中にあると顕著に現れ，エンドファイトが植物へ窒素を供給し，生育を助けていることがわかっている．植物が単独で利用できる化学肥料だけを施肥すると，この関係は成立しない．また一方で，エンドファイトは，宿主から光合成産物由来の炭素源を獲得する，いわゆる共生関係にあることも明らかとなった（Usuki and Narisawa 2007）．この炭素源を利用し，エンドファイトはバイオマスを増加させ，ますます植物に窒素源を供給することができるようになる．例えば，高山帯に自生するスゲ属植物の健全な側根にはエンドファイトが定着していることが報告されている．実験室内で無菌的に育てたスゲに分離したエンドファイトを接種し，一定期間生育させた．その後，スゲを回収し，乾燥して重さを測定したところ，地上部および地下部の両方で生育促進効果が認められた．さらに，スゲのリン酸含有量を求めたところ，エンドファイトを接種することによりリン酸含有量が増加することも明らかになっている．また他の例では，エンドファイトがワタの根内にすみつくことで，開花期には草丈が２倍以上に伸長し，植物体中のリン酸含有量も倍加することも報告されている．エンドファイトが植物に積極的にリン酸を供給することで生育を促進すると考えられている．

農作物の土壌病害は，連作することから生じ，難防除病害として知られている．一般的な防除方法として，土壌消毒剤が使用されているが，地球環境に対する意識の高まりもあり，このような土壌消毒剤に頼らない栽培体系が世界各国で研究されている．そのため，エンドファイトなど微生物利用が最も期待されている分野である．最も有名な例は，サツマイモつる割病防除に効果を示す非病原性フザリウム・オキシスポラム（*Fusarium oxysporum*）であろう．エンドファイトは根内に定着できるため，複雑な環境要因である土壌の影響から回避できることで比較的防除効果が安定する．一方，根部エンドファイト，ヘテロコニウム・ケトスピラ（*Heteroconium chaetospira*）もハクサイの根こぶ病抑制に効果を示す．さらに，同エンドファイトは，ハクサイの地上部病害である黒斑病等にも効果を示すことが報告されており，宿主に抵抗性を誘導することが推察されている．この抵抗性誘導は，ハクサイ黄化病を抑制する根部エンドファイトでも報告されており，エンドファイトによる病害抑制メカニズムの主要因になっていることが推察されている（Morita *et al.* 2003).

また，エンドファイトが定着した植物は，病害虫ばかりでなく環境ストレスにも強くなることが知られている．例えば，エンドファイトに感染しているトールフェスクは，乾燥に強くなることが知られている．エンドファイトに感染した植物には，気孔開閉を調節することができるようになり，さらに葉が厚くなる．このために葉が早めに巻くなどの形態的変化が起こって，蒸散を抑制し体内水分を保持しているようでる．また，エンドファイトが感染した植物の根張りがよくなることも報告され

ボックス 2

エンドファイトはどれくらいいる？

森林土壌 1 g には，どれくらいの微生物がいるのか？この答えは今の地球の人口にほぼ等しい．すなわち 60 億，70 億である．森林は微生物の宝庫なのであり，エンドファイトも数多く分離されている．森林に微生物が豊富なのは，その植生の豊かさにある．したがって，植物種が多様になるほど微生物も多様になる．エンドファイトの種類や数は，植生等の環境要因が決め手になる．

ではエンドファイトはどれくらいいるのか？具体的に数字で考えてみよう．地球上の菌類は約 9 万種が知られている．しかし，これら既知種は，全体の数％にすぎず，未知の多様な菌類がその十倍から数十倍まで存在する．最近になって，ようやく認知され始めたエンドファイトにも，未知の多様な菌類が存在すると考えられている．特に，北から南まで気候風土が異なり，エンドファイトの研究が盛んな欧米等に比較して糸状菌相が豊かな日本では，未知のエンドファイトが多様に存在し，植物単独では利用できない窒素源等を植物に供給し，異なる種の植物間でネットワークを形成するなど自然生態系で重要な位置を占めていると考えられる．

菌類の中でエンドファイトはどれくらいの割合なのか？この疑問に答えるために，今までの分離結果をまとめてみた．最も多くのエンドファイトが分離されたのは，亜高山帯等で土壌肥料成分が少ないとか気温が低いなど，植物に大きなストレスのかかる環境で，菌類全体の中でのエンドファイトの割合は約 3.0％であった．以上のデータから考えると，エンドファイトは少なくとも数万種は存在することになる．

ており，このことも耐乾性に関与している．

7. 食物をめぐるウシと微生物の共生―嫌気的食物連鎖

最後に，微生物と動物の共生の例として，ウシの**ルーメン胃**（ウシの四つ胃のなかの第一胃）での微生物世界を紹介する．ウシが食べる草や飼料は繊維質（セルロースやヘミセルロースなどのポリマー）に富み，それらを分解できるのは微生物に限られている．そこで，ウシと微生物の共生が生まれる．ルーメン胃にはそのような繊維質分解菌が多く存在して働きウシの生存を支えている．もう少し詳しく見ると，繊維質の分解には一連のステップがあり，各ステップで特異的な微生物グループが働いている（図 7）．まず，セルロースやヘミセルロースなどのポリマーを分解する微生物グループが働いて，セロビオースやブドウ糖など

図 7　好気条件と嫌気条件での物質分解過程と微生物生態系の違い

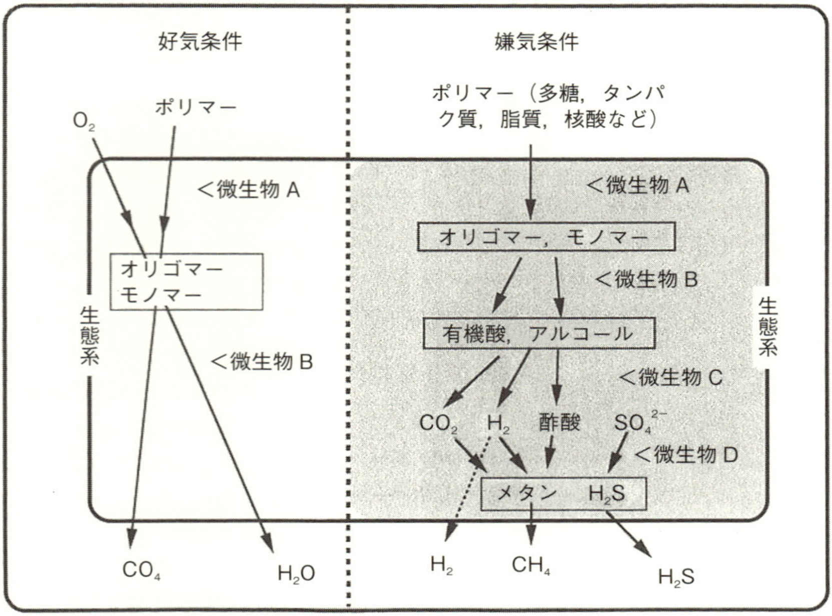

の二糖や単糖が生じる．次のステップでは，別なグループがこれらの基質を発酵して有機酸やアルコール類を生産する．さらに，これらの化合物を炭酸ガスや水素ガス，酢酸などに変えるグループがいる．最後に，メタン生成菌が働いてメタンに変換する．このプロセスは，嫌気環境で起こり，「**嫌気的食物連鎖**」と呼ばれる（Gottschalk 1985；永井 1993）．酸素が使える条件（好気条件）では，このような協同作業の物質分解は起こらない．ウシは，嫌気的食物連鎖で出てくる有機酸を栄養にしていると同時に，ルーメン胃で増殖している微生物や原生動物を消化して栄養にしている．ウシは，草食動物に見えるが，実際には胃袋で微生物を増やして食べている“微生物食者”である．

ルーメン胃のなかで発生したメタンはウシの“げっぷ”で大気に出る．メタンは炭酸ガスの約 20 倍の温室効果があり，ウシのような反芻動物由来のメタンの発生総量は，地球温暖化の問題とも関係する（八木 1994）．さらに，嫌気的食物連鎖は，水を張った時期の水田土壌や湿地でも生じており，メタン発生の場は広く存在している．こうして，食料生産をめぐる「土・植物・動物のつながり」は地球環境にも大きな影響を及ぼしている．

8. おわりに

農業は，持続性という特質を元来有するものである．農業化学の研究者は，その持続性を徐々に理解しながら，化学肥料や農薬の開発と改善に努めてきた．その「徐々なる理解」の内容は，物質循環であり，複雑な生物間の関係である．こうして，農薬の選択毒性（特定の病原菌や害虫に対して毒性を示し，それ以外の生物には害を与えないこと）を高め，残留性を下げるような研究が進んだ．さらに生物間相互作用に関する理解が進むにつれて，化学物質ばかりでなく，エンドファイトのような生物を利用した技術が可能となり，その重要性も認識されてきた．一方，非持続的な農業による環境汚染は，過去においては局所的（例えば，農薬資材による土壌汚染）であったが，物質循環の理解が進み，農地からの温室効果ガス（メタンや亜酸化窒素）の発生が地球環境問題につながっている．食料生産という課題に加えて，地球環境の持続性を視野に入れた農学の展開がますます重要になっている．

● 参考・引用文献

Fulweiler, R.W., Nixon, S.W., Buckley, B.A. and Granger, S.L.（2007）Reversal of the net dinitrogen gas flux in coastal marine sediments. Nature 448 : 180–182.

Gottschalk, G.（1985）Bacterial Metabolism, Second edition. Springer–Verlag, New York, 359 pp.

袴田共之（1999）食料システムと物質循環．『地球の限界』（水谷　広編）pp. 78–92 日科技連，東京

橋元秀教（1976）自給肥料．『植物栄養・土壌・肥料大事典』（植物栄養・土壌・肥料大事典編集委員会編）pp. 1233–1238 養賢堂，東京

金子信博（2007）土壌生態学入門―土壌動物の多様性と機能．東海大学出版会，神奈川．

Kirk, P. M., Cannon, P. F., Minter, D. W. and Stalpers J. A. eds.,（2008）Dictionary of the Fungi 10th Edition, CABI, Wallingford,

Kitazawa, Y.（1977）Ecosystem metabolism of the subalpine coniferous forest of the Shigayama IBP area, pp. 181–188. Kitazawa, Y. ed., Ecosystem Analysis of the Sunalpine Coniferous Forest of the Shigayama IBP Area, Central Japan. University of Tokyo Press, Tokyo

Morita, S., Azuma, M., Aoba, T., Satou, H., Narisawa, K. and Hashiba, T.（2003）Induced systemic resistance of Chinese cabbage to bacteria leaf spot and Alternaria leaf spot by root endophytic fungus, *Heteroconium chaetospira*. Journal of General Plant Pathology 69 : 71–75.

永井史郎（1993）嫌気性微生物のエコロジー．嫌気微生物学（上木勝司，永井史郎編）pp. 1–16 養賢堂，東京

難波成任（2008）植物医科学　上（難波成任編）p. 336 養賢堂，東京

西尾道徳（2001）農業生産環境調査にみる我が国の窒素施用実態の解析．日本土壌肥料学雑誌 72 : 513–521.

Russell, E.J.（1957）The World of the Soil. Collins Clear–Type Press, London & Glasgow, 237 pp.（高井康雄，西尾道徳訳（1971）土壌の世界．講談社，東京，286 pp.）

Shively, J.M., English, R.S., Baker, S.H. and Cannon, G.C.(2001)Carbon cycling：the prokaryotic contribution. Curr. Opin. Microbiol. 4：301–306.

Usuki, F. and Narisawa, K.(2005)Formation of ericoid mycorrhizal structures by the root endophytic fungus *Heteroconium chaetospira* with *Rhododendron obtusum* var. *kaempferi*. Mycorrhiza 15：61–64.

Usuki, F. and Narisawa, K. (2007) A mutualistic symbiosis between a dark, septate endophytic fungus, *Heteroconium chaetospira*, and a non-mycorrhizal plant, Chinese cabbage, with bi-directional nutrient transfer. Mycologia 99：175–184.

楊　宗興 (1994) 亜酸化窒素．土壌圏と大気圏－土壌生態系のガス代謝と地球環境 (陽　捷行編) pp. 85–105 朝倉書店，東京

八木一行（1994）メタン．土壌圏と大気圏－土壌生態系のガス代謝と地球環境（陽　捷行編）pp. 55–84 朝倉書店，東京

第5章　稲と野菜の科学

新田 洋司・佐藤 達雄

（茨城大学農学部）

キーワード

稲（イネ），環境保全型生産，栽培，品質，品種，野菜

概要

世界のイネの作付面積は1億5920万ha（2011/12年．USDA「World Agricultural Production」），生産量は4億6580万トンである（2011/12年．USDA「World Markets and Trade」）．米の生産量が多い国は，中国（1億4070万トン），インド（1億530万トン），インドネシア（3760万トン），バングラデシュ（3370万トン）で，日本は765万トンである（いずれも精米）．アジアだけで世界の生産量の9割を占めている．東南アジアにおける栽培イネは日本型（ジャポニカ），インド型（インディカ），ジャワ型（ジャワニカ）の3亜種に分けられる．さらに，日本型とインド型を交雑させた日印交雑品種やハイブリッド品種などもある．それぞれに多様な品種があり，地域の気候や管理技術，社会的ニーズなどによって品種が選択され栽培されている．

イネの収量や品質は気候変動に大きく左右される．とくに近年は，大気中の二酸化炭素濃度が上昇し，イネ生育期間の気温が高くなってきているが，それらが収量や品質に及ぼす影響が科学的に解明されてきた．一方，北海道や東北地方では，数年に1度の割合で冷害の被害に見舞われている．このような気候変動の影響は食卓にまで及ぶ身近で重大な問題である．

日本人の主食である米の品質評価の観点の一つは，おいしいかどうかである．

食べたときにおいしいと感じる飯（炊飯米）の形質や，それを左右する要因・成分を概説する．

食のグローバル化に伴い日々，世界から新たな食材が導入されているが，野菜の品目数も増えつづけ，その分類は多様化している．中には，ジャガイモ「男爵薯」，イチゴ「とちおとめ」などのように品種名まで一般消費者に浸透している野菜も少なくない．

ダイコン，キャベツなどは一般に露地圃場（ほじょう）で省力的に栽培され，収益は栽培面積に大きく依存する．このような作物を土地利用型作物という．これに対してイチゴ，ホウレンソウなどはその生産に多大な労働力を必要とし，投入できる労働力が生産規模を決定することとなる．このような作物を労働集約型作物という．施設園芸は労働集約型作物の生産性向上に貢献してきた．これは施設内で生産環境を調節しながら作物の栽培を行う技術であり，現代ではさらに植物工場へ進化を続けている．

環境保全型農業とは，農業の持つ物質循環機能を生かし，生産性との調和などに留意しつつ，環境負荷の軽減に配慮した持続的な農業を指す．野菜の生産では，近年，農薬や肥料の大量投入が問題になっている．有機質資材への転換や病害虫代替防除技術への転換のためには，その特性をよく把握するとともに，必要時に必要な量だけを使用することが重要である．

1. はじめに

日常生活の中で食事の中心となる食物が主食であり，主食により人間は必要なエネルギーを摂取している．日本をはじめ中国，韓国などの東南アジア諸国では主食は米であり，長い栽培の歴史がある．近年は種々の気候変動によって米の収量や品質への影響が顕著になってきた．一方，米を主食とした食事では，副食の一部として**野菜**が食されている．野菜は食用となる植物であり，食用とする部位は，根，茎，葉，花などの器官である．近年は野菜の種類や食用部位ばかりではなく生産技術も多種・多様化してきた．この章では，米と稲作をめぐる知識を整理し，飯（炊いた米）のおいしさを科学的に概説する．そして，野菜栽培の現況と環境との調和を考えた生産技術を紹介する.

2. アジアにおける稲作の普遍性と地域固有性

田や畑で比較的大規模で粗放的に栽培される作物を**農作物 field crop**という. 農作物は, **食用作物 food crop**（主食となるか主食に準ずる作物, または歴史上, 主食となった作物）, **工業原料作物 industrial crop**（砂糖, 茶などの生産のために工業原料となり加工される作物）, **飼料作物 forage crop**（家畜のえさ）に分けられる. 人は食用作物のうちとくに穀物から生活に必要な多くのエネルギーを得ている. 穀物の中でも**コムギ wheat**, **イネ rice**, **トウモロコシ corn** は**世界三大穀物**とよばれ, 生産量が多い. ここでは, アジアにおける主要食用作物であるイネと, その子実で食用対象である米について概説する.

(1) イネの三つの亜種

イネ（学名：*Oryza sativa* L.） はイネ科（Gramineae）イネ属（Oryza）の植物で, 収穫物は米である（図1). イネの穂についた子実 grain（種子）が籾で, 籾から籾殻を外した子実の本体が**玄米 brown rice** であり, 受精した子房が肥大したものである. 玄米には**胚 embryo** と**胚乳 albumen (endosperm)** とがあり, 通常食べる際には胚乳の外側の部分を約10％削り取り精米（精白米）として利用する. なお, **穂 panicle** から籾を外して集める作業が脱穀, 籾から籾殻を外して玄米を得る作業が籾すり, 玄米から精米を得る作業が搗精（とうせい）または精白とよばれる.

世界におけるイネの栽培面積は1億5920万ha（2011/12年. USDA「World Agricultural Production」), 精米生産量は4億6580万トンである（2011/12年. USDA「World Markets and Trade」). 国別には中国（1億4070万トン), インド（1億530万トン), インドネシア（3650万トン), バングラデシュ（3370万トン）の順に多く, アジアだけで世界の生産量の9割を占めている.

イネを栽培する土地が田（田んぼ）であり, 湛水（たんすい）させて栽培する田は

図 1　イネの穂（左）と子実（右）（星川 1975）

水田 paddy field とよばれる．水田で栽培されるイネが**水稲 paddy rice**，畑で栽培されるイネが**陸稲 upland rice（りくとう，おかぼ）**である．わが国では水稲は 163 万 ha で栽培され，平均収量は 10 a 当たり玄米で 522 kg である（農林水産省 2010 年）．一方，陸稲は水稲に比べて収量が少なく（玄米平均収量 261 kg/10 a），天候に左右されるうえ，毎年同じ畑で栽培すると収量が低下する**連作障害 injury by continuous cropping** が発生するため，栽培面積は 2890 ha（農林水産省 2010 年）と少ない．

世界で栽培されるイネの大部分は**アジアイネ（*Oryza sativa* L.）**である．西アフリカのニジェール川流域では**アフリカイネ（*Oryza glaberrima* Steud.）**が栽培されているが，生産量はわずかである．

東南アジアにおける栽培イネは**日本型 japonica（ジャポニカ）**，**インド型 indica（インディカ）**，**ジャワ型 javanica（ジャワニカ）**の 3 亜種に分けられる（図 2）．

日本型は，草丈が比較的低く，茎と穂の数が多い．子実の形は短粒（短粒種とよばれる）で丸みを帯びている．おもに，日本や中国の北部

図２　アジアイネの３亜種．左から日本型，ジャワ型，インド型（Hoshikawa 1989）

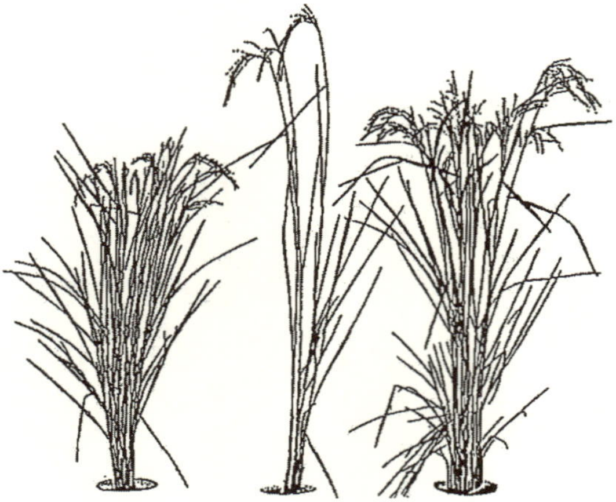

から中部などの温帯地域で栽培されている．インド型は，草丈が比較的高く，茎と穂の数が多い．子実の形は長粒（長粒種とよばれる）で細い．おもに，中国の中部から南部，タイ，ベトナム，インド，インドネシア，マレーシア，バングラデシュ，フィリピンなどの熱帯・亜熱帯地域で栽培されている．ジャワ型は，草丈が高く，茎と穂の数が少ない．子実は幅が広く大きい．おもに，アジアの熱帯高地，イタリア，スペイン，アメリカなどで栽培さ

ボックス１

ネリカ（New Rice for Africa, NERICA）

アジアイネ（*Oryza sativa* L.）とアフリカイネ（*Oryza glaberrima* Steud.）との種間交雑種．「アフリカの飢餓を救う米」として，1994 年からアフリカイネ研究所（WARDA）で作出されている．日本政府，米国の財団，国連開発計画等の国際機関が人的・資金的に援助している．ネリカは，従来は陸稲品種が多かったが（2008 年で 18 品種），近年は水稲品種も作られている．1 ha 当たりの収量は，無肥料栽培で 998 ～ 2279 kg，施肥栽培で 1408 ～ 5772 kg とのデータもある（Somado *et al.* 2008）．国連開発計画（2002）によると，ネリカの特徴は，乾燥に強い（降水量が年 500 ～ 600 mm のサバンナ地域でも栽培が可能），高収量（少量の肥料・農薬で栽培が可能），病虫害や雑草に強い，収穫が早い（栽培期間が従来品種よりも 30 ～ 50 日短い），高タンパク質（8 ～ 10％で，在来品種（6 ～ 8％）よりも多い）などである．

図３　日本における水稲品種の早晩性の模式図（後藤ほか 2000）

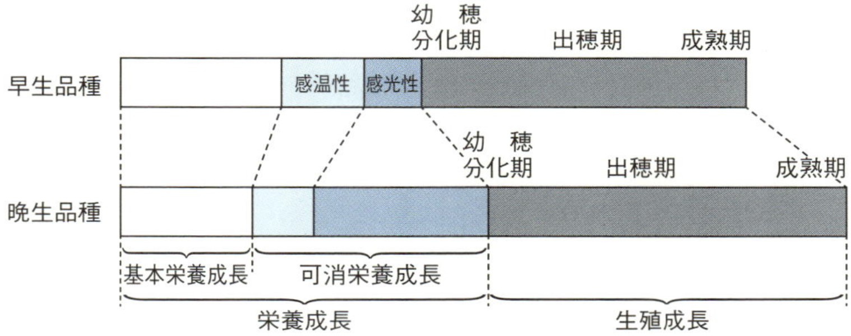

れている．

これらの３亜種には，それぞれ水稲と陸稲，**粳（うるち）米 non-glutinous rice** と**糯（もち）米 glutinous rice** とがある．粳米でも日本型イネは炊飯すると粘りが強く弾力があるが，インド型イネは粘りが少なく，ぱさぱさしている．ジャワ型イネはあっさりしていて，粘りがある．

(2) 日本における水稲の品種

イネは，播種後，茎の成長点に穂が分化するまでの間は**栄養成長 vegetative growth**，穂が分化したあとは**生殖成長 reproductive growth** をする（図3）．栄養成長にはさらに，好適な栽培条件でも生殖成長に移行しない期間があり，**基本栄養成長 basic vegetative growth** とよばれる．栄養成長から基本栄養成長の期間を除いた期間は可消栄養成長期間であり，短日または高温によって短縮する性質を有する．前者を**感光性 photosensitivity**，後者を**感温性 thermosensitivity** とよぶ．感光性と感温性は**品種 cultivar** によって異なり，出穂の早・遅（**早晩性 earliness** とよぶ）は，基本栄養成長の長短と，感光性・感温性の強・弱によって決まる．一般に，早生品種は，基本栄養成長が長く，感温性が強い．すなわち，夏の高温を感じて出穂・登熟するため，寒冷地などでの栽培に適している．一方，晩生品種は，基本栄養成長が短く，感光性が強い．すなわち，暖地で感温性が強い品種を栽培すると，夏の高温で早期に出穂・登熟してしまい，栄養成長が十分ではないため収量が十分に得られない．したがって，暖地では感光性の強い品種を用いる．

日本における水稲品種は，このような品種特性と地域性とが考慮されて選択されている．各都道府県ではいくつかの品種を奨励品種として指定しており，その中から選択するのがふつうである．一方，近年，頻度高く発生している気象災害（台風などの風水害，冷害など）や病害虫等の被害を大面積で受けるのを避けるためには，早晩性の異なる複数の品種を選択・栽培することが有効である．

日本における水稲品種の作付面積は，戦後，大きく変化した．昭和30年代以前は西日本では晩生品種が多かったが，昭和30年代に入ると中生・多収性の金南風（きんまぜ）等の栽培面積が増えた．その後，良食味品種が求められるようになり，関東以西の平坦地でホウネンワセ（早生）が，北陸，関東，近畿を中心にコシヒカリ（中生）が栽培面積を増やした．昭和40年代には，栽培管理で機械の導入が進んだことから，強稈で早生・多収性品種が栽培面積を増やした．昭和40年代中頃には，関東以西では早生・強稈・多収性の日本晴（にっぽんばれ）が，東北・北陸地方ではコシヒカリや，中生・良食味のササニシキが栽培面積を拡大させた．昭和40年代後半からは，消費者のニーズに応えるように高品質・良食味米品種が多用されるようになった．そのうちササニシキは，耐冷性・耐病性が弱く，登熟期の高温で玄米の品質が低下しやすいことなどから，栽培地が宮城県などに限られた．コシヒカリは，耐病性はやや弱いが，耐冷性が強く，比較的安定した収量が得られることから，2008年現在，北海道，青森，秋田，沖縄以外の全国43都府県で栽培されている．近年では，コシヒカリのような粘りをもったひとめぼれ，ヒノヒカリ，あきたこまちなどの栽培面積も増加している（表1）．北海道でも，ななつぼしやきらら397などの良食味品種が育成され，栽培面積が増えている．

(3) いろいろなイネ品種

作物は縁の遠い品種をかけ合わせると，子世代（F_1. 雑種第1代）にすぐれた形質が現れることがある．イネは**自殖性作物 self-fertilizing**

表 1　水稲の作付面積（2009 年）（農林水産省 2009）

品種名	作付面積 ha（割合 %）	作付面積上位 5 道府県
コシヒカリ	601,100（37.1）	新潟，茨城，福島，栃木，千葉
ひとめぼれ	158,200（9.8）	宮城，岩手，福島，山形，秋田
ヒノヒカリ	157,200（9.7）	熊本，福岡，大分，鹿児島，宮崎
あきたこまち	119,700（7.4）	秋田，岩手，茨城，長野，岡山
キヌヒカリ	51,300（3.2）	兵庫，滋賀，埼玉，徳島，京都
はえぬき	42,200（2.6）	山形
ななつぼし	42,200（2.6）	北海道
きらら 397	34,100（2.1）	北海道
つがるロマン	26,100（1.6）	青森
まっしぐら	20,700（1.3）	青森

crop であり，構造的・生理的に他の個体の花粉と容易に受精しないが，特定の品種と組み合わせて受精させれば，子世代が**雑種強勢（ヘテロシス）heterosis** を示して多収になることがある．この性質を利用して，F_1 種子を経済的手法で生産し，栽培して多収穫を得るのが**ハイブリッドライス hybrid rice** である．一般に F_1 種子の生産には，細胞質雄性不稔系統（ミトコンドリア遺伝子の変異により正常な花粉が形成されない系統），維持系統（細胞質雄性不稔系統の種子を生産するために必要な花粉を提供する系統），回復系統（変異ミトコンドリア遺伝子の働きを抑えて正常な花粉の形成を回復させる遺伝子を有する系統）の 3 系による育種法が用いられる．ハイブリッドライスは 10 a 当たりの収量がふつうの品種よりも 60 ～ 120 kg 多い．1990 年代に普及が広まり，中国では揚子江流域を中心に 1000 万 ha 以上（全水田面積の 1/3 以上）で，ベトナムやフィリピンでも全水田面積の 1 割程度まで栽培面積が広がった．しかし，現在では，必ずしも食味がよくないことや，毎年種子更新する手間とコストがかかることなどから栽培面積が減少している．

縁の遠い品種をかけ合わせたイネの多収性品種に**日印交雑**（にちいんこうざつ）**イネ**がある．1970 年代に韓国で統一や密陽 23 号などの品種が作出された．日印交雑イネの特徴は，水田内で葉が立っていて（受光態勢がよい）下方まで太陽光がよくいきわたり**光合成 photosynthesis** が促進されること，水田の単位面積当たりの籾数が多く，稔実する籾の割合も高いことである．1978年には韓国の全水田面積の77％で栽培されたが，低温に弱いことから，1980年に被害を受けた冷害以降は栽培面積が減少した．しかし，現在では，高収量性品種の育種のための親品種としても用いられている．

イネの最大の病気である**いもち病 blast**（いもち病菌（糸状菌）により葉，穂，節などに褐色〜灰色の病斑を発生する．ひどい場合には株ごと枯死する）への抵抗性には，ある特定の菌群（レース）に抵抗性を示す真性抵抗性と，どのレースに対しても弱い抵抗性を示す圃場抵抗性とがある．従来，真性抵抗性の遺伝子は，国内・外の品種との交雑で新品種が作出されてきた．しかし，レースはしばしば変わるため，複数のレースに対する抵抗性を備える必要がある．そこで，異なる真性抵抗性を有する複数の系統を作出し（**BL 系統（Blast resistance Lines）**とよばれる），水田で複数の系統を混ぜて栽培する（**マルチライン**とよばれる）ことによって，複数のレースへの抵抗性を高める．たとえばコシヒカリの場合，いもち病への真性抵抗性を有する品種とコシヒカリの F_1 に，コシヒカリを反復親として何度も交配を重ね（戻し交配），いもち病への真性抵抗性だけが異なり，味や栽培特性など他の形質はほとんど同じ系統（同質遺伝子系統）を作出する．作出された4系統を混合して栽培する．このようなBL系統は，ササニシキ，日本晴などでも作出されている．ただし，同じ系統構成で栽培を続けると，その品種に感染する新たないもちレースが出現するため，2〜3年程度で系統を入れ替える必要があるとされる．

(4) アジアにおける稲作

イネの栽培には多量の水が必要である．わが国ではほとんどの田で灌（かん）漑（がい）設備が整っている．しかし，灌漑設備の整備は開発途上国で遅れており，世界ではイネ栽培面積のおよそ1/2，東南アジアでは約1/3にとどまっている（秋田 2000）．未整備の地域では，**天水田（てんすいでん） rain-fed paddy field** とよばれる田で，降雨にたよる稲作が行われている．したがって，イネの栽培期間は降雨の時期や期間と密接に関係している．一般に，東南アジアで雨期の長い地域では生育期間の長い冬イネ（インド，バングラデシュのamanなど）が，大河川の下流域で長期間浸水する地域では**深水**（ふかみず）**イネ deep water rice**や**浮稲**（うきいね）**floating rice**が栽培される（バングラデシュ，タイ，ベトナムなど）．また，河川が氾濫した後の退水跡地では春イネ（インド，バングラデシュのboroなど）が，比較的乾燥した地域では生育期間の短い秋イネが栽培される．

3. 気候変動と稲作

作物の生育にはそれに適した温度（適温）がある．作物は適温域よりも気温が高くても低くても，光合成や草丈の伸長，分枝や茎数の増加などが抑えられる．ここでは，気候変動のうち低温の代表的被害である冷害と，高温，大気中の二酸化炭素濃度の上昇が稲作に及ぼす影響について述べる．

(1) 低温・冷害

夏期の低温によりイネ，マメ類などの夏作物の収量が低減する被害を**冷害 cool summer damage**という．このほか作物が受ける低温ストレスには，(a) ムギ類などの冬作物やチャ，果樹などの多年生作物が寒候期に受ける**寒害 cold damage**，(b) 晩秋や春に，朝晩，急激に冷えることによって受ける**凍霜害 frost damage**がある（凍結による凍害と，霜による霜害が合わされた用語）．

今日，北海道や東北は水稲の大生産地であるが，数年おきに襲来する冷害を克服してきた．図4に，冷害の被害を受けた水稲と穂のようすを示した．冷害には気象学的に第1種冷害と第2種冷害とがある．第1種冷害は，梅雨の時期に偏西風が弱いために高緯度地方から寒気が南下し，オホーツク海高気圧が停滞して，「やませ」とよばれる冷たく湿った北東風が北日本の太平洋地域に吹く．その結果，低温で日照不足がつづき，イネの生育が遅れて，障害型の不稔が発生する．また，湿った風のため，いもち病が発生する場合がある．第2種冷害は，夏期にシベリア高気圧が発達して寒気が南下し，日本海側から冷たい偏西風がたびた

図４　冷害の被害を受けた水稲（左）と穂（右）（後藤雄佐氏）

稔実しない穂が脱水して白くなっている（左）．不稔の籾は中が透けて見える（右）．

び流入する．日照はあるが北海道や東北で冷温となり，日本海側でも冷害となることがある．

一方，イネの作物体の被害の受け方から冷害は三つのタイプに分けられる．**遅延型冷害 cool summer damage due to delayed growth, 障害型冷害 cool summer damage due to floral impotency，いもち病型冷害**である．遅延型冷害は，栄養成長期からさまざまな時期に受ける低温で生育が遅れることによって発生する．出穂(しゅっすい)期が遅れ，米粒の稔実に十分な気温を確保できないために米粒の成長が十分ではなく，小さな米粒や薄い米粒，青米（全体が緑色の米粒．表面の果皮に葉緑素が残っており，搗精(とうせい)すれば緑色はとれる），死米（登熟の途中でデンプンの蓄積が停止した米粒），屑米（害虫による食害を受けたり，砕けたりした米粒）が多発して収量が激減する．晩生品種はもともと出穂期が遅いため，遅延型冷害による被害が大きい．なお，一時的な低温の場合は，その後の天候が回復すれば，被害が低減できる場合がある．

障害型冷害は，主として減数分裂期に受ける低温によって不稔が多発して収量が激減する冷害である．イネは，生育期間中，穂ばらみ期前期

(減数分裂期，厳密にはその直後の小胞子初期）にもっとも低温に弱く，それについで出穂・開花期にも低温に弱い．減数分裂期の低温により，花粉の形成が異常になり，内容物のない花粉や未熟な花粉ができて受精できず，不稔粒が多発する．この時期に日最高気温が20℃以下または日最低気温が17℃以下の日が続くと不稔粒が多発する（後藤ら 2000）．また，出穂・開花期の低温も，穂が完全に伸びきらず「出すくみ」となったり，花粉発芽や受精が不完全となる．一時的な低温でも回復が不可能で被害が大きい．

遅延型冷害と障害型冷害が併発するタイプを混合型冷害という．混合型冷害の場合，出穂後に穂にいもち病（穂いもち）が蔓延して不稔が多発し，収量が激減することが多い．このようなタイプはいもち病型冷害とよばれる．

近年では1993（平成5）年に「**平成の大冷害**」とよばれる大冷害に見舞われた．沖縄県以外の全国で被害を受け，被害総額は9791億円で，タイ国産の米などが緊急輸入された．中でも，青森県では，作況指数（作柄のよしあしを示す指標．当該年の単位面積（10 a）当たり収量が平年収量に占める比率）が28で，県南地域は収穫が皆無，被害額は909億円にのぼった．

北海道の水稲の収量は，1950年代のおよそ250 kg/10 aから，品種改良や栽培技術の改善により2007年には520 kg/10 aにまで向上した（北海道農政部 2010）．しかし，依然として気候変動の影響を強く受け，現在でも収量の年次間の変動幅はおよそ±1トン/haである（堀江 2002）．とくに，穂ばらみ期から出穂・開花期を含む7～8月の平均気温と収量とがパラレルに変動し，平年気温より2℃低いと収量が20％減ずるとされている．

(2) 高温

イネでは，高温による影響は，葉や茎などの成長よりも，生殖器官であるおしべで強く受ける．ここでは，生殖成長期の異常高温による不稔，白未熟粒の多発，品質・食味の低下について述べる．

イネでは，生殖成長期とくに穂ばらみ期から出穂・開花期に異常高温

図5　完全米（右）と白未熟粒（白色不透明部を有する米粒）

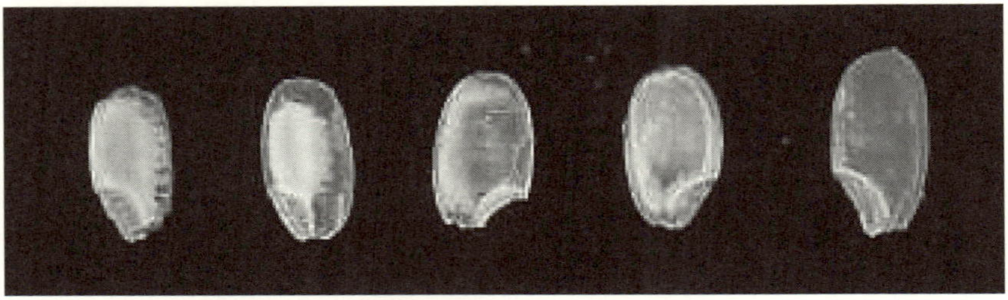

左から，乳白粒，腹白粒，背白粒，基白粒，完全粒.

を受けると，**不稔 sterility** が多発する．穂ばらみ期よりも出穂・開花期の高温感受性が強く，開花時に35℃以上の高温にあうと不稔が発生する（堀江 2002）．不稔の原因は不受精で，その原因は穂ばらみ期の**花粉 pollen** の発育異常や，出穂・開花期の葯（やく）の裂開不良，柱頭上での花粉発芽不良である．

近年，登熟期の高温によって**白色不透明部**を有する米粒，いわゆる「**白未熟粒**」（腹白米，乳白米，心白米，背白米など）の多発（図5）や，粒厚が薄い玄米の比率の増加が指摘されている．このような白未熟粒が混入すると，品質等級検査の結果を低下させる．また，飯の形がいびつになったり崩れたりするなど，**食味 palatability** を低下させる原因になる．

図6に，**デンプン starch** が正常に蓄積した胚乳と，登熟期の高温でデンプンが異常な形態で蓄積した胚乳の内部の走査電子顕微鏡写真を示した．正常にデンプンが蓄積した胚乳では，長径10～15 μm程度の**アミロプラスト amyloplast**（デンプン粒を1個または複数含む細胞小器官）の中に，長径3～5 μmの多角形のデンプン粒が数個～数10個程度蓄積している．アミロプラストは一つの細胞中に200～数100個存在する．アミロプラスト間やデンプン粒間にはほとんど隙間がなく，デンプンが緻密に蓄積するのがイネの特徴である．それに対して登熟期の高温でデンプン蓄積が異常な胚乳では，アミロプラストの形や大きさが不均一であり，カプセル状のものや突起を有するものなどが多数認められ

図6　正常にデンプンが蓄積した胚乳の内部（左）と登熟期の高温により異常な形態でデンプンが蓄積した胚乳の内部（右）の走査電子顕微鏡写真（品種はいずれもあきたこまち）．スケール：10 μm

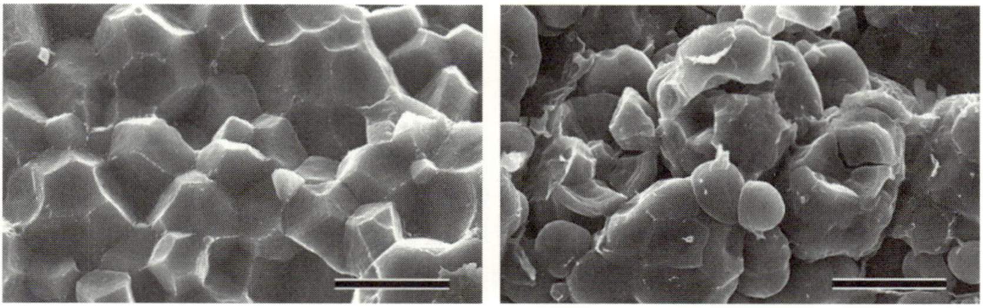

左：1個のアミロプラスト内には，長径3～5μmの多角形のデンプン粒が数個～数10個程度含まれる．
右：アミロプラストやデンプンの形は，丸いもの，おむすび型のもの，大型のもの，小型のものなどさまざまで，細胞内に隙間が認められる．このような隙間が白色不透明部の原因の一つである．

る．また，収縮して表面に凹みを有するアミロプラストなどもあり，アミロプラスト間に大きな空隙が存在する．このようなアミロプラストの形態異常によって胚乳内の組織に空隙が形成され，白色不透明部が白く濁って見える原因となっている（新田 2007）．

冷害被害を受けた水稲や，登熟期に異常高温を受けた水稲では，玄米の粒厚が十分に厚くならない場合が認められている．玄米の粒厚が薄いと品質や食味が低いことが知られている．粒厚が厚くならない原因は，低温や高温によって，胚乳細胞の分裂や伸長が抑えられたり，登熟期の前半に転流・転送系の組織の発達が遅れたり，早期に退化したりすることとされている（新田 2007）．

(3) 大気中の二酸化炭素濃度の上昇

一般に大気中の二酸化炭素濃度の上昇は，光合成速度の促進をとおして作物体の生育を促進させる．しかし，二酸化炭素を含む温室効果ガスの濃度が高くなると，気温が上昇し（温暖化），作物体には，上記の高温障害の多発や呼吸速度，蒸発散量の増加，成長期間の短縮など，種々の影響がでてくるため，二酸化炭素濃度だけの作物体への影響を評価するのはむずかしい．

1998年から岩手県雫石町で実施された世界初のイネ「開放系大気CO_2増加（FACE）」実験では，二酸化炭素濃度を外気よりも200 ppm高くして水稲の生育と収量が評価された（Hasegawa *et al.* 2007）．その結果，14％程度の増収効果があること，増収は穂数の増加によるものであり，生育前半の成長促進効果に依存することが明らかになった．二酸化炭素濃度の上昇に伴う増収効果については，コムギ，ダイズ，ジャガイモ，ワタなどでも確認されている．しかし，増収効果には年次間差や収量応答に品種間差があることも指摘された．

一方，気温とCO_2濃度のいずれもが上昇した場合の収量性については，Krishnan *et al.*（2007）が二つのシミュレーションモデルを使ったインドでの評価の結果，ほとんどの地域で収量は大きく減少する結果が出されている．

4. 米のおいしさ

飯（炊いた米．炊飯米）を食べたときにおいしいと感じるか，おいしくないと感じるか．米の食味は，個人の感覚的な評価である．個人差が大きいほか，世界の国・地域における米への嗜好性，習慣，自然風土，食文化などと関係している．ここでは，米の品質の重要な形質である食味とそれを左右する要因について述べる．

(1) 食味と食味をはかる方法

一般に，インド型（長粒種）が栽培されている地域では粘りが弱いぱさぱさした米が良食味とされ，日本型（短粒種）が栽培されている地域では粘りが強い米が良食味とされる（松江 2010）．わが国では一般に，粘りがあり，ほどほどに弾力がある柔らかい米が良食味と評価されている．

食味の評価方法には，実際に人間が**飯 cooked rice**を試食して評価する**官能試験 sensory test**と，飯の化学性や物理性で評価する理化学的機器分析方法とがある．

官能試験は，旧食糧庁による「食味試験実施要領」による方式が標準

ボックス 2

いろいろな飯（炊飯米）

飯：粳米を炊いて食べる一般的な食べ方.

かゆ：飯に湯を加えて炊き直したもの（入れがゆ）または米を炊飯して作るもの（炊きかゆ）.

雑炊：飯に肉・野菜などの食材を加え，だし汁などとともに炊き直したもの.

冷凍飯：冷凍された飯．電子レンジで加熱して食べる．ピラフやおにぎりなどが売られている.

包装米飯（写真）：無菌室内で，米をプラスチック容器に入れて炊飯し封入したもの．電子レンジまたは湯煎で加熱して食べる．近年，緊急時の非常食ばかりではなく常食として消費量が増大している.

レトルト米飯：飯を容器に包装後に加圧・加熱したもの．そのままままたは湯煎して加熱して食べる.

アルファ化米：炊いた飯を乾燥させたもの．水や湯を加えて食べる.

おこわ：もち米を食材とともに蒸した（あるいは炊いた）飯．アズキを加えた場合は赤飯.

ちまき：もち米や，うるち米，米粉などで作った餅を三角形や円錐形に作ってササの葉などで巻き，イグサなどでしばったもの．加熱（蒸すまたはゆでる）して食べる.

パーボイルドライス：長粒種などで，籾を吸水させたのち蒸してデンプンを糊化させ，乾燥したもの．その後，精米して飯となる．米粒が砕けにくくなる．インド，スリランカなどが中心で，中東，アフリカ，ヨーロッパ，南北アメリカの一部にも広がっている.

的である．年齢構成や性別が考慮された24人のパネル員によって，外観，味，香り，粘り，硬さおよび総合評価の6項目を，基準とする品種との比較で判定する．

水に懸濁させた精米粉を加熱させ，糊化特性を測定してアミログラム特性（糊化温度や粘度など）を求める方法がある．一般に，加熱に伴ってデンプン粒が膨潤し粘度が最高に達したときの粘度が最高粘度，その後冷却して粘度が最低になったときの粘度が最低粘度，最高粘度と最低粘度の差がブレークダウンとよばれる．このブレークダウンが大きい米は食味がよいとされている（松江 2010）．また，飯の硬さ，粘性，付着性をテクスチャー特性といい，テクスチュロメーターとよばれる装置で計測される．これらの3形質の比率で食味が判定される．

玄米または精米のアミロース，タンパク質，脂質，水分含有率を非破壊的または破壊的に測定し，メーカー独自の計算式で食味の良否を数値化（食味値）する計測器が食味計である．簡便な計測方法で，大規模水稲農家，ライスセンター，大手小売店や試験場等に広く普及しているが，計算式がメーカーによって異なるほか，食味値と官能試験の結果の相関関係が必ずしも高くないなど，食味値による評価は万全ではないとされている．

(2) 電子顕微鏡で見た良食味米の特徴

1990年ごろから，**電子顕微鏡 electron microscope** を使って飯の表面および内部の微細骨格構造を評価する方法が開発された（後藤ら 2000）．良食味米の飯の表面は，糊の糸が長く伸展し，伸展した糊の糸がからみ合って細繊維状構造を呈する（図7）．表面からやや奥の部分では，海綿状の多孔質構造が厚く広がっている．一方，低食味米の飯の表面は，固い無構造または溶岩状の構造を呈しており，構造の発達が不十分である．飯の内部は，良食味米では海綿状の多孔質構造が広がり，組織が柔らかいが，低食味米では孔が小さく，しばしば細胞壁やアミロプラストの膜が分解せずに残り，組織が緻密である．このような微細構造の違いは，粘り，固さ，柔らかさ，弾力性などの食感に影響する．

図７　品種あきたこまちの炊飯米表面に認められた良食味米（左）および低食味米（右）の構造的特徴

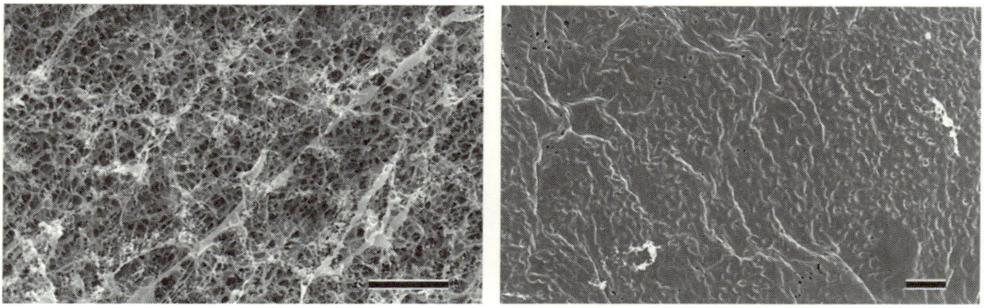

良食味米では，糊の糸が伸展し，からみ合って細繊維状になっている．奥には多孔質構造が認められる．低食味米は表面が溶岩のような硬そうな構造をしている．あきたこまちでは，良食味米の構造的特徴を有する炊飯米が多い．

（3）米の化学成分と食味との関係

一般に，精米 100 g には，炭水化物（繊維を含む）が 77.1 g，タンパク質が 6.1 g，脂質が 0.9 g，その他（リン，カリウム，カルシウムなどの無機物，ビタミンなど）の成分が含まれる．このうち，食味に関連するのは，炭水化物，タンパク質，脂質，無機質である．

炭水化物はデンプンで，**アミロース amylose** と**アミロペクチン amylopectin** とからなる．このうちアミロースは，D-グルコースが α-1, 4 結合で直鎖状に数 100 ～数 1000 個連なったグルカン，アミロペクチンは，'8-グルコースが α-1, 4 結合で連なり，約 24 個に 1 個の割合で α-1, 6 結合で枝分れした房状のグルカンである．アミロペクチンは分子量が大きく 100 万程度である．アミロース含有率が低くアミロペクチン含有率が高い米は，粘りが強い．糯米はアミロペクチン含有率が 100 %である．

粳米のアミロース含有量は通常 15 ～ 30 % 程度である．わが国の精米のアミロース含有量は平均で 20 % 程度であるが，一般に良食味米のアミロース含有量はそれよりも低い．一方，精米のタンパク質含有率は平均で 6.8 % 程度である．食味評価値とタンパク質含有量との間には負の相関関係があり，良食味であるほどタンパク質含量が低い．タンパク質含有量が低い飯は，やわらかく，粘着性がある．

一方，無機成分については，玄米でマグネシウム（Mg），カリウム（K）の含有量（mg）をそれぞれ12.16，39.1で割った化学当量でMg/K比を求めると，良食味米ではおよそ1.6以上で，高い．すなわち，良食味米では玄米のマグネシウム含有量が多く，カリウム含有量が少ないとされている．

米の食味に影響を及ぼす最大の要因は品種である（後藤ら 2000）．品種が異なるとアミロース含有率が異なり，粘りなどをとおして食味を大きく左右する．ついで，産地，気候，栽培方法であり，アミロース含有率，タンパク質含有率，Mg/K比などが変化し食味に影響を及ぼす．また，乾燥・貯蔵・搗精方法なども食味に影響を及ぼす要因である．

5. 野菜の種類と品種

「米」は世界的に非常に重要な主食であり，イネという単一の作物から収穫される．これに対し，「**野菜**」は副食物として利用される多くの作物の総称であり，その定義や分類は一様ではない．ここではまず，野菜とは何かを整理し，つぎにその生産上の特徴を考える．さらにその持続的な生産を可能とするための技術について学ぶ．

1）様々な分類方法

「野菜」とは一般に副食物にする草本作物の総称である．わが国ではかつて，山野に自生するものを「野菜」，栽培されるものを「蔬菜（そさい）」と呼び区別されていたが，現在，「野菜」は「蔬菜」の意味で用いられ，本来の意の「野菜」は「山菜」，「野草」と呼ばれるようになった（吉川 2001）．現在，国内で市場出荷される野菜は150種類程度である．非常に多くの野菜が多様な形態で利用されていることから，園芸学的な分類だけではなく，目的に合わせてさまざまな分類がなされる．

(1) 利用部位による分類　葉菜類，根菜類，果菜類に大別される．それぞれ，葉，根，果実を食べる野菜である．茎菜類，花菜類を加える場合もある．

表2　野菜の分類（野菜・茶業試験場，1998より抜粋）

No.	分類	主な野菜
1	豆類	エンドウ（サヤエンドウ，グリーンピース），ソラマメ，インゲンマメ（サヤインゲン），エダマメ
2	ウリ類	キュウリ，カボチャ，スイカ，ニガウリ，メロン，ズッキーニ
3	ナス科および雑果類	ナス，トマト，トウガラシ，トウモロコシ，イチゴ，オクラ
4	塊根類	ジャガイモ，サツマイモ，ヤマイモ，サトイモ，レンコン
5	直根類	ダイコン，カブ，ワサビ，ニンジン，ゴボウ
6	アブラナ科菜類	ハクサイ，ツケナ類，カラシナ類，ブロッコリー，カリフラワー，キャベツ
7	生菜および香辛菜	セルリー，パセリー，レタス，シソ，バジル，ミョウガ，サンショウ
8	柔菜	セリ，ミツバ，シュンギク，ホウレンソウ，アスパラガス，タケノコ，ワラビ
9	ネギ類	ネギ，ワケギ，タマネギ，ニラ，ニンニク，ラッキョウ
10	菌類	マッシュルーム，シイタケ，マツタケ，ナメコ，エノキタケ

(2) 自然分類法を基礎にして，栽培や利用上の共通点を加味して分類する方法　生物学的な類縁関係に基づく自然分類を基礎とし10群に分ける方法が広く利用されている（吉川 2001）（表2）.

(3) 食品自体がもつ特性に由来する食べ方や消費形態　野菜の標準的な成分含有量は五訂増補日本食品標準成分表で公表されている．厚生労働省では，可食部100 g当たりカロテン含量600マイクログラム以上の野菜を緑黄色野菜，それ未満の野菜を淡色野菜と定めている．主な緑黄色野菜として，コマツナ，ホウレンソウ，ニンジン，ブロッコリー，西洋カボチャなどがある．トマト・ピーマンなどは可食部100 g中のカロテン含有量が600マイクログラム未満だが，食べる回数や量が多いため緑黄色野菜に分類されている．イチゴ，スイカ，メロンなどを含む果実類，きのこ類，いも類は特性が異なるため野菜には含まれない.

2）主要な野菜の著名品種

野菜によって，ほとんど品種が存在しないもの，あるいは少数の品種しか栽培されていないものもあるが，主要品目では100を超える品種が実際に栽培されていることも珍しくない．また，近年では品種の名称がそのまま商品力をもつことも多い．いくつかを例示する．

(1) トマト‘桃太郎’(1985年)　民間種苗会社で，完熟しても果皮が硬い加工用系統と品質の良い系統の交配により育成された．これ以前の品種は熟した果実の果皮が傷みやすく，遠距離輸送をするためには熟度の進まない果実を収穫する必要があり食味が劣った．本品種は果皮が硬いため，十分熟した果実を収穫，流通させることができることから急速に普及した．

(2) イチゴ‘とちおとめ’(1996年)　栃木県農業試験場にて‘女峰’の後継品種として育成された．大粒で酸味が少なく，緻密，多汁質である．発表後，長期にわたってイチゴの品種別作付面積第一位を占めてきた．なお，わが国ではほとんどの都道府県がイチゴの品種改良に取り組んでおり，そのブランド化が期待されている．

(3) スイートコーン‘ピーターコーン’(1985年)　民間種苗会社から発売されたスーパースイート系品種である．スーパースイート系品種は，従来のスイート系品種に比較して子実中の糖含量が高く，収穫後の品質低下も少ない．本品種は黄色粒と白色粒が3：1で現れる（た

ボックス3

東京中央卸売市場における「青果」と「野菜」

日本最大の市場である東京中央卸売市場では「青果」,「水産」,「花き」,「食肉」の四つの部門があり，青果は「野菜」,「果実」,「つけ物」,「その他食料品」,「鳥卵」の五つの部類に分けられる．スイカ，メロン，イチゴは農学上の分類では「野菜」であり，農林水産省の統計でも「果実的野菜」に分類されているが，ここではリンゴやミカンと一緒に「果実」に分類されている（「果物」という言葉は学術用語としては使われない）．このように野菜の定義はケース・バイ・ケースで変わるので注意が必要である．なお，鶏卵も「青果」である．たしかに八百屋で販売されるものでもある．

だし条件によって異なる）バイカラー品種のさきがけとなったものである．なお，トウモロコシ種子の大半は米国で採種されており，来歴や育成経過は不明のものが多い．

(4) ジャガイモ‘男爵薯’現品種名は‘Irish Cobbler’．函館の川田龍吉男爵が1908年にイギリスから購入した種いもに由来することからこのように呼ばれる．芽が深く，病害虫抵抗性が劣るなど欠点もあるが，現在でも広く栽培されている．

6. 野菜の栽培

1）土地利用型作物と労働集約型作物

表3に，ある産地における作物の収益性の比較を示した．これはこの産地が作物毎に生産者の経営実態を調査し，指標としてまとめたものである．生産量は10 a当たりの生産物の重量，単価は1 kg当たりの価格，粗収益は生産物の販売利益，経営費は生産や販売に必要な費用，農業所得は粗収益から経営費を差し引いた金額，農業所得率は粗収益に対する農業所得の割合，労働時間は栽培1回当たりに必要な労働の，のべ時間，1時間当たりの農業所得は農業所得を家族労働時間で除した値である．ダイコンやキャベツは，一般に露地の圃場で栽培される．経営費は少ないものの単価が安く，粗収益も低い．しかし労働時間も少なくて

表3　ある産地における作物の収益性の比較

作目	生産量（kg）	単価（円）	粗利益（万円）	経営費（万円）	農業所得（万円）	農業所得率（%）	労働時間（時間）	1時間あたり農業所得（円）	
水稲	625	253	15.8	12.7	3.1	19.7	15.6	2075	個人で7ha栽培した場合
大豆	300	140	8.0	6.1	2.5	29.0	5	5550	集団で20ha栽培した場合
ダイコン	4000	77	30.8	24.1	6.7	21.7	109	613	
キャベツ	5600	87	48.7	42.6	6.2	12.6	80.7	763	
キュウリ	15000	240	360.0	307.6	52.4	14.6	748	701	半促成・加温栽培
イチゴ	4000	1020	408.0	337.1	70.9	17.4	1102	643	高設ベンチを用いた促成栽培

済むため，大面積の栽培が可能である．したがって収益は栽培面積に大きく依存する．このような作物を土地利用型作物という．これに対してキュウリやイチゴは通常，ビニールハウスやガラス温室など栽培施設の中で栽培される．ダイコンに比べると粗収益，経営費とも多く，農業所得は８から 10 倍以上であるが多大な労働力を必要とし，投入できる労働力が生産規模を決定することとなる．このような作物を労働集約型作物という．なお，両者の１時間当たりの農業所得はそれほど変わらない．施設園芸は労働集約型作物の生産性向上に貢献してきた．これは施設内で生産環境を調節しながら作物の栽培を行う技術であり，現代ではさらに**植物工場**へ進化を続けている．

上記のうちキュウリについてみると，30 a のハウスにおいて冬春期は半促成キュウリを，他の時期はキュウリ以外の施設野菜を作付け，この他に露地野菜 30 a，水稲 50 a を家族 2.5 人で経営している生産者をモデルとしている．経営費 307.6 万円には暖房用燃料を主とする光熱費，種苗費などの他，建物・構築物，農機具の償却費が含まれている．さらに経営費の 1/3 は流通経費であり，出荷用の箱や運賃の他，収益の

ボックス４

ビニールハウス

アーチ型の骨材を組み合わせて建てられるビニールハウスは容易に設置でき，コストが安く堅牢であるためわが国に広く普及している．フィルムとして用いられる農業用ポリ塩化ビニル樹脂（農ビ）は柔軟性，弾力性に富み，透明性が高く保温性が良く防曇効果が優れて長期間持続するが，資材が重くべたつきや汚れの付着などが欠点となる．使用済みのフィルムは産業廃棄物であり，行政と農業団体，農家の取組みによって回収，処分及びリサイクルが行われることとされている．最近では軽量で汚れやべたつきが少なく，燃焼時に有害ガスが出ない農業用ポリオレフィン（農 PO）系特殊フィルムへの移行が進んでいる．しかし，農 PO を使っても「ポリオレフィンハウス」とは呼ばれない．なお，「ビニールハウス」は和製英語であり，海外では一般に plastic film house，high tunnel あるいは単に green house と呼ばれている．

10％が販売手数料として農協に支払われる．360万円の売り上げに対し，必要な経費を支出した結果，農業所得は10 a当たり52.4万円となる．これに対してこのキュウリの栽培全体に必要な作業時間は748時間を要し，1時間当たりの農業所得は701円に過ぎない．農家の経営環境が容易でないことは容易に理解されよう．

2）土耕栽培から植物工場へ

(1) 土耕栽培の特徴

作物を土壌で栽培することを土耕栽培とよぶ．土壌の良否は作物の生産性を大きく作用しており，作物の生産に関与する土壌の能力を地力という（藤原ら1998）．地力の決定には物理性，化学性，微生物性の三つの性質が関与している．このうち物理性は通気性，透水性，有効水分保持のバランスが重要である．つまり根は土中でも呼吸をしているため，ある程度の通気性と透水性（水はけ）が必要であるが，一方，水を吸収するため，有効な水分を保持する性質（水持ち）も求められる．土の粒子一つずつ（単粒）がいくつか集まって団粒となり，団粒内に液相を，団粒間に気相をもち保水，通気ともに良好な構造を団粒構造と呼び，団粒構造を作ることが土壌物理性改良の目標となる．化学性については，作物ごとに好適な土壌酸度（pH）がある．また，作物の生育に必要な養分を土壌粒子が保持できることも重要である．多くの養分は土壌溶液中で正に荷電したイオンとして存在しており，土壌粒子は負の電荷をもっているので養分をその表面に保持することができる．その容量を塩基置換容量と呼び，小さいと養分は流亡してしまう．微生物性は土壌に生息する微生物生態系により決定される．微生物には枯葉や動物の死骸などの粗大有機物を分解して無機化し，作物が肥料として吸収できるようにしたり，微生物生態系を安定化させて病原菌の繁殖を防いだり物理性や化学性を改善したりする働きがある．

作物が生育するために欠くことのできない元素を必須元素といい，水素，炭素，酸素，窒素，カリウム，カルシウム，マグネシウム，リン，硫黄，塩素，ホウ素，鉄，マンガン，亜鉛，銅，モリブデン，ニッケルの17種類が知られている．大気や雨から体内に取り込まれれば十分な物質もあるが，とくに不足しやすい要素は肥料として土壌に施用される必要がある．中でも窒素，リン（リン酸として施用），カリウム（肥料としては加里とよぶ）の3種類を肥料の3要素，カルシウム（石灰），マグネシウム（苦土）を加えた5種類を5要素とよぶ．肥料は通常，作物の作付前または生育中に土壌に施用される．施用量が少ないと作物の適正な生育を得ることはできず，多いと作物の生育に障害が発生（過剰害）や，土壌中への蓄積（塩類集積）などの問題が発生するため，作付前に土壌診断を行い，土壌化学性を考慮しながら作物に見あたった必要量を把握して施用しなければならない．

土耕栽培では，土壌に起因するさまざまな問題を解決し作業性や作物の生育を良好にするため，主として物理性改良のために機械や人力による耕うん，整地，うね立て等の作業が，化学性改良のため土壌診断に基づいた施肥設計が行われる．また，堆肥等，適量の有機物の施用は多面的な土壌改良に寄与する．地力が高い土壌への改良，すなわち土作りは長年の継続的な作業が必要であり，決して一朝一夕に実現するものではない．

(2) 養液栽培の発展

「養液栽培」とは，根を支える培地として土を用いずに，作物の生育に必要な養水分を，水に肥料を溶かした培養液（液状肥料）として与えるやり方（池田 2003）である．容器を用い，根域が制限されることにも特徴がある．我が国では第二次世界大戦後，駐留米軍がサラダ用の清浄野菜を生産するために農場を建設したことに始まる．砂，もみ殻，ロックウールやパーライトなどの固形培地で作物を栽培する固形培地耕と，固形培地を使用せず培養液だけで栽培する水耕に大別される．養分は培養液として供給される．根は呼吸のために酸素を必要とするため，単に培養液に根を浸すだけでは酸素欠乏となってしまう．このため，通気性のある培地を用いたり水を流動させたりすることによって根に酸素を供給する．現在，おもに培養液と酸素供給の方法を中心として，養液栽培にはさまざまな方式が考案されている．培養液の管理方法には，かけ流し式と循環式の二つの方法がある．前者は，培養液を給液した後に

図８　養液栽培（高設ベンチによる保水シート耕）によるトマトの一段密植栽培

排出される排液を再使用せず廃棄する方法である．後者は，排液に対して養分量・濃度やpHなどの適切な補正を行った後に再利用する方法であり，技術的には高度な管理を要求されるが，環境負荷を軽減する技術として検討が進んでいる．肥培管理の面で，土耕栽培では土壌が養水分を保持するのに対し，養液栽培ではこれが期待できない．そのかわりに培養液の濃度，量などの調節をリアルタイムに行うことができる．また，その管理経過をデータとして記録しやすいので，栽培ノウハウを蓄積しやすく，省力化もしやすい．このため大規模経営が発展するなど，土耕栽培と品目が同じでも経営や作業内容が全く異なる場合もある．図８はトマトの一段密植栽培の生育状況である．この栽培方法ではトマトの栽植密度を通常の５倍くらいの密植にし，第一花房だけを収穫後，ただちに次の苗に植え替えることによって年間３から４回転，栽培でき，収量，品質も慣行栽培を上回ることが可能である．土耕栽培では通常，長い支柱でトマトを垂直に誘引し，立ったり屈んだりして管理作業や収穫作業を行うが，この栽培では立ったまま作業ができる高さに栽培槽を設置できる．また，短期間の栽培の繰り返しとなることから技術習得が速く新規参入も容易である．

(3)　養液土耕栽培

緩衝能のある土壌を用い，リアルタイム診断を活用して，必要なときに必要な量の肥料（液肥）と水を自動的に与える土壌管理の方法である（加藤 2000）．ここでいうリアルタイム診断とは，生育中に刻々と変化している作物の栄養状態や土壌中の肥料成分を，結果が得られしだいフィードバックすることを前提として分析することである．土壌の緩衝能と，リアルタイムな生育診断と施肥調節ができる養液栽培の長所が取り入れられている．土耕栽培において，元肥を施用せず灌水や施肥を点滴チューブで行う，また，定期的に栄養診断ならびに土壌診断を行い，それに基づいて過不足ない施肥調節を行う．その結果，栽培終了時には

ボックス5

植物工場

近年では植物工場の発展が著しい．その定義は明確ではないが，高辻は環境制御や自動化など先端的な技術を利用した植物の周年生産システムとしている．大別して太陽光利用型と人工光利用型の二つの形式があり，太陽光利用型システムは光源として太陽光を利用するタイプである．中には従来の施設園芸とそれほど変わらない場合もあるが，一般に施設は大型化，自動化され，調節できる環境パラメータも多く，より合理的な管理が可能となっている．また，人工光利用型は，通常，完全に閉鎖された空間で光を含む全ての条件を作物生産に最適に制御することによって最大の生産性を上げるシステムである．たとえば，断熱性の高い密閉された室内で，生産計画に照らし合わせて温度，湿度，日長，光強度，二酸化炭素濃度，養液（養分組成，濃度，pH，温度，溶存酸素濃度）などをコンピュータで制御することによって工業製品と同じように作物を生産することができる．その管理手法にはファクトリーオートメーションのような工業技術が使われている．最大の課題はコストであるが，機器の省エネルギー化とともに昼夜を逆転させて夜間電力で照明するなどの運用面での工夫により削減が進んでいる．植物工場には，単なる生産性の向上以外の利点もある．たとえば，天候や異常気象に左右されない需要に応じた計画的な生産が容易であるほか，クリーンルーム化することによって農薬を使った病害虫防除の必要がなく，また洗浄が不要となることから業務用途での利用も便利である．このため，一般的な栽培による生産物よりも高値で取引されている．また，育苗に限定したシステムもすでに普及している．

土壌中に残存する養分量が限りなく0に近づく，などの特徴がある（荒木 2003）．導入に当たっては養液栽培と同じような養液コントローラーや点滴チューブを導入する必要があるが，導入の結果，灌水や施肥の作業が大幅に省力化でき，また診断に基づいた合理的な施肥によって施肥量を必要最小限に抑えることができる．土壌への過剰な施肥が避けられることと，液肥の吸収効率の良さから作物の生育，収量も土耕栽培よりも良好になる．土壌診断，栄養診断の方法としては，土壌溶液や作物体の汁液の成分を分析する方法がある．現在ではより簡便な方法も考案されており，土耕栽培との区別も曖昧になりつつある．

7. 野菜の環境保全型生産技術

近年，農作物生産環境への消費者の関心が高まっている．環境保全型栽培技術とは，「農業のもつ物質循環機能を生かし，生産性との調和などに留意しつつ，土づくり等を通じて化学肥料，農薬の使用等による環境負荷の軽減に配慮した持続的な農業」を指し，その導入計画が適当であると認められた農業者（認定農業者）には「エコファーマー」の愛称が与えられる．また，適切な農業生産活動を通じて国土環境保全に資することも期待されている．ただし，化学肥料や農薬を削減し，有機質肥料や他の病害虫防除技術に代替するという行為は一般に慣行の生産技術に比べて労力やコストを要し，生産量が減少するリスクを有するものである．農業は経済活動としての一面もあるため，たとえば化学肥料や農薬を一切使用せず収量が1/10になったとしても10倍の価格で買う人がいるのならばビジネスとして成立する．しかしそれでは全ての人々に食糧を供給するという，食料生産の使命を果たすことができない．ここではあくまでも慣行生産技術の生産性を維持するという前提の下で化学肥料の使用量の削減や有機質肥料の利用，農薬代替技術について述べる．

1）有機質資材の特徴と問題点

一般に土壌への有機質資材の投入は，土壌物理性の改良や微量要素の補給等の効果がある．また，肥料分に富む有機質資材もある．化学肥料

表４　たい肥，乾燥ふん尿及び緑肥の養分含量と有効成分量の例（神奈川県 2010）

種　別	有機物名	水分（%）	C/N比	養分含量例（現物 %）					有効化係数（%）			有効成分量（kg/ 現物 t）				
				窒素	リン酸	カリ	石灰	苦土	窒素	リン酸	カリ	窒素	リン酸	カリ	石灰	苦土
乾燥ふん	牛ふん	28	16	1.65	1.84	1.74	1.61	0.76	30	60	90	5.0	11.0	15.7	16.1	7.6
	豚ぷん	24	10	2.60	4.56	1.51	3.30	1.20	70	70	90	18.2	31.9	13.6	33.0	12.0
	鶏ふん	19	7	2.96	5.20	2.43	9.16	1.15	70	70	90	20.7	36.4	21.9	91.6	11.5
家畜ふんたい肥	牛ふん	50	17	1.10	1.45	1.45	2.10	0.65	20	60	90	2.2	8.7	13.1	21.0	6.5
	豚ぷん	29	10	2.70	5.04	2.13	4.54	1.78	50	70	90	13.5	35.3	19.2	45.4	17.8
	鶏ふん	20	8	2.81	5.86	3.13	12.68	1.77	60	70	90	16.9	41.0	28.2	126.8	17.7
おがくず混合たい肥	牛ふん	58	21	0.80	0.97	1.10	1.14	0.46	10	50	90	0.8	4.9	9.9	11.4	4.6
	豚ぷん	44	14	1.41	3.03	1.46	2.87	0.84	30	60	90	4.2	18.2	13.1	28.7	8.4
	鶏ふん	37	11	2.33	3.84	1.95	3.96	1.70	30	60	90	7.0	23.0	17.6	39.6	17.0
その他たい肥	稲わら	75	19	0.41	0.19	0.44	0.07	0.06	30	50	90	1.2	1.0	4.0	0.7	0.6
	せん定くず	64	33	0.55	0.12	0.19	1.04	0.19	0	50	90	0.0	0.6	1.7	10.4	1.9
	バーク	61	36	0.47	0.33	0.28	2.10	0.90	0	50	90	0.0	1.7	2.5	21.0	9.0
緑肥	レンゲ	77	18	0.55	0.12	0.30	0.32	0.12	30	50	90	1.7	0.6	2.7	3.2	1.2
	ソルゴー	80	22	0.28	0.10	0.78	0.06	0.10	20	50	90	0.6	0.5	7.0	0.6	1.0
	イタリアン	78	17	0.42	0.11	0.68	0.15	0.09	30	50	90	1.3	0.6	6.1	1.5	0.9
	トウモロコシ	81	12	0.38	0.11	0.19	0.29	0.11	30	50	90	1.1	0.6	1.7	2.9	1.1
食品残さ等	生ごみ	25	18	2.08	1.29	0.79	2.54	0.26	0	*	50	90	0.0	6.5	7.1	25.4
	コーヒーかす	5	25	2.06	0.23	0.42	0.14	0.19	0	50	90	0.0	1.2	3.8	1.4	1.9
	緑茶	5	10	4.77	0.79	0.76	0.69	0.26	30	50	90	14.3	4.0	6.8	6.9	2.6

注）*2ヶ月以降に無機化に転じる
　個々のたい肥の養分含量については，製品に添付された成分表で必ず確認する

に比べれば概して成分含有率が低く遅効性であるため，有機質肥料は安全で過剰害がないと考えられがちであるが，土壌中で無機化されてしまえば，有効成分そのものは化学肥料と同じである．たとえば牛糞堆肥についてみると，窒素-リン酸-カリを 1.10 1.45 1.45％含んでいる（表4）（神奈川県環境農政局 2009）．つまり，10 a に 1 トン施用すると 11.0-14.5-14.5 kg/10 a 施用したことになる．ただし有機物に含まれる成分が作物に吸収される割合（有効化率）は窒素-リン酸-カリそれぞれ 20-60-90％であるから，窒素ならば施用された 11.0 kg/10 a のうち，1 年間に 2.2～3.3 kg の窒素が作物に供給される可能性がある．反面，含有窒素の 70～80％に当たる 7.7～8.8 kg は土壌中に蓄積し，徐々に有効化することになる．堆肥は毎年，一定量が与えられることが多いため，このまま毎年施用を続けていくと，いずれ窒素過剰となり，生育や

品質に悪影響を及ぼすばかりでなく流亡した硝酸イオンが地下水を汚染する可能性も生じてくる．このため環境保全型の施肥は，化学肥料との適切な組み合わせが必要である．

図9　葉数の増減と窒素吸収量の相関関係

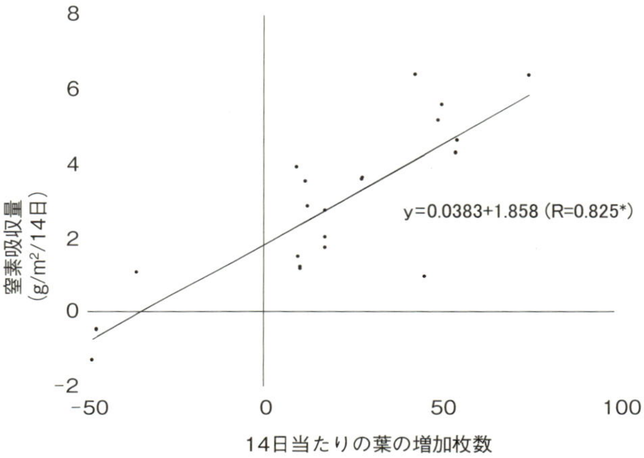

y：窒素吸収量（g/m^2/14 日）
x：増加葉数（枚 /m^2/14 日）
* は 1 % 水準で有意であることを示す

2）リアルタイムな施肥調節による施肥量の削減

前述の養液土耕栽培では，生育状況に応じてリアルタイムに施肥量を調節することが可能である．ここではキュウリの例を示す．キュウリは施設野菜の中でも施肥量が多い．これは，窒素質肥料が過剰でも生育に障害が出にくい反面，不足すると影響が大きいためである．しかし，窒素肥料の過剰施用はキュウリの苦みの原因になる他，地下深くから肥料由来の硝酸イオンが検出される等の問題が指摘されている．キュウリの苗が小さいうちは，窒素は少量で十分であるが，作物が大きく生長し，たくさん着果するようになると多くの窒素が必要となる．しかし，生育状況に応じてどれくらいの窒素が必要なのかがこれまではわからなかった．そこで2週間に一度，栽培中のキュウリを抜き取り，生育調査を行うとともに一定期間ごとに吸収された窒素を分析したところ，葉の増え方と窒素吸収量の間には正の相関関係があった（図9）．つまり葉数が何枚増えたかを調べれば，その期間に吸収された窒素量を推定できる．したがって，次の2週間，その量を点滴チューブで液肥を施用してやれ

図10　現地圃場における養液土耕システム導入後のキュウリ栽培土壌ECの変化（佐藤ら 2005）

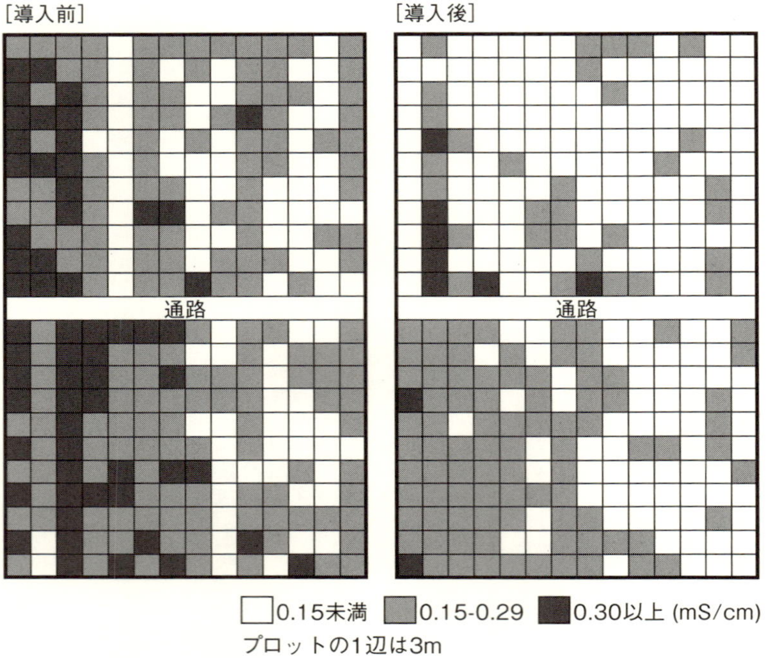

ば過不足ない施肥ができる．収穫打ち切り2週間前になったら養液の施用を打ち切り水だけを与え，土壌中に残った肥料を吸収させる．このような管理を行うことで慣行の施肥基準に対し20％以上の窒素施肥量削減が可能となった（佐藤 2004）．また，必要最小限の施肥を行った結果，施設内土壌の残肥のむらも軽減された（図10）．

3）農薬使用量削減の意義と方法

多くの殺虫剤，殺菌剤は化学合成農薬であり，これらによる防除を化学的防除と呼ぶ．化学的防除は現代の病害虫防除の基幹技術である．わが国において，農薬の使用は農薬取締法に基づいて厳しく管理されており，定められた使用基準を遵守していれば基本的に安全性に問題はない．したがって，使用基準の範囲内であれば農薬をたくさん使った野菜

図 11　総合的病害虫・雑草管理（IPM）の体系（農林水産省 2005）

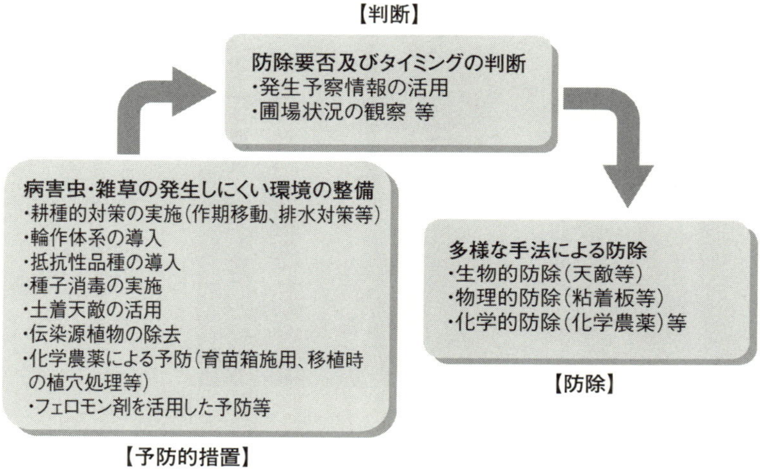
【判断】
防除要否及びタイミングの判断
・発生予察情報の活用
・圃場状況の観察 等
病害虫・雑草の発生しにくい環境の整備
・耕種的対策の実施（作期移動、排水対策等）
・輪作体系の導入
・抵抗性品種の導入
・種子消毒の実施
・土着天敵の活用
・伝染源植物の除去
・化学農薬による予防（育苗箱施用、移植時の植穴処理等）
・フェロモン剤を活用した予防等
【予防的措置】
多様な手法による防除
・生物的防除（天敵等）
・物理的防除（粘着板等）
・化学的防除（化学農薬）等
【防除】

が安全性に劣り，農薬を使わなかった野菜が優るとはいえない．しかし，農薬は圃場周辺に飛散すると生態系に悪影響を及ぼすことが懸念される．また，類似成分の農薬を連用したり過剰に散布したりすると，この薬剤が効きにくくなったり，全く効かなくなる薬剤耐性菌や薬剤抵抗性害虫の出現リスクが高まる．消費者にとっては安全性とは別の問題として，農薬に由来する粉末が付着した野菜や，薬品臭が残る野菜はたしかに買いたいとは思わないであろう．農薬の使用量削減は，前述のような技術サイドの問題だけでなく，消費者ニーズの面からも考慮されなければならない．このような多方面の事情から，化学合成農薬一辺倒の病害虫防除技術を見直し，代替する防除技術を取り入れていく必要に迫られている．代替防除技術としては天敵昆虫など生物を利用する生物的防除，防虫ネットや太陽熱消毒など物理的に隔離，死滅させる物理的防除，肥培管理や雑草防除などにより発生を抑える耕種的防除がある．

近年では，生産性の維持を図りつつ環境にも配慮した病害虫防除法として「総合的管理技術」が注目されるようになってきた．これは通常，IPM（Integrated Pest Management）と呼ばれ，化学的防除に依存して

図 12　温湯散布装置を用いたイチゴの農薬使用

病害虫の撲滅を図るのではなく，あらかじめ農作物の被害が経済的に許容できる水準以下になるような病害虫の密度を設定し，化学農薬をできるだけ用いずに密度を抑制するという考え方を基本とすることに特徴がある．このため生物的防除，物理的防除，耕種的防除のさまざまな手段を総合的に活用する．

図 12 は，イチゴの病害防除を主目的として温湯を散布している光景である．イチゴは栽培が長期間に及び，さまざまな病害虫に侵されやすいため，野菜の中でも農薬使用量が多い．近年，植物免疫に関する研究の進展により，イチゴやその他の作物の葉を一時的に高温にする（熱ショック処理）と，病害抵抗性の反応が誘導されることが明らかになってきた．そこでこのハウスではハウス内を自走する温湯散布装置により，週 1 回イチゴに熱ショックを与えている．この方法により，イチゴの重要病害であるうどんこ病が発生しなくなり，殺菌剤を散布する必要がなくなった．また，栽培槽の太陽熱消毒やハダニに対する天敵の放飼，天然成分に由来するため化学合成農薬として使用回数にカウントしなくてもよい農薬の導入なども併用することにより，1 回の栽培当たりの農薬使用量を慣行の 1/3 に削減することができた．

8. おわりに

わが国の農業は，戦後の食料確保と増産をめざした諸施策のもと，農業技術の進歩とあいまって，着実に生産性を向上させた．しかし，食生活の洋食化や多様化が進むと食料自給率（カロリーベース）は低下し，近年は40％程度（39％(2010年)）にとどまっている．加えて，時代の変化や消費者ニーズを背景として，食物は「量」よりも品質が求められるようになってきた．さらには，この章に記したように，近年は環境保全型の農業生産が求められている．このように21世紀の今後は，従来とは異なる新しい持続的な農業生産技術とそれを支える社会の構築が求められる時代といえよう．

● 参考・引用文献

秋田重誠（2000）イネ．『作物学（Ⅰ）—食用作物編—』（秋田重誠他著）pp. 3–85　文永堂出版，東京

荒木陽一（2003）養液土耕栽培『五訂 施設園芸』pp. 296–304　（社）日本施設園芸協会，東京

藤原俊六郎・安西徹郎・小川吉雄・加藤哲郎（1998）『新版　土壌肥料用語事典』．pp. 90　農文協，東京

後藤雄佐・新田洋司・中村聡（2000）『作物Ⅰ〔稲作〕』全国農業改良普及協会，東京

Hasegawa, T., Wang, Y., Zhu, J., Kobayashi, K., Okada, M., Shimono, H., Yang, L., Kim, H. Y, 北海道農政部（2010）『米に関する資料〔生産・価格・需要〕』北海道農政部，札幌

堀江武（2002）生産と環境．『植物生産学概論』（星川清親編）pp. 133–170　文永堂出版，東京

星川清親（1975）『解剖図説　イネの生長』農文協，東京

Hoshikawa, K.（1989）『The Growing Rice Plant』Nobunkyo, Tokyo.

池田英男（2003）養液栽培の展開『五訂 施設園芸ハンドブック』．pp. 258–273　（社）日本施設園芸協会，東京

神奈川県環境農政局（2009）有機質資材の施用『平成21年度作物別施肥基準』．pp. 72–90　神奈川県環境農政局，神奈川

加藤俊博（2000）養液土耕の基本技術『野菜・花卉の養液土耕』．pp. 32–33　農文協，東京

Kobayashi, T., Sakai, H., Yoshimoto, M., Lieffering, M. and Ishiguro, K. (2007) Response of

rice to increasing CO_2 and temperature : Recent findings from large-scale free-air CO_2 enrichment (FACE) experiments, pp. 439–447 Science, technology, and trade for peace and prosperity, IRRI, Los Baños, Philippines
国連開発計画（2002）『アフリカの飢餓を救うネリカ米』国連開発計画
厚生労働省（2001）『「五訂日本食品標準成分表」の取扱いの留意点について』. 厚生労働省，東京
Krishnan, P., Swain, D. K., Chandra, B. B., Nayak, S. K. and Dash, R. N.（2007）Impact of elevated CO_2 and temperature on rice yield and methods of adaptation as evaluated by crop simulation studies. Agriculture, Ecosystems and Environment, 122 : 233–242.
松江勇次（2010）食味.『作物学用語事典』（日本作物学会編）pp. 200–201　農文協，東京
文部科学省（2005）『五訂増補日本食品標準成分表』. 文部科学省，東京
長野県農政部（2009）『作物別経営指標一覧表』長野県農政部，長野
新田洋司（2007）子房の転流・転送系およびアミロプラストの構造におよぼす影響.『高温障害に強いイネ』（日本作物学会北陸支部・北陸育種談話会編）pp. 24–30　養賢堂，東京
農林水産省（2005）『総合的病害虫・雑草管理（IPM）実践指針』. 農林水産省　消費・安全局，東京
佐藤達雄（2004）『葉数を数えるだけでわかるキュウリの液肥栽培の施肥量』. 現代農業，2004 年 10 月号 174–177.
佐藤達雄・古郡透・高柳りか・米山祐（2005）「葉数をもとにした簡易窒素施肥指標によるキュウリのかん水同時施肥栽培の現地導入効果」. 農作業研究，40 : 73–78.
Somado, E. A., Guei, R. G. and Keya, S. O.（2008）NERICA : the New Rice for Africa–a Compendium, Africa Rice Center（WARDA），Cotonou, Benin
住田敦・加屋隆士・畠中誠（2008）完熟トマト‘桃太郎’系品種の育種と普及，園学研 7, 1–4.
高辻正基（1996）『植物工場の基礎と実際』p. 85　裳華房，東京
吉川宏昭（2001）野菜の種類と分類『新編 野菜園芸ハンドブック』（西　貞夫監修）. pp. 55–70　養賢堂，東京

第6章　おいしさの科学

橘　勝康[1]・小川 雅廣[2]

([1]長崎大学水産学部・[2]香川大学農学部)

キーワード

味，匂い，食感，水産物，畜産物

概要

脂の乗ったマグロの大トロや“サシ”が入ったサーロインステーキはとてもおいしいものであるが，おなかがいっぱいのときに食べるとおいしいとは感じない．おいしさとは，人間が食品を口腔から体内に取り入れたときに引き起こされる快い感覚である．食品のおいしさは，食品側の物質の性状（性質と状態）とそれを食べる人間側の感受性との相性によって決まる．そのため食品のおいしさの研究は，①食品の物理的・化学的性質，②人間の感覚器による食品の性質の認識のしくみ，③感覚器からの情報の取りまとめ・評価までの脳内活動の三つに分けて行われている．食品側のおいしさは食品を構成する物質の物理的・化学的性質によるもので（①に対応），それらの性質を感覚器が情報に変換し（②に対応），その情報を基に脳が味，匂い，食感，色などと認識・評価しておいしいと感じる．③については，人間の生理的・心理的状態やとりまく環境（情報，食習慣，食文化など）によって変わるために，体系的にまとめることが難しい．

これまでに数多くの食品についておいしさの要因が科学的に解明されてきた．人間が感じる味覚には，甘味，塩味，酸味，苦味，うま味の五つの基本味があり，その五基本味がバランスよく調合されたときにおいしいと感じる．なかでもグルタミン酸やイノシン酸といったうま味成分はおいしさにとくに重要で，魚介類や肉類のみならずトマトや椎茸など農産物のおいしさにも欠かせないものとなっている．一方，チーズや味噌，醤油などの発酵食品や加熱調理したステーキにおいては，匂いがおいしさの重要な要素となっている．また，イカ・タコ・エビのおいしさの決め手は食べたときの独特の食感にある．

このように，これまでのおいしさの研究は食品側のおいしさの要素（味，匂い，食感など）に関するものが中心であったが，近年の分子生物学や細胞生物学の著しい発展によって，人間の感覚器官がおいしさの要素を認識するしくみも随分と解明されてきた．今後，食品側と人間側の両側からおいしさの研究を進めることによって，おいしさの全容が解明されるであろう．さらに，おいしさに関する研究成果は食品のおいしさの数値化や新食品の創造にも役立つことであろう．

1. おいしさとは

人間は自然界に生息する動植物を捕獲あるいは採取して，それらを調理・加工して食べている．この一連の行動の主目的は生命維持のために栄養素を摂ることであるが，われわれ人間にとってはもう一つ大きな目的がある．それは食べることによって快い感覚すなわち快楽を得ることである．この快楽を得たとき私たちは“おいしい”と感じる．すなわち，“おいしさ”は，栄養素の摂取が快楽という報酬になることで摂取を促し，生命維持活動につなげているという機能といえる．

食品には三つの基本的な機能がある．最も重要な一次機能とは生命維持のための栄養素としての働きであり，おいしさは二番目に重要な機能，すなわち二次機能（**嗜好機能**，**感覚機能**ということもある）とされている．そして，三次機能は食品中の成分による**生体調節機能**である．生体調節機能とは食品成分が人間の健康を維持したり病気を予防するはたらきであり，そのような機能をもつ食品成分の研究が国内外で活発に行われている．現在市場に出回っている機能性食品の多くもこれらの研究成果から生まれたものである．

図 1　食品のおいしさに影響を及ぼす要因

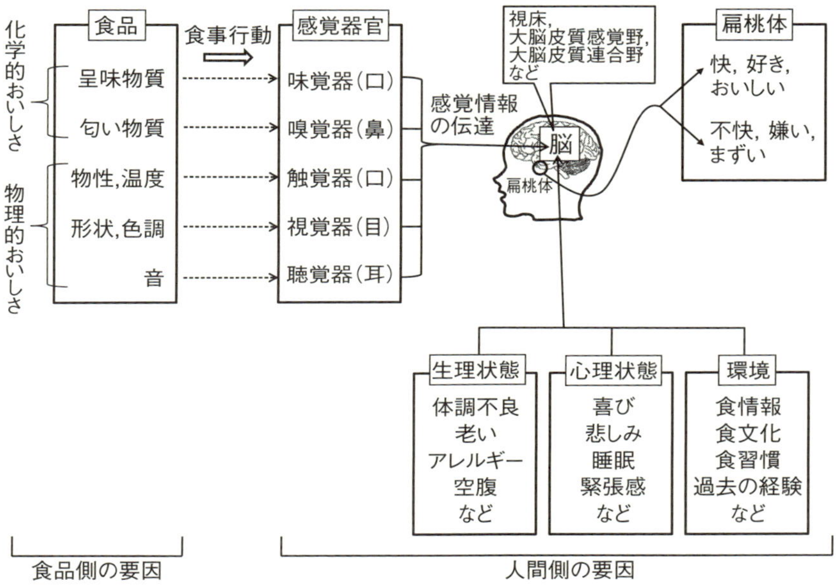

食品のおいしさ（嗜好度）は，①食品成分が示す物理的・化学的性質を人間が五つの**感覚器官**（味覚器，嗅覚器，触覚器，視覚器，聴覚器）で感じとり，②その信号が感覚情報として**大脳皮質**に運びこまれ，そこで味・匂い・食感（食べたときの口のなかの皮膚感覚）の質や強さの分析や，外観（形や色），音，温度（熱さ冷たさ）の評価がなされた後，最終的に**大脳辺縁系**の**扁桃体**で評価される（図 1）．食品には食べる側の好き嫌いがつきものであり，同じものを食べてもおいしいという人もいれば，まずいと感じる人もいる．このような個人差は②の感覚情報が大脳皮質から扁桃体に運ばれる過程で，生理的状態や心理的状態，さらに情報，食習慣，食文化といった環境要因の影響を受けることによって生まれるため，これらを学問として体系的にまとめることは難しい（図 1）．一方，①の食品成分のもつ諸性質を人間の感覚器官が受け取るまでのしくみはすべての人に共通であり，これまでの研究によってかなり詳

細が明らかになってきている．

それぞれの食品は特徴的な味，匂い，食感，外観をもっており，それらを人間側の感覚器が精密機械のように高い精度で敏感に感じとり，その情報を脳で総合的に判断しておいしさを感じる．本章では，食品のおいしさのとくに重要な要素である味，匂い，食感を人間がどのようにして認識するのかを紹介する．その後で日本人の好きな食べものの常に上位に挙げられる水産物と畜産物のおいしさの要因について紹介する．

2. おいしさに関わる要素

食品のおいしさの要素には色合い，温度（熱さや冷たさ），食べたときの音なども含まれるが，主要なものは上述の味，匂い，食感の三つの要素である．**味**と**匂い**はその正体が化学物質であることから**化学的おいしさ**といわれている．これに対して**食感**は食品中の物質が示す物理的性質（物性という）によるものであることから**物理的おいしさ**といわれる．

(1) おいしさの要素：味

味覚は食品のおいしさに欠かせない感覚である．1916年にドイツの心理学者H・ヘニング（Hans Henning）は，多種多様な食べものの味は甘味，酸味，塩味，苦味の四つの基本味を混合することでつくられると提唱した．しかし，これら四つの基本味を混ぜてもつくれない味があることがその後の研究でわかってきた（山野 2009）．現在は日本の研究者らによって提唱されたうま味が基本味として定着し，うま味を加えた**五基本味**が味覚の分類に広く使われている．

味の正体はアミノ酸や糖などの化学物質であるが，人間はすべての化学物質を味として感じるわけではなく，**味蕾**（みらい）という味覚器によって味の有無を判断している．味蕾は**味細胞**が寄り集まって花の蕾のような形をした小器官で，成人で約一万個あるといわれており，その半分以上が口腔内の舌に集中して分布している（山本 2003）．味蕾が化学物質を感知しないと無味と判断され，感知すると味として認識される．味蕾が味と

図2 おいしさの三大要素（味，匂い，食感）とその受容体

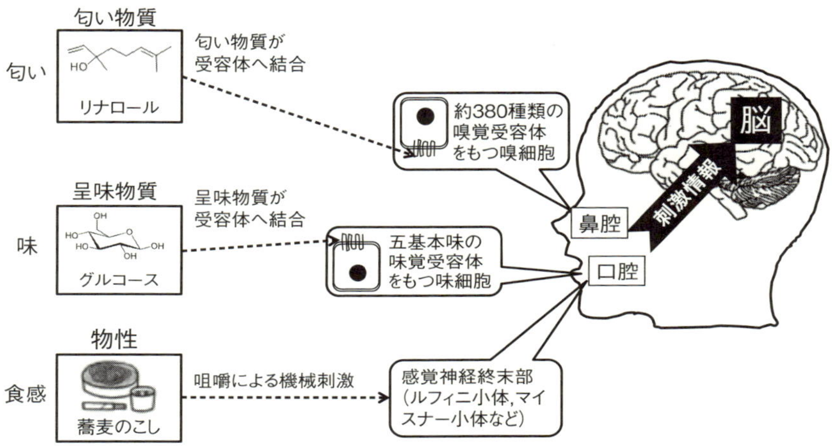

して感知する化学物質は**呈味物質**または単純に**味物質**とよばれる．

では，味蕾は，甘味，酸味，塩味，苦味，うま味の五つの異なる味物質をどのようにして見分けているのであろうか．味の違いの識別を可能にしているのは，味蕾の味細胞表面に局在する**受容体**（**レセプター**ともいう）である（図2）．細胞表面に存在する受容体は細胞膜を貫通したタンパク質でできており，外界からの刺激（ここでは味物質がそれにあたる）を受け取り，それを化学的あるいは電気的情報に変換する装置の役割を担っている．味細胞の表面にはそれぞれの基本味に専用の受容体が配置されており，味物質がそれらのうちどの受容体と結合するかによって味の選別が行われる（表1）．このように基本味ごとに受容体をもつことで，五基本味の味覚情報が別々に脳に送り届けられる．

1）甘味

甘味は本能的に好まれる味であるが，飽きやすい味でもある（山口 2003）．ケーキやアイスクリームは嗜好性の高い食品であるが，たくさん食べると飽きてしまうのはこの甘さによる．**甘味物質**の代表格はショ糖（Sucrose），ブドウ糖（Glucose），果糖（Fructose）などの糖類であ

表1　食品の五つの基本味とその受容体

味覚	呈味物質	味覚受容体
甘味	ショ糖，グルコース，フルクトース，グリシン，アラニンなどのアミノ酸，アスパルテーム	甘味受容体（膜貫通型タンパク質のヘテロ二量体）
苦味	キニーネ，カフェインなどのアルカロイド，ロイシンなどのアミノ酸	苦味受容体（膜貫通型タンパク質の単量体）
うま味	グルタミン酸，イノシン酸，グアニル酸，コハク酸	うま味受容体（膜貫通型タンパク質のヘテロ二量体）
塩味	塩化ナトリウムなど塩類	塩味受容チャネル（膜貫通型タンパク質の四量体）
酸味	酢酸，クエン酸，乳酸などの有機酸	酸味受容チャネル

るが，糖の種類によって甘さの質や強さがかなり異なる．**ショ糖**は重厚な甘みをもつのに対し，**ブドウ糖**は清涼感のある甘さを呈する．一方，**果糖**はショ糖よりも強い甘味をもつが，温度を変えると甘味の強さ（甘味度）が大きく変わるという特性をもっている．室温ではショ糖の1.2倍程度の甘さであるが，5℃以下まで冷やすとショ糖の約1.5倍もの甘さになる（斎藤 2006）．逆に40℃以上に温めるとショ糖よりも甘さが弱くなってしまう．これは，果糖が水溶液中で甘さの異なる二つの分子構造（α型とβ型）をとっており，低温では甘味度の高いβ型（α型の三倍の甘さをもつ）の比率が増えるためである．果物やフルーツジュースを冷やすと甘く感じるのはこのような果糖の性質を反映したものである．

糖類以外にも甘味物質はたくさんある．南米原産のキク科植物ステビア（Stevia rebaudiana）には砂糖の約300倍の甘味度をもつ**ステビオシド**（Stevioside）などの天然甘味成分が含まれており，清涼飲料水などに利用されている．アミノ酸やペプチド（アミノ酸が数～数十個連結したもの）にも甘味をもつものが多い．ペプチド関連物質である**アスパルテーム**はショ糖の約180倍の甘さをもつ人工甘味料で，低カロリーの飲料などに添加されている．また，ペプチドよりも分子量の大きいタンパク質にも強力な甘味を有するものが数種類報告されている（栗原

2003)．西アフリカ原産の木の実から単離された**ソーマチン**はショ糖の5500～8000倍の甘さをもつ．このように甘さの質や甘味度は物質によってかなり異なっているが，それらの甘味物質を受け取る受容体（甘味受容体）は1種類しか存在せず，**膜貫通型タンパク質**の二量体（2分子が寄り集まった構造）でできている（日下部 2012)．このわずか1種類の**甘味受容体**に甘味物質がどのように結合し（結合様式），どのくらいの強さで結合するのかによって甘さの質や甘味の度合いに関する情報を得ているものと考えられる．

2）苦味

苦味を有する物質も数多く見つかっている．**カフェイン**や**ニコチン**などのアルカロイド（窒素原子を含み，塩基性を示す天然由来の有機化合物の総称)，**カテキン類**などのポリフェノール，アミノ酸やジペプチド（二つのアミノ酸からなるペプチド)，硫酸マグネシウムなどの無機塩類など多種多様である．苦味は一般には不快に感じる味であるが，学習によって嗜好が開発されることがあり，いったん嗜好が獲得されると長く定着することから，病みつきになる味といえる（山口 2003)．コーヒーや緑茶には愛好家が多いが，その理由は病みつきになる**苦味物質**が多量に含まれているからかもしれない．**苦味受容体**は膜貫通型タンパク質の単量体からなる．この苦味受容体には少なくとも25種の異なる受容体が存在し，苦味物質の分子構造の違いによって受け取る受容体が異なると考えられている（二ノ宮 2007)．どの受容体に結合するかによって，さまざまある苦味の質を判別しているのかもしれない．

3）うま味

うま味を呈する物質の数は甘味や苦味と比べるとそれほど多くはないが，おいしさへの寄与は非常に大きい．**うま味物質**は構造的特徴によってアミノ酸系，核酸系，有機酸系の三つに分けられる．アミノ酸系のうま味物質は**グルタミン酸**と**アスパラギン酸**という二つの**遊離アミノ酸**である．グルタミン酸は昆布に多量に含まれているもので，このグルタミン酸にナトリウムイオンを結合させたグルタミン酸が化学調味料として広く利用されている．核酸系には，鰹節，煮干しに多く含まれる**イノシ**

ン酸と椎茸に含まれる**グアニル酸**がある．また，有機酸系のうま味物質には貝類の**うま味成分**として有名な**コハク酸**がある．これらのうま味物質は日本料理の出汁(だし)には欠かせないものとなっている．グルタミン酸とイノシン酸あるいはグアニル酸を混合すると，相乗作用が生まれうま味が飛躍的に強まることが日本の科学者によって発見された（栗原 2003）．料理店や家庭で出汁をとる際に，昆布と煮干しまたは昆布と鰹節を併用するのは，両者の相乗効果を利用してより強くうま味を引き出すためである．こうしたうま味の相乗効果がなぜ起こるのかはまだ不明であるが，米国の研究グループはイノシン酸がグルタミン酸を受容する**うま味受容体**に結合し，グルタミン酸のうま味受容体への結合を安定化していると報告している（Zhang *et al.* 2008）．イノシン酸によりグルタミン酸が安定してうま味受容体にとどまることがうま味の相乗効果に関係していると考察している．うま味物質とうま味受容体の結合様式の全貌が明らかとなれば，その謎も解けることであろう．

4）塩味と酸味

塩味をもつ物質はおもに塩類であり，最も代表的なのは**塩化ナトリウム**（NaCl）である．このNaClが塩味を引き起こすのは，**ナトリウムイオン**（Na^+）の作用によると考えられている．Na^+がまず味細胞の細胞表面にある**イオンチャネル**を介して細胞内に流入する．このNa^+の流入によって味細胞の膜上で電気的な変化（**脱分極**という）が起き，その電気的な変化を引き金に味覚情報が脳に伝えられる（二ノ宮 2007）．イオンチャネルとは細胞や細胞内小器官の表面に存在し，特定のイオンを細胞やその小器官から出し入れするものである．Na^+が味細胞内へ流入することが初動となって塩味の認識が起こることから，**Na^+チャネル**が**塩味受容体**といえる．しかしながら，Na^+をもっている塩類（たとえば，酢酸ナトリウム）のすべてが塩味をもつというわけではなく，またNa^+以外の陽イオンと塩素イオン（Cl^-）の組合せの塩にも塩味をもつものがあることから，塩味の受容体についてはまだまだ謎が多い．

酸味は苦味と同じく学習によって嗜好が開発される味である．酸味を呈する物質の代表的なものは，酢酸，クエン酸，乳酸などの**有機酸**（カルボキシル基をもつ有機化合物が多い）である．味覚器が**酸味物質**を感じるしくみは複数あると考えられているが，いずれにおいても刺激となるのは酸味物質から遊離した**水素イオン**（H^+）である．H^+ が **H^+ チャネル**あるいは Na^+ チャネルを介して直接に味細胞内に流入し脱分極を引き起こす経路と，水素イオン H^+ が**カリウムイオン（K^+）チャネル**や**カルシウムイオン（Ca^{2+}）チャネル**に結合することによって K^+ や Ca^{2+} を味細胞内に取り込み脱分極を引き起こす経路があると報告されている．いずれの場合も陽イオンを味細胞に取り込んで脱分極を引き起こすことで味覚情報に変換している（長井 2003）．

5）その他の味

食品に**香辛料**を加えると口腔内が刺激されて食欲が増す．これは香辛料の有する香りと辛味によるものである．**辛味**は食品学的には味覚の一つと扱われ，これがおいしさの要因となる食品も少なくないが，生理学的には味覚から除外されている．たとえば，唐辛子の**辛味成分**として有名な**カプサイシン**は味細胞の味覚受容体とは結合せず，口腔内にのびた**三叉神経**終末の受容体（三叉神経は，脳神経のなかでも最大の神経で，頭部に広く分布する）に結合して辛味刺激を受け取っている（長井 2003）．また，お茶のおいしさの要因である**渋味**も辛味と同様に生理学的には味覚ではない．

(2) おいしさの要素：匂い

鼻が詰まっているときや鼻をつまんで食品を食べるとおいしさがわからないことがよくある．この現象は食品の匂いを感じることができないから起こるもので，匂いがおいしさに寄与することを示す一例といえる．食品はそれぞれ特有の匂いをもっているが，その匂いの正体は化学物質である．匂いを感じる化学物質のことを**匂い物質**というが，それら匂い物質に共通するのは分子量が 300 以下で揮発しやすいことである．しかし，このような揮発性の物質のすべてを人間が匂いとして感じるかといえばそうではない．**揮発性物質**は 10 万～ 40 万種類あるといわれているが，人間が嗅ぎ分けることのできる匂い物質の数はそのうちの約一万種である．匂い物質には「炭素数 8 ～ 13 個の物質は香気が強い」

とか，「硫黄や窒素を含む物質があると匂いが強くなる」といった規則性はあるが，まだまだ未知のことが多い（外崎・越中 2009）．また，各々の食品の匂いは単一の匂い物質によるのではなく，数十～数百種の匂い物質の組合せとその量的バランスによって形成されている．そのなかでも，その食品の特徴を表す鍵となる物質がおいしさに関わる匂い成分ということになる．野菜では炭素原子を6個以上もつアルコールやアルデヒド類が，果物では低分子の有機酸とアルコールが結合したエステル類がおいしさに関わる匂い成分である（久保田 2003）．

では，人間は化学物質をどのようにして匂いとして認識しているのであろうか．匂い物質の最大の特徴は揮発のしやすさにある．食品から放散された匂い物質は，吸気と一緒に鼻腔内の上皮にある**嗅細胞**に到達し，嗅細胞の細胞表面に局在する**嗅覚受容体**に結合することよって匂いの認識が始まる．この嗅覚受容体へ到達するまでの経路には二通りある（図2）．一つは，食べる前に食品から揮散する匂い物質が鼻先から吸気に伴われて嗅覚受容体へ到達する経路である（東原 2007）．このルートの匂いは**オルソネーザル（鼻先香，立ち香）**とよばれる．もう一つは，食べものを口に入れて咀嚼しているうちに食品から放散された匂いが吐く息に乗って気道から嗅覚器へ到達する経路である．この経路から到達する匂いは**レトロネーザル（口中香，含み香）**とよばれ，オルソネーザルと区別されている．

食品の匂いは数十～数百種類の匂い物質が複雑に混ざってできている．匂いを識別するセンサーのしくみは味覚のそれよりもさらに複雑である．匂いを感知する嗅覚受容体も甘味受容体と同じ膜貫通型タンパク質でできているが，そのタンパク質にはアミノ酸配列が異なる約380種類のものが存在することがわかってきた（東原 2007）．しかも，一つの嗅細胞には1種類の嗅覚受容体しか存在しないので，異なる受容体をもつ約380種類の嗅細胞が存在することになる．匂いを構成するそれぞれの匂い物質は約380種類のうちのいずれかの受容体（嗅細胞）に結合することがこれまでに遺伝子工学的な手法によって明らかとなってきている．

匂い物質が嗅覚受容体に結合した後，嗅覚情報が脳に届けられるまでの経路は非常に複雑であるが，簡単には以下のとおりである．匂い物質が受容体に結合した後，嗅細胞が刺激され電気信号が発生する．その信号が嗅神経の軸索を伝わって大脳へ運ばれ，他の嗅覚情報と統合されることにより匂いの識別が行われる．人間は約一万種の匂い物質を嗅ぎ分けるが，その嗅ぎ分けを380種類の嗅細胞を巧妙に操って行っているのである．これらの匂い物質の受容に関する研究で先駆的な仕事を行った米国の科学者L・B・バック博士とR・アクセル教授に2004年ノーベル医学生理学賞が贈られた（Buck and Axel 1991）．

（3）おいしさの要素：食感

食感とは食べものを飲食した際に感じる口腔内の**皮膚感覚**であり，噛んだときの感触である“**歯触り**”，舌の感触である“**舌触り**”，口に入れたときの感じを表わす“**口触り**”などがある（合谷 2007）．食品を評価する際によく耳にする**テクスチャー**（texture）という言葉も，食感とほぼ同義である．食べたときに感じる“ねばっこい”，“やわらかい”，“コシがある”などの表現は食感に関わる食品の物性を反映したものである．このように食感によるおいしさは食品のもつ物性に深く関わることから物理的おいしさといえる．食感がおいしさに寄与している食品は意外にも多い（松本・松元 1977）．パリパリした海苔やサクサクしたポテトチップスはおいしいものであるが，湿気ってしまうとそのおいしさを損なってしまう（ボックス1参照）．このことは海苔やポテトチップスのおいしさに食感が寄与していることを示している．

食べたときの食感は，味と同じく口腔内の粘膜や皮膚が感じるものであるが，食感に関する情報を受容するしくみは味覚情報のそれとは大きく異なる．食感のセンサーは，口腔内に広く分布する**感覚神経**（主体は，**三叉神経**）の終末部である．感覚神経の終末部は咀嚼などによって生じた触覚や圧覚などの**機械的刺激**を**電気刺激**に変えて脳に伝える（図2）．機械的刺激を受ける感覚受容器には，パチニ小体，メルケル盤，ルフィニ小体，マイスナー小体，クラウゼ小体などのタイプがある．食品の歯触りや歯ごたえの判別をしている感覚受容器は主として歯根膜に存在するルフィニ小体である．この**ルフィニ小体**においてどの程度の強さで咀嚼したかを評価している（合谷 2007）．一方，舌触りや口触りに関係している感覚受容器は口腔粘膜に存在する**マイスナー小体**や**クラウゼ小体**である．これらの受容器は，機械的刺激だけでなく**温熱刺激**などを含む豊富な感覚情報を脳に送ることができる．

ボックス１

おいしさを表現するオノマトペ

オノマトペとは擬声語（擬音語）と擬態語の総称である．日本語には食べものの食感や味覚を表現するオノマトペが多い．「ぷりぷり」したふぐの刺身，「しゃきしゃき」の水菜，「ぱりぱり」した餃子，「まったり」したチーズケーキ，「しっとり」したパウンドケーキなど読者も使ったことのある表現が多いのではないか．このように日本語にたくさんのおいしさを表現する擬声語や擬態語が多いのは，日本の食文化の豊かさを示すものである．

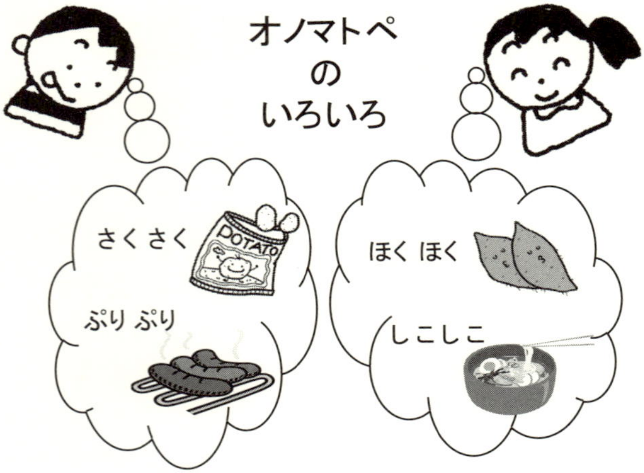

3. 水産物のおいしさ

おいしさは，味，歯触り（テクスチャー，Texture），色，香などを総合して判断している．また，味に含まれる魚の旨味成分として知られているイノシン酸（IMP）や，昆布の旨味成分であるグルタミン酸などのアミノ酸と脂が複雑に関係している．だしの素の原料にカツオが用いられるのは筋肉中に旨味成分であるIMPの素となるATPを他の魚（約10 μmol/g）の1.5～2倍含んでいるからである．また，魚類の筋肉を肉の色でみると，牛肉などの筋肉がもっている色素タンパク質であるミオグロビンが多い血合筋と少ない普通筋に分かれている．新鮮な魚ではこの血合筋が鮮紅色であるが，鮮度低下に伴って赤い色素が酸化されて（メトミオグロビンに変化する）褐色に変わってくると見た目が悪くなり，おいしさは低下するといえる．イカ類では致死直後数時間は透明な筋肉であるが保存時間の経過に伴って白濁する（岡本 2008）．また，サケやマス類では餌料にエビ，カニ類がもっているカロテノイド系色素が少ないと淡いピンク色の普通筋に，多く入っていると赤い色に変わってくる．同様にマダイではカロテノイド系の色素であるアスタキサンチンの少ない餌料を摂取すると体表の赤みがきわめて少なくなり，アスタキサンチンを食べさせることによって体表の赤い色が出てくる．これらは魚のおいしさを支配する大きな要因となっている．

まず，魚の刺身のおいしさから述べると，魚はウシやブタのような畜肉と異なり急速に鮮度が低下する．大型のマグロなどでは畜肉と同様に熟成といって死後4日以上低温で保存して筋肉の自己消化を進ませて肉を軟らかくしてから刺身で食べる．ほかの魚では死後氷蔵であっても2～3日以内の早い内に刺身で食べられている．とくに最近のわが国では死後硬直前の魚を活けメと言って，築地などの市場では活魚と同等の評価で取引されている現状がある．畜肉であっても魚であっても死後筋肉中のATP（アデノシン三リン酸）が分解して死後硬直を起こすと同時に，筋肉内の酵素によって自己消化が進みエキス成分の増加と筋肉の軟化が起こる．死後硬直という筋肉が硬くなる変化と，自己消化という筋肉が軟らかくなる変化が同時に進行しているために保存温度によってみかけの硬さが変化してくる．すなわち氷蔵などの低温では急速に死後硬直が進むのに対して自己消化はきわめて緩慢に進むため筋肉は最初硬く

図３　致死直後のブリ普通筋（a）と軟化した普通筋（b）

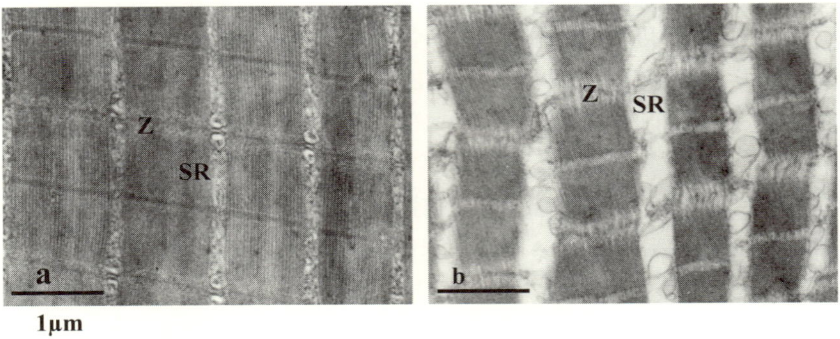

Z：Z 線，SR：筋小胞体

図４　マアジ筋肉における結合組織の氷蔵中における変化

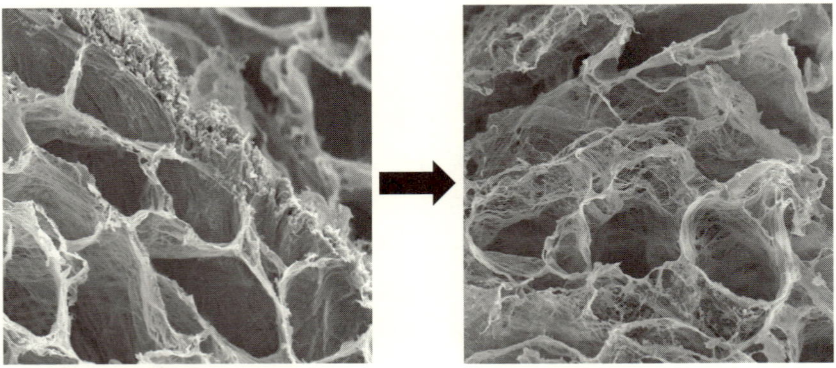

即殺時　　氷蔵48時間目

（48 時間目ではハニカム状の筋内膜の構造が粗くなっている）

なり，その後軟化する．しかし，10℃以上の比較的高い保存温度では**死後硬直**の進行より自己消化の変化が大きいため魚体は硬直しているにも関わらず，筋肉の硬さを調べると保存時間とともに軟らかくなってくる（豊原，安藤 1991）．

魚類筋肉の保存中における軟化現象には自己消化（筋肉が死後自分のもっている酵素で自己分解を起こす）による 1. 筋肉細胞内の**筋原線維**

図 5　筋肉中における ATP 関連化合物の分解

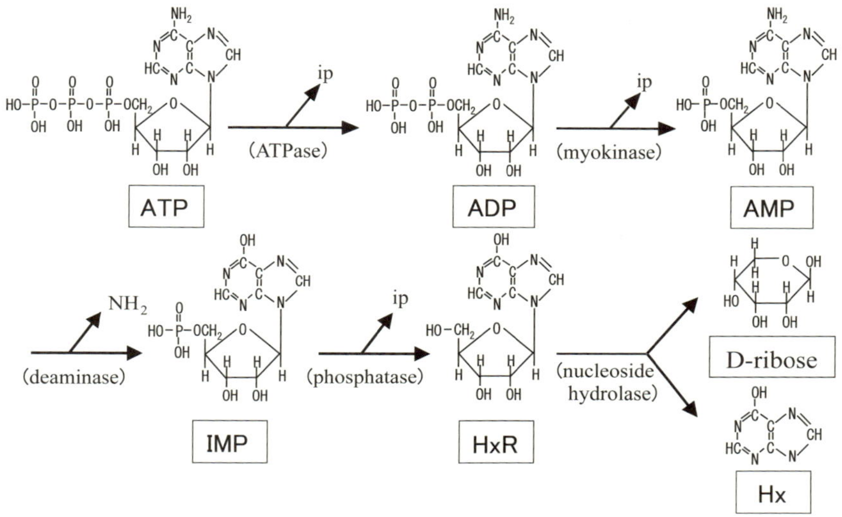

を構成する**明帯**や**暗帯**及び**Z 線**と筋小胞体の崩壊（橘，槌本 1990），2. 筋細胞同士を結着する働きをする**細胞間マトリックス**（**膠原線維：コラーゲン**や**弾性線維：エラスチン**）などの崩壊（豊原，安藤 1991）による二つの因子が考えられている（図 3，図 4）.

魚は死後 ATP が急速に分解し死後硬直が進行するが，この時一般に ATP（アデノシン三リン酸）→**ADP（アデノシン二リン酸）**→**AMP（アデノシン一リン酸）**→IMP（イノシン酸）→**HxR（イノシン）**→**Hx（ヒポキサンチン）**と分解するとされているが，筋肉の中では ATP→IMP に直接分解するような挙動を示す（図 5，図 6）.

ATP 関連化合物の分解過程で ADP は AMP に AMP は IMP に直ちに分解されるようで，筋肉に含まれる ATP 関連化合物を化学分析しても ADP と AMP はほとんど検出されない．刺身の調理中にはこのようないろいろな変化が筋肉の中で起こっている．魚の旨み成分でよく知られている IMP はこのような経路で形成される．このため生きている魚の筋肉中の ATP 関連化合物は ATP がほとんどで IMP は含まれていない．魚の鮮度を示す指数で**K 値**と呼ばれる指標があり，これは筋肉の中で ATP が ADP→AMP→IMP→HxR→Hx と分解する過程の成分中，呈味性を示さない分解産物である HxR と Hx の割合を百分率で表したもので，以下の計算式で表わされる．それぞれの数値が魚の鮮度状態を表し，値が低いほど高鮮度とされている．

$$\text{K値(\%)} = \frac{\text{HxR}+\text{Hx}}{\text{ATP}+\text{ADP}+\text{AMP}+\text{IMP}+\text{HxR}+\text{Hx}} \times 100$$

即殺魚　　　　　　　　　　：10％以下
寿司だね（上寿司），刺身　：20％前後
すり身，かまぼこの原料魚　：60 ～ 80％

魚の刺身の調理方法には活き造り，あらい，湯引きなどいろいろな食べ方がある．これら刺身のおいしさの特徴を説明すると以下のようになる．

図６　マダイ氷蔵中における普通筋肉中 ATP，IMP，K 値の経時変化

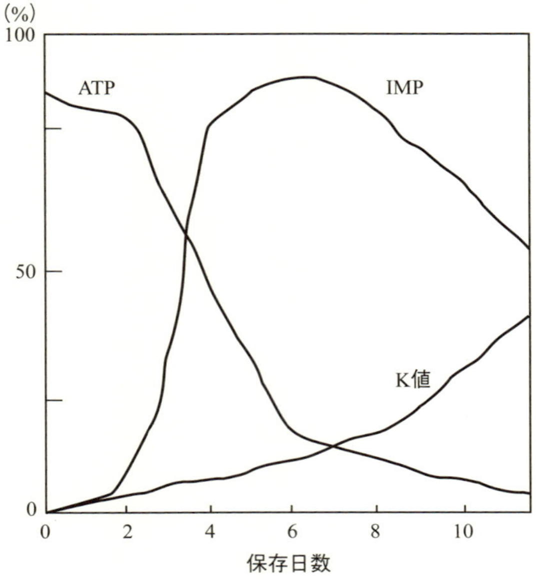

活き造り：もっとも新鮮でおいしいといわれる．活き造りの調理方法であるが，当然のことながら生きた魚が材料となる．まず魚を締めずに，直ちにおろす．この時暴れないように，包丁などで魚の眉間を叩き，失神状態にし，手早く内臓を傷つけないように調理する．筋肉のみを刺身に

して魚体の上に盛りつける．そうすると胸びれや尾びれがケイレンしている状態で食卓に出すことが可能となる．この時の刺身は手早くさばかれているために筋肉中のATPが相当量残ることとなる．また，細胞間マトリックスはほとんど壊すことなく調理できる．このため，活き造りの刺身の中には旨味成分であるIMPは死後一日程度たって完全に死後硬直した魚の刺身と比較すると低いレベルしか含まれていない．活き造りの刺身のおいしさは，新鮮な魚がもっている，透き通った筋肉の色と硬さとひれがケイレンしているという盛りつけの演出によっておいしいと感じているといえる．

表 2　致死直後，湯引，及び氷蔵したマダイ普通筋中の旨み成分

処理	ATP (μmol/g)	IMP (μmol/g)	K 値 (%)
致死直後	10.2	0.1	0.0
致死直後湯引	4.0	6.7	1.0
氷蔵 1 日	0.3	10.2	1.0

IMP：イノシン酸

あらい：コイやスズキなどの生きた魚を締めて，薄くそぎ切りにし，氷水やぬるま湯の中でさっと振り洗いして，身を引き締める調理を行う．こりこりした独特の歯ごたえが特徴とされている．あらいにする魚は死後硬直前のものが必要で，死後硬直後ではいくら冷水にさらしても独特の身が引き締まり反り返ったような状態にはならないとされている．この水で洗う処理が筋肉中のATPを旨味成分であるIMPに換え，その反応で刺身を急速に収縮させる操作を行っている．あらいの刺身のおいしさは，急速に筋肉を硬直させて硬くした歯触りと刺身の中のIMP形成によっておいしいと感じているといえる．

湯引き：新鮮な魚を三枚におろし，その片身を熱湯にさっと通したり，熱湯をかけたりして，材料の表面だけを加熱処理行う．その後，冷水に入れて冷まし，刺身に調理する．この熱湯処理が筋肉表面中のATPを旨味成分であるIMPに換え，その反応で筋肉が反り返る．湯引きの刺身のおいしさは，急速に筋肉表面を熱処理することによる，刺身の外側と内側の歯触りの違いと刺身外側でのIMP含量の増加によっておいしいと感じているといえる．

煮物，焼き物，揚げ物：一般にそれぞれ中心部まで加熱されるため，死後硬直前であっても死後硬直中であっても残存している筋肉中のATPは完全にIMPにまで分解してしまう．当然死後硬直前の新鮮な魚では加熱によるATPの急速な分解によって筋肉が急速に収縮し，えらが大きく開いたり，ひれなどがついている状態では反り返る．これらのおいしさには筋肉中ATPの分解によって形成されるIMPや加熱による細胞間マトリックスの内，膠原線維（コラーゲン）等が熱分解してゼラチン化することによる硬さの変化，筋肉タンパク質の熱変性による硬さの変化が関わっている．当然のことながら，鮮度の低下（K値の上昇）した魚では呈味成分であるIMPが分解されて減少しているためおいしさが減少しているといえる．

①軟体動物

軟体動物では筋肉中の代謝系が魚類と異なり，ATPはATP→ADP→AMP→HxR→Hxという分解をするが，見かけ上いったんAMPに蓄積されるような分解パターンを示す．そのため魚の旨味成分で知られているIMPが筋肉中に形成されない．そのため各種の軟体動物がもつおいしさは筋肉がもつ歯触り（テクスチャー），色，香は魚と同様と考えられているが，味についてはそれぞれがもつエキス成分が大きく関与しているといえる．

- イカ，タコ：軟らかな甘味を感じる成分としてアミノ酸の**タウリン**，**ベタイン**が含まれていることが知られている．またATPからの分解産物ではAMPが知られている．
- ハマグリ，アサリ，シジミ：**有機酸類**である**コハク酸**が代表的成分として味に関与している．

②エビ・カニ

ATPはIMPに分解されるため魚類と同様の旨味成分をもっているが，イカ，タコよりはっきりした甘味を感じるアミノ酸類である**グリシン**，**アラニン**，そしてクレアチンなどが多く含まれており，これらがおいしさに関係していることが知られている．

③海藻類

- コンブ：藻体自体を食べることもあるが，むしろ乾燥させて日本料理のダシとしての役割が重要で，昆布に含まれるグルタミン酸がその呈味性の主体とされている．
- ワカメやその他の海藻類：それら自身がそれほど多くのエキス分をもたないのでおいしさはそれら自身がもつ歯触り（テクスチャー）色，香がおいしさの主体をなすと考えられている．

④水産加工品

魚介類は他の食品に比較してそれほど保存性が高くないため，これまで大量に漁獲された水産物を加工することによって保存性を高めたり，付加価値を与えている．

- 魚肉練り製品（かまぼこやちくわなど）：白身の魚を原料にして，骨やうろこ，内臓，血合いなどを取り除き，筋肉をミンチにする．これを濾布に入れて冷淡水であらい（水晒（さら）し），余分な脂肪，水溶性のタンパク質，生臭さを取り除く．水を絞った後，食塩約2％を添加してすり鉢で擂ると，筋肉は粘調な**ゾル**（すり身）が形成される．これに核酸系やアミノ酸系調味料，砂糖，酒精，卵白，デンプンなど添加して混和後，成形して40℃程度にしばらく置くとゾルは**坐（すわ）り**と呼ばれる反応を起こし，弾力のあるゲルとなる．このゲルを高温で蒸煮したり，焙焼することによる加熱調理することによってかまぼことする．かまぼこのおいしさはそれ自身の呈味性，ゲルとしての弾力と白さが特徴であるが，かまぼこ製造過程において**水晒し**を行うと，呈味成分であるIMPやアミノ酸などが流失してしまう．また，この水晒し操作を行わないと呈味成分は残存するが，かまぼこが主に褐色に着色されるとともに魚臭が残り製品の弾力が大きく低下する．即ち水晒しの操作は製品の見かけの品質を向上させるプラスの影響があるが，呈味性が低下するとともに原料に使用される原料魚の特徴を消してしまうマイナスの影響がある．この原料魚の特徴が消されることを利用して，カニなどの呈味成分の添加や食感を加えることでカニ風かまぼこが開発され，世界的に流通する商品ともなっている．現在魚肉練り製品の製造が伸び悩んでいるのは，原料魚のおいしさの特徴を出すことが難しいことが一因ともいえる．

- 塩干品：塩干品は新鮮な魚介類を塩漬けした後に天日や冷風で乾燥させ保存性を高めた加工品である．塩干品のおいしさには原料魚の鮮度と乾燥中における筋肉内での変化が大きな因子となる．原料魚の鮮度が低下してK値が上昇していると，呈味成分であるIMP含量が低下することによって呈味性が落ちてくる．また，天日乾燥の方が冷風によるよりもおいしいといわれるように，乾燥方法によってもおいしさが変わるとされているが，その詳細については未だ不明な点が多くある．
- 節類：中でも鰹節は脂肪含量の少ないカツオを原料魚とし，頭・内臓・背骨など不要な部分を取り除き，鰹節の原形にする．煮熟した後，ナラ・カシ・クヌギの薪でいぶして水分を蒸発させる乾燥，**カビ付け**を行い，熟成の後製品とする．このカビ付け操作を行った製品を主に枯節といい，カビ付けを行わずに製品（さつま節・荒節）とするものもある．カツオの筋肉にはATP関連化合物含量がマダイような

ボックス2

鮮度

魚の生鮮度はその魚がおいしく食べられるかどうかだけでなくその魚の価格を決定する上で大きな因子となる．魚市場では活魚が最も高く，次に死後硬直中，死後硬直の終わりかけた解硬過程のものと続く．なお，死後硬直前の魚については活け〆と呼ばれ活魚とほぼ同等の評価がなされている．現在のわが国における鮮魚の市場流通では，この活け〆状態（死後硬直前）でどのように流通させるかが重要な課題となっている．魚の鮮度の測定方法にはいろいろな方法が用いられており，流通の専門家等が経験的に魚を見るだけで判定する官能判定法，魚の腐敗の初期腐敗の程度を示す指標に主に用いられる細菌学的判定法，テクスチャーなどの評価で用いられる物性測定の物理学的判定法，化学分析（揮発性塩基態窒素法：初期腐敗から腐敗に至る程度，K値：魚を食べる上での生鮮度の指標で値が低いほど高鮮度）で判定する化学的判定法などが広く用いられている．

白身の魚の1.5～2倍多く含まれており，これを原料としてカビ付けによるカビの働きで呈味性を向上させる．このカビ付けに用いられるカビは鰹節の旨味を決定づける重要な役割をもっている．このカビによって脂肪分解酵素やタンパク質分解酵素が合成され，中性脂肪等の分解とタンパク質分解による呈味成分であるアミノ酸やペプチドが形成される．さらに薪でいぶす効果とともに特有の香りをあたえるといった働きがあり，これらとIMP，アミノ酸などがおいしさの主成分となっている．

4. 畜産物のおいしさ

乳，肉，卵といった畜産物を主原料とした畜産食品がわが国で広く食べられるようになったのは明治時代以降であり，その意味では，わが国での畜産食品の歴史は水産食品と比べて浅い．しかしいまではステーキ，焼き肉，アイスクリーム，プリンなど多品目の畜産食品が，寿司や刺身とともに日本人の好きな食べ物の上位に挙げられており，おいしいものとして定着している（NHK 世論調査部 2007）．ここでは畜産食品として牛乳と肉のおいしさの要因について述べる．

(1) 牛乳のおいしさ

人間が産まれて最初に口にするのは**母乳**であり，新生児は母乳だけで数ヶ月間も発育できる．これは母乳が発育に必要な栄養素をすべて備えているからである．一方，離乳した子供は牛乳を飲むことになるが，牛乳嫌いな子供は意外と多い．この理由の一つは遊離アミノ酸の一つでうま味成分でもあるグルタミン酸の濃度が母乳と違うためと考えられている（山本 2004）．牛乳にはグルタミン酸が母乳の7分の1しか含まれていないため，その味覚的な違いが牛乳を受け入れにくくしていると考えられる．しかしながら乳のなかで最も消費量が多いのは牛乳であり，牛乳や乳製品好きは老弱男女を問わず多い．ここでは牛乳とその加工品であるチーズのおいしさについて述べる．

表3　牛乳とチーズのおいしさに関わる成分・物質

	牛乳		チーズ	
	成分・物質	補足	成分・物質	補足
味	乳糖	温和な甘み	乳酸	渋みのある温和な酸味
	カルシウム	かすかな苦み	ペプチド	苦みや甘味
	リン酸塩	弱い酸味	アミノ酸類	グリシン，プロリンなどは甘い ロイシン，メチオニンなどは苦い
			含硫化合物	チェダーチーズの味
匂い	硫化ジメチル	牛乳臭	メチルケトン類	ブルーチーズとカマンベールチーズの臭気
	アセトン	牛乳臭		
	遊離脂肪酸	ヤギ乳はカプロン酸が多い	メチルメルカプタン	チェダーチーズの臭気
	硫化水素	独特な臭い	プロピオン酸	エメンタールチーズの臭気
	カルボニル化合物			
食感	脂肪	滑らかな口当たり コク味	中性脂肪，脂肪酸	チーズの組織
	タンパク質	コク味	タンパク質，プロテオース	チーズの組織

1）牛乳

牛乳はほのかな甘味以外は明確な味をもたないが，特有な**風味**をもっている（表3）．この風味というのは，口腔を通して感知される香り，すなわち口中香と味を統合した感覚であり，**フレーバー**（Flavor）ともよばれる．牛乳のおいしさは，ほのかな甘みや香り，**コク味**（総合的な質量感，深みのある濃厚な味わい），そして，**口当たり**のよさによる（米田 1994）．

液状食品である牛乳は87％が水分で，残りの13％が固形分である．固形分の主な成分は，多い順に糖質（約4.6％），脂肪（約3.7％），タンパク質（約3.2％）であり，他にカルシウムなどの**ミネラル**，ビタミンAをはじめとした**ビタミン類**などの微量成分を含む．これらの成分の各々が牛乳のおいしさに関わっている（表3）．どれか一つの成分が欠けてもおいしさは半減してしまう．

牛乳のなかの**糖質**はほとんどが**乳糖**（Lactose）である．乳糖はブドウ糖と**ガラクトース**（Galactose）で構成される二糖で自然界では乳にしか存在しない．ブドウ糖をもつにも関わらず甘味度はショ糖のわずか16％しかなく甘さの少ない糖といえる．そのため5％近い糖含量があるにも関わらず温和な甘味となっている．脂肪も牛乳のおいしさには欠かせない．**乳脂肪**は**中性脂肪**（パルミチン酸などの脂肪酸とグリセリンがエステル結合したもの）分子が多数寄り集まった**コロイド**を形成している．この乳脂肪のコロイドが牛乳に滑らかさとコク味を与えている（米田 1996）．また，**タンパク質**も乳脂肪と同じくコク味を与える．牛乳のタンパク質は，乳を酸性にしたときに凝固・沈殿する**カゼイン**（牛乳タンパク質全体の約8割を占める）と，沈殿しない**乳清タンパク質**（牛乳タンパク質全体の約2割を占める．**ホエイタンパク質**ともいう）に分けられる．カゼインは**カゼインミセル**とよばれるタンパク質性のコロイドを形成しており，このカゼインミセルがコク味に寄与している．また，乳タンパク質の適度の**粘度**が口当たりをよくしている．さらに，微量成分中にもおいしさに関わるものが含まれている．硫化ジメチル，アセトン，ブタノン，アセトアルデヒドなどは牛乳中から揮発して牛乳特有の匂い（**牛乳臭**）をつくりだしている（米田 2002）．

市販の牛乳は例外なく加熱殺菌されて流通している．牛乳の殺菌方法にはいくつかあるが，わが国で最も多いのは120℃以上で数秒間加熱殺菌する超高温短時間処理（UHT）である．この**UHT 牛乳**は注意深く匂いを嗅いでみると微かな加熱臭がする．加熱臭の一因は乳清タンパク質の**含硫アミノ酸**の酸化によって発生する硫黄化合物（**硫化水素**など）によるものである．欧米ではこの加熱臭が苦手な人が比較的多いため，加熱臭の少ない**低温殺菌牛乳**（約65℃で30分間加熱殺菌）や**高温殺菌牛乳**（約75℃で15秒間加熱殺菌）が主流の国もある．低温殺菌牛乳は比較的穏和な条件で殺菌されるため加熱臭が少ないだけでなく，乳タンパク質の変性も少ない．こうした変質の度合いが少ないことも低温殺菌牛乳の好まれる理由かもしれない．最近では日本のスーパーの商品棚でも多く見かけるようになったが，残存する菌がUHT牛乳に比べて多いため消費期限が短いのが難点である．

2）チーズ

牛乳は飲用としてだけでなく，乳成分の加工特性を活かしたさまざまな加工食品にも利用されている．なかでも，チーズは紀元前四千年頃からつくって食べられていたというほど歴史の古い食品で，長い年月を経た現在でも愛好家が多い食品である．

一般的なチーズは①牛乳（注：ヤギ乳や羊の乳を使う場合もある）に**乳酸菌**を入れて発酵させることでpHを酸性にし，その後，②レンネットとよばれるタンパク質分解酵素を含む製剤（仔牛の第四胃から抽出したもの）を加えてカゼインを部分的に加水分解することによりカゼインを凝固させ，③その凝固物を脱水，加塩，型詰したものである．できたてのチーズは**フレッシュチーズ**として食べることが可能であるが，チーズらしい風味がほとんどしないのであまりおいしくない．チーズ特有の風味を引きだしおいしくするためにほとんどのチーズは温度湿度一定の部屋に寝かせる．この工程は**熟成**（ボックス3参照）とよばれ，おいしいチーズを製造するための重要なプロセスとなっている．チーズの味は牛乳とは違って少し酸っぱい．この酸味は乳酸菌が乳糖を**乳酸**に変換するためである（表3）．熟成工程で乳酸はさらに分解を受けて**アルコール，アルデヒド，ケトン，エステル類**などに変換される．また，熟成では，乳タンパク質から**遊離アミノ酸**や**ペプチド**が，乳脂肪からは**酪酸，カプリル酸**などの**揮発性遊離脂肪酸**も生成する．これらの化合物は**風味成分**として熟成チーズのおいしさの要因となっている．また，乳酸の分解により酸味が低減しまろやかさが増す．さらに，熟成はチーズの食感にも重要な影響を及ぼす．チーズの組織はカゼインと乳脂肪によってつくられるが，カゼインが熟成工程で分解を受けてゴム状の組織からしだいに軟らかく滑らかな組織へと変化していく．

全世界には200種類を超えるチーズがあるといわれているが，それぞれのチーズに特徴的な風味や食感がある．とくに風味は種類によって違いが顕著である．チーズ内部に**青かび**を混入させてから熟成させる**ブルーチーズ**は強烈な匂いをもつが，チーズ愛好家にはたまらないおいしさである．その匂いに寄与する主要成分は乳酸などの有機酸から生産される2–ヘプタノン，2–ノナノンといった**メチルケトン類**（構造式がCH_3CO–Rのもの．Rはアルキル基を表す）であることが特定されている（司城 1994）．チーズ組織の内部にたくさんの大きな穴（ガス孔やチーズアイとよばれる）があいていることで有名な**エメンタールチーズ**は，製造工程で乳酸菌の他に**プロピオン酸菌**も添加する．この菌の働きにより，乳酸からプロピオン酸，酢酸，二酸化炭素が生産される．これらの物質がガス孔やエメンタール独特の香ばしさをつくりだしている．また，プロピオン酸菌は乳タンパク質を加水分解して**プロリン**（遊離アミノ酸の一つ）を多量に生成させる．このプロリンがエメンタール特有の甘味に寄与している（中島 2008）．

(2) 肉のおいしさ

食肉は動物の組織を食用に供したものの総称で，筋肉とそれ以外の組織に分けられるが，圧倒的に多いのは**筋肉**である．食肉を生のまま食べることは稀で，ほとんどの場合，焼く，煮る，油で揚げるなど加熱調理してから食べる．食べ方も厚切りにした肉をステーキにして食べることもあれば，肉塊をいったん挽き肉にしてソーセージに加工して食べるなどさまざまである．このように加熱調理・加工することで，それぞれの肉製品独特の味，匂い，食感がつくり上げられる．ここでは肉のおいしさの要因と霜降り肉のおいしさについて述べる．

1) 食肉の構造と性質

食肉の主成分はタンパク質（約20％）と脂肪（5～20％）で，これらの二つの成分がおいしさに影響を及ぼす．食肉のおいしさを決める基準は，①柔らかさ，もろさ，弾力性，②多汁性（ジューシーさ），③うま味，④香りなどである（渡邉 2003）．このうち①と②は，食感（テクスチャー）に属する性質で，おいしさ評価で最重要視されている．食肉の食感は，肉組織のなかの筋線維，線維性結合組織，脂肪組織の三つの構造体の性状を反映するものである（図7）．まず，**筋線維**には**筋原線維**（ミオシンやアクチンなどのタンパク質が規則的に並んで形成された線維）がびっしりと詰まっており，この筋原線維自体の物理的強度の強

図７　食肉の主要構造体の物理的性質

構造体	主要内容物	主成分	物理的性質
筋線維（束）	筋原線維	タンパク質 （ミオシン，アクチンなど）	肉らしい硬さ
線維性結合組織	コラーゲン線維 弾性線維	タンパク質 （コラーゲン，エラスチンなど）	硬さ （噛み切りにくさ）
筋内脂肪組織 （脂肪細胞の集合体）	中性脂肪の油滴	中性脂肪 （オレイン酸，パルチミン酸など）	軟らかさ， 口溶けのよさ

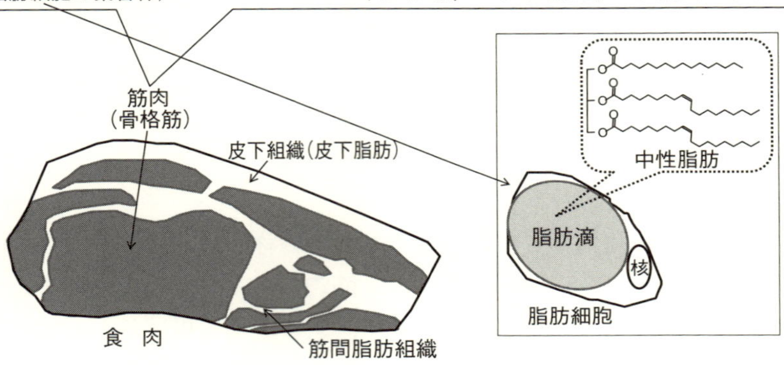

さが肉の食感に大きく影響する．筋肉の死後に硬直するのも，筋原線維の硬化によるものである．つぎに，**線維性結合組織**も肉の硬さに多大な影響を及ぼす．非常に硬い牛のネック（首の肉）やスネ肉には線維性結合組織が多い．線維性結合組織の主要構造物は**コラーゲン線維**（**コラーゲン**というタンパク質が集合してできた太く丈夫な線維）であり，強い物理的強度をもつコラーゲン線維は肉の硬さの主要因の一つとされている．また，線維性結合組織にはコラーゲン線維とは違った物性をもつ線維がある．**弾性線維**（主成分は**エラスチン**というタンパク質）とよばれるその線維はコラーゲン線維と比べ強度は劣るが，引っ張ると元の長さの２倍以上に伸びる非常に伸長性の大きい線維である（小川 2011）．牛スジ肉など硬くて噛み切りにくい肉にはコラーゲン線維と弾性線維がたくさん含まれている．消費者はコラーゲン線維や弾性線維の少ない軟らかい肉を好むので，それらの線維を低減するための研究開発が盛んに行

われている．さらに，**脂肪組織**は複数の脂肪細胞が集まって形成されたもので，主要な構造体は**中性脂肪**でできた大きな**油滴**である（図 7）．中性脂肪は物理的強度が弱いため，脂肪組織が筋肉組織中に増えると肉が軟らかくなる．

2）熟成によるおいしさの発現

屠畜直後の肉は軟らかく弾力に富んでいるが，死後数時間経過すると**死後硬直**を起こして硬くなる．この硬化現象は成牛などからだの大きい動物で顕著である．死後硬直した厚切りの牛肉を焼いて食べても噛み切れないほど硬く食用には適さない．また，味の面でも酸味と渋味が強くおいしくない（鳥居・二宮 2004）．こうした屠畜直後の新鮮で硬い肉を適度な軟らかさにして，味をよくするために熟成が行われている．肉の熟成は，5 ℃以下の低温に一定期間のあいだ貯蔵することによって行われる．熟成によって肉は格段においしくなる．

死後硬直による肉の硬さの原因は**ミオシン**と**アクチン**が強固な結合をして筋原線維が硬くなってしまうためだが，熟成を行うことで筋線維中の**カルパイン**や**カテプシン**といった**タンパク質分解酵素**が活性化され，筋原線維の硬さを解くので肉は軟らかくなる．また，熟成によって，肉組織中に水を保持する能力（保水力）も向上する（西村 2002）．この保水力の向上によりジューシーな肉ができる．熟成は食感の向上だけでなく味もよくする．上述のタンパク質分解酵素と**アミノペプチダーゼ**（ペプチドから遊離アミノ酸を生成させる酵素）のはたらきによって肉中のタンパク質からオリゴペプチドや遊離アミノ酸が生成され，それによって呈味が向上する．とくに**うま味アミノ酸**であるグルタミン酸の濃度の増加はイノシン酸とのうま味の相乗作用をもたらし，格段にうま味が増す．また，肉には幸福感を感じさせてくれるアミノ酸も多く含まれている．芳香族アミノ酸の一つ**トリプトファン**は幸福感を与える精神的作用をもつ神経伝達物質**セロトニン**の産生をうながす（有原 2006）．このことが食肉を食べると幸福感を感じる一つの要因と考えられる．

食肉の匂いには，生鮮肉の匂い（生鮮香気）と加熱したときの匂い（加熱香気）がある．熟成は生鮮香気と加熱香気の両方に影響を及ぼす．

屠畜直後の**生鮮香気**は，乳酸様の酸臭や血液臭などのいわゆる生肉臭であるが，このような臭いは熟成によって低減される．牛肉の場合，熟成によって生肉臭が低減するとともに甘い生鮮香気が生成する．一方，**加熱香気**は，肉中のタンパク質，脂質が加熱によって分解された産物および熟成によって生成した遊離アミノ酸と**還元糖**（ブドウ糖や核酸由来のリボースなど）とのあいだで起こる**アミノカルボニル（メイラード）反**

ボックス3

熟成

「熟成」という言葉を辞書で調べると，「十分に熟してでき上がること」とか，「食品を適当な温度（ときには湿度も）に一定期間放置させて，そのあいだに微生物や食品自体のもつ酵素の作用や酵素反応以外の化学反応や物理反応によって，食品の風味や組織をふさわしい性質にかえる操作のこと」などの意味がでてくる．熟成操作は，ワインやウィスキーなどの酒類，味噌・醤油・漬物などの発酵食品，果実，かまぼこの製造工程，屠畜直後の食肉，小麦粉のパン生地，果物など幅広い品目の食品に利用されている．また，熟成操作は，食品によって異なる名前をもつものもある．かまぼこの製造工程では「坐（すわ）り」，収穫後の果物では「追熟」，パウンドケーキやブランデーケーキなどの菓子類では「ねかせ」などがある．いずれの熟成操作も，風味や物性を改変して食品をよりおいしくするために行われている．

応の生成物によるものである．とくにアミノカルボニル反応によって生じる香気成分は加熱肉のおいしさの重要因子の一つとなっている．

3) 霜降り肉のおいしさ

筋肉のなかに脂肪が沈着することを**脂肪交雑**（“**サシ**”ともいう）という．この脂肪蓄積が肉全体に細かく分散して起こり霜のような斑点模様となったものを霜降り肉という．霜降り肉の特徴は筋肉組織のなかに分散した脂肪にあるが，純粋な脂肪は味も匂いもしない無味無臭の成分である（伏木 2007）．にも関わらず，サシが入ると肉は格段においしくなるのはなぜだろうか．その要因は三つ考えられている．一つは食感に関することである．適度にサシの入った霜降り肉を加熱して食べると軟らかな歯触りと滑らかな舌触りを感じる（西村 2002）．要するに脂肪の沈着により肉の食感がよくなっておいしくなるというものである．こうなるのは，脂肪組織の主成分が軟らかいテクスチャーをもつ中性脂肪であることと，脂肪細胞の肥大化により線維性結合組織の構造が分断されることによるものである．二つ目は肉のなかの脂肪が口腔内を化学的に刺激して感じるおいしさである．この口腔内の化学的刺激が神経系を介して脳に伝達されておいしいと判断していることは明らかになっているが，その刺激情報の伝達のしくみについてはまだまだ不明なことも多い（伏木 2007）．最近，京都大学の伏木先生の研究グループは，ラット舌の味蕾のなかの細胞に発現した GPR120 と呼ばれる受容体に脂肪が結合することを見出した（Matsumura *et al.* 2007）．味蕾は五基本味を認識する感覚器であるが，この発見は味蕾が味覚以外の化学的刺激も感知することを示唆するもので，化学的刺激による脂肪のおいしさの全貌を解明するのに大きな手掛かりとなりそうである．今後の研究の進展が期待される．三つ目は食べてから少し時間が経ってから感じるおいしさである．摂取された脂肪は体内でエネルギーに変換され，そのエネルギーが信号として内臓から脳に伝達され長期の嗜好に繋がると考えられている（伏木 2007）．

肉の**脂肪酸組成**は動物種や品種などによって異なるが，この脂肪酸組成の違いも食肉の食感に影響する．牛肉では**一価不飽和脂肪酸**の**オレイ**

ン酸（40 ～ 50 %），**飽和脂肪酸**の**パルミチン酸**（20 ～ 28 %）と**ステアリン酸**（8 ～ 20 %）であるのに対し，豚や鶏では，これら3種の他に**多価不飽和脂肪酸**（PUFA）の**リノール酸**（10 ～ 25 %）が含まれる．この脂肪酸組成の違いは，口の中に入れたときの口溶けのしやすさに影響する．PUFA 含量の高い鶏肉の脂肪は，融点が 30 ～ 32 ℃と牛肉の脂肪の融点（40 ～ 50 ℃）よりも 10 ～ 20 ℃も低い．人の体温で溶解する鶏肉の脂肪は，溶解しない牛肉の脂肪よりも口どけがよく舌触りも滑らかである．

5. おわりに

どんなに栄養的にすぐれた食品であっても，おいしくなければ食べたいという欲求は起きない．このようにおいしさというのは食品をつくる側にとっても，食べる側にとても重大な関心事である．食品のおいしさの直接の要因は食品を構成する物質の物理的性質や化学的性質によるものであり，近年の分析手法の急激な進歩により，さまざまな食べもののおいしさの要因が科学的に解明されてきた．しかし，おいしさを感じるのは人間である．食品のおいしさの研究を食品側と人間側の両側から進めていくことがおいしさの全容解明には必要不可欠である．こうした研究の成果は将来的な食品のおいしさの数値化や，新食品の創造にも役立つことであろう．

● 参考・引用文献

山野善正（2009）『おいしさの科学がよーくわかる本』秀和システム，東京
山本隆（2003）味を感じるしくみ『食品と味』（伏木亨編著）pp. 87–116 光琳，東京
山口静子（2003）味を官能評価『食品と味』（伏木亨編著）pp. 187–216 光琳，東京
斎藤祥治（2006）甘味度『砂糖の科学』（橋本仁・高田明和編）pp. 154–156 朝倉書店，東京

栗原堅三（2003）化学的に感じる味『食品と味』（伏木亨編著）pp. 21–56 光琳，東京

日下部裕子（2012）味受容の現象を分子で証明する—甘味受容体を例として．遺伝，66：614–619.

二ノ宮裕三（2007）食の調節情報としての味覚とおいしさのシグナル．化学と生物，45：419–425.

Zhang, F., Klebansky, B., Fine, R.M., Xu, H., Pronin, A., Liu,H., Tachdjian, C., and Li, X.（2008）Molecular mechanism for the umami taste synergism. Proceedings of the National Academy of Sciences of the United States of America, 105：20930–20934.

長井孝紀（2003）味の末梢受容機構『おいしさの科学事典』（山野善正総編集）pp. 19–27 朝倉書店，東京

外崎肇一・越中矢住子（2009）『マンガでわかる香りとフェロモンの疑問50』ソフトバンク　クリエイティブ，東京

久保田紀久枝（2003）植物性食品のにおい生成とおいしさ『おいしさの科学事典』（山野善正総編集）pp. 203–210 朝倉書店，東京

東原和成（2007）　香りとおいしさ：食品科学のなかの嗅覚研究．化学と生物，45：564–569.

Buck, L., and Axel, R.（1991）A novel multigene family may encode odorant receptors：a molecular basis for odor recognition. Cell, 65：175–187.

合谷祥一（2007）　テクスチャーとおいしさ．化学と生物，45：644–649.

松本仲子・松元文子（1977）食べ物の味—その評価に関わる要因—．調理科学，10：97–101.

岡本　昭，本田栄子，井上理香子，横田桂子，桑原浩一，村田昌一，濱田友貴，新井博文，橘　勝康（2008）アオリイカ外套筋の白濁に及ぼす保存温度の影響：日水誌, 74, 856–860.

豊原治彦, 安藤正史（1991）筋肉の物性変化．「魚類の死後硬直」（山中英明編）．恒星社厚生閣，東京

橘　勝康，槌本六良（1990）マダイ．「養殖魚の価格と品質」（平山和次編）．恒星社厚生閣，東京

NHK 放送文化研究所世論調査部（2007）『日本人の好きなもの　データで読む嗜好と価値観』日本放送出版協会，東京

山本隆（2004）『「おいしい」となぜ食べすぎるのか：味と体のふしぎな関係』PHP 研究所，東京

米田義樹（1994）　牛乳乳製品のおいしさ　1. 牛乳『ミルクのサイエンス—ミルクの新しい働き—』（上野川修一・管野長右エ門・細野明義編）pp. 3–14 全国農協乳業プラント協会，東京

米田義樹（1996）牛乳・乳製品の味と香り『乳の科学』（上野川修一編）pp. 77–88 朝倉書店，東京

米田義樹（2002）乳のおいしさ『畜産食品の事典』（細野明義・沖谷明紘・吉川正明・八田一編）pp. 162–163 朝倉書店，東京
司城不二（1994）牛乳乳製品のおいしさ 2. チーズの風味『ミルクのサイエンス―ミルクの新しい働き―』（上野川修一・管野長右エ門・細野明義編）pp. 15–21 全国農協乳業プラント協会，東京
中島一郎（2008）乳・卵および加工品 1. チーズ『食品と発酵』（石谷孝佑編）pp. 275–282 光琳，東京
渡邉幸夫（2003）食肉のテクスチャー『おいしさの科学事典』（山野善正総編集）pp. 263–268　朝倉書店，東京
小川雅廣（2011）肉類『進化するテクスチャー研究』（山野善正編）pp. 2601–2615 エヌ・ティー・エス，東京
鳥居邦夫･二宮くみ子（2004）肉の食べごろには，どんなうま味成分が増えてくるのか『味のなんでも小事典』（日本味と匂学会編）pp. 234–235 講談社，東京
西村敏英（2002）食肉の食感『畜産食品の事典』（細野明義・沖谷明紘・吉川正明・八田一編）pp. 249–250 朝倉書店，東京
有原圭三（2006）食肉の保健的機能性『最新畜産物利用学』（齋藤忠夫・西村敏英・松田幹編）pp. 122–124 朝倉書店，東京
伏木亨（2007）油脂とおいしさ. 化学と生物，45：488–494.
Matsumura, S., Mizushige, T., Yoneda, T., Iwanaga, T., Tsuzuki, S., Inoue, K., and Fushiki, T. (2007) GPR expression in the rat taste bud relating to fatty acid sensing. Biomedical Research, 28：49–55.

第７章　食の安全を追求する科学

齋藤 昌義[1]・濱田 友貴[2]・荒川　修[2]

([1](独)国際農林水産業研究センター・[2]長崎大学大学院水産・環境科学総合研究科)

キーワード

品種判別，産地判別，HACCP（危害分析重要管理点），食物アレルギー，食中毒，魚介毒

概要

食品は，さまざまな安全性の基準を満たしているものであるが，人が毎日摂取するものとして，「安心して」食べられることも重要である．たとえば，自分が食べている農産物の品種や産地が表示されている通りであるのか，ということは，食の安心に大きく関わる．食品のこのような情報をどのようにして保証するか，そのための研究や技術開発も，重要な課題である．そして，必要な情報が適切に公開されることが食の安心のために不可欠である．

一方，食品の安全には，生産・流通・加工・消費のすべての段階で安全を確保する取り組みが必要である．そのためには，加工における危害を防止するシステムも不可欠である．最終製品の検査で安全性を確認するだけではなく，原料を入荷してから製品を出荷するまで，すべての工程において危害を生じる要因を調べて，それを防止するために重要なポイントを継続して監視して不良品の出荷を防ぐという考えに基づいた取り組みがなされている．

他方，食の安全を脅かす危害の具体例としては，食物アレルギーや食中毒，さらには発がん物質や環境ホルモンによる慢性的影響などを挙げることができる．近年，日本では一年当たり平均約２万８千人が食中毒に罹り，うち数名が命を落としているが，致死的な中毒の半数近くはフグ毒等魚介毒を原因とした

ものである．これら食品衛生上問題となる魚介毒の多くは外因性で，元来，細菌や微細藻類が産生し，食物連鎖を介して上位の生物に移行・蓄積することから，温暖化等海洋環境の変化による有毒魚介類の多様化・分布広域化が危惧されている．

以上のような状況の下，本章では，食の安全を追求する科学の一例として，まず農産物の品種 / 産地判別技術，ならびに HACCP（危害分析重要管理点）と呼ばれる安全を創るシステムについて解説する．次いで，食物アレルギーの発症機構や魚介類のアレルゲンについて概説するとともに，最近日本で問題になっている魚介毒，すなわちフグ毒テトロドトキシン，シガテラ毒，テトラミン，およびパリトキシン様毒を中心に，それらの分布や蓄積機構，中毒の疫学的特性等について最新の知見を紹介したい．

1．はじめに

現代の日本人の食生活は，国内外のさまざまな食材や加工品を活用して，非常に豊かなものとなっている．われわれが摂取する食品は，さまざまな規制や管理によってその安全性が保たれているが，この安全性を確保する基盤として，食品の生産，流通や加工における情報が適切に提供されることが重要である．

情報の管理と提供のためのしくみが法律などでも定められており，これらはトレーサビリティー（ボックス1参照）という考え方に基づいて制度の確立，充実が進められている．一方では，これらの情報が正しいものであるかを科学的に証明する技術が，制度の裏付けとして不可欠である．たとえば，表示されている米の品種や，野菜の産地が正しいか，遺伝子や成分の分析などから科学的に示されることが必要である．

一方，食品の安全を脅かす因子は，微生物などが生産する自然の毒や，食品の流通加工において事故により混入する毒性のある物質があげられる．現代の食生活では加工食品が家庭に浸透し，調理済みの食材も多く提供されるようになっている．そのため，食の安全を守るためには，加工において危害を加えうる要因を分析し，それぞれの工程を監視してその危害を防止するシステムが取り入れられている.

次節以降，まず，米の品種判別，野菜の産地判別といった農産物の素性を保証する技術，次いで加工食品の安全を確保するための衛生管理システム（HACCP）について説明した後，食の安全を脅かす危害因子として，食物アレルギー，食中毒，ならびにそれを引き起こす主要な魚介毒について順次解説していく.

ボックス 1

トレーサビリティー

トレーサビリティーとは，生産，加工及び流通の段階で，食品の移動を把握できることであり，これらに関わる事業者がいつ，どこから入荷し，どこへ出荷したかを記録しておくことにより，食品がどこから来てどこへ行ったかがわかるようにすることである．それによって，食品に問題が発生した際，商品を特定した回収や問題の発生箇所の速やかな特定，安全な他の流通ルートの確保が可能となる.

わが国では，2001 年の BSE（牛海綿状脳症）の発生を機に，トレーサビリティーという考えが注目され，牛肉の生産・流通が記録されるようになった．2003 年に制定された「牛肉履歴管理法」で，国内で生産・販売される牛肉に 10 桁の個体識別番号を表示することが義務づけられた.

また，農薬やカビで汚染された輸入米が食用として流通して問題となった 2008 年の事故米事件の反省から，米の生産者や流通業者は取引記録を保存するよう義務づけられた．2011 年に全面施行された「米トレーサビリティー法」では，外食店でも米を使った料理で原産国を表示することが義務づけられた．小売店で販売される主食米では，「日本農林規格法」に基づいて都道府県の産地が表示されている.

2. 農産物の素性を保証する技術

（1）米の品種判別技術

食生活の質が向上してくると，消費者のニーズも多様化してくる．例えば，毎日食する米は，コシヒカリなどの特定の品種を選択して購入したりするが，包装に表示されている情報が正しいかを，米粒の外見から判断することは困難である．そこで，科学的に表示の真偽を証明する手法が望まれており，いくつかの実用的な分析技術が開発されている．

図1　米の品質表示

名　称	精　米		
原料玄米	産　地	品　種	産　年
	単一原料米 〇〇県　〇〇〇〇　〇〇年産		
内 容 量	〇kg		
精米年月日	00.00.00		
販　売　者	〇〇米穀株式会社 〇〇県〇〇市〇〇町〇〇　〇-〇〇 電話番号　〇〇〇(〇〇〇)〇〇〇〇		

米には，品質に関する表示が**JAS法**（「農林物資の規格化及び品質表示の適正化に関する法律」）によって義務づけられている（図1）．原料玄米の項目には，使用割合100％の場合，「単一原料米」と記載され，それ以外の場合は，「複数原料米」などと記載され，使用割合が示されている．コシヒカリの単一原料米に他の品種が混入されていないことを確認するには，米一粒毎の品種判別が必要となる．

遺伝子情報であるDNAレベルで米の品種を判別する手法は，判別を一粒で行うことが可能なまでに進歩している．また，米だけでなく，炊飯やおかゆからでもDNAを抽出して解析が可能となっている．このように，DNA分析という科学的に信頼性の高い手法によって米の**品種判別**ができることは，品種表示の偽装を防ぐ効果が大きい．

1997年頃に初めて実用化されたDNA分析によって米の品種を判別する方法は，試料から抽出したDNAの複数の領域を無作為に増幅し，それら増幅された断片の内で，品種間で異なる部分を検出するものであった．この手法は，イネのすべての遺伝情報（ゲノム配列情報）を必要としないため，ゲノム研究が進展する以前は主流となる手法であった．しかし，DNAを無作為に増幅するため，各品種で共通に増幅され

図２　コシヒカリの品種判定例

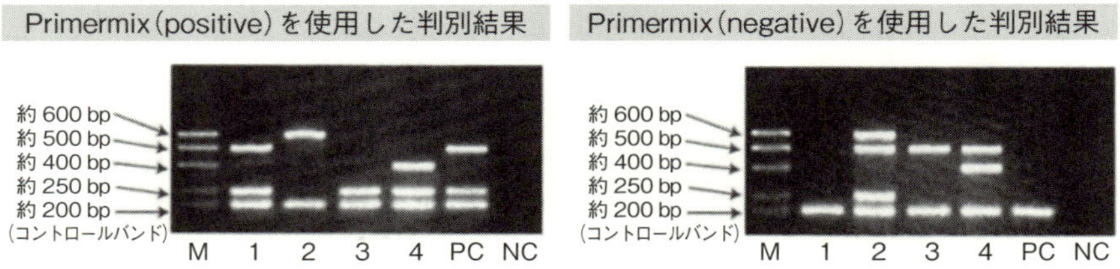

M：キット付属サイズマーカー，1：コシヒカリ，２～４：他品種，PC：ポジティブコントロール，NC：ネガティブコントロール

コシヒカリの場合には複数の決まった位置に必ずバンドがあらわれるポジティブと，他の品種の場合（コシヒカリに他の品種が混合している場合も含む）にバンドがあらわれるネガティブの２種類の分析で，コシヒカリの判定が正確に行われる．

る部分が多くあり，識別が困難な場合もあった．

この手法の改良として，米のDNA塩基配列情報に基づいて品種に特徴的なDNA断片を選択的に増幅し検出する技術が開発され，より正確な品種判別が可能となった．

食味がよいことから人気のあるコシヒカリの**表示偽装**が多発したことから，コシヒカリの判別だけを目的とした分析試薬も開発された（図2）．これは，コシヒカリでのみ特有の断片が検出される，コシヒカリであることを示すポジキット（positive kit）と，コシヒカリでは断片が検出されず，他の品種ではいくつかの断片が検出され，コシヒカリではない品種であることを検出するネガキット（negative kit）からなる．このキットの市販が表示の不正を減少させることに貢献している．

このようなDNAレベルで米の品種を判定する方法は急速に進歩しており，現在，日本穀物検定協会において実施されている品種鑑定では，100品種以上の判別が可能となっている．

(2) 野菜等の産地判別技術

野菜等では，産地が異なっても同じ品種のものであれば，遺伝子の情報も同じであり，遺伝子情報から産地の区別はできない．しかし，産地が異なることにより含有成分にわずかな差が出ることを利用して産地を判別する技術が開発されている．産地により差の出る成分として，無機元素組成，同位体比等に注目して技術が開発されている．

たとえば，中国産ネギと国産ネギを判別する場合，品種が同じなのでDNAの分析では差が認められない．そこで，栽培された土壌中の微量元素の違いを反映する無機成分の分析により**産地判別**を行う．

農林水産消費安全技術センター（FAMIC）のホームページには，ネギ，乾シイタケ，黒大豆，タマネギ，ニンニクなどの原産地判別のマニュアルが掲載されている．前処理のしかたや対象となる元素などがマニュアル化されており，産地判別が可能となっている．たとえば，白ネギの国産品と中国などの外国産品とを判別するためには，白ネギを酸により分解し，得られた試料溶液中の20の元素を測定する．そのデータに基づいて統計解析を行うことにより，原産地を判別する手法が示されている．

微量元素の比率以外にも，植物が吸収する元素の安定同位体比は，その生育してきた環境を反映していることから，炭素，窒素，酸素の同位体比を測定することによって産地を判別する技術も開発されている．

(3) 技術の展望

食品の安全は，食品の流通経路などで誤魔化しがないことが基盤となっている．そのため，拠り所となる食品への表示が重要となるが，表示の信憑性を確保するには，科学的検証としての判別技術が不可欠である．

DNAを解析することで品種等を判別する技術は，米以外にも広く活用されるようになっている．たとえば，肉種の判別や他の肉種混入の有無の判別も可能となっている．このような遺伝子判別技術を利用した測定法は日進月歩である．消費者ニーズに応えてJAS法等での表示のルールが強化され，多様化している現在，判別手法の精度を向上し，より広い範囲の情報を正確に提供していく技術開発が続けられている．

分析技術の開発のための研究や，分析法の詳細については，農林水産省農林水産技術会議事務局（2004），日本分析科学会表示・起源分析技術研究懇談会（2010）が編集した図書等が参考となる．

3. 食品の安全を創るシステム

これまでの食品の安全を確保する方法は，製造環境を清潔にすれば安全な食品ができると考え，最終的な製品の検査（抜き取り検査）により安全を確認してきた．しかしこの方法では製品のすべてを検査することはできない．そのため，危険な食品が市場に出て問題を引き起こす可能性が残る．そこで，**HACCP（危害分析重要管理点）**と呼ばれる考え方が取り入れられるようになった．

HACCPは，製品の製造工程で発生する恐れのある微生物や有害物質の混入などの危害因子について調査・分析し（これを危害分析という），次いで製造工程の各段階で危害を防止するための重要的に管理すべき事項（重要管理点）を特定して，それを継続的に監視して，異常が認められた場合にすぐに対策をとり，不良製品の出荷を防ぐというシステムである．

このHACCPというシステムは，1960年代に米国において宇宙食の安全性を確保するために開発された手法であるが，現在では食品の衛生管理手法として国際的に認められており，わが国でもHACCPの計画作成を支援するガイドなどが示され，企業に導入されている．

ボックス 2

賞味期限と消費期限

加工食品については，食品衛生法ならびにJAS法に基づき，従来「製造年月日」の表示が義務づけられていたが，平成7年よりこれに代えて「賞味期限」または「消費期限」を表示することとなった．賞味期限は比較的劣化が遅い食品，たとえばスナック菓子，カップ麵，缶詰等を対象とし，「定められた方法により保存した場合において，期待されるすべての品質の保持が十分に可能であると認められる期限」，すなわち美味しく食べることができる期限を3ヶ月以内であれば年月日で，それを超える場合は年月で表示する．この期限を過ぎても，すぐに食べられなくなるわけではない．一方，消費期限は，弁当，サンドイッチ，生麵等，劣化が早い食品に適用し，「定められた方法により保存した場合において，腐敗，変敗その他の品質の劣化に伴い安全性を欠くこととなるおそれがないと認められる期限」，すなわち安全に食べることができる期限を年月日で表示する．この期限を過ぎたら食べない方がよい．賞味期限，消費期限ともに未開封を条件とし，理化学試験，微生物試験，官能検査等の科学的データに基づいて設定されており，一度開封した食品の日持ちについては，表示期限に関わらず消費者自ら判断する必要がある．

4. 食の安全を脅かす危害因子

前述のように，食の安全を確保するためには，まずそれを脅かすさまざまな危害因子，すなわち食中毒や食品由来感染症，食品汚染物質，食品の変質，器具・容器包装の影響等について考慮する必要がある．これらの現状や原因・起源，発生メカニズムを知ることで，それによる健康障害や不安を未然に防止，あるいは軽減する手立てを案出することができる．このような危害因子のうち，とくに魚介類に関連した食品衛生上の問題として，**食物アレルギー**と**食中毒**，ならびにN-ニトロソ化合物などの発がん物質や有機スズ，ダイオキシン，残留農薬などの内分泌攪乱化学物質（環境ホルモン）による慢性的影響を挙げることができる．発がん物質や環境ホルモン，さらには最近にわかに浮上した放射性物質による潜在的健康危害は，食の安全を確保するうえで十分に考慮しなければならない重要な課題であるが，これらについての解説は他の成書に譲り，ここでは急性健康障害である食物アレルギーと食中毒に焦点を絞りたい．

食物アレルギーの場合，乳幼児から幼児期にかけては鶏卵と牛乳が主要な原因食品であるが，青年期ないし成人期以降になると，これらに代わりエビ，カニ，魚などの魚介類が主役となる．一方，食中毒の場合，事件数や患者数では微生物性のものが圧倒的に多いが，死者数でみると動物性自然毒（魚介毒），とくにフグ毒によるものが最も多い．次節以降，食物アレルギーの発症機構や魚介類のアレルゲン，ならびに食中毒発生状況について概説するとともに，致死的な食中毒原因のトップであるフグ毒を中心に，最近日本で問題になっている魚介毒の分布や蓄積機構，中毒の疫学的特性等について解説する．

5. 魚介類による食物アレルギー

食物アレルギーは，花粉症と同じように自分の体を防御するための免疫機構が過剰に反応し，本来なら食品として食べることができるタンパク質に対して抗体（ほとんどの場合，イムノグロブリンE；IgE）を作り，最終的に自分の体を攻撃してしまう病気である．そのため，**アレルギー様食中毒**（ボックス3参照）とは異なり，食物アレルギーは特異的な抗体をもった人にだけ起こる．この抗体が反応するタンパク質，すなわちアレルギーの原因物質を**アレルゲン**という．食物アレルギー（I型アレルギー）のメカニズムを簡単に説明すると，アレルゲンであるタンパク質を含む食品を食べた患者は腸管からアレルゲンをそのまま，あるいはペプチドに分解して吸収する．このアレルゲンを免疫細胞の抗原提示細胞などが認識し，情報をT細胞に伝える．T細胞はさらにB細胞に情報を伝達し，刺激をうけ成熟したB細胞は，このアレルゲンに対するIgEを生産する．IgEはリンパ液によって体中に運ばれ，各器官に存在するマスト細胞などの表面に多数結合する．その後，患者が再度アレルゲンを含む食品を食べたときに，マスト細胞表面の2個以上のIgEとアレルゲンが結合し，架橋構造を形成すると，その刺激によりマスト細胞内の化学物質（ヒスタミン，ロイコトリエン，プロスタグランジンなど）が細胞外へ放出される．それら化学物質が患者自身を攻撃してしまうため，じんま疹，嘔吐，下痢などの症状がでる．これらの反応がさらに過剰になり，重篤な場合になるとアナフィラキシーショックによって死亡する危険性もある．

現在までに，魚介類アレルギーのアレルゲンがいくつか報告されている．魚類では，魚肉中の筋形質タンパク質である**パルブアルブミン**が主要なアレルゲンである．また，魚類の**コラーゲン**，**アルデヒドリン酸デ**

ヒドロゲナーゼに反応する患者も報告されている（濱田 2010）．甲殻類では，筋原繊維タンパク質の**トロポミオシン**が主要なアレルゲンである．それ以外に，**アルギニンキナーゼ**，**筋形質カルシウム結合タンパク質**，**ミオシン軽鎖**が同定されている（嶋倉・塩見 2010）．貝類や頭足類を含む軟体動物でも，主要なアレルゲンは甲殻類と同じトロポミオシンである．それ以外には**パラミオシン**が同定されているが，ミダノアワビの分子量49kのタンパク質など同定されていないものも多い（佐伯 2010）．さらに，いくらなどの魚卵では，**β'-コンポーネント**や**リポビテリン**などの卵黄に含まれるタンパク質がアレルゲンとして確認されている（清水・佐伯 2010）．

これらのアレルゲンは，それぞれに高い**抗原交差性**があることが特徴の一つである．たとえば，エビのトロポミオシンをアレルゲンとする抗体をもった患者の多くは，同じ甲殻類のカニや軟体動物の貝類，イカ，タコのトロポミオシンでも反応がみられる（Ishikawa *et al.* 1999）．これは，これらのトロポミオシンのアミノ酸配列が互いによく似ている（相同性が高い）ためである．魚類でも同様に，硬骨魚類同士のパルブアルブミンのアミノ酸配列は相同性が高いため，抗原交差性が高い．

一方で，魚介類アレルギー患者のなかには，特定の魚介類にしか反応しない患者や上記のアレルゲンには全く反応しない，すなわちアレルゲンが不明な患者もおり，魚介類アレルギーの診断や治療を困難にしている．特殊な例として，魚介類アレルギーと誤診されやすい魚介類に寄生する**アニサキス**由来のタンパク質をアレルゲンとする患者も報告されており，さらに複雑である（小林 2010）．魚介類アレルギーがどうして起こるのか，その謎を解き明かすにはまだ時間がかかりそうである．

ボックス3

アレルギー様食中毒（ヒスタミン中毒）

魚介類，とくにサバのような赤身魚*を食べて，じんま疹や嘔吐などの症状が現れることがある．ほとんどは多量のヒスタミンを筋肉に蓄積した魚を食べて起こるアレルギー様食中毒が原因である．赤身魚は白身魚より筋肉にうまみ成分があり，ヒトの必須アミノ酸でもあるヒスチジンという遊離アミノ酸を多くもっている．しかし魚の死後，このヒスチジンが微生物の脱炭酸酵素によりヒスタミンに変化してしまうことがある．この魚肉中に多量に蓄積されたヒスタミンを私たちが食べることで，アレルギーの様な症状が起こるのである．ヒスタミンはうまみ成分の多い干物，塩辛，魚醤油といった水産加工品中にも存在するが，通常，食中毒を起こす量には達していないため安全である．しかし不衛生な環境で製造および保存されていた加工品では，食中毒を起こすことも報告されている．さらにヒスタミンは熱で分解されないため除去が難しいといった問題からも，製造者および消費者は衛生管理を徹底する必要がある．このアレルギー様食中毒による死亡例はなく，6 時間から 1 日で治る．これまでの中毒例から発症に必要なヒスタミン濃度は 100 mg/100 g 以上と推定されている．

*カツオ，マグロ，サバなど，血合筋が多く，ヘモグロビンやミオグロビンが多量に（10 mg/g 以上）含まれているため筋肉全体が赤くみえる魚を赤身魚という．これとは別に，外観が青もしくは銀色の魚（アジやサバなど）を青魚という．

6. 日本における食中毒の発生状況

(1) 概観

厚生労働省の統計によれば，2001 ～ 2010 年の 10 年間に，日本では 1 年当たりおおむね 1500 件の食中毒事件が発生し，約 2 万 8 千人が罹患，6 名が死亡している（表 1）．事件数や患者数では，細菌もしくはウイルス性のものが圧倒的に多く，両者を併せると，それぞれ全体の 85 % および 92 % を占める．一方，死者数をみると，自然毒（植物性および動物性）起源の食中毒が細菌性のものを大きく上回り，全体の 7 割近くを占める．とくに，**動物性自然毒**（魚介毒）による食中毒は，事件数では全体の 3 %，患者数では 0.3 % に過ぎないが，死者数では細菌や**植物性自然毒**（おもにキノコ）を凌ぎ，全体の 4 割を占める．すなわち致死率がきわめて高いという特徴をもつ．以下，病因物質毎に簡単に述べる．

表１　病因物質別食中毒発生状況（厚生労働省統計 2001 ～ 2010 年における１年当たりの平均値）

病因物質	事件数	患者数	死者数
細　菌	**957**	**12793**	1.8
ウイルス	**322**	**13103**	0
化学物質	13	239	0
植物性自然毒	78	287	1.6
動物性自然毒	43	78	**2.3**
その他	9	18	0
不　明	79	1576	0
計	1502	28094	5.7

事件数や患者数では，細菌もしくはウイルス性のものが圧倒的に多いが，死者数では動物性自然毒によるものが最も多い．

（2）微生物性食中毒

微生物性食中毒のうち，**細菌性食中毒**は，毒素型，感染型，および生体内毒素型（中間型）に分けられる．毒素型では，細菌が食品中で増殖する際に作る毒素を食品とともに摂取することで，嘔吐，下痢，神経症状などを呈する．細菌が死んでいても毒素が残っていれば発症する．代表的な原因菌として，1984 年に辛子蓮根による中毒を起こした**ボツリヌス菌**，2000 年に加工乳による大規模な中毒事件を起こした**黄色ブドウ球菌**などがある．ボツリヌス菌が作るタンパク質毒素は，神経筋接合部のアセチルコリン分泌を抑制し，筋肉の麻痺を起こす神経毒で，地球上で最強の毒素といわれている．一方，感染型の場合，食品とともに多量に摂取された細菌が腸管内で増殖し，粘膜を冒すことで下痢，腹痛，発熱などの胃腸炎症状を起こす．菌が腸管に到達し，さらに増殖する必要があるため，多くの場合 8 ～ 24 時間程度の潜伏期間を要する．夏場の海産魚介類による食中毒の主原因である**腸炎ビブリオ**，家畜の腸管内に広く分布し，しばしば食肉，乳，卵やそれらの加工品による食中毒を起こす**サルモネラ**や**カンピロバクター**，**病原性大腸菌**などがこのカテゴリーに入る．病原性大腸菌の中では，1996 年に関西地方を中心に多くの食中毒を招来した腸管出血性大腸菌 **O157** がよく知られている．また，2011 年には富山県の焼肉店で O111 が死者を含む重篤な食中毒を起こして問題となった．生体内毒素型では，食品とともに摂取された細菌が腸管内で毒素を産生し，その毒素によって下痢，嘔吐などの症状が起こる．主な原因菌はウェルシュ菌とセレウス菌であるが，腸炎ビブリオや腸管出血性大腸菌をこの型に分類する場合もある．

ウイルス性食中毒は，日本では 1997 年より行政的に微生物性食中毒として扱われることとなった．**ノロウイルス**〔当初は SRSV（小型球形ウイルス）と記載〕やロタウイルス，A 型肝炎ウイルスによるものなどがある．冬季に起こる非細菌性食中毒の大部分，とくに生のカキによる中毒のほとんどはノロウイルスによるもので，潜伏期間は 24 ～ 48 時間，激しい下痢と嘔吐，腹痛を発症する．ノロウイルスは感染性が非常に強く，ヒトからヒトに直接感染することもある．一方，ロタウイルスは，冬季に乳幼児の下痢症を引き起こす．低年齢では重症になりやすいので注意を要する．

(3) 化学物質による食中毒

食品あるいはその原料に本来は含まれていないはずの化学物質を，食品とともに摂取することによって起こる食中毒を化学性食中毒という．主な原因物質として，有害食品添加物，農薬，ポリ塩化ビフェニル（PCB），ヒスタミンなどの**有害化学物質**，水銀，カドミウム，ヒ素などの**有害金属**がある．近年，発生件数は減少しており，事件数，患者数ともに自然毒中毒に比べても少なく，死者はいない（表 1）．そのほとんどがヒスタミンによるアレルギー様食中毒（ボックス 3 参照）である．しかしながら，ヒ素ミルク中毒事件，水俣病（原因物質メチル水銀），イタイイタイ病（同カドミウム），カネミ油症事件（同 PCB ないしその誘導体）といった過去の事例にみられるように，大規模で悲惨な事件に発展し，生涯にわたる後遺症や多くの死者をもたらすことがあり，軽視できない．

(4) 植物性自然毒による食中毒

植物性自然毒による食中毒は，大部分（8 割程度）が**キノコ**によるもので，動物性自然毒に次いで致死率が高い．事件数や患者数ではツキヨタケ，次いでクサウラベニタケ，イッポンシメジによる中毒が多い．これらはいずれも摂食後15分～1時間で腹痛，嘔吐，下痢などの胃腸炎症状を呈する．一方，死亡例が多いのは，コレラタケ，ドクツルタケ，シロタマゴテングタケで，こられは摂食後6～12時間でコレラ様の激しい胃腸炎症状や肝・腎機能障害を発症する．2005年～2006年にかけ，**スギヒラタケ**の喫食が原因と思われる急性脳症事例が発生し，大きな問題となった．一連の中毒では，計59名が罹患，うち19名が死亡した．スギヒラタケはそれまで野生の食用種として広く親しまれてきたキノコであり，原因物質や毒化機構については未だに不明の部分が多い．

一方，高等植物による食中毒は，チョウセンアサガオ類，トリカブト類，ヤマゴボウ類によるものが多く，**トリカブト**，ドクウツギ，ジギタリスなどでは死亡例もある．また，ジャガイモは発芽部と緑変部に有毒成分（ソラニンとチャコニン）を含み，この部分を取り除かないで調理・摂食すると，嘔吐，下痢，腹痛などの胃腸障害やめまい，けいれん，意識障害などの神経障害を起こす．2009年と2010年には**アマチャ**（甘茶）による中毒が発生し，計73名が嘔吐や悪心を呈した．嘔吐性アルカロイド，フェブリフジンが原因とされるが，薄くいれた甘茶では問題はない．

(5) 動物性自然毒（魚介毒）による食中毒

魚介毒による食中毒の内訳を10年間の総数でみると，事件数，患者数，死者数のいずれも**フグ毒テトロドトキシン（TTX）**によるものが際立って多く，これに**シガテラ毒**，**テトラミン**，**パリトキシン（PTX）**様毒を加えると，原因が判明している事件数のほぼ99％を占める（表2）．以前は麻痺性貝毒や下痢性貝毒による中毒も多かったが，近年，貝毒監視体制が整備され，二枚貝毒化時には出荷の自主規制が行われているので，これらによる中毒の発生は希となった．2001年以降，日本で食中毒の主原因となっているTTX，シガテラ毒，テトラミン，PTX様毒のうち，テトラミン以外はいずれも外因性で，元来，細菌や微細藻類が産生し，**食物連鎖**を介して上位の生物に移行・蓄積することから，温暖

表２ 動物性自然毒による食中毒発生状況（厚生労働省統計 2001 ～ 2010 年の合計値）

原因食品	原因物質	事件数	患者数	死者数
フ　グ	**テトロドトキシン**	**301**	**434**	**19**
シガテラ毒魚	**シガテラ毒**	**41**	**160**	**0**
エゾバイ科巻貝	**テトラミン**	**41**	**91**	**0**
ハコフグ	**パリトキシン様毒**	**6**	**10**	**1**
アオブダイ	**パリトキシン様毒**	**4**	**7**	**0**
二枚貝	麻痺性／下痢性貝毒	2	4	0
キンシバイ	**テトロドトキシン**	**2**	**2**	**0**
イシナギ	ビタミンA	1	14	0
ナガヅカ	ジノグネリン	1	4	0
ウミガメ	不　明	1	1	0
不　明		34	57	3
計		434	787	23

太字は主要４毒による食中毒を表す．

化等海洋環境の変化による有毒魚介類の多様化・分布広域化が危惧されている．以下，TTX を中心に，これら４毒について順次解説する．なお，微生物，化学物質，植物性自然毒による中毒の詳細については，本稿では触れないので他の成書（食品衛生学に関する一般的な教本）を参照されたい．

7. 食中毒を起こす主要な魚介毒—フグ毒テトロドトキシン（TTX）

（1）TTX の性状

フグ毒テトロドトキシン（TTX）は特異な化学構造をもつ低分子の自然毒で，種々の誘導体の存在が知られている（Yotsu-Yamashita 2001）．高純度の TTX は各種の有機溶媒だけでなく水にも不溶であるが，酸を加えると水に溶ける．中性ないし弱酸性溶液中では安定で，通常の加熱調理では分解しない．この毒はごく低濃度で神経や筋細胞の膜表面にあるナトリウムチャネルを選択的に塞ぎ，活動電位の伝導を阻害する（Narahashi 2001）．毒力は5000～6000 MU/mg〔1 **MU（マウスユニット）**は腹腔内投与により体重20 gのマウスを30分で死亡させる毒量〕で，ヒト（体重50 kg）の最小致死量（被投与個体を死亡させるのに必要な化学物質の最小量；MLD）は10000 MU（約2 mg）程度と推定されている．

ヒトが中毒すると，唇や舌の先のしびれが食後20分から3時間程度であらわれる．さらに四肢のしびれ，知覚麻痺，言語障害，呼吸困難などを呈し，重篤な場合は呼吸麻痺で死亡する．致死時間は4～6時間が最も多く，長くても約8時間で，それを持ちこたえると急速に回復して後遺症は残らない（Noguchi and Ebesu 2001）．中毒した場合は直ちに設備の整った病院に運ぶことが肝要である．いまのところTTXに対する解毒剤や特効薬はなく，体外への毒の排出を促進し，人工呼吸器の使用により呼吸循環系を適切に管理する以外に根本的な治療法はない．

（2）水生生物におけるTTXの分布

日本近海に生息する海産**フグ**の中では，トラフグ，マフグ，クサフグなど，少なくとも22種が有毒種とされている（Noguchi and Arakawa 2008）．いずれもフグ科に属しており，ハリセンボン科およびハコフグ科のフグはTTXをもたない．通常，フグの毒性にはきわめて大きな個体差や地域差，季節変動がみられ，有毒種とされるフグでも常に高毒性とは限らない．このことがかえって油断を招き，フグ中毒が多発する一因ともなっている．

フグ体内におけるTTXの分布は種によって異なる．通常，海産フグでは，肝臓と卵巣が強毒（100～999 MU/g）ないし猛毒（1000 MU/g以上）である場合が多く，腸と皮の毒性がそれに次ぐ．筋肉と精巣は，ドクサバフグなど一部の例外を除き無毒（10 MU/g未満）または弱毒（10～100 MU/g）で，有毒種であっても多くのフグで食用が認められている．これに対し，沖縄や奄美の沿岸域ないし汽水域に生息するオキナワフグや東南アジア産の汽水フグおよび淡水フグは，皮が高毒性を示す．

TTXはフグのみがもつ毒と思われていたが，1964年にカリフォルニアイモリの毒がTTXと同定されて以来，**ツムギハゼ**，アテロパス属のカエル，**ヒョウモンダコ**，肉食性巻貝**ボウシュウボラ**，**腐肉食性小型巻貝類**，モミジガイ属の**ヒトデ**，**オウギガニ科有毒ガニ**，**カブトガニ**，**ヒラムシ**，**ヒモムシ**など，多様な生物にTTXが見出されてきた（Noguchi and Arakawa 2008）．さらに，1980年代にはフグ毒保有生物から分離された数種の海洋細菌に相次いでTTX産生能が見出され，フグ毒の起源は海洋細菌と考えられるようになった．

(3) フグにおけるTTXの蓄積と生理機能

前述のように，フグの毒性には著しい個体差や地域差がみられること，TTXはフグの餌生物にも広く分布すること，ボウシュウボラについては，有毒ヒトデを食べることによりTTXを蓄積すること，フグはふ化時から無毒の餌を用いて人工飼育すると無毒になるが，そのような無毒個体にTTXを経口投与すると毒化すること，元来，海洋細菌がTTXを産生していること，などが順次明らかとなり，フグの毒化は細菌起源の食物連鎖を介する外因性のものと考えられるようになった（Noguchi and Arakawa 2008）．すなわち，細菌から上位の生物に移行するにしたがって生物濃縮されたTTXを，フグはヒトデ，小型巻貝，ヒラムシなどの有毒餌生物から摂取・蓄積していると推察される（図3）．

一方，有毒餌生物を介してフグ体内に取り込まれた後のTTXの存在形態や動態に関しては，未だに不明な部分が少なくない．トラフグやクサフグなどの無毒養殖個体にTTXを経口投与または筋肉内投与すると，TTXは血液を介して速やかに肝臓や皮，卵巣に移行する（Arakawa *et al.* 2010；Wang *et al.* 2011）．一方，海産フグ肝臓の培養組織が *in vitro* で著量のTTXを取り込むとの報告もある．無毒の一般魚ではこのような現象はみられず，明らかにフグの肝臓や皮，卵巣には，特異なTTX蓄積機構が存在する．海産フグの血漿中にはTTX結合性タンパク質の存在が見出されており，このような高分子物質がTTXの輸送や蓄積に深く関わっているものと推察される．

海産フグやヒラムシは，卵の毒量が非常に高い．また，フグやイモリ

図3　フグの毒化機構

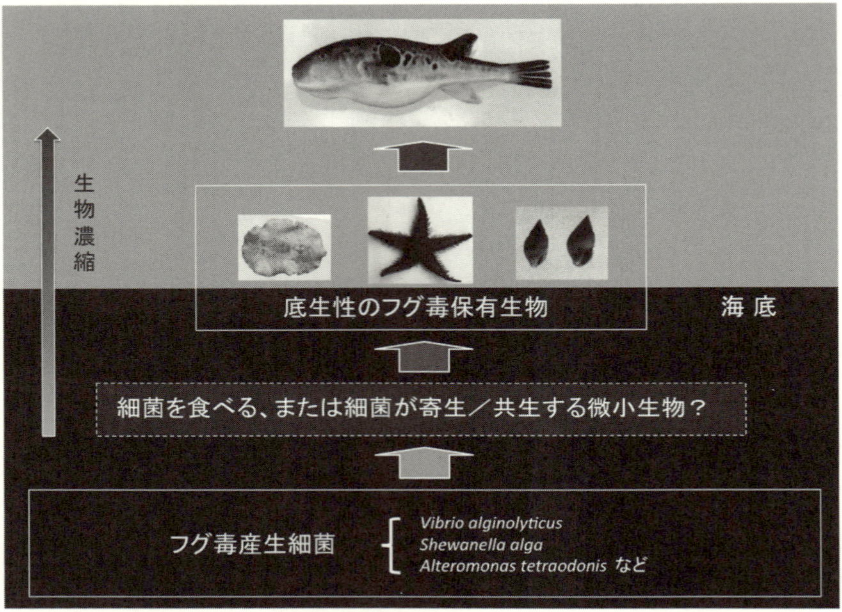

は皮に腺組織または分泌細胞をもち，外的刺激によりTTXを分泌することから，彼らは卵や自身を外敵の捕食から守る防御物質としてTTXを保有している可能性がある（Arakawa *et al.* 2010）．一方，ヒョウモンダコは後部唾液腺に，ヒモムシは口吻にTTXをもち，餌生物の捕獲にそれを利用していると考えられる．また，メカニズムは不明であるが，養殖フグにフグ毒添加飼料を与えて飼育すると，免疫機能が活性化する．

TTXを保有する有毒海産フグ，ツムギハゼ，オウギガニ科有毒ガニ，およびニホンイモリは，TTXの投与に対してきわめて高い抵抗性を示す（Noguchi and Arakawa 2008）．これに対し，無毒の海産フグは中程度，一般魚はマウスと同程度の低い抵抗性を示す．有毒フグやイモリのTTX抵抗性発現メカニズムの一つとして，彼らがTTX耐性型のナトリウムチャネルを保有していることが挙げられる．他方，無毒トラフグ人工種苗にTTXを投与すると，行動生態が天然魚に近くなり，捕食魚による食害を受けにくくなるという．TTXはフグの中枢神経系において情報伝達の制御（行動の制御）に関わっている可能性がある（Arakawa *et al.* 2010）．

（4）TTXによるヒトの中毒事例

厚生労働省の統計によれば，2001～2010年の10年間においてフグによるTTX中毒の患者数は434名で，うち19名が死亡している（表2）．素人が自分で釣ったフグや知人から譲り受けたフグを自ら調理し，肝臓などの有毒部位を食べて中毒する事例がほとんどであり，専門店での事故は少ない．中国や台湾では日本ほど頻繁にはフグを食べないが，天然フグの喫食により多くの食中毒事例が発生している（Noguchi and Arakawa 2008）．日本の事情とは異なる例，すなわち，からすみ（ボラ卵巣の塩蔵品）の模造品として売られていたフグの卵巣，あるいはカワハギの肉として販売されていた有毒フグの乾燥魚肉を食べて中毒した例などもみられる．一方，東アジア地域以外の国では，一般にフグを食べる習慣がなく，中毒事例はそれほど多くない．

一方，中国や台湾では昔からアラレガイ，ハナムシロガイ類縁種などの腐肉食性小型巻貝類を食べる習慣があり，これによる食中毒が頻発している（荒川・塩見 2010；Noguchi *et al.* 2011）．公式記録として残っているだけでも中国本土で28件，台湾で9件の事例があり，両者を合わせると患者総数は233名，うち死者は24名にのぼる．日本ではこれまで腐肉食性巻貝による食中毒は‘対岸の火事’であったが，2007年7月に長崎市で腐肉食性巻貝**キンシバイ**（図4）による食中毒事件が発生した．事件直後に患者（60歳女性）の食べ残しの貝を入手して調べたところ，筋肉や中腸腺から最高4290 MU/gのTTXが検出された．2008年7月には熊本県天草市でもキンシバイの喫食によるTTX中毒が発生している．

その他，日本では肉食性大型巻貝ボウシュウボラ，台湾ではツムギハゼによるTTX中毒の事例がある．前者は1979～1987年に静岡，和歌

図４　腐肉食性巻貝キンシバイ

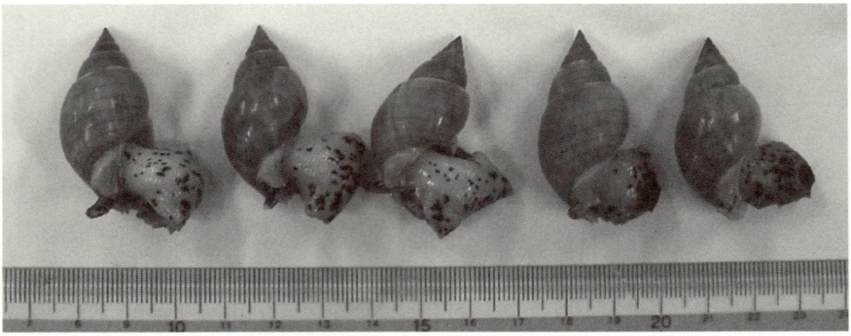

山，宮崎の各県で１例ずつ発生しているが，ボウシュウボラの場合TTXは中腸腺に局在しており，いずれも筋肉だけでなくこの部位を喫食したのが原因となった．一方，タイやカンボジアなど東南アジアの一部の国ではカブトガニの卵を食材として利用しており，それによる食中毒が希に発生する．他方，ヒョウモンダコは後部唾液腺にTTXをもっており，オーストラリアではダイバーなどがこのタコに咬まれて中毒死することがあるという．

8. 食中毒を起こすフグ毒以外の主要な魚介毒

(1) シガテラ毒

シガテラとは，熱帯ないし亜熱帯海域におけるおもにサンゴ礁の周辺に生息する毒魚によって起こる死亡率の低い食中毒を総称したものである（大城・稲福 2009）．主要な原因毒**シガトキシン（CTX）**は，分子量1110のポリエーテル化合物で，Na^+イオンの細胞内流入を顕著に増加させる働きがあり，神経伝達に異常をきたす．この作用はTTXと拮抗する．シガテラの潜伏時間（摂食後発症までの時間）は，ときに２日以上のこともあるが，通常は１～８時間程度と比較的短い．回復は一般に非常に遅く，完全回復には数ヶ月以上を要することもある．症状は多様で，下痢，吐気，嘔吐，腹痛などの消化器系，徐脈，血圧低下などの循

図 5　シガテラ毒魚

バラフエダイ

イッテンフエダイ

バラハタ

イシガキダイ

環器系，温度感覚異常，関節痛，筋肉痛，瘙痒(そうよう)，しびれなどの神経系に大別される．シガテラの最も特徴的な症状である温度感覚異常は**ドライアイスセンセーション**と呼ばれ，冷たいものに触れたときに電気刺激のような痛みを感じたり，冷水を口に含んだときにサイダーを飲んだような「ピリピリ感」を感じたりする．

シガテラ毒魚は世界中で400種以上ともいわれているが，中毒を起こすのは数十種で，このうちいくつかは食用種として一般に食べられている．太平洋域で最も中毒例が多いのは**バラフエダイ**（図5）とドクウツボで，**バラハタ**（図5），マダラハタ（またはアカマダラハタ），オニカマス，草食性のサザナミハギなどがこれに次ぐ．シガテラ毒は，元来，石灰藻(せっかいそう)に付着する底生性渦鞭毛藻(うずべんもうそう) *Gambierdiscus toxicus* が産生し，TTX同様，食物連鎖を介して生物濃縮されながら上位の生物に移行する．

現在，世界的には年間5万人がシガテラ中毒に罹っているといわれているが，実状は明らかでない．日本では，ほとんどが沖縄県で発生している．主要な原因魚は，バラフエダイ，**イッテンフエダイ**（図5），およびバラハタで，その他，アカマダラハタ，オオアオノメアラ，アズキハタ，オニカマス，ドクウツボ，ヒラマサなどでも中毒が起こってい

表3　イシガキダイによるシガテラ

発生年月	発生場所	事件数	患者数	死者数
1988年3月	沖縄県	1	3	0
1992年3月	沖縄県	1	5	0
1998年4月	宮崎県	1	10	0
1998年8月	鹿児島県	1	19	0
1999年8月	千葉県	1	12	0
2007年4月	神奈川県	1	7	0
2007年6月	大阪府	1	9	0
2008年7月	三重県	1	3	0

グラデーションで示すように，沖縄から，九州，本州へと発生場所が移行している．

る．1998年以降，九州や本州で**イシガキダイ**（図5）を原因とする事例が6件発生しており（表3），地球温暖化等の海洋環境の変化による *G. toxicus* の分布域拡大，これに伴うシガテラ毒魚の多様化 / 分布広域化が危惧される．

(2) テトラミン

寒海で採取され，通称ツブあるいはツブ貝として流通する**エゾバイ科**の肉食性**巻貝**は，唾液腺に多量のテトラミンを保有する．地方自治体はこの部位を除去して販売するよう指導しているが，必ずしもそれが徹底されておらず，しばしば食中毒が発生する（荒川・塩見 2010）．主な症状は頭痛，めまい，船酔感，足のふらつき，視覚異常，吐気などで，眠気を催したり，酒に酔ったような症状が出ることから，原因巻貝をネムリツブ，酔い貝などとよぶ地方もある．テトラミンは体外への排泄が早く，通常数時間で回復し，死亡することはない．テトラミン中毒は，以前はおもに北海道や東北地方に限られた問題であったが，流通の広域化に伴い全国各地で発生するようになった．

テトラミンは，テトラメチルアンモニウム［$(CH_3)_4N^+$］の俗称で，唾液腺に局在・常在する内因性の毒である．エゾバイ科の巻貝は，この毒を二枚貝やカニなどの餌生物を麻痺させるために利用していると考えられている．テトラミンは水溶性で，凍結・解凍や加熱調理により唾液

図6　アオブダイの毒化機構

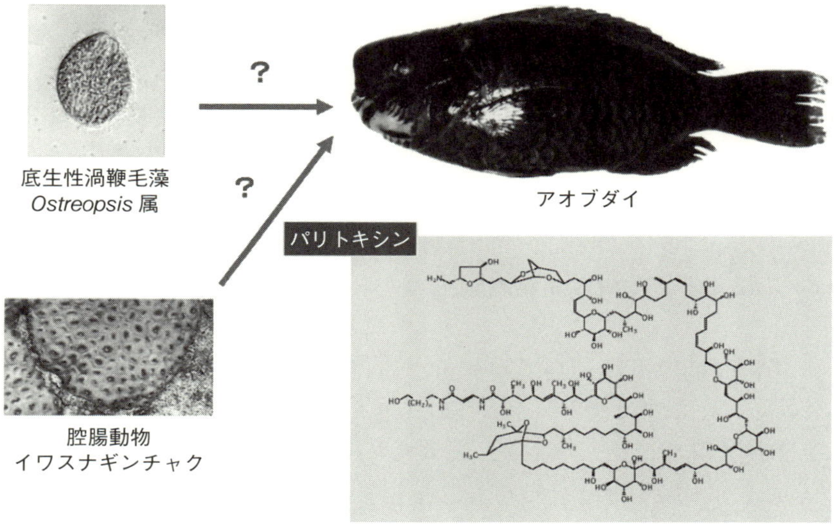

腺から他の部位に移行する．ヒトの最小中毒量は50 mg程度と推定されており，高毒量の種では3～4個の摂取で中毒する可能性がある．中毒原因となるのは，おもにエゾボラモドキ，ヒメエゾボラ，チヂミエゾボラなど，エゾバイ科エゾボラ属の巻貝であるが，近年，本属以外の巻貝，すなわちエゾバイ科エゾバイ属のスルガバイ，フジツガイ科のアヤボラ，テングニシ科のテングニシにも多量のテトラミンを保有する種が存在することがわかってきた．アヤボラでは，実際に中毒例もある．

(3) パリトキシン（PTX）様毒

アオブダイ（図6）は時として肝臓や筋肉に強毒をもち，フグ中毒やシガテラとは異なる特異な中毒を起こしてきた（荒川ほか 1992）．中毒患者は**横紋筋融解症**を発症して激しい筋肉痛や黒褐色の排尿（ミオグロビン尿症），血清クレアチンホスホキナーゼ（CPK）値の異常な上昇を呈し，重篤な場合は死にいたることもある．アオブダイによる中毒は，1953年以来，長崎県，高知県，兵庫県，三重県など，西日本を中心に少なくとも24件発生しており，患者総数は90名を数え，うち6名が死亡している．中毒原因物質は未だに構造不明であるが，生化学的/薬理学的性状が**パリトキシン（PTX）**に類似していることから，PTX様毒と称されている．PTXは腔腸動物**イワスナギンチャク**（軟体サンゴの一種）やその近縁種から分離された猛毒で，熱帯ないし亜熱帯性の付着性渦鞭毛藻 *Ostreopsis siamensis* もPTX誘導体を産生することが知られている．1997年に食中毒を招来した有毒アオブダイは，この渦鞭毛藻を海藻とともに多量に混食していた可能性があり，PTX様毒の起源生物の一つとして***Ostreopsis* 属渦鞭毛藻**が疑われている（谷山ほか 2003）（図6）．

一方，長崎県五島列島では長年，名物郷土料理として‘カットッポ（ハコフグ）の味噌焼き’が食されてきた．内臓を取り除いた腹の部分に，筋肉と味噌，酒，小ネギ，みりんを練り合わせたものを入れて焼いたもので，内臓を混ぜ合わせることも多いようである．2001年11月から2008年10月にかけ，三重，宮崎，長崎の各県で本料理の喫食による中毒がたてつづけに6件発生し，計10名が中毒，うち1名が死亡した（谷山・高谷 2009）．主症状は，横紋筋融解に伴う激しい筋肉痛やミオグロビン尿症，血清CPK値の異常な上昇で，アオブダイ中毒に酷似する．アオブダイ中毒は，以前はアオブダイのみが引き起こす特殊な中毒であり，この魚を食用としないことで防止できるものと考えられていたが，2000年以降，アオブダイとは異なる海産魚類，すなわち前述のハコフグ類やハタ科魚類，ブダイにより，アオブダイ中毒に酷似する中毒がたてつづけに発生した（谷山ほか 2003）．さらに，これらの中毒は**ハフ病**（Haff disease；1924年にバルト海沿岸で初めて発生した原因不明の食中毒）にも酷似しており，両者の関連究明が急がれる．

9. おわりに

われわれが毎日摂取する食品の安全性は，われわれの健康に直結しており，いかに安全な食品を健康的に食するかという問題は，すべての人が最大の関心をもつ事柄である．農学の分野でも，さまざまな研究を通して食の安全を追求してきた．本章前半部では生産・流通・加工・消費における安全性の課題を述べたが，さらに重要なことは，われわれがこのような食品に関する情報を的確に判断し，われわれの生活に取り入れることである．

われわれは，個人それぞれの判断に基づいて食品を選択している．食生活における判断は，伝統や経験による部分も大きいが，提供された情報に対して正しい判断ができるよう，食の安全に対する科学的根拠を正しく理解するための教育の取り組みも重要である．

一方，本章後半部では，魚介毒を中心に，食品衛生上問題となる危害因子について述べた．これらを避け，食の安全を確保するためには，各因子に関する根本的な理解が不可欠である．一例として，フグ毒TTXに関していえば，フグの毒性調査に始まり，TTXの性状や作用機序，TTX中毒の疫学的特性，水生生物におけるTTXの分布や蓄積機構，生理機能などに関して長年の研究が行われ，食用可能なフグの種類，部位，生息海域や有毒部位の処理方法，万一中毒した場合の処置方法が明確となり，この数十年間，日本ではフグ中毒，あるいはそれによる死者が激減した．すなわち，科学的な知見に基づき，毒があり本来は食品にならないものを安全に食するという希有な食文化が成立している．さらに，フグ以外の生物によるTTX中毒，あるいは海洋環境の変化によるTTX保有生物の多様化・分布広域化にも適切に対応できる下地が整いつつある．

フグの毒化は有毒餌生物由来であるので，それらを完全に排除した環境下で無毒の餌を与えて飼育すれば内臓も無毒の養殖フグを生産することができる．現在は，法律上，無毒であってもフグの肝（きも）を食べることはできないが，佐賀県では前述のように生産した無毒養殖トラフグの肝につき，全個体毒性検査を実施しながら食品として提供することを検討しはじめた．食の安全を追求する科学により，近い将来，さらに一段進歩した食文化が確立されるかもしれない．

●参考・引用文献

荒川　修・塩見一雄（2010）巻貝の毒：テトラミンおよびテトロドトキシン．食品衛生研究，60：15–25.

荒川　修・野口玉雄・橋本周久（1992）アオブダイ中毒．ニューフードインダストリー，34：6–10.

Arakawa, O., Hwang, D.F., Taniyama, S., and Takatani, T.（2010）Toxins of pufferfish that cause human intoxications. In Ishimatsu, A. and Lie, H.-J.（eds.），Coastal Environmental and Ecosystem Issues of the East China Sea, pp. 227–244, Nagasaki University/TERRAPUB, Tokyo, Japan.

濱田友貴（2010）魚類アレルゲンの本体と性状:魚介類アレルゲンの本体と性状.『魚介類アレルゲンの科学』（塩見一雄・佐伯宏樹編）pp. 9–20 恒星社厚生閣，東京

Ishikawa, M., Nagashima, Y., and Shiomi, K.（1999）Immunological comparison of shellfish allergens by competitive enzyme-linked immunosorbent assay. Fisheries Science, 65：592–595.

小林征洋（2010）アニサキスアレルゲンの本体と性状：魚介類アレルゲンの本体と性状.『魚介類アレルゲンの科学』（塩見一雄・佐伯宏樹編）pp. 60–71　恒星社厚生閣，東京

Narahashi, T.（2001）Pharmacology of tetrodotoxin. Journal of Toxicology-Toxin Reviews, 20：67–84.

日本分析科学会表示・起源分析技術研究懇談会編（2010）『食品表示を裏付ける分析技術』東京電機大学出版局，東京

Noguchi, T. and Arakawa, O.（2008）Tetrodotoxin – distribution and accumulation in aquatic organisms, and cases of human intoxication. Marine Drugs, 6：220–242.

Noguchi, T. and Ebesu, J.S.M.（2001）Puffer poisoning: epidemiology and treatment. Journal of Toxicology-Toxin Reviews, 20：1–10.

Noguchi, T., Onuki, K., and Arakawa, O.（2011）Tetrodotoxin poisoning due to pufferfish and gastropods, and their intoxication mechanism. ISRN Toxicology, 2011：Article ID 276939, 10 pages.

農林水産省農林水産技術会議事務局（2004）農林水産研究開発レポート No.10『食品の品質保証のための研究開発』（〈URL〉http：//www.s.affrc.go.jp/docs/report/report.htm）

大城直雅・稲福恭雄（2009）マリントキシンによる食中毒（シガテラ）．公衆衛生，73：333–336.

佐伯宏樹（2010）軟体動物アレルゲンの本体と性状:魚介類アレルゲンの本体と性状.『魚介類アレルゲンの科学』（塩見一雄・佐伯宏樹編）pp. 36–46 恒星社厚生閣，東京

嶋倉邦嘉・塩見一雄（2010）甲殻類アレルゲンの本体と性状：魚介類アレルゲンの本体と

性状.『魚介類アレルゲンの科学』(塩見一雄・佐伯宏樹編) pp. 21–35 恒星社厚生閣, 東京

清水裕・佐伯宏樹 (2010) 魚卵アレルゲンの本体と性状：魚介類アレルゲンの本体と性状.『魚介類アレルゲンの科学』(塩見一雄・佐伯宏樹編) pp. 47–59 恒星社厚生閣, 東京

谷山茂人・荒川　修・高谷智裕・野口玉雄 (2003) アオブダイ中毒様食中毒. ニューフードインダストリー, 45：55–61.

谷山茂人・高谷智裕 (2009) 魚類の毒 (2)：パリトキシン様毒. 食品衛生研究, 59：45–51.

Wang, J., Araki, T., Tatsuno, R., Nina, S., Ikeda, K., Hamasaki, M., Sakakura, Y., Takatani, T., and Arakawa, O. (2011) Transfer profile of intramuscularly administered tetrodotoxin to artificial hybrid specimens of pufferfish, *Takifugu rubripes* and *Takifugu niphobles*. Toxicon, 58：565–569.

Yotsu–Yamashita, M. (2001) Chemistry of puffer fish toxin. Journal of Toxicology–Toxin Reviews, 20：51–66.

第Ⅲ部 生命科学の魅力

人や社会の役に立とうとすることを前提とした生き物に関する実学が生命科学である．その使命は，生物学はもとより，物理学，化学，生化学，生理学，分子生物学など自然科学の知識を総動員して食べ物，健康，環境という私たちの日々の暮らしの基本を支える技術を作り上げていくことにある．農学系の生命科学分野では，これまで微生物を含むあらゆる生物を対象に，それらの生命現象と機能について遺伝子レベル，分子レベルおよび細胞・個体レベルで解明し応用しようとする研究が精力的に行われてきた．得られた知見は，機能性食品，農薬，医薬などの開発と生産に適用され，新産業の創造や人間生活の高度化に活用されてきた．そこでは生物があたかも「もの」のように扱われ操作されることから，生命科学のあり様が正しく理解されない場合も多く，しばしばその一部だけが取り上げられて，そこに不当な解釈と不安が見出されているような場面に遭遇することも少なくない．いずれにせよ，生命科学の知見を駆使した技術，すなわちバイオテクノロジーに対する私たちの期待は大きい．社会的，経済的な期待が余りにも大きいだけに，拙速に過ぎたり，使い方を間違ってしまうとこれまでに培ってきた信頼を一挙に失わせることにもなりかねない．倫理学や社会経済学などの周辺領域を取り込んだ理念の体系化と技術の総合化が求められている．

第Ⅲ部では，生命のしくみの利活用の無限の可能性について考えてみることにする．植物と動物の視点から，作物や家畜はどのようにして誕生しどのように改良されてきたか，またどのような将来展望が描かれているかについて，動・植物バイオテクノロジーを利用した研究の最前線を紹介する．また，食と健康の観点から，保健機能性食品を例に微生物や食品成分のもつ生体調整機能についても紹介する．第Ⅲ部は四つの章から構成され，それぞれの章で，食と農に関わる生命科学の現況と課題について言及し，人や社会の役に立つバイオテクノロジーはどうあるべきか，そのあるべき姿を展望し，近未来予測を試みる．第 8 章「ポストゲノム時代の生命科学」では，生命の誕生，物質的基盤や生物進化といった基礎的事項について解説した後，食をめぐる生命のしくみの神秘について述べる．農業は命の糧を得るための活動であり，人類がこれまで培ってきた知恵であることの認識の上に立ち，生命科学の知識を生かした農学の展開の可能性について考える．第 9 章「植物改造の過去・現在・未来」では，植物から作物へ，作物の改良（育種），ポストゲノムの時代の作物，例えば第二・三世代の GM 作物などについて述べた後，植物バイオテクノロジーの近未来について考える．第 10 章「動物という巨大な細胞社会を統御する仕組みを知り利用する」では，動物から家畜へ，家畜の改良，ポストゲノムの時代の家畜，培養細胞による希少有用物質の生産について述べた後，動物バイオテクノロジー最前線の解説や研究事例の紹介等を踏まえて動物バイオテクノロジーの近未来について考える．第 11 章「食と健康の科学」では，食品の機能，微生物の働きを活用した食品開発，保健機能食品の解説や研究事例の紹介等を踏まえて，確かな科学的根拠に基づく食を介した健康増進と予防（EBH：evidence-based health promotion あるいは evidence-based healthcare）について考える．

第8章　ポストゲノム時代の生命科学

中村 宗一郎

（信州大学農学部応用生命科学科）

キーワード

生命のしくみ，生命の営み，ゲノム，ヒトの位置づけ，環境と生命

概要

ポストゲノム時代の到来によって生物の複雑でかつ動的な生命現象に関する研究が可能となった．生命を織りなすゲノムからプロテオームへの展開は，生物と環境のミクロなレベルでの密接で精妙な関係の解析を可能にしつつある．生物の生命機能を分子・遺伝子レベルで解析し，生命と環境ならびに両者の相互関係を明らかにしようとする研究の深化をはかり，微生物を含む多様な遺伝資源を有効に活用することができれば，人類が直面している安心・安全な食料の安定供給に関わる問題解決の糸口をつかむことが可能となる．地球が抱える環境汚染の問題などに対しても真っ向勝負で取り組むことが可能となる．このことは，広く生き物に関することがらを研究対象にしている農学の重要な使命である．本章では，種々の生物の生命機能に対する理解を深めることを目的に，まず生命のしくみと営みを簡単に紹介し，その後，ヒトの命を育む食と生体防御との関係および生物が環境適応の中で培ってきた生命の知恵について概観する．最後に，ポストゲノムの時代における生命科学の知識を生かしたアグリビジネスの新展開の可能性についても言及し，近未来の食と農を展望する．

1. はじめに

生命科学の分野では，度々ヒトも含めた生物を物質から構成された装置であるという見方をするが，このような表現はしばしば世間の論議をひき起こすところとなる．生物は機械ではない．たとえば人間には「こころ」があるのではないかと．しかし，近年の情報科学とゲノム科学のめざましい進展，とくに最近のゲノム解析技術の躍進は，このようなことを根底から覆そうとしている．脳をスキャンニングする技術とニューラルネット・コンピュータを以ってすれば，近い将来，人間の「こころ」をコンピュータにデジタル移植することが可能になると予測されているからである．ヒトゲノムの分子生物学的な研究が進むにつれ，人間の精神や行動に関連する情報が，すべて個人の遺伝子に書き込まれているかもしれないことが明らかになってきた．実際に，「あなたとあなたの子孫の隠れた才能や感性がわかります」という触れこみの**遺伝子検査ビジネス**が誕生している．現時点において，このような技術は，一部の特定の遺伝子のみを標的にした限定的なものであるが，いずれ２万以上あるとされているヒトの遺伝子間の相互作用が網羅的に解明されるものと思われる．現代の生命科学は，人間の「こころ」についてまでも，そのしくみを原子や分子レベルまで立ち入って調べ，その物質的基盤を明らかにしようとしているのである．このようなことを考えると，これからの生命科学は，ますます“人類の福祉への貢献”を前提とした学問でなければならない．個別の生命現象解明の試みから得られた研究成果は，先端医療，創薬，安心・安全な食料の確保，環境保全といった人類が直面するさまざまな課題解決に向けて，適切に橋渡しされる必要がある．

地球上のすべての生物は自らの生存をかけて，さまざまな環境に適応して応答する戦略を細胞内に有している．たとえば光を感知し成育調整する機能，温度や気圧ストレスに対抗する機能，栄養源を感知して形態変化や分化制御する機能などがそれにあたる．生物が長い年月をかけて獲得したこれらの機能を正確に解析することができれば，持続可能な食料生産が可能となり，人間をより深く理解し，そのこころと体の健康維持に資することができるようになるだろう．なにより人類が生物の一員として地球環境の中で生きていくための指針を与えてくれるものと期待される．食と農の生命科学の分野に課せられた使命はきわめて大きいといえる．

2. 生命のしくみ

(1) 生命の誕生

生命はいつごろどのようにして誕生したのであろうか．いん石やアポロ計画の際に月面から持ち帰った岩石の年代測定により，地球は今からおよそ46億年前に誕生したと考えられている．それから数億年後のおよそ40億年前に自己複製能をもつ単一の原始生命（universal common ancestor）が地球上に誕生したと推測されている．これは，米・英・豪の共同研究グループが1996年にグリーンランドのイスア地域の38億年前のアパタイト堆積岩中に，生物が生み出したと考えられる炭素同位体比を観測したことに基づいている．生命の誕生の起源となる有機物の由来については，いん石や彗星によってもたらされたという宇宙起源説，雷放電により大気中の原子から生命の材料となるアミノ酸や塩基が作られたとする原子スープ説等，諸説があるが，最初の生命が誕生した場所は海であることはほぼ間違いない事実のようである．海底の地下マグマが形成する噴出孔から放出された熱水中には，アンモニアやメタンなどが豊富に含まれており，それらは噴出孔付近の高温高圧条件下の水，すなわち超臨界水の作用によって，アミノ酸や糖などの有機物を経てタンパク質や核酸へと姿を変えたと考えられている．次のステップとしては，これら生命体の基礎を形成する成分を取り込み，一つの個体として成立するためには，内なるものとそれ以外のものとを区別するための隔壁，すなわち“膜”の存在が必要となる．膜の内側では生命の材料となる分子同士が出会う機会が増え化学反応も活発になる．こうしてまずは膜が作られ，そして生命現象を営む原始細胞が誕生したと考えられている．膜の存在は，生命の二大機能である「自己複製」と「代謝」のためにも必須である．実際に，膜は，個体を構成するために重要な働きをするだけでなく，自らの個体を維持するために，外界から物質やエネルギーを取り入れたり，排出したりするために欠くことのできない重要な要素である．膜は，通常，水に親和性の高い親水基とその対極にある疎水基を併せもつ両親媒性分子によって構成されている．このハイブリッド分子は，水の中で溶媒と有利に相互作用し溶けようとして親水基を外側に，水との接触をさけようとして疎水基を内側に向けた状態のミセルを形成する．代表的な生体膜成分であるリン脂質は典型的な両親媒性物質である．リン脂質は親水基が細胞内外に向き，疎水基が互いに内側を向いた**脂質二重層**構造を形成し，水中で安定した状態になることが知られている．これらのことをふまえて生命体の定義を試みるなら，次のようになる．①細胞膜で囲まれた細胞からできており，外界と隔てられた内部をもっている．②自分と同じ形質，特徴をもった生命体を生み出すこと（自己複製）ができる．③外界から取り入れた物質を分解して自由エネルギーを取りだす一方，物質を作り替えて自身の体の一部とすること（代謝）ができる．④その他，多細胞生物の場合，一個の細胞から細胞分裂を繰り返して独自の形態を作りだすこと（形態形成）ができること．である．

自己複製は核酸が担っている．核酸は，細胞の分裂と生成を担う成分であり，遺伝情報をもつ**デオキシリボ核酸（DNA）**と遺伝情報にしたがってタンパク質生成に関与している**リボ核酸（RNA）**の2種類がある．DNAがもつ遺伝情報は，アデニン（A），チミン（T），グアニン（G）およびシトシン（C）という4種類の塩基（nucleotide）の並び方で伝達される．Aに対してはT，Gに対してはCというように対になる塩基が決まっており，これを塩基対という（図1）．このことは1949年，E・シャルガフが，さまざまな生物からDNAを抽出し，塩基の存在比がAT間およびGC間でほぼ同等であったという発見に基づいている．これは後にシャルガフの経験則とよばれるようになった．その後，M・ウィルキンスらはDNAのX線解析により，塩基対がらせん状に

図1　DNAとそれを構成する塩基対の模式図

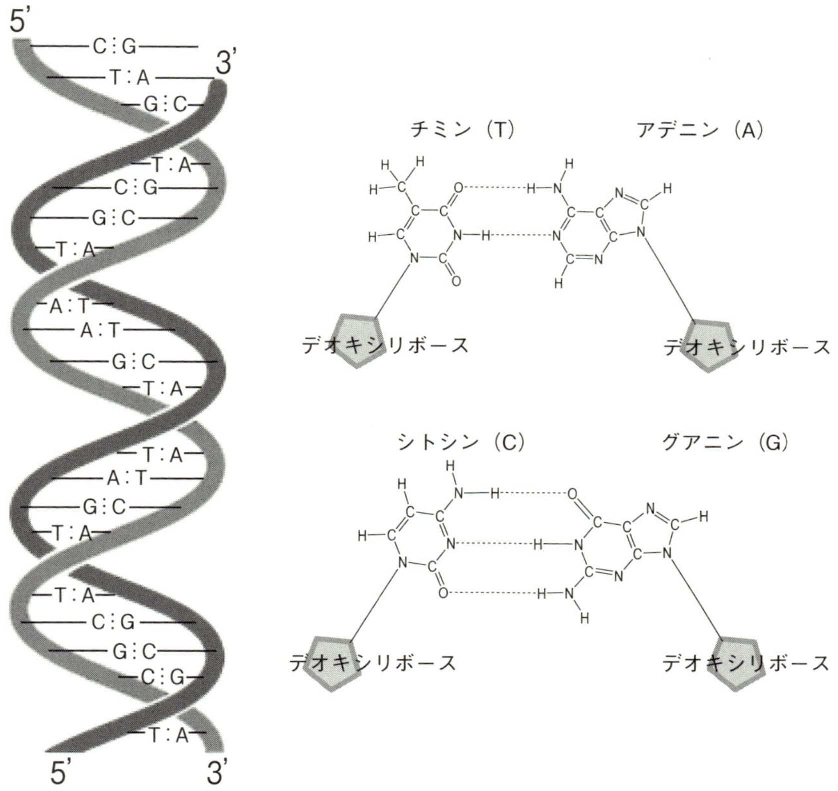

アデニン（A）とチミン（T），グアニン（G）とシトシン（C）とがそれぞれ対となり，DNAの二重らせん構造を形成する．

つながっていることを推定し，1953年のJ・ワトソンとF・クリックによるDNAの二重らせん構造モデル構築へと結びついた．この一連の研究により，彼らは，1962年，ノーベル生理・医学賞を受賞した．DNAの遺伝情報は転写→翻訳の流れを介して，タンパク質として形となる．まず，RNAポリメラーゼ（polymerase）が遺伝子の先頭にあるプロモーター（promoter）とよばれる転写開始点を含む領域に結合する．つぎに転写開始点を起点として，RNAポリメラーゼは鋳型に沿って

mRNA（messenger RNA）を合成しながら転写終結配列に到達するまで移動する．mRNAは，スプライシング（splicing）を受け，成熟mRNAとなる．スプライシングではイントロン（intron）が取り除かれ，エキソン（exon）がつなぎ合わされる．エキソンとは，分断されてDNA上に存在する成熟mRNAの配列のことである．成熟mRNAの塩基三つのまとまりはコドン（codon）とよばれ，終止コドン（UAA，UGA，UAG）以外は20種類のアミノ酸のいずれかに翻訳される暗号となっている．成熟mRNAのうち，開始コドン（AUG）から終止コドンの手前までがアミノ酸に翻訳される．Uはウラシルとよばれ，DNAのTに相当する．こうして，DNAの設計図どおりのタンパク質ができる．DNAからのタンパク質合成は，必要な要素さえ揃えば試験管内でも可能であり，すでに無細胞実験系が確立されている．

ボックス 1

人工生命の誕生？

最近，アメリカのクレイグ・ベンター博士の研究グループは*Mycoplasma mycoides*のゲノムを表すほぼ完全なDNAを人工合成し，本来のDNAを除去した近縁種の*M. capricolum*の細胞に移植し，自立的に増殖する人工細菌を作成したと発表した．生きている細菌のゲノムと人工的に合成したゲノムとを置き換えることに成功したわけである．このことについては，それはすでにあった「生命という装置」を動かしながら新しいゲノムで「乗っ取っただけ」だけであり，人工的に「生命を作り出した」ということとは質的に異なるとの批判もある．しかし，その一方では，分裂の前段階で天然由来の細菌の細胞に頼ってはいるが，2回目の細胞分裂以降の細菌は人工的に導入されたゲノム情報にすべてを委ねているので，これは人工合成された生物と考えてよいのではないかとの解釈もある．いずれにしてもこのような研究がさらに進めば，近い将来，“化学的な”人工生命体が誕生する日が来るかもしれない．

無細胞系によるタンパク質の合成

ポストゲノムの時代において，物質変換や情報伝達といったさまざまな機能を担っているタンパク質の生体内での働きや構造解析に関する研究を進め，機能を正確に予測し，設計し，改善することが求められている．組換えタンパク質の調製には大腸菌，酵母，昆虫細胞，培養細胞といった生きた細胞を利用する方法が一般的であるが，生きた細胞には，自らの細胞機能を維持するため外来タンパク質を排除する傾向があり，タンパク質の大量生産に向かないことが指摘されている．また真核細胞では糖鎖やリン酸基の付加といった翻訳後修飾も発生するため，タンパク質の構造—機能相関のような研究に使うことができない．このようなことから，生命体に依存しない人工的なシステムの開発が進んだ．無細胞系でのタンパク質合成には①ホスト細胞の毒となるタンパク質も生産できる．②短時間に目的タンパク質を調製することができる．といった特長がある．大腸菌，コムギ胚芽，昆虫細胞およびウサギ網状赤血球由来の合成系が知られている．右図は，コムギ胚芽合成キットを用いて発現させた蕎麦主要アレルゲンFage2のSDS-ポリアクリルアミドゲル電気泳動図である．Tは培養液全体，Sは上清液，Pは遠沈画分，Fage2-Hisはポリヒスチジン鎖からなるタグ付Fage2，GFPは緑色蛍光タンパク質をそれぞれ示す．

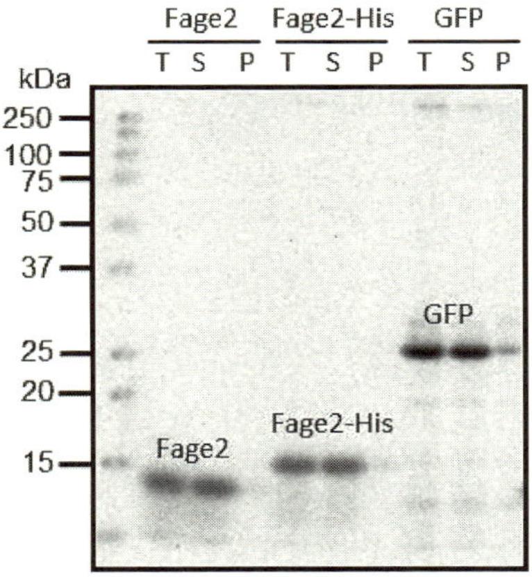

(2) 生命の物質的基盤

生物を構成する主なものは，タンパク質，脂質，糖質，核酸である．生物の70％は水であり，つぎにタンパク質が16％，タンパク質以外の高分子が10％，その他が4％と続いている．細胞機能のほとんどはタンパク質が担っており，生物を構成する有機化合物の中で最も重要である．生命の物質的な基盤はタンパク質であるといっても過言ではない．そこで，ここではタンパク質について簡単に紹介したい．脂質や糖質については他の成書にゆずることとする．タンパク質は，アミノ酸が連なってできている．**アミノ酸**はアミノ基（$-NH_2$）とカルボキシ基（$-COOH$）をもった低分子の有機化合物であり，一般式ではR−CH

図2　L-アラニンとD-アラニンの立体構造

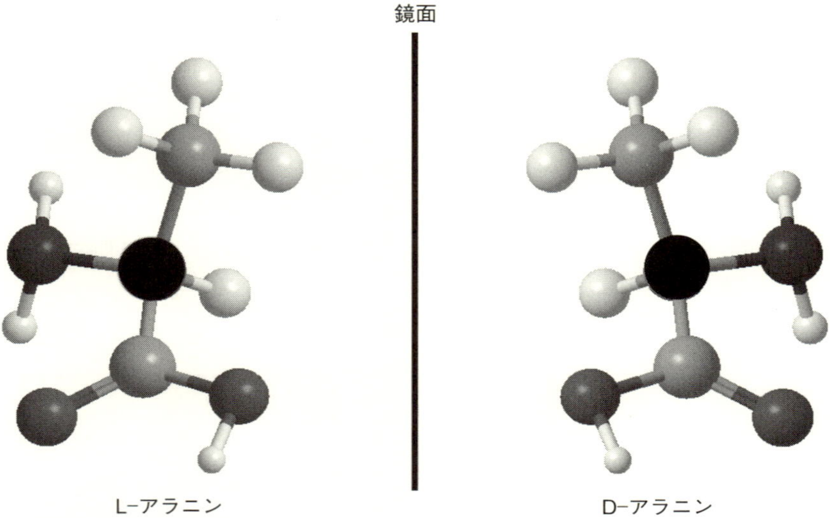

球棒モデルで示した鏡像関係にある一対のアミノ酸の例を示す．両者を重ね合わせることはできないことからも二つの分子は同一ではないことがわかる．
●，α炭素；●，炭素；○，水素；●，酸素；●，窒素

$(NH_2)-COOH$ で表され，R基（側鎖）の違いにより20種類存在する．脂肪族側鎖をもつものにグリシン，アラニン，バリン，ロイシン，イソロイシンおよびプロリン，芳香族側鎖をもつものにフェニルアラニン，チロシンおよびトリプトファン，硫黄を含む側鎖をもつものにメチオニンとシステイン，アルコール基の側鎖をもつものにセリンとトレオニン，塩基性側鎖をもつものにヒスチジン，リシンおよびアルギニン，酸性側鎖をもつものおよびそのアミド誘導体としてアスパラギン酸，グルタミン酸，アスパラギンおよびグルタミンが分類される．図2にアラニンの例を示すように，α炭素はキラル（chiral），すなわち不斉である．不斉炭素には四つの異なる基が結合しており，L形（levo，左）とD形（dextro，右）の立体異性体が存在する．天然のアミノ酸のうち，立体異性体をもたないグリシン以外の19種のキラルなアミノ酸はすべてL

形である．生物は同じL-アミノ酸を基本単位にしてタンパク質分子を組立てていることが知られており，このことは，地球上のすべての生物種が同一の祖先から生まれた証拠とされている．アミノ酸のαアミノ基とカルボキシ基との結合をペプチド結合という．アミノ酸が連なった**ペプチド**において，自由なアミノ基が残っている側をアミノ末端（N末端），カルボキシ基が残っている側をカルボキシ末端（C末端）という．タンパク質は，αヘリックス（helix）やβシート（sheet）などの二次構造によって規則的に折りたたまれ（folding），最終的に空間的な広がりをもった三次構造（立体構造）を形成するにいたる．複数のタンパク質が会合状態になった状態は，四次構造とよばれている．

近年，生体内で機能を発揮していたタンパク質が，何らかの要因でそれまでとは全く異なる立体構造（conformation）を取ることが明らかにされた．タンパク質の誤った折りたたみが引き金となり，それらが不可逆的に積み重なって**アミロイド**（amyloids）とよばれる繊維状の凝集体を形成し，細胞中に沈着する．その結果，神経や臓器の機能障害をひき起こすとされている．アルツハイマー病，プリオン病，パーキンソン病などが該当し，これらはコンフォメーション病と総称されている．

私たちの体の細胞の中にあって，生体の恒常性維持（homeostasis）に重要な役割を果たしているシステインプロテアーゼインヒビター（cysteine protease inhibitor）であるヒト型シスタチンCやヒト型ステフィンAは，図3のようにドメインスワッピング（分子間相互乗り入れ）を起こして二量体となり，さらにそれが重合しアミロイド線維になる．実際，ヒト型シスタチンのC第68位のイソロイシンがグルタミンに点突然変異したL68Qはアイスランド型遺伝性アミロイド性脳出血症を誘発することが知られている．

3. 生命の営み

(1) ゲノムと遺伝情報

生物の設計図であるゲノムについては，さまざまな生物を対象とした

図 3　タンパク質の分子モデル

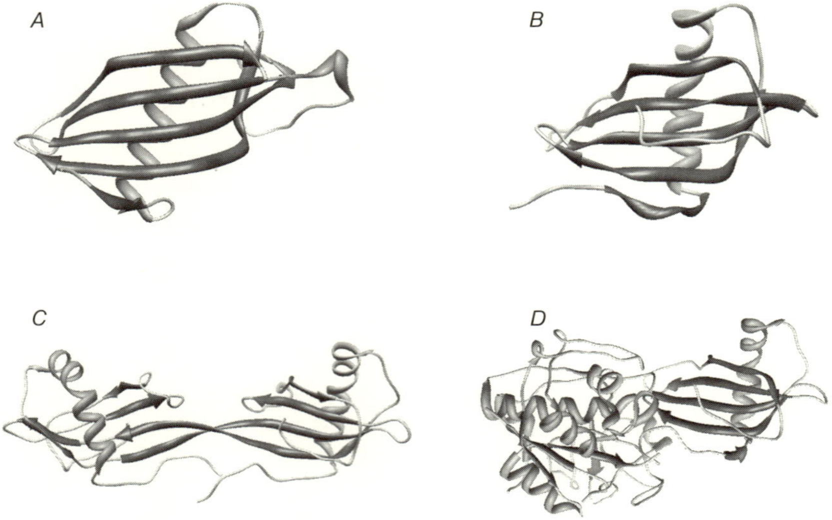

上図の淡色はαヘリックス構造，濃色はβシート構造を示す．*A*，ヒト型シスタチン C（PDB 3GAX）；*B*，ヒト型ステフィン A（PDB 1DVC）；*C*，ドメインスワッピング状態のヒト型シスタチン C（PDB 1N9J）；*D*，システインプロテアーゼ，カテプシン H とヒト型ステフィン A との複合体（PDB 1NB5）．タンパク質の立体構造は Protein Data Bank（http：//www. pdb. org/pdb/home/home. do）のホームページから入手することができる．日本蛋白質構造データバンク（http：//www. pdbj. org/index_j. html）のサイトにはさまざまな解析ツールが提供されている．

ゲノムプロジェクトが展開され，多くの生物種においてその解読が進んでいる．ヒトはもとより，2012 年までに家畜やイネなどの真核生物 151 種，大腸菌に代表される原核生物 1370 種，超高熱菌や高度好塩菌などの古細菌 116 種の合計 1637 種の生物の全ゲノムが解明されている．これらのゲノム情報は，生命システム情報統合データベース（http：//www. genome. jp/kegg/）から入手することができる．ヒトのゲノムは 30 億の塩基対からなる．ゲノムサイズ（図 4）と遺伝子数とは必ずしも比例しない．たとえば，両生類や植物のゲノムサイズは大きく，一方，昆虫や魚介類ではゲノムサイズが小さい．これはイントロンや遺伝子間のDNAの長さが原因である．たとえば，ゲノムサイズではミジンコの方がヒトより小さいが遺伝子数は多い．また原核生物は真核生物よりゲノムに占めるコーディング領域（cording region）の割合が高い傾向があり，遺伝子がゲノムにコンパクトに収まっている．遺伝子の本体であるDNAの配列は生殖などのさまざまな機構を通して，次世代の子孫に伝達される．その伝達の過程で突然変異が生じることは多々あり，変異形質は自然淘汰を受けながら，次世代に伝達されていくこととなる．このことによって，生物が多様化し進化が起こってきたと考えられている．

図4　生物のゲノムサイズ

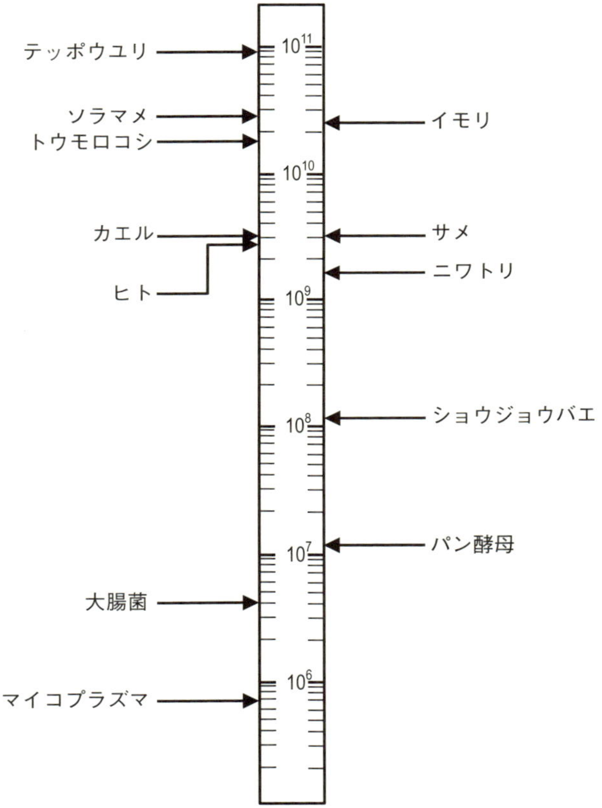

代表的な生物種の塩基対の数を対数表示した．これらのゲノム情報は，生命システム情報統合データベース（http：//www.genome.jp/kegg/）から入手可能である．ゲノムサイズと遺伝子数とは必ずしも比例しない．

(2) ゲノムとエピゲノム

ポストゲノム時代における生命科学の新たなパラダイムとして，DNA

の塩基配列の違いによらない遺伝子発現の多様性，いわゆる，**エピゲノム**（epigenome）が注目されている．ヒトの体は約60兆個のまったく同じDNA配列をもつ細胞から成り立っている．近年，同じ配列をもちながら神経，皮膚，筋肉，臓器等，異なった役割をもつ細胞へと分化していくしくみは，はたらく遺伝子の組み合わせの違いによるものであることが明らかにされつつある．DNAやヒストン（histone：染色体を構成するタンパク質の一群）にメチル基などが付いたり離れたりして遺伝子のスイッチが切り替わったり，カギがかかったり外れたりするとされている．高次生命現象や各種疾患の発症には，栄養摂取を含めた環境因子が深く関与することが示唆されている．細胞の分化やがん化などの分子機構の理解が進むにつれ，DNA配列情報に刻まれた遺伝学的要因だけではなく，後天的な遺伝子修飾による制御の重要性が認識され始めた．たとえば，臓器が発達する授乳期の栄養状態によってカギのかけ方が変わり，成長後の病気のなりやすさや体質に影響が出るとされている．

(3) 細胞による生命現象の営み

すべての細胞は細胞膜，核，リボソーム，細胞質といった共通の構成要素をもっている．とくに，外界から内部を隔てる細胞膜は必須である．真核生物は，図5に示すように，ゴルジ装置，粗面小胞体，ミトコンドリアなどの細胞小器官をもち，細胞壁やべん毛など植物細胞と動物細胞固有の器官もある．細胞には細胞分裂や代謝を行う能力がある．細胞分裂は細胞が増殖を行う手段であり，形質の伝達の基本現象である．代謝は原材料となる物質を細胞内に取り込み，それを細胞の構成要素の構築やエネルギー生産に利用したり，その副産物を放出したりする現象であり，生物の生命装置における基本的な機構である．生命の営みに欠かせないのが管理・調節された細胞の自殺すなわちプログラムされた細胞死（apoptosis）であり，また前述したエピゲノムと総称される後天的遺伝子制御システムである．少しずつ解明が進んでいるとはいえ生命現象は複雑であり，私たちには，まだまだ解明しなければならない課題がたくさん残されている．

図５　植物細胞と動物細胞の特徴（A：広島大学久我ゆかり博士提供，B・C：信州大学渡辺敬文博士提供）

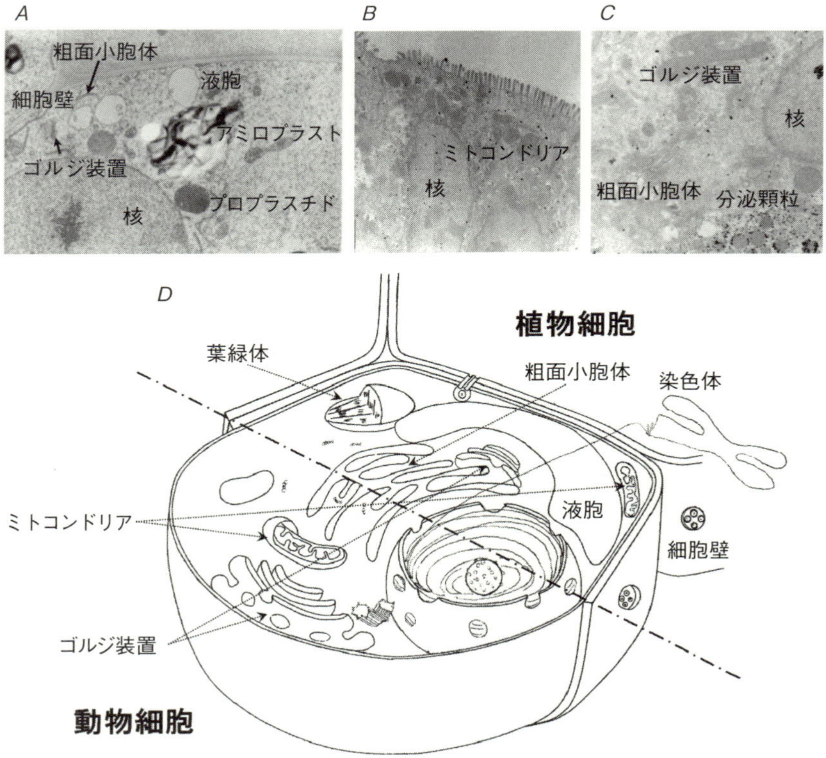

A はネジバナ共生プロトコームの柔組織細胞，*B* はマウス回腸の吸収上皮細胞，*C* は内分泌細胞の透過型電子顕微鏡写真を示す．*D* は，植物細胞（右上）と動物細胞（左下）の特徴を踏まえてそれらを合体させた“キメラ細胞”の模式図である．

4. ヒトは従属栄養の生物である

(1) 自己と非自己

私たちは，従属栄養の生物であり，自らの生命を維持し，成長するためにヒト以外の生物を食べてエネルギー源や栄養にしている．従属栄養

図６　ヒトの管腔モデル

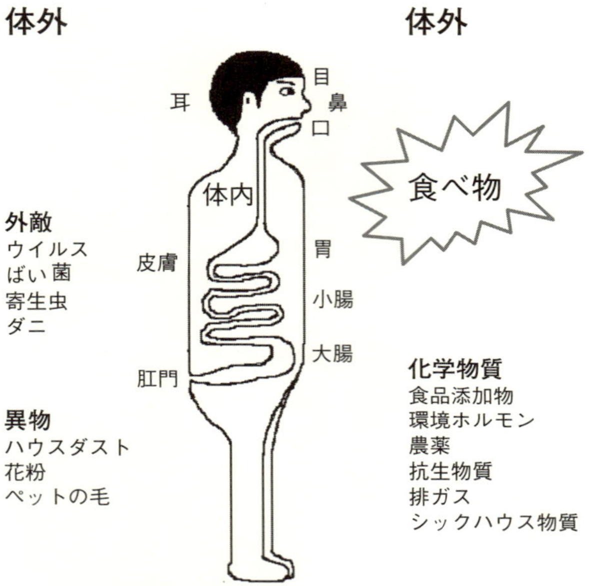

ヒトは開放系の生き物であり，ヒトの体は，皮膚，口，気管および腸管で外界と接しており，絶えず有害有毒な物質に曝されている．図は食物摂取と非自己排除との微妙な関係を示そうとしている．

の生物であるヒトは外界から食べ物を摂取しなければならないが，一方では自己以外の異物から自己を守らなければならない．大気汚染や水質汚染がしばしば大きな社会問題となるのもヒトが開放系の生き物だからである．図６に示すように，ヒトはしばしば大きな筒に例えられる．筒の“厚み”に相当する部分を体内と仮定すると，筒の外側は皮膚，内側は口から腸を経て肛門にいたる粘膜に覆われている部分ということになる．従属栄養の生物であるヒトは，口や胃腸を介して外界からエネルギー源と栄養素を取り込まなければならない．違う視点でこの状況を見れば，ヒトの体は，皮膚，口，気管および腸管で外界と接しており，絶えず有害有毒な物質に曝（さら）されているということになる．そこで，鼻腔内や小腸の微絨毛表面では病原体などを排除しようとするしくみが構築されたと考えられている．

(2) 生体防御システムとアレルギー

有害物を排除しようとする生体防御システムは免疫と総称され，自然免疫と獲得免疫に大別される（図７）．この免疫のお蔭でヒトは有害な

図 7　免疫のしくみ

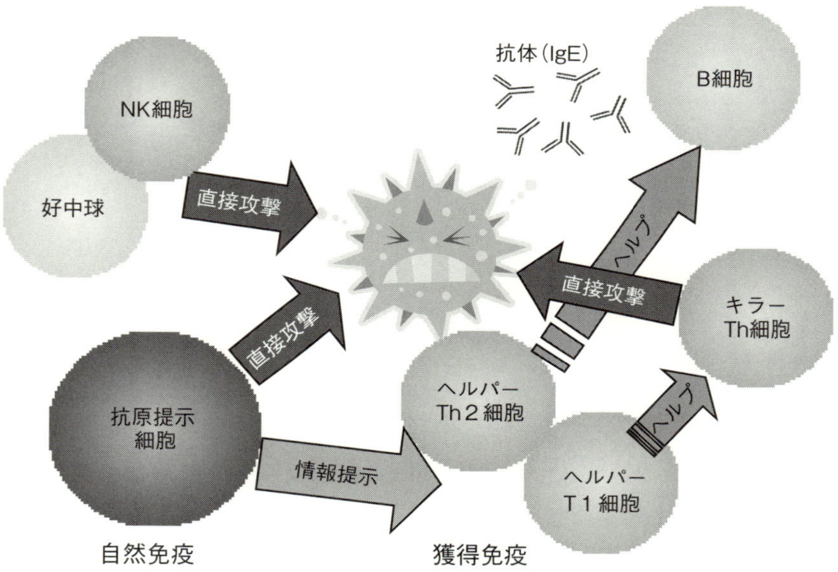

生体防御には自然免疫と獲得免疫とがある．前者は自然治癒力を担っている免疫系で代表的なものにナチュラルキラー（NK）細胞がある．一方，後者は抗原に感染することで身につく免疫系で T 細胞や B 細胞が重要なはたらきをしている．両者が共同して，生体防御機構を担っている．

ものを排除し，成長し，また生命を維持していくことができる．しかし，時として体中にめぐらされた**免疫システム**のほころびから，栄養素と異物，自己と非自己が区別できなくなるような免疫系の病気が発症する．前者は**アレルギー**，後者は自己免疫疾患とよばれる．これらは，本来は異物から自分の体を守るためにはたらくべきはずの防御システムが暴走し，自己に障害を起こしている状態であると考えられている．

体内に異物が侵入すると，それに対する特有の抗体がつくられる．異物は抗原（antigen），抗体（antibody）は免疫グロブリン（immunoglobulin）ともよばれる．こうして抗体は，それぞれの構造と機能に基づいて IgM，IgA，IgG，IgD および IgE の五つに分類される．アレルギー反応に関与しているのは IgE であり，花粉や食品成分によってひき起こ

図８　Ⅰ型アレルギー（花粉症や食物アレルギー）発症の模式図

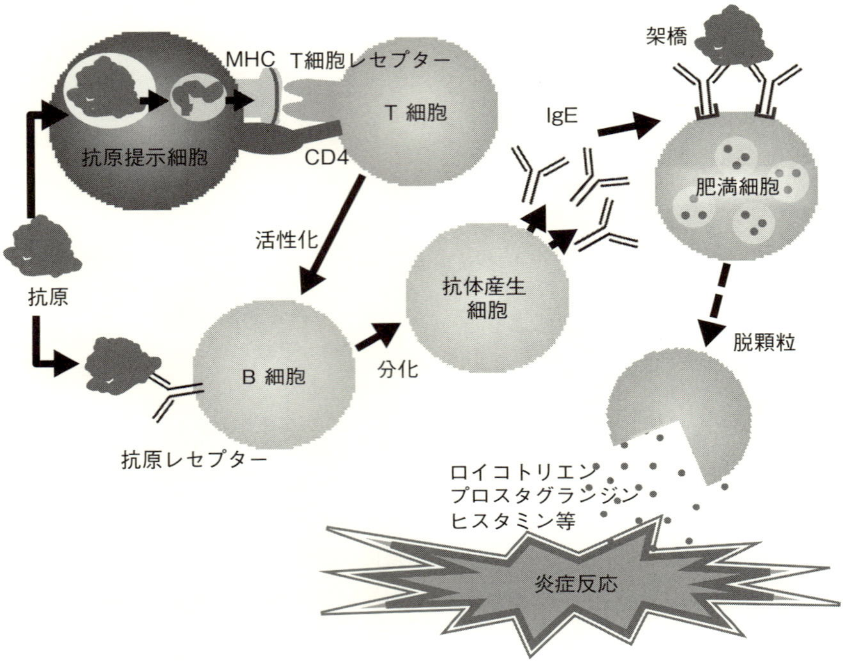

抗原が体内に入るとそれを排除しようとしてIgE抗体が作られる．肥満細胞上のIgE抗体が抗原によって架橋されると，肥満細胞の脱顆粒を誘発し，ヒスタミンなどの炎症物質が放出され，アレルギーが発症することが明らかにされている．

されるアレルギー反応はⅠ型に分類される．Ⅰ型アレルギーは，抗原特異的なIgEがつくられるところ（感作）から始まる．IgE抗体は粘膜や皮膚に多くみられる肥満細胞に付着し，そこに再びIgE特異的な花粉や食品成分などの抗原が結合すると，図８のように，肥満細胞が脱顆粒現象を起こしてヒスタミンやロイコトリエンといった炎症物質を放出する．ヒスタミンには，毛細血管を拡張させたり，筋肉を収縮させたりする作用がある．これが気管支で起こるとぜん息であり，皮膚で起こるとじん麻疹とよばれる．花粉症は目や鼻の粘膜から，食物アレルギーは経口的に摂取した食物によって腸管粘膜から体内に侵入して過剰な免疫応答をひき起こす．食物アレルギーでは，下痢，腹痛，じん麻疹，湿疹のほか，重篤な場合にはアナフィラキシーショック症状を起こし，死にいたる場合もある．アレルギーは，個人差が大きく，その時々の体調によって症状の重篤さが異なる等，その表現型は多様である．

5. 生物の環境応答と環境適応戦略

(1) 生命の知恵

生物は，常に環境との関わりの中で存在している．さまざまな自然環境に棲息する生物は，自らの生存をかけて，または自らがより有利に生存するために，環境ストレスに適応して独特の応答機構を発達させてきた．これらの生物のゲノム情報から導き出される生体分子の構造・機能を解析し，環境因子との相互作用から得られる環境応答メカニズムの知見を多様な生物種に応用できれば人類の貴重な知的財産とすることができる．ゲノムに書き込まれた生物の発生・分化の情報は，生物が置かれた，光・紫外線，温度，圧力，水分，酸素，塩類，浸透圧，pH，金属，栄養素などの環境条件に適応しながら，制御され，最適化されてきた．言い換えるなら，ゲノムには環境によって試され，鍛えられ，そして育まれてきた“生命の知恵”が刻まれている．たとえば，紫外線によるDNA 損傷を回避するメカニズム，水分の過多や乾燥ストレスに対する耐性メカニズム，栄養源を感知して形態変化や分化制御するメカニズム，酸化ストレス依存的な分子間相互作用などがあげられる．現在の分子生物学の知識の蓄積と技術の進歩は，そのような環境刺激に対して具体的にどのような生体分子が認識し，それをどのような形で細胞内に伝え，その結果どのように遺伝子発現が誘導されたり抑制されたりするのかという道筋を明らかにすることを可能にしている．それらのメカニズムが明らかになれば，それを利用することによって環境ストレスに強い微生物や植物の育種が可能であり，微生物や動・植物での有用成分の生産へと発展させることも可能となる．微生物を標的にすれば，より早くさまざまな生体メカニズムを網羅的に知ることができ，植物を用いれば

図９　食・環境シグナルの解析に期待される生命科学の新展開

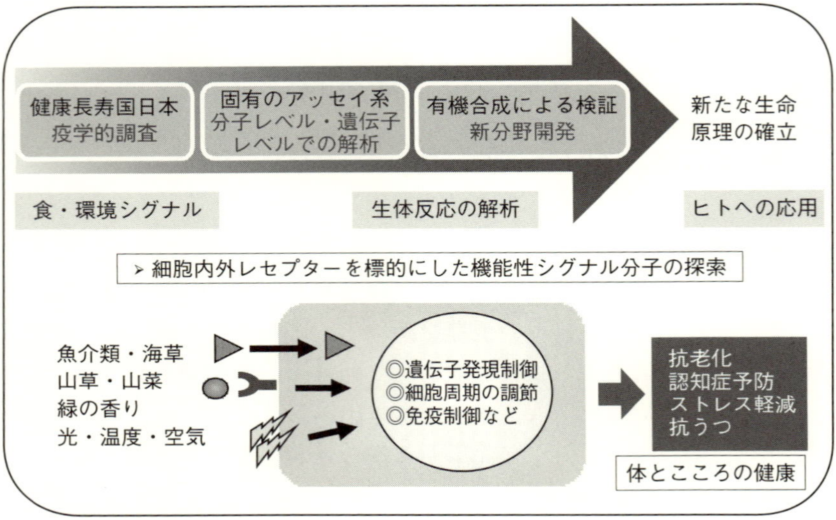

より農業生産の現場に近い知見を得ることができる．動物を用いればヒトの病因解明に迫ることもできる．

図９に示すように，環境刺激に対する生物の生体内応答と適応機構を研究し，その分子基盤を築くことができれば，得られた知見を基に新しい視点での研究の潮流を切り開くことができる．これまで農学系の学部では，遺伝子の発現制御や改変タンパク質をはじめとする生体高分子，食品由来の機能性成分に関する研究が精力的に行われてきた．また，実験動物の組織・細胞における正常および異常な発生・成長・老化に関する研究，ならびにそれらの過程における遺伝・環境要因に関する研究も積極的に推進されている．これらの研究成果とヒトの健康に関する研究成果とが有機的に結びつけば，人類の「しあわせ」と「ゆたかさ」の向上に資することができる．遺伝子を基軸とした既存の学問体系の再編統合，融合，深化が模索されている．これからの農学では，近視眼的な動・植物の改変にとどまらず，それを取り巻くミクロな環境との相互関係についても理解を進め，機能をもった生物分子（生命機能物質）の発

掘と発見につなげていくことが期待されている．生命機能物質の研究に際しては，ヒトに対しての有効性・安全性の視点を重視，すなわち疫学証拠（エビデンス）に基づいた評価を前提として展開することが求められている．

(2) エピジェネティクスの時代の到来

食と農の生命現象に関する新しい知の発掘と体系化が期待されている．その代表的なものに，**エピジェネティクス**（epigenetics）がある．これは遺伝子発現あるいは細胞表現型の変化を研究する学問領域のことであり，エピゲノミクス（epigenomics）ともよばれている．この視点での考え方が定着すれば，農学の新たな地平が切り開かれることになるかもしれない．たとえば，①生物の発生，分化，生殖などの高次生命現象におけるエピジェネティック制御の分子機構・生物学的意義の解明，②微生物・植物の環境ストレスに対する耐性獲得遺伝子の解析およびエピジェネティック変異による制御機構の解明，③生活習慣病，がん，心疾患，アレルギー疾患，精神神経疾患などの多因子疾患の原因遺伝子の同定，④食を含む環境因子に基づく疾患制御の試み等である．DNA のメチル化やヒストン修飾のパターンを統計的に整理すれば，環境ストレスや栄養摂取などの環境要因との相互関係の解明を図ることが可能となる．またストレス耐性をもった生物（細菌，酵母，きのこ，花卉，野菜，雑穀，果樹，樹木，家禽，家畜）の開発や，環境保全，環境浄化に貢献することも可能となる．さらには，エピジェネティック変異を制御する化合物の開発に向けた研究も展開することができるようになり，ヒトに対しては，個人の遺伝的背景に基づいた疾患の予防・治療指針を導きだすパーソナル医療も可能となる．創薬に向けた新たな分子基盤が確立される日も近い．

(3) 生命科学のブレイクスルーを牽引するバイオインフォーマティクス

農学と医学，薬学，理学および工学との学問領域の融合により，遺伝子の発現制御やタンパク質をはじめとする食品由来の機能性物質に関する生命機能研究が積極的に行われるようになってきた．近年，**次世代シーケンサー**の登場に代表されるように，分子レベルでの生命現象のあり様をひも解くための解析・処理能力が飛躍的に上昇，ハイスループット化し，多面的かつ重層的なデータが得られるようになった．研究の現場では，遺伝子の機能解析の際には，その遺伝子がどういった生命現象に関わっているかを明らかにすること，すなわち遺伝子のプロファイリングが求められてきた．標的遺伝子がどういったタンパク質をコードし，そのタンパク質が，どういった場所（組織・器官等）でどういった時期に発現しているかを明らかにすることがきわめて重要な課題となった．このような研究を進めるための知識と技術は，総称して**バイオインフォーマティクス**（bioinformatics）とよばれている．遺伝子の産物であるタンパク質の構造アラインメント（相同領域や保存領域の探索），高次構造と機能の予測，タンパク質間相互作用の予測，さらには埋もれた情報の掘り起こし（データマイニング）や分子進化のモデリングなどが，現在さかんに行われている．DNAマイクロアレイ法を用いれば，いつ・どこで・どのような遺伝子が転写されているのか，といった遺伝子発現プロファイリングが可能となり，特定環境ストレス応答遺伝子や組織特異的遺伝子を単離することができるようになる．がんや血管系疾病といった生活習慣病予防，老化や認知症の制御因子，アレルギーや栄養関連因子の探索など，これからの生命科学のブレイクスルーを牽引すべくバイオインフォーマティクスの新たな進展が期待されている．

6. おわりに—新たな健康長寿科学産業の創出へ向けて

ゲノムからオーム研究へと展開するポストゲノミクスの流れに柔軟に対応することは，独創的・革新的な物質創成を成し遂げるためには必須である．オームとオミックスを駆使した生命システムの全貌解明を目指した研究の展開が期待される．一方，人類の持続可能な発展のために，環境にやさしい生分解性物質の開発など生命環境に関する研究の展開も強く望まれている．2011年3月11日に発生した東日本大震災とそれに続く原発事故によって，今日ほど生命科学の知識を生かした農業の新展開が期待されている時代はない．生命反応に関する固有のアッセイ系を

図 10　アグロ・イノベーション育成戦略の概念図

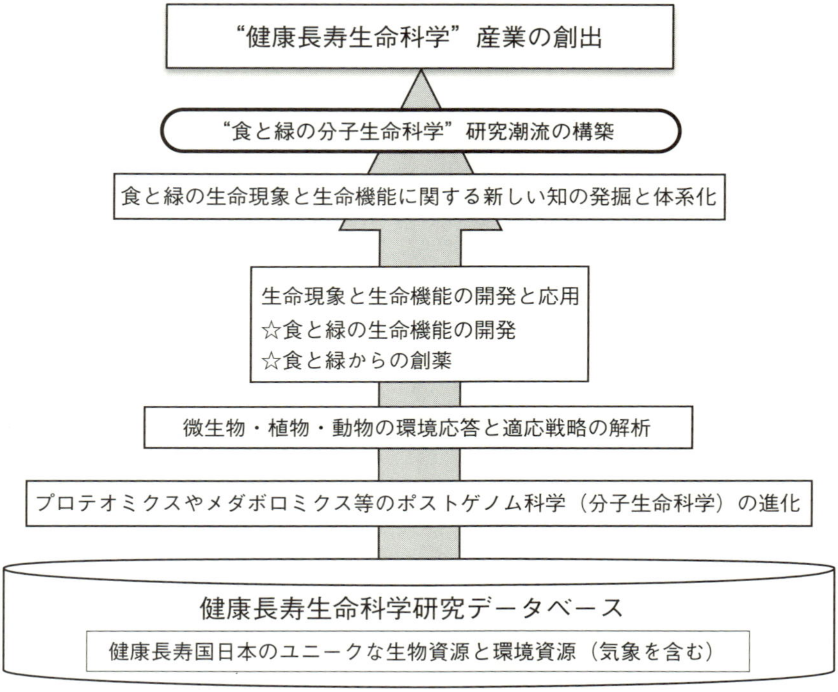

確立し生物の環境応答と適応戦略に関する分子・遺伝子レベルでの解析を進め，未知の生命原理に迫る新たなルールの発見と体系化を図ることが望まれている．

ゲノム情報から導き出される生体分子の構造機能相関に関する研究，遺伝子と環境因子との相互関係に関する研究，沿岸域や山岳域など特色ある自然環境に棲息する好塩・耐塩生物や好冷・耐冷生物などの環境適応遺伝子資源等の研究，未同定の食料遺伝子資源の研究，医食同源に関わる地域生物資源の利活用に関する研究など新たな健康長寿科学産業の創出へ向けた先端的な研究の展開が期待されている（図 10）．

ボックス 2

オームとオミックス

生命科学の分野では，研究の細分化と専門化が進行する一方で，既存の学問体系や研究手法を融合することによって生命システムを網羅的に解析し理解しようとする新しい方向性が次々と示されている．ゲノム（genome）は，遺伝子（gene）の総体を意味し，ゲノムとゲノムからの転写産物を網羅的に解析し，生物の設計図である遺伝子を包括的に理解しようとする科学はゲノミクス（genomics）とよばれる．ゲノミクスは，遺伝子配列の個人差から親子関係の同定や犯罪捜査，さらには疾患との関連性などをについて調べる際に利用されている．ゲノムは，遺伝子の英語geneに全体の意味の接尾語のomeがついたものであり，ゲノミクスは，更にその科学という意味の接尾語のicsがついたものである．ゲノミクスの他，トランスクリプトミクス（taranscriptomics），プロテオミクス（proteomics），メタボロミクス（metabolomics），グライコミクス（glycomics），リピドミクス（lipidomics）等が体系化しつつあり，これらは総称してオミックス（omics）とよばれる．また，ゲノミクスのゲノムに相当する包括的総合情報はオーム（ome）と総称される．上述した6種類のオミックスの個別事象とオームは，遺伝子とゲノム，RNA（transcript）とトランスクリプトーム（transcriptome），タンパク質（protein）とプロテオーム（proteome），代謝物（metabolite）とメタボローム（metabolome），糖質（glycan）とグライコーム（glycome），脂質（lipid）とリピドーム（lipidome）である．これらの他に，分子の細胞内局在を総合に解析しようとするローカリゾミクス（localizomics），遺伝子欠損や変異の結果としてあらわれる形質や表現型を網羅的に解析し，各遺伝子の機能と遺伝子産物間の相互作用を明らかにしようとしているフェノミクス（phenomics），脳における神経線維の信号のやり取りを高スループットに解析し，脳機能の全貌解明に迫ろうとしているニューロコネクトミクス（neuroconnectomics）等がある．

● 参考・引用文献

東京大学生命科学教科書編集委員会編（2010）理系総合のための生命科学—分子・細胞・個体から知る“生命”のしくみ．羊土社，東京，14–24.

野島博（2008）生命科学の基礎－生命の不思議議を探る．東京化学同人，東京，1–35.

北里洋（2000）地球生命科学：地球—生命システムのダイナミズム，生物の化学遺伝 別冊 No.12 地球の進化・生命の進化，裳華房，東京，5–16.

Mojzsis, S.J., Arrhenius, G., McKeegan, K.D., Harrison, T.M., Nutman, A.P., Friend, C. R.(1996). Evidence for life on Earth before 3,800 million years ago. Nature, 384:55–59.

堀伸夫・堀大才訳（2009）チャールズ・ダーウィン種の起源，原著第 6 版（Charles Robert Darwin：The origin of species by means of natural selection, or the preservation of favoured races in the struggle for life），朝倉書店，東京，67–114.

柳田充弘（2000）生命科学はこんなに面白い「いのち」のサイエンス．日本経済新聞社，東京，9–12，34–53.

渡辺格（1987）遺伝子から細胞へ　分子生物学の第二の革命，ニュートン別冊　バイオテクノロジー総集編，教育社，東京，16–23

本庶佑・中村桂子（2003）生命の未来を語る．岩波書店，東京，1–44.

松原謙一・中村桂子（1990）生命のストラテジー．岩波書店，東京，1–45.

小畠郁生 監訳（2003）生命と地球の進化アトラスⅠ—地球の起源からシルル紀—（Richard T.J. Moody and Andrey Yu, Zhravlev：Atlas of the Evolving Earth）．朝倉書店，東京，1–10.

中村桂子，松原謙一監訳（2010）細胞の分子生物学第 5 版（Bruce Alberts, Julian Lewis, Martin Raff, Peter Walter, Keith Roberts, Alexander Johnson, molecular biology of the cell）．ニュートンプレス，東京，1–44.

榊佳之（2005）ヒトゲノム解読とその意義（小原雄治・菅野純夫・小笠原直毅・高木利久・藤山秋佐夫・辻省次：ゲノムから生命システムへ）．共立出版，東京，2047–2052.

鈴木けんし訳（1984）人工生命（Jeremy Cherfas：Man made life），培風館，東京，1–23.

日高敏隆・岸由二・羽田節子・垂水雄二（2006）利己的な遺伝子増補新装版（Richard Dawkins：The selfish gene, 30th anniversary edition）紀伊国屋書店，東京，i–iv.

矢崎潤史（2008）エピゲノム解析—全ゲノム解析技術を利用したゲノムダイナミクス研究—植物のエピジェネティクス：発生分化，環境適応，進化を制御する DNA とクロマチンの修飾（島本功・飯田滋・角谷徹仁監修）．秀潤社，東京，19–26.

田村尚・岡野正樹（2010）DNA メチル化就職の制御機構（牛島俊和・塩田邦郎・田島正二・吉田実編著，エピジェネティクスと疾患）．羊土社，東京，26–33.

堀越正美監訳（2010）エピジェネティクス（C. David Allis, Thomas Jenuwein, Danny

Reiberg, Marie-Laure Caparros：Epigenetics)，培風館，東京，27–73.
今本文男（1998）The 遺伝子，最新分子生物学の潮流．共立出版，東京，234–245.
大澤勝次・今井裕（2003）食の未来を考える．岩波書店，東京，60–79.
本野一郎（2006）いのちの秩序農の力：たべもの協同社会への道．コモンズ，東京，229–238.
伏木亨，山極寿一編（2006）いま「食べること」を問う―本能と文化の視点から．農山漁村文化協会，東京，6–15.
陽捷行（2006）現代社会における食・環境・健康．養賢堂，東京，136–142.
樋口芳樹・中川敦史（2010）構造生物学―原子構造からみた生命現象の営み．共立出版，東京，234–245.
KEGG のホームページ　http：//www.genome.jp/kegg/
Protein Data Bank のホームページ　http：//www.pdb.org/pdb/home/home.do
日本蛋白質構造データバンクのホームページ　http：//www.pdbj.org/index_j.html

第９章　植物改造の過去・現在・未来

佐々 英徳

（千葉大学大学院園芸学研究科）

キーワード

植物育種，ゲノム，バイオテクノロジー，遺伝子組換え，GM 作物

概要

農耕の起源と共に植物の改造は半ば無意識的に始まり，長い年月を経て現在見るような「栽培植物」ができ上がった．遺伝学，そして遺伝子工学の知識と技術を使った現代的な植物の改造＝育種は，過去に膨大な年月の末に農民が産み出した栽培植物を基礎として行われている．本章では，植物生命科学に基づく現代の，そして未来の植物改造の到達点と可能性を知るため，まず従来の交雑と選抜によって行われてきた育種について解説する．「交雑と選抜」は育種の中心であったし，遺伝子組換え技術が発達した現在も，そして将来も，様々な技術革新に支えられ精度と効率を増しながら，植物改造の中心で在り続けると考えられる．次に，遺伝子組換え技術の基礎を概観し，現在までに得られている成果と，遺伝子組換え作物のリスクについて解説する．最後に，将来の植物生命科学とその成果に基づく植物改造の可能性について展望する．

1．はじめに

地球上のあらゆる生物は，植物に大きく依存して生存している．我々ヒトはエネルギー源・栄養源として直接植物を食べるだけでなく，家畜

や魚も，植物によって養われている．さらに，光合成による二酸化炭素の同化は，地球環境の維持に必須の役割を持っている．植物の性質をもっと深く知り，その能力をさらに引き出し，活用することで，食糧問題，エネルギー問題，環境問題の解決に貢献できるだろう．特に，遺伝子組換え技術に代表される「バイオテクノロジー」は無限の可能性を秘めた植物の改造技術として，夢の植物を創りだして様々な問題を解決してくれるのではないかと期待されている．その一方で，遺伝子組換え作物は，恐ろしい災害を引き起こす可能性があると感じ，これに否定的立場を取る人も多い．果たして植物の遺伝子研究とその成果を利用した植物の改造は，夢の技術として明るい未来を創りだしてくれるのだろうか．それとも，「想定外」の災害を引き起こしかねない，危険な営みなのだろうか．植物の研究と改造をめぐるこのような疑問を考えるためには，まずそもそも，これまでの植物の改良すなわち植物育種はどのように行われてきたのかを知る必要があるだろう．そうすることで，これまでの植物育種と，「バイオテクノロジー」は何がどのように違うのか，どのような可能性があり，どのような新しいリスクがあるのか，理解することができるだろう．

本章ではまず，農耕の始まりとともに無意識的に始まった植物改良の歴史を概観した後，交雑と選抜を基本とした古典的な手法に基づく育種の目的，意義，方法を見ていくことにする．次に，農業上重要な性質の多くが「量的形質」と呼ばれて遺伝学的分析や品種改良の対象とすることが難しいこと，しかし遺伝学，分子生物学や統計学的手法の発達によってその理解が深まり，利用しやすくなってきたことを解説する．続いて遺伝子工学技術の発達がどのように植物の改良に役だっているかを見た後，最後に，発展を続ける分子生物学，植物科学がもたらす植物改良の未来について考えていくことにする．

2. 植物の品種改良をするのはなんのため―植物育種の目的と意義

(1) 農耕の始まりと植物の改造

約1万年前から，徐々に狩猟と採集の生活から，植物の栽培と家畜の飼育による生活に移る人々が現れ始めた．はじめから意識的な「農業」が行われたわけではもちろんなく，採集してきた果実から種子がこぼれ，住居の近くに食用植物が生えるようになり，そこに実った果実を食用にした，といったことから始まったのであろう．ところがそうした半ば無意識的な「栽培」を続けるだけでも，植物の特性は大きく変わっていった可能性がある．

野生イネの研究で著名な森島博士は，野生イネの種子を通常の栽培イネと同様にまき，栽培イネと同じような時期に収穫し，翌年もまた通常の時期に種まきし，という栽培を5年ほど続けるという実験を行った．すると栽培期間中に，意図的に「良さそうな植物」を選抜したわけではないのに，野生イネ集団の中に，栽培イネに近い性質を持つ個体が急激に広がっていたのである（図1）．

「栽培イネに近い性質」とは，種子の休眠（好適な水や温度条件が与えられても発芽しない性質）が浅い，脱粒性（成熟すると種子が穂から脱落する性質）が弱い，などである．休眠が深い種子は発芽しないので秋に収穫されることはない．すると翌年の田では，たとえ発芽しても少数派になってしまう．脱粒性が強ければ収穫時に穂に人が触っただけで種子が落ちてしまうので収穫されない．収穫されやすいのは脱粒性の弱い穂に実った種子である．恐らくこのよ

図1　野生イネの栽培実験（Oka and Morishima, 1971；森島啓子，2001）

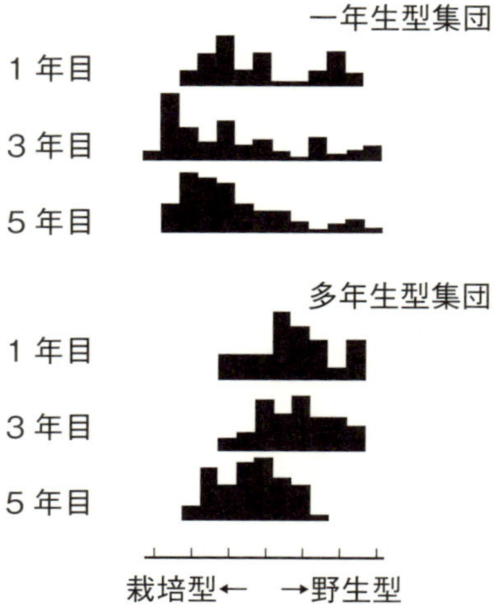

うにして，単に栽培を繰り返すだけでも無意識的に選抜がなされ，植物は「栽培植物らしい」性質を身につけていく．そこにさらに，大きく，味がよい，といった好ましいものを人が選んで栽培するようになれば，長い年月の末には元の野生植物とは大きく異なった「栽培植物」に変わっていく．

(2) 種，品種，育種

現在私達が目にし口にする穀物，野菜，果物のほとんどは，近代的な品種改良が始まる以前に，長い農耕の歴史の中で次第に意識的な選抜を受けてその原型が完成したものである．例えば，キャベツ，ブロッコリー，カリフラワー，コールラビ，メキャベツ，ハボタンは何れも学名 *Brassica oleracea* で表される植物であり，地中海付近で生育していたケールのような野生植物から，様々な用途の野菜として栽培化され，分化していった．現在行われている品種改良は基本的にこうして分化成立した作物の改良，つまり「キャベツの改良」，「ブロッコリーの新品種作り」などである．

品種改良は専門用語では「育種（いくしゅ）」といい，英語では breeding という．本章でも育種という言葉を使うが，育種といっても新しい種（しゅ）(species) を作るわけではなく，育「品種」の方が実態に近い．生物の分類は大きな分類群から科（family），属（genus），種（species）で，学名は属名と種名の組合わせで表される．基本的に，種が異なると交雑は非常に難しく，同一種内であれば問題なく交雑できる．キャベツとブロッコリーは交雑できるが，同じ *Brassica* 属でも種の異なるハクサイ（*Brassica rapa*）はキャベツなどとの交雑は難しい．コシヒカリ，ひとめぼれ，といった品種（cultivar）は，イネ（*Oryza sativa*）という種の異なる系統を指している．種（しゅ）と品種は言葉は似ているが，指す内容は全く違うのできちんと区別して使う必要がある．現在のバイオテクノロジー技術を用いても「新種」を作ることは極めて難しい．遺伝子組換えでダイズに細菌の遺伝子を入れても，できるのは「細菌の遺伝子を持つダイズ」である．では，今出回っている新品種は何のために生み出されているのだろうか．新品種を開発し続けるのはどのような理由があるのだろうか．

(3) 多収性は永遠の課題

現在の日本に生活していると，コメは余っているとされるし，お金を払えばいつでも食べ物は買えるように感じられるかもしれない．だがこのような「異常事態」はごく最近に限られたことで，先のことは判らない．世界的に見れば人口増や気候変動に対応すべく，食糧増産が叫ばれている．収穫量をあげることは農業の最重要課題であり，農業技術の一つである育種にとっても，たくさん取れる品種 = 多収性品種を作ることは最重要課題であり続けている．実際に，多収性育種が食糧危機を救った世界的に有名な事例がある．それは「**緑の革命**（green revolution)」と呼ばれており，その主役は半矮性（はんわいせい）（少し草丈が低いこと．）の性質を持つコムギとイネの新品種であった．

第二次世界大戦後，化学肥料の普及や灌漑設備の整備など，コムギやイネの高収量をあげるための基盤は整いつつあったが，肥料を多く投入すると茎が伸びすぎ倒れてしまうという問題があった．1960 年代に，国際トウモロコシ・コムギ改良センター(CIMMYT，メキシコ）で開発された半矮性コムギ品種がメキシコ，インド，パキスタンなどに導入された結果，それまでの 2 倍もの超多収穫を実現した．イネでも同様に国際稲研究所（IRRI，フィリピン）で半矮性イネ品種 IR8 などが開発され，熱帯アジア諸国で従来の 2 倍もの収穫をあげた．このような熱帯アジアなどでの著しい収穫量の増大により，約 1000 万人もの命が救われたとされている．これが「緑の革命」であり，育種の重要性を広く知らせる出来事となった．半矮性コムギの育種に使われたのはもとをただせば，日本で育成された半矮性品種「小麦農林 10 号」であるのは有名な話である．アメリカ，ついでメキシコに渡った農林 10 号とその子孫は，緑の革命の立役者となった．半矮性コムギを育成した CIMMYT のボーローグ博士は食糧危機を救った功績により 1970 年にノーベル平和賞を受賞した．これからも，持続可能な農業技術の重要な一部として，多収性品種の育成は求められ続けていくだろう．

(4) 変化する病気・害虫，環境に新品種で対抗する

農作物の栽培は，常に病気や害虫との戦いであり，病気や害虫の被害

がなければ非常に多くの収穫が望めると考えられている．特に病害虫との戦いが厄介なのは，相手が生物であり，変化するためである．同じ農薬を使い続ければ，いつしかその農薬が効かない系統が現れてくる．これは病害虫の集団の中にいた少し農薬に強いものが生き残り，生き残りの間での交雑でさらに強いものができ，といった仕組みによるのかもしれない．持続可能な農業には農薬に過度に頼らないことも必要で，病害虫に抵抗性の品種は非常に重要であるが，同じ抵抗性品種を栽培し続けると同じ農薬を使い続けた時と同じように，突然病害虫が蔓延するようになることが多い．このような現象は「抵抗性の崩壊」として多くの例が知られている．崩壊の起きにくい抵抗性遺伝子が知られている病害もあり，そうした遺伝子を持つ系統の育種への利用が進められている．また，病原生物の感染機構の研究，植物の抵抗性反応の仕組みの研究から，崩壊の起きない新品種の育成が期待されている．

環境の変動に，育種で対応することも重要である．灌漑（かんがい）設備の整備は農業のできなかった土地で作物生産を可能にしたが，毛細管現象による地層の塩類の上昇などにより次第に土地に塩類が集積して耕作不可能になることも多い．従来の品種では満足な収穫が得られないような不良土壌でも育つ品種が育成されれば，新たな耕作地を切り開くことなく食糧の増産が可能になる．地球温暖化に代表される気候変動も，農作物栽培の大きな障害であり，新品種による克服にかけられる期待は大きい．既に日本でも夏が暑すぎるために，コメの品質が低下する，トマトの実の着きが悪くなる，などの問題が起こっており，新品種の育成が急がれている．

(5) 新しい用途の作物を作る

新しい特性を持った品種の育成により，従来その作物にはなかった新しい用途を開拓することができるのも育種の力である．例えば私達が普段食べるコメは「ウルチ米」で，おこわやモチにする「モチ米」とは胚乳の澱粉の性質が異なり，その性質は単一の優性遺伝子の働きによる．オオムギ，トウモロコシなどほとんど全てのイネ科作物にはウルチの品種とモチの品種があるが，コムギにはモチ品種がなかった．これはコムギは染色体のセットを6個持つ「六倍体」であり，6個の「ウルチ性遺伝子」全てが劣性の対立遺伝子に変わらなければモチ性にならないためである．二千近くもの品種を調べて2個のモチ性遺伝子を持つ品種と別の4個のモチ性遺伝子を持つ品種を見つけ出し，それらの交雑を行うことで世界で初めての「モチコムギ」が日本で作られた．モチコムギはこれまでにない澱粉の特性を持つので，新しい食感のパンやうどんなどが作れる．

日本ではコメの生産調整を行っている．水田は連作障害の起きない極めて優れた栽培方法で，水に恵まれた国で生産調整のために水田を放置してしまうのはあまりにももったいない話である．一方で日本は，家畜用飼料は大半を輸入に頼っている．こうした背景から，水田で家畜飼料を生産するため，新しいイネ品種が育成されている．2000年から始められた育種プロジェクトで，ヒトの食用品種とは全く異なる特性を持つ多収性の飼料米用品種（食味は関係なくとにかくたくさん取れる）と，牛の発酵粗飼料用の品種（茎や葉がたくさんしげり，なおかつ牛に消化されやすい），合計20品種以上が育成され，栽培されるようになっている．さらに優れた品種の開発と普及が進めば，食料自給率の向上に大きく貢献すると期待されている．

3. 植物育種の方法と植物生命科学―交雑・選抜と DNA 技術

(1) 交雑と選抜による植物の育種

育種は大きな意義と可能性を持つ，重要な農業技術だということがお分かりいただけたかと思う．では，育種とは実際にはどのように行うのか，そして植物科学の成果は育種にどのように利用されているかを見ていこう．

育種の基本は，良い性質を持つ親同士を交雑（かけ合わせ）し，その中からより良いものを選ぶ，というのが昔も今も，そして恐らくこれからも変わらぬ基本的なやり方である．メンデルの法則で知られるように，AA という遺伝子型を持つ親と遺伝子型 aa の F_2 では，$AA:Aa:$

aa＝1：2：1の比で分離する．植物の遺伝子は２万以上なので，品種間の交雑後代では膨大な種類の遺伝子の組合わせを持つ個体，従って様々な表現型の性質を持つ個体が現れてくることになる．その中から，望ましい性質を持つ個体を選んで品種にしていくということになるが，「望ましい性質を持つ個体を選ぶ」のは実は大変である．というのは，よく育っているように見える個体が，実際に「よく育つ遺伝子」を持っているとは限らないからである．たくさん実っているように見えても，それはその個体の生えている場所がたまたま肥料や陽あたりなどの環境が良かっただけ，ということもよくある．例えば，リンゴ品種「ふじ」は日本で育種され，世界中で最もたくさん栽培されている品種だが，筆者がヨーロッパやオーストラリアのスーパーで見た「Fuji」は日本で売られているものの半分くらいの重さしかなかった．これは栽培時に日本のように摘果したりといった手間をあまりかけないことと，現地では小さい果実をそのまま丸かじりすることが多く，それでも不都合がないためであろう．だが遺伝子型は日本の「ふじ」も外国の「Fuji」も同一である．育種に際しては，「望ましい性質を発揮できる遺伝子型」を持つ個体を選抜したいのだが，遺伝子型は見えないので表現型で選ばざるをえない．このため，目的とする品種を作るために，どのような親を交雑し，その中からどのような個体を選抜するかは，複雑な選抜理論などが提案されてきたものの，最後は「育種家の職人芸」にかかる部分が大きかった．しかしそうしてこれまで多くの優秀な品種が育成され，食糧の安定生産や品質の向上，用途の拡大などに大きく貢献してきた．交雑による育種は従来にない新しい遺伝子の組合わせを生み出す方法であるため，作物の基本的な性質を大きく変えるには最適な方法であり，今後も育種の中心で在り続けると思われる．ただし「交雑と選抜」のやり方は，特に最近は分子生物学，植物科学の発達に支えられて大きく変わろうとしている．「カンによる育種から科学による育種へ」，と言っていいだろう．以下で，植物科学の成果がどのように育種に利用されているかを見ていこう．

(2) ゲノムプロジェクトと植物の育種

メンデルの法則が1900年に「再発見」されて「**遺伝学**」が誕生し，さらに遺伝子の実体は**DNA**の塩基配列であること，DNAの塩基配列はタンパク質のアミノ酸配列の情報に変換されること，**遺伝子**の働きは必要なときに必要なタンパク質を作ることであること，などが明らかになってきた．DNAは生命の設計図とも言われるようになり，その全塩基配列を知ることができたら生命現象の理解は飛躍的に進むだろうと期待されるようになった．生物の，特に核の中にあるDNAの全塩基配列情報をゲノムと呼び，その全塩基配列情報の解読を目指す研究プロジェクトがゲノムプロジェクトとしてまずヒトで，やがてイネなどでも開始された．だがヒト，高等植物など，多細胞生物のDNAは非常に長い．DNAの長さはbp（base pair，塩基対）で現される．イネでは核の中にある12本の染色体（実際にはイネは二倍体で，同じ染色体が二本ずつあるので24本の染色体が核内にはある）のDNAの長さの合計は約390 Mbp，つまり 390×10^6 塩基対の長さである．初期の頃の塩基配列の解読装置，DNAシーケンサーの性能は，一回の運転で数千bpを解読するのが精一杯だった．それでも多くの資金と労力を投入して，ゲノムプロジェクトは進められた．

イネゲノムプロジェクトはまず配列解読に先立って，詳細な遺伝地図を作ることから始められた．ふつう遺伝地図は，F_2 世代の分離集団を用い，様々な対立形質を支配する遺伝子を連鎖解析して作られる．しかし，対立形質の数はそれほど多くないので，形質の遺伝子だけで詳細な遺伝地図を作ることはできない．しかし，両親間のDNA配列の違いなら，染色体上のあちこちに，無限といっていいほど見つけることができる．染色体の様々な位置に由来する，F_2 の両親間の微妙な塩基配列の違いを対立遺伝子としてとらえ，連鎖解析を行うことで染色体の全域に渡る詳細な遺伝地図を作ることができる．**遺伝地図**作りに使われる塩基配列の違いの情報は，「**DNAマーカー**（DNA標識）」と呼ばれる．DNAマーカーを多数使うことで，非常に詳細な遺伝地図を作ることができる（図2）．イネでは各染色体に百個以上のDNAマーカーが乗った地図が

図２　DNAマーカーを用いた遺伝地図の作成

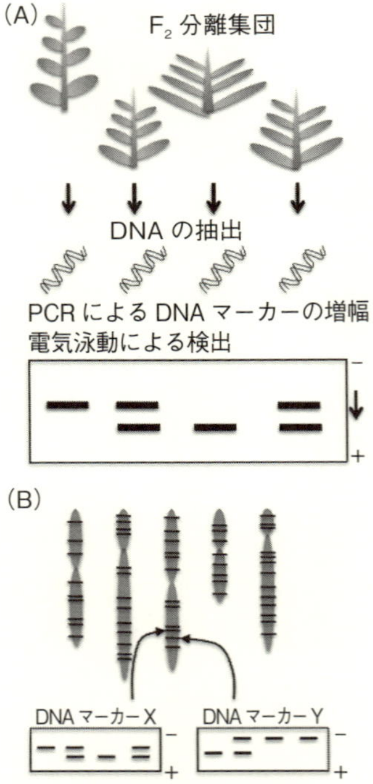

(A) F_2 分離集団から DNA を抽出し，染色体上の特定の領域の両親の配列の違いを見えるようにする．これを DNA マーカーと呼び，PCR を利用するものが多い．
(B) DNA マーカーを数多く分析し，連鎖解析を行うと，詳細な遺伝地図を作成できる．

作られた．作成された地図は，DNA シーケンサーで解読される短い塩基配列情報をつなぎあわせるのに利用された．

イネ品種「日本晴」のゲノムの解読は 2005 年に完了した．その後，DNA シーケンサーの技術革新や，大量の塩基配列情報を扱うことのできるコンピューターソフトウェアの発達などにより，従来とは比べものにならないほど短時間・低価格で生物のゲノムを解読できるようになった．現在までに，ブドウ，キュウリ，トウモロコシ，ダイズ，リンゴ，ジャガイモなど，20 以上の栽培植物のゲノム配列またはゲノムの概要配列（未確定の部分が多く残っているもの）が発表されている．ゲノム情報だけでは，染色体のどこにどのような働きの遺伝子があるか，といったことは判らないが，以下に述べるように，その情報を利用することで植物の様々な性質に関わる遺伝子を特定したり，計画的に育種を進めたりすることが，現実に可能になってきた．

(3)「標識」使って手軽に確実に選抜

ゲノム解読の過程で DNA マーカー技術による詳細な遺伝地図が作られ，ゲノム解読により，興味ある領域については更に多くの DNA マーカーを新たに作って地図をいっそう精密にすることができるようになった．DNA マーカーの地図に，農業上重要な性質の遺伝子の情報も乗せられれば，育種上非常に有用な道具となる．

例えば，ある２品種の交雑 F_2 の遺伝解析から，ある病気に強い性質が片親由来の単一の優性遺伝子によることが判ったとする．この遺伝子を優良品種に入れる育種をしたい場合には従来であれば，交雑後代から目的の遺伝子を持つものを選ぶためには，実際に病原を感染させ発病の有無を調べる必要があった．多くの個体について病気への抵抗性の有無を正確に識別するのは，環境や植物の生育段階に影響されるために容易なことではなく，労力も時間も試験圃場の面積も多くを必要とする．ところがその病気の抵抗性遺伝子のごく近くにDNAマーカーがあれば，事情は一変する．DNAマーカーのほとんどは「PCR（ポリメラーゼ連鎖反応 polymerase chain reaction)」という，微量な試料からDNAを数百万倍以上にも増幅する技術を利用するため，数ミリ四方の葉の切れ端でもあれば分析することができる．タネを播いて1,2週間程度の植物から葉を少し切り取り，目的遺伝子のごく近くにあるDNAマーカーを調べるのは，数百個体を調べる場合でも一週間もあれば終わってしまう．栽培スペースもイネであれば，A4版程度の広さで済んでしまう．そして，目的遺伝子を持つと考えられる個体だけを選抜して，大きく生育させればよい（図3，4)．このように，DNAマーカーを用いた選抜は「マーカー利用選抜（marker-assisted selection, MAS)」と呼ばれ，育種に実際に利用され始めている．

図3　DNAマーカーを用いた病気に強い系統の選抜

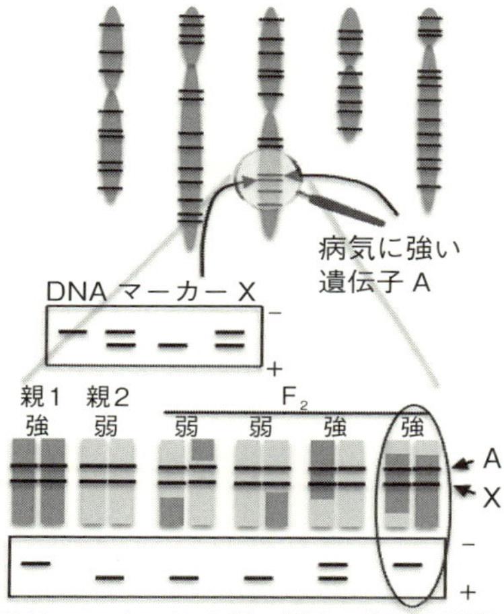

DNA マーカー X の親 1 型ホモ個体を選抜

病気に強い性質を与える遺伝子Aのごく近くにDNAマーカーXがあれば，幼苗の段階でDNAマーカーXの親1型を持つ個体を選抜できる．栽培面積や耐病性検定にかかる労力・費用が削減できる．

DNAマーカーと目的遺伝子の連鎖の程度によっては，わずかに組換え個体が出てくるが，目的遺伝子を挟むように両側にある2種類のマー

図４　DNA マーカーの利用例（加藤雅樹・佐々英徳，原図）

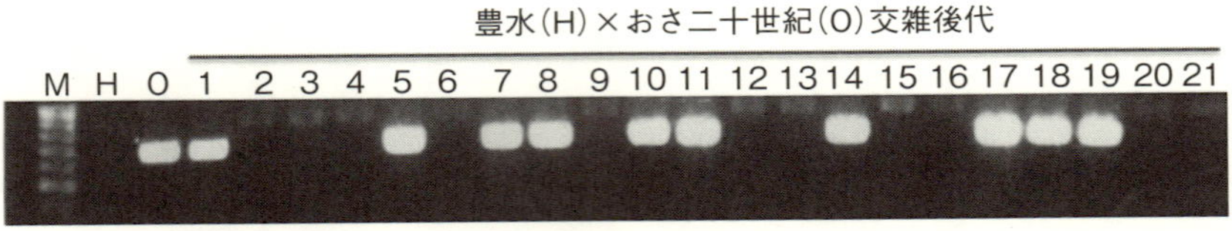

「豊水」をはじめ，ほぼすべてのナシ品種は自家不和合性で，結実には他品種の花粉の授粉が必要だが，「二十世紀」の突然変異体「おさ二十世紀」は自家和合性でその必要がない利点がある．「豊水」（H）と「おさ二十世紀」（O），その交雑後代を，自家和合性遺伝子の DNA マーカーで分析した．1，5，7，8 などの個体は自家和合性のはずである（数年後に花が咲くと実際にそうか判る）．M はサイズマーカー．

カーを使って選抜すれば，「ハズレ」を選ぶことはまずない．さらに形質によっては，目的遺伝子そのものがすでに判っているものもあり，その場合は目的遺伝子の配列を DNA マーカーに使えば選抜は完璧なものとなる．「品種改良への DNA 技術の利用」は，何も遺伝子組換え植物を作ることだけではなく，その利用の局面は非常に広いのである．

(4) コシヒカリのおいしさの秘密はどの親から？～遺伝子の系譜を「見る」

減数分裂の過程では相同染色体が対合し，染色体の組換えが起こる．その結果，両親由来の染色体がツギハギになった様々な配偶子ができ，その様々な配偶子がどのように組合わさるかで更に多様な遺伝子の組合わせを持った子が現れる．しかし染色体を観察してもどの部分がどちらの親に由来するかは判らないので，ある品種が両親の染色体・遺伝子をどのように受け継いでいるかは以前は知るすべがなかった．ところが DNA マーカー技術を使って，染色体の由来を「見る」ことができるようになった．例えば「コシヒカリ」は「農林 22 号」と「農林１号」の交雑に由来するが，農林 22 号と農林１号のさらにその親の品種にまでさかのぼって，染色体のどの領域がどの品種に由来するかも明らかにされた．ひとめぼれ，あきたこまちなども調べられ，コシヒカリの「兄弟品種」が共通して持つ染色体領域も判った．そうした領域を集中的に調べれば，良食味など，近代的な品種の特徴に関わる遺伝子が判ってくるかもしれない．更に研究が進めば，「このような性質の品種を作りたい」という目標に対し，「それならばこの品種とこの品種を交雑し，それぞれの染色体領域をこのように組合わせて持つ子供を選ぼう」という計画が立てられるようになっていくだろう．

（5）遺伝的に複雑な性質の調べ方，改良の仕方

イネを始め幾つかの作物でゲノムの塩基配列が既に解読され，これからもどんどん多くの作物，野菜，果樹，花卉のゲノムが解読されていくだろう．イネのように色々な違う品種のゲノムを解読して，品種に特徴的な染色体領域が調べられているものもある．だが，ゲノム情報だけでは，品種改良に使うことはできない．農業上大事な性質に関わる遺伝子が染色体上のどこにあるかも判って初めて，育種にとって意味のある情報となる．つまり，収量を決める遺伝子，味の良さの遺伝子，早く収穫できる遺伝子などが染色体のどこにあるかを発見していかなければならない．だが事はそう簡単ではない．

メンデルのエンドウマメの実験では「F_2で3：1の分離」が見られたが，「たくさん取れる親1と，少ししか取れない親2の交雑F_2では，たくさん取れる個体と少ししか取れない個体が3：1の割合で出てきた．」などという結果には普通はならない．通常F_2では，親1よりもたくさん取れる個体から，親2よりも少ししか取れない個体まで，様々な収量の個体が連続的に現れる．これは収量などの形質にはメンデルの法則が当てはまらない，ということではない．こうなる原因は，その形質に複数の遺伝子が関与するためと，その形質が環境の影響を受けやすいため，である．メンデルのエンドウマメの実験で扱われたのは「丸としわ」，「黄色と緑色」，「背が高いと低い」のように，F_2では「＋か－か」のように「二つのうちどちらか」に区分できる性質だった．このような形質は**質的形質**と呼ばれる．いわば「デジタル」な形質である．それに対して収量などは，「多いか少ないか」では表せず，「何g」のように数字で表すしかない．いわばアナログな形質で，**量的形質**と呼ばれる．従来の遺伝学は質的形質を扱うのは得意だったが，量的形質を扱うのは難しかった．そして，収量，食味，熟期など農業上重要な性質の多くは量

図５　量的形質の遺伝

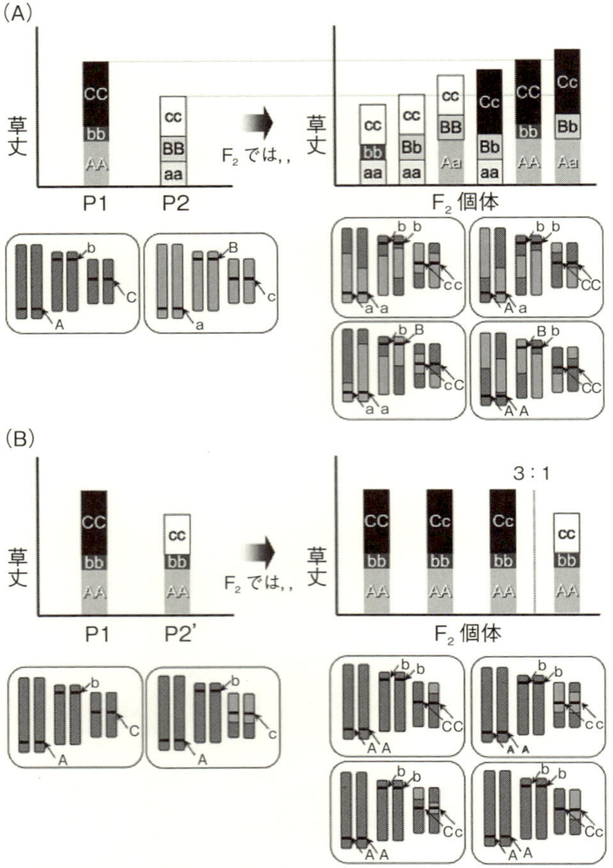

（A）ある形質に関わる遺伝子座が複数あり，それぞれの遺伝子座で両親が異なる対立遺伝子を持つと，F_2では両親を超える値のものも中間のものも，様々に分離してくる．DNAマーカーを利用してQTL解析と呼ばれる解析を行うと，染色体のどこにその形質に関わる個々の遺伝子座があり（上図），F_2個体はそれぞれ染色体断片をどのように両親から受け継いでいるかが判る（下図）．

（B）量的形質でも，両親間で対立遺伝子が違うのが一遺伝子座だけならば，F_2ではその遺伝子座の効果だけが見られる．つまり，質的形質のように「3：1の分離」が見られる．こうなると，その遺伝子座の染色体上の位置を精密に特定できるようになる．

的形質であり，そのため育種は容易ではなかった．だがDNAマーカー技術とそれを使った精密な遺伝地図，そしてコンピューターと統計的解析手法の発達が量的形質の精密な遺伝学的解析を可能にした．染色体上のどこにいくつの量的形質に関わる遺伝子があるかを「見る」ことができるようになったのである．量的形質に関わる量的遺伝子座のことをQTL（quantitative trait loci）といい，遺伝地図上に量的形質遺伝子の場所と作用の強さを位置づけていく分析を，QTL 解析という（図 5；参考文献『改訂 3 版　モデル植物の実験プロトコール』所収の「イネにおける遺伝子のマッピング」など，参照）．

これまでに，色々な作物で，様々な量的形質遺伝子座が遺伝地図上に位置づけられてきた．ある形質に関わる QTL の一つ一つは，普通の質的形質遺伝子と何ら変わるところはない．複数の QTL について，遺伝分析に使われた両親間で持っている対立遺伝子が違っただけのことである．つまり，「収量の QTL」でも，両親間で対立遺伝子が違うのは一つの QTL だけ，となるような両親を選んで F_2 を調べれば，その QTL だけの効果が出る結果，「たくさん取れる：少ししか取れない ＝3：1」のような分離が見られることになる（図 5(B)）．草丈も通常は「何 cm」と計測される量的形質だが，メンデルのエンドウマメの実験で高い：低い ＝3：1 と分離したのは恐らく，草丈に関わるエンドウマメの QTL のうち，その両親で対立遺伝子が違っていたのは一つだけで，他の QTL では全て両親間で対立遺伝子が同じで分離しなかったためだと思われる（図 5(B)）．ともあれ，個々の QTL を質的形質遺伝子のように扱えるようになれば，その染色体上の位置が精密に判るようになり，育種に利用する際にも正確に選抜できるようになる．イネでは既に，いくつもの QTL が遺伝地図上に正確に位置づけられている（図 6）．これからもますます多くの QTL が研究され，地図上に位置づけられ，育種に利用されていくことだろう．

4. 遺伝子組換え技術のリスクと利益―GMO とその利用

これまでの項では，交雑と選抜に基づく育種と，そのための研究について紹介してきた．この項では，期待がかかる一方懸念も持たれている技術である，遺伝子組換えによる育種について見ていこう．交雑と選抜以外の育種法としては他にも，細胞融合，葯培養などのいわゆる「オールドバイテク」や，放射線や薬剤処理による突然変異育種もあり，多くの成果をあげているが，それらについては育種学や植物細胞工学の参考

図６　イネの遺伝地図に精密に位置づけられたQTL（矢野昌裕・山本敏央（2010）農林水産技術研究ジャーナル 33：5-11 より）

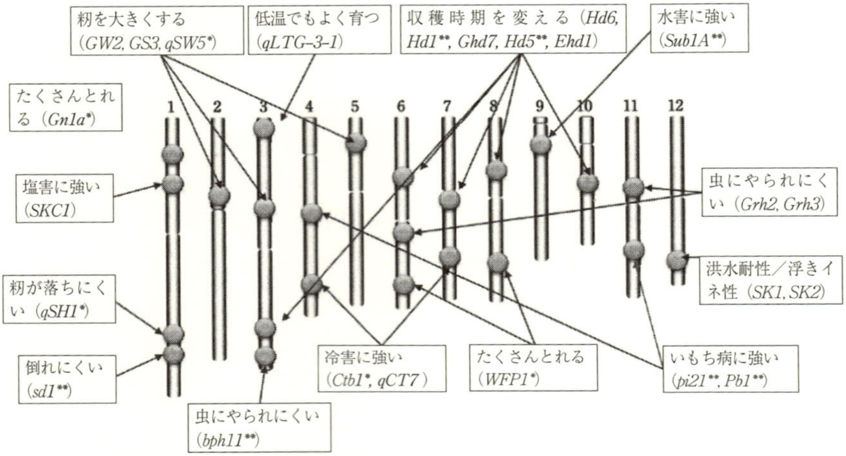

12 本の縦棒はイネの 12 本の染色体を表す．* は DNA マーカー選抜が進められている QTL，** は実際に新品種育成に使われた QTL．

書をご覧頂きたい．

（1）遺伝子組換え植物の作り方

遺伝子組換えに何ができるか，リスクは何か，といったことを知るためにまず，どうやって遺伝子組換え植物を作るかを見ていこう．微生物や動物細胞などでは，化学薬品で処理した後に DNA 溶液と混ぜるだけで，ある程度の確率で遺伝子組換え細胞が得られる．だが，強固な細胞壁を持つ植物は，遺伝子組換え体を作るのが難しい．セルラーゼなどの酵素で細胞壁を溶かして，プロトプラストと呼ばれる細胞壁のない細胞を作り，プロトプラストをさらにポリエチレングリコール処理や瞬間的に強い電場を与えるなどして DNA を取り込ませる方法で，遺伝子組換え植物ができることが示された．だが，これらの方法はバラバラにされた細胞から完全な植物体を組織培養で再生できる植物にしか用いることはできず，効率も低い．

現在最も広く使われているのは土壌細菌**アグロバクテリウム**（*Agro-*

ボックス 1

病気に強く味も良いイネができた！

QTL 解析から精密な染色体上の位置が特定された結果，画期的な育種に役立てられた例として，イネのいもち病抵抗性遺伝子をとりあげてみよう．いもち病はカビの一種による病気で，日本ではイネの最大の病害である．いもち病に強い外国品種から交雑で抵抗性遺伝子を入れた品種を作って，一時は病害の発生を抑えたかに見えたが，数年のうちに新しい菌株の発生により壊滅的被害が出た（抵抗性の崩壊），という苦い教訓を残した出来事もあった．一方で，畑で栽培するイネ陸稲の中には，どんないもち病の菌株にもあまり被害を受けず抵抗性の崩壊も起きない品種があり，その性質を水稲に取り入れる育種も試みられてきた．しかし問題はそのようにしてできた品種はいもち病には強いものの，陸稲に似て食味が劣るものになってしまっていた．いもち病抵抗性は量的形質なので，DNA マーカーや QTL 解析技術のない時代は，陸稲のいもち病抵抗性遺伝子が同時に食味も悪くしてしまうのか，それともいもち病抵抗性遺伝子の近くに，食味を悪くする別の遺伝子があるのかは判らなかった．

最近になって，陸稲のいもち病抵抗性の詳細な QTL 解析が行われた．そこで見つかった特に作用の大きい遺伝子座 *pi21* の位置を，食味の形質と共に精密に地図上に位置づけたところ，陸稲のいもち病抵抗性遺伝子 *pi21*

いもち病激発地での「ともほなみ」と「コシヒカリ」の栽培（写真：愛知県農業総合試験場・坂紀邦博士，農業生物資源研究所・福岡修一博士提供）

「コシヒカリ」はいもち病の被害が大きく，全く穂が出ていない（左）．陸稲のいもち病抵抗性遺伝子 *pi21* を持ち，食味も良い品種「ともほなみ」は被害は軽く，穂が出ている（右）．

と食味を悪くする遺伝子は染色体上の非常に近くにある別の遺伝子だということが判った．これらが別の遺伝子ということは，「いもち病に強く食味も良い」品種を作るのは可能だ，ということになる．6000 個体以上の分離集団を DNA マーカーで調べ，*pi21* と食味を悪くする遺伝子の間で組換えを起こした個体を選抜することに成功した．こうしてついに，いもち病に強く食味も良い品種が生み出され，「ともほなみ」と命名された．ストーカーのように食味の悪さにつきまとわれていた陸稲のいもち病抵抗性遺伝子 *pi21* は，ようやく（遺伝学的に）解放されたのである．「ともほなみ」は 2011 年から種子の配布が始まったばかりの新しい品種だが，これから活躍の場を広げていくに違いない．

文献：Fukuoka ら（2009）Science 325：998-1001

bacterium tumefaciens）を使う方法で，アグロバクテリウム法と呼ばれている．アグロバクテリウムはもともと，植物に根頭癌腫病（こんとうがんしゅびょう）という病気を引き起こす病原菌である．アグロバクテリウムに感染すると植物はガン細胞のように細胞塊を増殖させるようになる．この細胞塊を調べたところ，オパインと呼ばれる特殊なアミノ酸が作られアグロバクテリウムの栄養源となっていること，細胞塊が増殖しているのは植物ホルモンがたくさん作られるようになっているからで，それはアグロバクテリウムの持つ植物ホルモン合成遺伝子が導入され，植物の染色体に組込まれたためであることが判った．つまりアグロバクテリウムは遺伝子導入によって，植物細胞を自分の栄養を作る工場に変えてしまっていたのである．この自然界で起きている遺伝子組換えが，現在では植物の遺伝子組換え技術に利用されている．アグロバクテリウムが植物に導入する遺伝子は，Ti プラスミドというアグロバクテリウムの生存そのものには必須でない独立の環状 DNA にあり，しかもその中で T-DNA と呼ばれる特定の領域だけが植物細胞に移行し，染色体に組込まれることが判った．

判明したアグロバクテリウムの性質を利用して，以下の大きく分けて二つのステップを経て遺伝子組換え植物は作られる．最初のステップは，プラスミドとアグロバクテリウムの改造である．Ti プラスミドの T-DNA 領域にある遺伝子組換えには不要な植物ホルモン合成遺伝子や，その他の不要な領域を取り除いてサイズを小さくし，使いやすくしたプラスミドが「バイナリーベクター」と呼ばれて研究者には広く普及している．バイナリーベクターのT-DNA領域には遺伝子組換え細胞選択用の抗生物質耐性遺伝子が入っており，そこにさらに，植物に導入したい遺伝子を入れ，できたプラスミドをアグロバクテリウムに入れなおして，プラスミドとアグロバクテリウムの改造は完了である．次のステップは，アグロバクテリウムの植物への感染と，遺伝子組換え細胞からの植物の再生である．葉の断片などの組織片とアグロバクテリウムの培養液を混ぜた後，組織片を植物再生用の植物ホルモンの入った培地で数日培養し，さらに感染を促す．次に，もう不要となったアグロバクテリウムを殺す抗生物質と，遺伝子組換えされた細胞だけ選択するための別の抗生物質，そして植物ホルモンの入った培地に移して培養を続ける．こうして遺伝子組換えされていない細胞の増殖は抑え，遺伝子組換えされた細胞からだけ植物が再生するようにする．植物が再生してきたら，別の植物ホルモン組成の培地に移して根を出させ，最終的には鉢植えにして温室で育てる．ただし，この温室は外の普通の植物と交雑してしまったりしないよう，厳重に隔離され認可を受けた閉鎖温室でなければならない．安全性が審査され，屋外で栽培する許可を受けた遺伝子組換え植物だけが，普通の温室や畑で栽培できる．

根頭癌腫病は多くの双子葉植物に発生するがイネ科植物はかからないので，イネはアグロバクテリウム法での遺伝子組換えは無理だと思われていた．ところが双子葉植物が傷口などから出す芳香環を持つ物質をアグロバクテリウムの培養液に入れてやれば，イネの細胞にも感染して遺伝子導入をすることが判り，現在ではイネはアグロバクテリウム法で簡単に遺伝子組換えができる植物の一つとなっている．一方で双子葉でもアグロバクテリウム法での遺伝子組換えが難しい植物も多く，ダイズなどでは，「パーティクルガン」という装置（バイオ・ラッド社（http://www.bio-rad.com）のPDS-1000/Heなどが広く普及している）を使って遺伝子組換え植物が作られている．パーティクルガンは「遺伝子銃」とも呼ばれ，DNAを微細な金粒子の表面にまぶし，その金粒子を空気銃のような装置パーティクルガンで植物細胞に打ち込むという，なかなか荒っぽい方法である．導入したい遺伝子と一緒に抗生物質耐性遺伝子も入れて，組織培養で遺伝子組換え細胞だけを再生されるのはアグロバクテリウム法と一緒である．パーティクルガンは荒っぽいだけあって，入れたい遺伝子が切れて植物染色体に入ったり，たくさん入りすぎたり，といったことがあるのでアグロバクテリウム法が利用できる植物ではほとんど使われない．

以上解説したどの方法でも，今の時点では「この遺伝子を染色体のここに入れたい」，「染色体のこの遺伝子をこの遺伝子と入れ替えたい」，「染色体の中のこの遺伝子の配列をこのような配列に変えたい」といったことは大変難しい．つまり，遺伝子組換えはできても，植物染色体のどこに導入遺伝子が入るかは「神のみぞ知る」で，何かの遺伝子を分断するように導入遺伝子が入ってしまうこともある．入る場所によっては，入れた遺伝子が全く働かないこともある．自在に染色体を加工する技術の開発に取り組んでいる研究者も多く，イネでは「狙い撃ち」ができるようになりつつある．将来は狙った染色体の場所に望む遺伝子を入れることができるようになるだろう．

(2) 遺伝子組換えでできること，できないこと

植物のゲノムの中で，タンパク質を作る遺伝子の数は２～３万と言われている．遺伝子組換えで導入する遺伝子の数は１からせいぜい10個程度までである．つまり，たくさんの遺伝子で精密に制御されている生物に，ほんの数個の遺伝子を入れるだけなので，改変できる性質はごく限られたものになる．遺伝子組換えイネは，生物種としてのイネ *Oryza sativa* を超えることはない．多数の遺伝子を同時に変え，大きく変わった品種や植物を作るには，交雑，それも縁の遠い（違う種や属の）植物との交雑や，細胞融合などの方が向いている．新しい遺伝子の組合わせができるので，全く予想外のものが出てくることも多い．「交雑と選抜」がこれからも育種の主流だろうと思われているゆえんである．

一方で，遺伝子組換えでなければできないこともある．それは言うまでもなく，交雑で入れられないほど縁の遠い生物の遺伝子や，人工合成

遺伝子を使うこともできる，という点である．遺伝子組換えで作られた生物を **GMO**（genetically modified organism）と言い，遺伝子組換え作物は GM 作物とも呼ばれる．土壌細菌 *Bacillus thuringiensis* の作る殺虫タンパク質「Bt トキシン」の遺伝子を組込んだトウモロコシや，除草剤「ラウンドアップ」に耐性を持たせるため，アグロバクテリウムの持つ EPSPS タンパク質遺伝子を若干改変したものを導入した「ラウンドアップレディ」ダイズなどが，殺虫剤や除草剤の使用を減らせるとして世界的には広く栽培されている．これらは交雑による育種では作り出すことのできない品種である．

遺伝子組換えは，植物の新たな利用法にも道を開く．病原菌のタンパク質の一部を作る遺伝子組換え作物を「食べるワクチン」として医療用に使おうというアイディアなどがある．日本では，スギ花粉症の治療の目的で，「スギ花粉症緩和米」が開発された．これはスギ花粉のアレルギーの原因タンパク質から，その中でも特にアレルギーを引き起こしやすい部分を選んで組合わせた人工タンパク質の遺伝子を作り，胚乳（食用部分）にアレルゲンがたまるようにした遺伝子組換えイネである．アレルギーの治療の一つに，アレルギーの原因物質（アレルゲン）を最初は反応しないほどごく少しから，週に一度程度の間隔で定期的にだんだん量を増やして注射していくと，やがてはアレルゲンにあまり反応しなくなり，アレルギー症状が抑えられるという「減感作療法」がある．だが通常は，病院に通って注射を受けることを長く続けなければならないので，患者の負担が大きい．そこで，コメにアレルゲンを入れて，それを食べることで減感作療法の効果を得ようと発想されたのが花粉症緩和米である．マウスなどの実験では効果が確認され，安全性の評価などが行われている．

ゴールデンライスは，ビタミン A の前駆体 β カロテンをコメに含む GM イネである．発展途上国ではビタミン A 欠乏により，失明したり命を落としたりする幼児が多い．コメは本来 β カロテンを含まないが，遺伝子組換えで β カロテンを含むようになった黄色く色づいたゴールデンライスを食べると，体内でビタミン A に変換され，欠乏症が防げ

図７　改良型ゴールデンライス（左），初代ゴールデンライス（右上），普通のコメ（右下）（Golden Rice Humanitarian Board より）

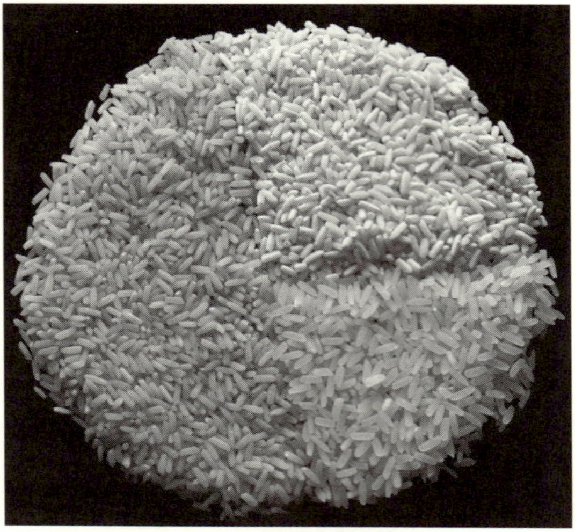

るとの考えである．当初開発されたゴールデンライスはβカロテンの含有量が不十分だったが，導入遺伝子を変更した改良版のゴールデンライスでは，ビタミンA欠乏症の予防に十分な量のβカロテンを胚乳に蓄積している（図7；カラー画像は www.goldenrice.org を参照）．

（3）遺伝子組換え植物のリスク

交雑による育種では生み出せない植物を作ることのできる技術として遺伝子組換えにかかる期待は大きいが，長い歴史を持つ交雑育種に比べれば「生まれたばかり」の技術であり，安全性に対する懸念も持たれている．利用する際には，どのようなリスクがありうるかを科学的に評価することが必要だろう．また，そのリスクも異なるレベルのものが想定されるので，レベルの違うリスクを区別して考えることも必要である．

GM 植物を農業的に利用する際に，最も懸念されるのは食品としての安全性についてのリスクだろう．もちろん食べて「直ちに健康に影響」があると考えられる植物の栽培が認可される訳もないが，長期間食べた場合のリスクは考慮する必要がある．目的遺伝子の作るタンパク質や，遺伝子組換え細胞選択用の抗生物質不活性化タンパク質が，長期的にはアレルゲンとなりアレルギーを引き起こす可能性などが，懸念されている．安全性の基準も，国や地域による差を考慮すべきとの意見もある．

例えば欧米人と日本人ではコメの消費量が違うので，GM イネの安全基準は日本ではより厳しくあるべき，といった考えである．

食品としての安全性の他に，生態系に与える影響もリスクとして考慮する必要がある．風で花粉が遠くまで運ばれる風媒性のトウモロコシなどでは，GM 花粉が飛散して通常のトウモロコシと交雑する可能性がある．日本では遺伝子組換えナタネは栽培されていないが種子の輸入はされている．日本の港や港近くの道路などでは，輸入・輸送の途中で除草剤耐性 GM ナタネの種子がこぼれて生育し，野生のアブラナと交雑してできたと考えられる，除草剤耐性の雑種アブラナが見つかっている．除草剤耐性植物が広がって近縁植物との交雑が進むと，除草剤を使う農地で除去されずに雑草としてはびこってしまう懸念がある．

フードセキュリティ（食料安全保障）上の問題も指摘されている．ダイズ，ナタネ，トウモロコシでは，世界的には GM 品種が作付面積の 20 ～ 60 % 以上となっているが，それらの品種を作り特許も持っているのは，世界的な大企業の数社にすぎない．このまま独占的な状況が，さらに人が直接食べる主要穀物にも進めば，食糧の安定供給という面からは懸念が強まるかもしれない．

様々なリスクが考えられる一方で，遺伝子組換えならではの大きなメリットがあることも事実である．また，「野生の植物」にも危険なものは非常に多いし，遺伝子組換えによらない従来型の育種でも，行われているのは新しい遺伝子の組合わせを作り出すことであり，広い意味では「遺伝子の組換え」である．GM 批判の意見の中には，GM 植物を食べた場合にだけ「遺伝子というもの」を食べてしまう危険があるかのような，生物学的に誤った発言が見られることもある．様々なレベルのリスクを科学的に評価することが必要である．ただし科学は人の営みである以上限界があり，特に長期的な影響の評価は難しい．想定外の事象が起きた場合の対処法なども最大限準備しておく必要があるだろう．

植物科学の立場から，技術的に GM のリスクを下げ，その利用可能性を広げる努力もされている．非 GM 植物への GM からの遺伝子の拡散リスク低減策としては，雄性不稔化（花粉の能力を失わせる），核ゲノムではなく葉緑体ゲノムへの遺伝子導入（普通，葉緑体のDNAは花粉からは遺伝しないため），などが試みられている．アレルゲン性の低減策としては，抗生物質耐性遺伝子などが生育途中で除かれて，目的遺伝子のみが導入された植物を作る方法などが開発されている．

5. おわりに—これからの植物科学と植物の改造

(1) これからの植物科学

DNAシーケンス技術は現在進行形で目覚しい速度で処理能力が向上し続けている．ゲノムの解読されていなかった作物でも，次々と解読されていくだろう．ゲノムの解読された作物でも，イネでは様々な品種のゲノムを解読して，品種の特性の違いをゲノムの違いと関係づける試みがすでにされている．同じような試みはこれから多くの作物で行われ，重要な農業形質に関わる遺伝子が次々と明らかになっていくだろう．

DNAシーケンス技術はゲノムの解読に利用されるだけでなく，特定の生理状態の特定の組織で働いている多くの遺伝子を特定するためにも利用されている．あらゆる生命現象の後ろには，ネットワークのように複雑にからみあって作用している多数の遺伝子の働きが隠れている．例えばメンデルの研究したエンドウマメの種皮の色を決める遺伝子「*A*」は色素合成酵素の遺伝子ではなく，他の遺伝子のmRNAへの転写を調節する働きを持つ，転写因子の遺伝子であることが判った．*A*は直接的にか間接的に色素合成酵素の遺伝子に作用し，種皮の色の表現型に関わっているのだろう．そして恐らく*A*の転写も，他の遺伝子の調節を受けている．特定の状態・組織で働く遺伝子を一網打尽にして調べ上げてしまう新しいDNAシーケンス技術などによって，重要な農業形質に関わる遺伝子のネットワークが姿を現してくることだろう．

本章ではふれることができなかったが，一個体の植物を分子レベルで詳細に解析する植物科学だけでなく，植物の集団を扱う植物生態学，集団遺伝学などのマクロな植物科学も発展を続けている．様々な視点から植物の謎が解明されていくことで，農業技術が更に大きく革新されていくと思われる.

(2) これからの植物育種

農業上重要な性質を，染色体のどこにあるどのような遺伝子が決めているかが，次々に明らかになっている．こうした情報が増えていけば，「このような性質の品種を作りたい」と目標を設定すれば，「その場合にはこの親とこの親を交雑し，その中から両親の染色体をこのように引き継いだものを選べば良い」という具合に，詳細かつ計画的に育種を進めることができるようになっていくだろう．収量，食味などの性質は多くの遺伝子が関わる複雑な性質だが，それらの実体が解明されていけば多くの優良遺伝子を同時に持つ品種を作ることもでき，そのような育種法は「ピラミディング」（ピラミッドのように，複数の遺伝子を積み重ねていく，という意味.）と呼ばれてイネなどでは実際に試みが始まっている．植物生命科学の進展で重要な性質に関わる遺伝子が明らかになれば，次々と計画的に育種に取り入れられ，非常に短い期間で新品種が生み出されるようになるだろう.

交雑と選抜による育種はDNAマーカー技術やゲノム解析技術の発達により，一層迅速で正確に行われるようになるだろう．植物の基本的性質の改良の中心的技術として，交雑と選抜はこれからも行われていくだろう．他方，遺伝子組換え技術もますますその利用は増えていくと思われる．複数の遺伝子を導入して「除草剤耐性かつ耐虫性」のように複数の新たな性質を持つGM作物が既に開発されている．多数の新しい性質を持つGM作物は次々と開発され，利用されていくだろう．新しい用途の開拓も様々な試みがなされている．エネルギー用途，医薬品用途，環境修復用途，など，様々な用途に利用するGM作物の研究が進められている．近い将来に，それらの幾つかは実用化されるだろう.

GMを含めた近代的な育種が発展する一方で，特定の地域に古くから伝わってきた「**在来品種**」を食文化との関係で見直し，さらには地域の発展の原動力の一つとアピールしていく動きも増えている．植物生命科学の立場から，在来品種の遺伝的多様性やその特性に関わる遺伝子を分析する試みもなされている．「世界の食糧危機を救う」といった大きな目標に向かう科学も求められる一方，地域に根ざす品種を守り，作物や文化の多様性に貢献する科学も必要だろう．夢のある未来を切り拓くため，農学系の植物生命科学にできること，求められることは多く，様々な局面に広がっているのである．

● 参考・引用文献

足立紀尚（2004）『牛丼を変えたコメ–北海道「きらら 397」の挑戦』新潮選書.
ダイアモンド，ジャレド（2000）『銃・病原菌・鉄』草思社.
ヘッサー，レオン（2009）『“緑の革命”をおこした不屈の農学者　ノーマン・ボーローグ』悠書館.
西尾剛・吉村淳 編（2012）『植物育種学　第 4 版』文永堂出版.
森島啓子（2001）『野生イネへの旅』裳華房.
日本農芸化学会 編（1997）『世界を制覇した植物たち』学会出版センター.
西尾剛 編著（2006）『遺伝学の基礎』朝倉書店.
西尾敏彦（1998）『農業技術を創った人たち』家の光協会.
西尾敏彦（2003）『農業技術を創った人たち II』家の光協会.
西谷和彦（2011）『植物の成長』裳華房.
酒井義昭（1997）『コシヒカリ物語』中公新書.
島本功・岡田清孝・田端哲之 監修（2005）『改訂 3 版　モデル植物の実験プロトコール』秀潤社.
タキイ種苗（株）出版部（2002）『都道府県別　地方野菜大全』農文協.
堤未果（2013）『（株）貧困大国アメリカ』岩波新書.
鵜飼保雄・大澤良 編著（2010）『品種改良の世界史　作物編』悠書館.
鵜飼保雄・大澤良 編（2013）『品種改良の日本史』悠書館.
鵜飼保雄（2005）『植物改良への挑戦』培風館.
鵜飼保雄（2003）『植物育種学』東京大学出版会.
山形在来作物研究会（2007）『どこかの畑の片すみで』山形大学出版会.
山形在来作物研究会（2010）『おしゃべりな畑』山形大学出版会.
吉田よし子（2003）『からだにやさしい野菜物語』幻冬舎文庫.
バイテク情報普及会（http：//www.cbijapan.com/）

第10章　動物という巨大な細胞社会を統御する仕組みを知り利用する

高橋 伸一郎

（東京大学大学院農学生命科学研究科）

キーワード

ホメオスタシス（恒常性維持）・神経系・内分泌系・免疫系・細胞外情報伝達機構・細胞内情報伝達機構

概要

動物を扱う生命科学の研究領域は数多いが，農学は『実学』の観点から，動物と共存しながら，これらを利用することを特徴している．農学で研究対象とする動物は，線虫や昆虫などの無脊椎動物から魚類や哺乳類などの脊椎動物に至るまで広範囲で，野生動物から家畜，ペット，実験動物，遺伝子改変動物と種々雑多である．そして，個々の動物について，生態系，個体・組織・細胞レベルで研究が進められている．これだけ多種類の研究対象の複雑な生命の仕組みを明らかにするためには，それぞれの生命現象について，多くの動物に共通性が高いか，あるいはその動物に特異的な現象かを見極める必要がある．

すべての動物に共通している性質として，外界の環境や体内の状態に応答して生体を制御するホメオスタシスによって生命が維持されている点を挙げることができる．このホメオスタシスは，大型哺乳類では200種類を越える様々な細胞，そして様々な細胞の集合体である組織・器官の機能を調節することによって可能になっている．そのために，生体は数え切れないほどの情報伝達機構を備えている．

情報伝達系は，細胞を中心に考えると，生体内外の変化を細胞へ伝える神経系・内分泌系・免疫系といった「細胞外情報伝達機構」と，この機構の情報伝達因子である神経伝達因子・ホルモン・サイトカインなどの情報を細胞内に伝え応答を引き起こす「細胞内情報伝達機構」の２段階に大きく分けることできる．この情報伝達機構は，生体内外の変化を細胞に伝えるだけでなく，①小さな情報を大きな細胞応答に変える「情報の増強」，②一つの情報を様々な場所に伝える「情報の同期」，③いくつもの情報を合流させる「情報の統合」を可能にしており，この意味で巨大な細胞社会を統御する精巧な仕組みということができる．

これらの機構を介して，動物は，正常な成長・発達，成熟，老化，体内環境の維持，代謝調節による生体内物質の利用や貯蔵などを可能にしている．しかし，この情報伝達系のどこかに異常を来すと，恒常性維持が難しくなり，不調あるいは疾病に陥る（場合によっては生命の危機に瀕する）．したがって，これらの機構を解明することによって，新しい観点から動物の機能を制御する手法の確立や，情報伝達系の破綻を防ぐ薬剤の開発も可能となる．また，これらの仕組みを利用して，高品質な食材の開発なども進めることもできる．このように生命維持の仕組みを知ることは，学術的な興味を満足させるだけでなく，産業応用・臨床応用にも大きく貢献する可能性が高く，これが農学の醍醐味の一つといえる．

1. はじめに—農学における動物科学

農学における動物科学の概念図を図１に示した．『農学』という学問領域で扱っている動物種は，実に広範である．進化的に下等と考えられている線形動物の仲間，動物プランクトンから，昆虫，そしてホヤなどの無脊椎動物，更に，魚類，両生類，爬虫類，鳥類，哺乳類と，進化系統樹に『動物』と名のある生物は，すべて研究対象としている．更にこれらの動物は，野生動物，実験動物，産業動物やペットなどに分類できる．これらの研究対象に，いろいろな生物の産生する物質を投与，遺伝子を導入，あるいは個体や集団を相互作用させ，その応答を調べ，「生命現象の解析」や「メカニズムの解明」を進めるという手法で研究が推進されている．そして解析は，動物個体，器官・組織，細胞，そして試

図 1　農学における動物科学の概念図

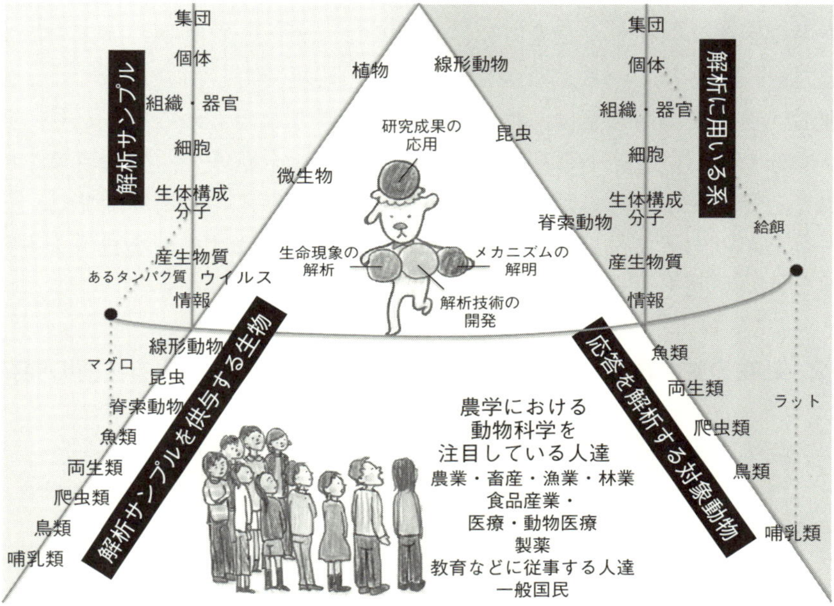

一般に動物科学は，いろいろな生物から調製されたサンプルを，いろいろな動物に供与し，この応答を，細胞，組織・器官，個体，集団レベルで解析するというのが基本である．この中で農学は，「生命現象の解析」や「メカニズムの解明」，更に「解析技術の開発」の三要素で得られた成果を人類の生活に役立たせる点が特徴である．図では，マグロより調製したあるタンパク質をラットに給餌した際の実験の位置づけを，研究者が「綱渡り」するイメージで示した．

験管内，いわゆる *in vitro* 系の各レベルで行われる．ここまでは，農学に限らず，動物を扱う研究に共通した研究方法である．

『農学』の特徴の一つとして，これら一連の研究において，「生命現象の解析」，「メカニズムの解明」，そしてこれを可能にする「解析技術の開発」という三つの要素に加え，最終目的である「研究成果の応用」という要素が，いつも念頭にあることを挙げることができる．『農学』は，「生命現象やメカニズムの応用」をアウトプットとする学問，いわば『実学』だと位置づけると，この学問領域の存在意義は理解しやすい．更に『農学』は，自然を制圧するための学問ではなく，自然と共存し，自然のカラクリを利用するという点に特徴がある.

『農学』を学んだ多くの卒業生や修了生が働いている（動物）医療の現場や製薬に関連した企業では，ヒトをはじめとした動物の病気を治す努力を続けられている．しかし，これらの現場でも，用いられている生理活性物質や薬剤の素は，他の生物から分離されたものであったり，食品成分であったり，その出所は自然界である場合が多い．生命現象を解明し，そのメカニズムがわかったら，これを制御する技術を開発し，それを人類の生活に役立てようという，自然から見ればやや身勝手な方向性を持つ学問を『農学』と言っても決して的外れではない.

2. 動物の生命現象やメカニズムを解明する技術と利用する技術の開発

動物の生命現象を解明しようという努力は，個体の観察から始まったことは言うまでもない．これが組織，そして細胞へと機能の解析が進んだのは，「**細胞培養**」（ボックス 1 を参照）という技術が開発されたことによるところが大きい．細胞は，分離して培養することができる生物の最小単位と言われている．それぞれの組織から，その組織の性質を受け継いだ細胞を分離培養し，更にこの細胞を植え継いで何代にもわたって細胞を飼うこと（**継代培養**）が可能となった．これらの細胞を用いて，それぞれの細胞に特異的な生命現象や，普遍的な現象の機構などを検討できるようになったのは大きな進歩であった.

その後，**遺伝子工学技術**が開発され，動物細胞に外来遺伝子を導入し高発現したり，内在性遺伝子の発現を抑制したりすることも可能となった．この技術の開発により，細胞レベルで，興味を持った遺伝子の機能，これがコードするタンパク質の機能などを調べることができるようになり，細胞生物学的研究が開花した．これまで微生物が主役だった有用物質の生産法は，昆虫細胞での大量生産が可能となり，更に哺乳動物でしか生産できない分子（糖鎖修飾を受けた分子など）が生産できるようになって，微生物を用いた物質生産の手法がレベルアップした.

この遺伝子工学技術は，細胞レベルに留まらず，受精卵に発現させたい遺伝子を微量注入したり，遺伝子導入した**ES細胞**（ボックス2を参照）を胚盤胞に戻したりすることによって，ある遺伝子を高発現する遺伝子改変動物（ボックス3を参照）を作成することも可能となった．更に，特定の遺伝子を破壊したES細胞をマウス胚盤胞に注入し，これを代理母に移植することにより，遺伝子を破壊したキメラマウスを，更にはこれらを掛け合わせて完全に遺伝子が破壊されたノックアウトマウスや臓器特異的に標的遺伝子が破壊されたマウスも作ることができるようになった．これらの技術の発達は，細胞レベルだけでなく，個体レベルで特定の遺伝子やコードするタンパク質の機能を解析することを可能にしたのである．そして，更にクローン動物の作製技術へと発展した．この**クローン技術**は，これまで長期間を要する「育種」に頼っていた家畜の改良に，大きな変革をもたらすと期待されている．

ここまで述べてきたような技術発達によって，試験管レベルで確認された反応を細胞レベルで調べることができるようになり，続く個体レベルでの検討によって組織間・細胞間のコミュニケーションによる生命維持の機構も解析できるようになった．研究成果は，個体，組織・器官，細胞レベルを行き来し，生体中で起こっている生命現象の一部を少しずつ明らかにしつつある．言い換えれば，私たちは生命現象やメカニズムの解明のツールを手に入れたわけである．解析の対象となっている事象には，それぞれの細胞や動物に特異的な現象もあるし，またすべての細胞と動物に普遍的な現象もある．これらの問題をどのレベル（個体，組織・器官，細胞レベル）で解決すれば最も効果的かを考え，それを選択して研究を推進し，結論を得るというのが現在の動物科学の基本戦略である．

ボックス 1

細胞培養

細胞を個々ばらばらにして，適当な培地の入った培養器内で生育させる技術を「細胞培養法」と呼んでいる．この手法の普及により，体内で複雑に制御されている細胞の生育・機能発現を，単純な系を用いていろいろな条件下で解析できるようになった．現在では，培養技術の進歩により，いろいろな組織・細胞の培養が可能となってきているが，未だに培養に成功していない細胞もある．一般に組織から取り出して培養した細胞は，組織の性質をそのまま保持しており，「初代培養細胞」と呼ばれている．生体から取り出して植え継いでいける細胞を「継代培養細胞」と呼んでいるが，細胞株として樹立された細胞は，ほとんどの場合，染色体（遺伝子）に異常が起こっており，生体内で有していた特殊な機能の一部を失っている．このような培養細胞を用いて，細胞の増殖の仕組み，細胞の分化の仕組み，細胞死の仕組み，細胞の機能発現の仕組みを調べるなど，いろいろな生命現象のメカニズムを解明する研究が懸命に進められている．一方，培養した細胞を用いて毒性試験や新しい薬剤の開発，疾病の原因の究明などの応用研究・臨床研究が進み，動物実験の代替え実験法としても広く用いられるようになった．更に，細胞の遺伝子を人為的に組換える，いわゆる「遺伝子工学」が発展し，新しい機能を有する細胞を作り出したり，その機能を調節したりすることも可能になっている．しかし，生体の一部を生体外で実験するという方法は，細胞自身の機能を調べるのには優れているが，生体の全体的な機能・反応の研究には不向きであることは容易に想像できる．したがって，培養細胞を使った明らかになったいろいろな生命現象は，動物個体を使って更に検討する必要がある．

ボックス2

ES細胞とiPS細胞

両者ともに，多様な細胞に分化できる能力（多分化能）と細胞分裂を経ても多分化能を維持できる能力とを併せ持つ幹細胞（stem cell）であり，様々な角度から再生医療への応用が模索されている．ES（Embryonic Stem）細胞は，動物の発生初期段階の胚から，すべての体細胞と生殖細胞の起源である内部細胞塊を取り出し，多分化能を保たせたまま培養して増やしたものであり，iPS（induced Pluripotent Stem）細胞は，既にできあがった体細胞を取り出し，そこに数個の遺伝子を人工的に組込むことでES細胞と同じような多分化能を再び獲得させたものである．両者はそれぞれ，和名では胚性幹細胞および人工多能性幹細胞と呼ばれる．iPS細胞は，新型万能細胞とも呼ばれる．ES細胞については，クローン技術を応用して，患者本人の細胞の核を受精卵に注入してES細胞を作れば拒絶反応のない臓器を作ることが可能となるが，この場合，受精卵を一つ犠牲にすることになり倫理的問題が発生することになる．一方，iPS 細胞については，人工的に組込んだ遺伝子が悪さをしないかどうかが争点となっている．核がない血小板はそれ自体ががん細胞になることはないことから，iPS 細胞を用いた高品質の血小板の大量生産が期待されている．最近，iPS 細胞に細胞を増やす遺伝子と老化を防ぐ遺伝子を挿入することによって巨核球という血小板を生みだす細胞へと分化させる技術が確立された．

ボックス 3

遺伝子改変動物

遺伝子改変動物とは，遺伝子を導入した受精卵などを個体まで発生させて，個体全体を形質転換させた動物を指す．導入する遺伝子に特別の細工をしなければ，この遺伝子は染色体の任意の場所に挿入されることになるので，個体に発生した動物のあらゆる組織でこの遺伝子が発現する可能性がある．マウスを例にすると，現在は，ウイルスベクターに組込んだ遺伝子を 4-8 細胞期胚に感染する方法，受精卵に DNA を顕微注入する方法，DNA を導入した ES 細胞を胚盤胞へ注入する方法などが用いられ，これを偽妊娠した代理母に移植して，この代理母に遺伝子改変動物を産ませるという方法が一般的である．この際，導入する遺伝子を人為的に変異させる，あるいは導入する遺伝子を組織特異的なプロモーターにつなぐことなどによって特定の臓器で導入遺伝子を発現させることも可能である．一方，内在性の遺伝子の機能を破壊したノックアウト動物も作成されている．ES 細胞を用いて，標的とした遺伝子に相同組換えを起こさせた細胞を選別する positive/negative selection の方法が確立したことによって，目的とする相同組換え体の取得が可能となった．この ES 細胞を胚盤胞に顕微注入し，これを代理母に移植し，キメラマウスを作成することができる．このキメラマウスと正常マウスの交配からヘテロマウスを得て，それら同士を掛け合わせることで完全に ES 細胞由来のマウスを得るのが一般的である．最近は，Cre-LoxP のシステムを用いて，組織特異的，あるいは時期特異的に遺伝子を欠失させることもできるようになっている．更に，細胞から取り出した核を未受精卵に移植して，クローン動物を作出することも可能となり，特に家畜の育種でこの技術に注目が集まっている．

3. 生命を維持するための精巧な仕組み

すべての動物に普遍的な現象として，外界の環境や体内の状態に応答して生体を制御する**ホメオスタシス**によって生命が維持されていることが挙げられる．栄養的刺激（例えば，食事摂取），物理的刺激（例えば，温度の変化），化学的刺激（例えば，二酸化炭素濃度の変化），社会的刺激（例えば，集団の変化）などが，外界の環境の変化の例である．また，体内の状態の変化としては，発達・成長や成熟，老化などに伴う生体内での生理的変化などが該当する．このような変化が起こっても，生体が一定の状態を維持するという性質，これをホメオスタシス，恒常性維持という．大型哺乳類であれば200種類を越える様々な細胞，そして様々な細胞の集合体である組織・器官は，連携して機能が調節されことにより，はじめて恒常性が維持されている．一方，何らかの原因で恒常性の維持が難しくなると，生物は不調あるいは疾病に陥ることになる（場合によっては生命の危機に瀕する）．

ホメオスタシスを可能にするために，生体は数え切れないほどの情報伝達機構を備えている．そして，これらの情報伝達系は進化の過程でも良く保存されていることは，この仕組みが生命維持に重要な役割を果たしていることを明確に示している．一般に，情報伝達機構は，生体内外の変化をモニターし，この情報を標的細胞へ伝える神経系・内分泌系・免疫系といった「細胞外情報伝達機構」と，この機構の情報伝達因子である神経伝達因子・ホルモン・サイトカインなどの情報を細胞内に伝え細胞応答を引き起こす「細胞内情報伝達機構」の 2 段階に大きく分けることができる．

4. 細胞外情報伝達の手段と特徴

代表的な細胞外情報伝達機構である，**神経系**，**内分泌系**，**免疫系**は，情報伝達の手段の違いから，異なる特徴を有している（図 2）．

図2 代表的な細胞外情報伝達経路

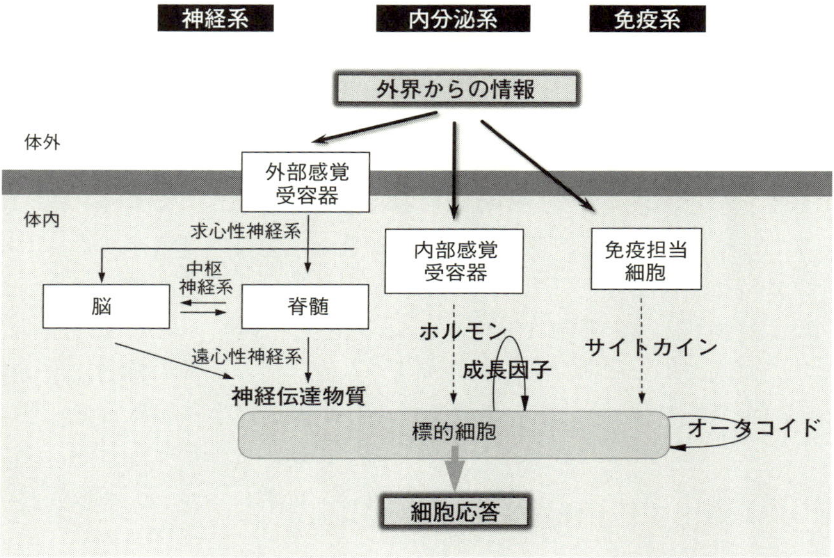

動物では，生体内外の状況の変化を，大きく分けて，神経系，内分泌系，免疫系の三つの仕組みを介して標的細胞に伝えている．その際，神経伝達物質，ホルモン・成長因子，サイトカイン・オータコイドなどが細胞外伝達因子（リガンド）として機能している．

(1) 神経系

神経系は，一般に生体の外部感覚受容器が生体外の環境の変化をモニターし，この情報を求心性神経により中枢神経に伝達し，これを脳の各領域で情報として受容している．その後，脳で処理された情報を，中枢神経の命令として遠心性神経を介して末梢の細胞に伝達する．神経系の情報は，基本的に活動電位を用いて軸索（神経細胞体から延びている突起様の構造体）の中を伝わり，軸索末端で次の神経細胞や標的細胞に**神経伝達物質**を使って直接情報の伝達が行われる．この情報伝達系の特徴は，情報伝達が迅速で，特定の神経細胞や標的細胞に情報が伝わるという点である．

(2) 内分泌系

内分泌系は，内分泌組織に備えられている体内感覚受容器が生体内の環境変化を感知して，これを**ホルモン**や**成長因子**の産生量や分泌量の変動に変換する仕組みである．一般に内分泌組織から分泌されたホルモンは，血中を介して体内の末梢組織に行き渡り，そこで作用を発現する．したがって，一つの内分泌組織から多くの標的臓器へと同じ情報を伝達することができる．また，情報は血液に乗って伝わるので神経系に比較すると伝達速度は遅く，その情報はなかなか消えない特徴がある．ホルモンは当初，産生器官で生合成され，血中を運ばれて標的細胞で作用を発現する物質と定義されてきた（エンドクリン作用）．しかし，近年になり，血流に乗らずに，産生組織で作られた因子が近隣の細胞に作用する（パラクリン作用），産生組織で作られた因子が当該組織自身に効く（オートクリン作用），分泌されないで産生細胞内で作用する（ジュクスタクリン作用，イントラクリン作用）場合，広義にホルモン・成長因子と呼ばれるようになっている（図3）．

(3) 免疫系

免疫系は，基本的には生体外から侵入した異物を認識して免疫細胞が活性化され，異物を認識する**抗体**産生が促進され，抗体を用いて異物を排除する仕組みである．また，マクロファージによる貪食作用などにより，異物は排除される．この免疫細胞などの活性化は，**サイトカイン**あるいは標的細胞が自ら産生する**オータコイド**などによって引き起こされる．免疫系の特徴は，異物の侵入を感知した部位で局所的に，そして一過的に免疫細胞の活性化，爆発的な増殖・分化が起こり，その部位で異物の除去を行う点である．同時にこれらの免疫細胞や抗体が血流などに乗って体内を循環し，異物を見つけ出し徹底的に除去することができる．

このように，神経系，内分泌系，免疫系は，神経伝達物質，ホルモン・成長因子，サイトカイン・オータコイドなどの「細胞外情報伝達因子」（以下，リガンドと呼ぶ）を利用して，合目的な特徴ある機構を介して，生体内外の状況に応じた標的細胞の応答を引き起こすことができる．もちろん，これらは細胞外情報伝達機構のほんの一部で，細胞の細

図３　神経系・内分泌系・免疫系による情報伝達（細胞機能と代謝マップⅡ. 細胞の動的機能の図を改変）

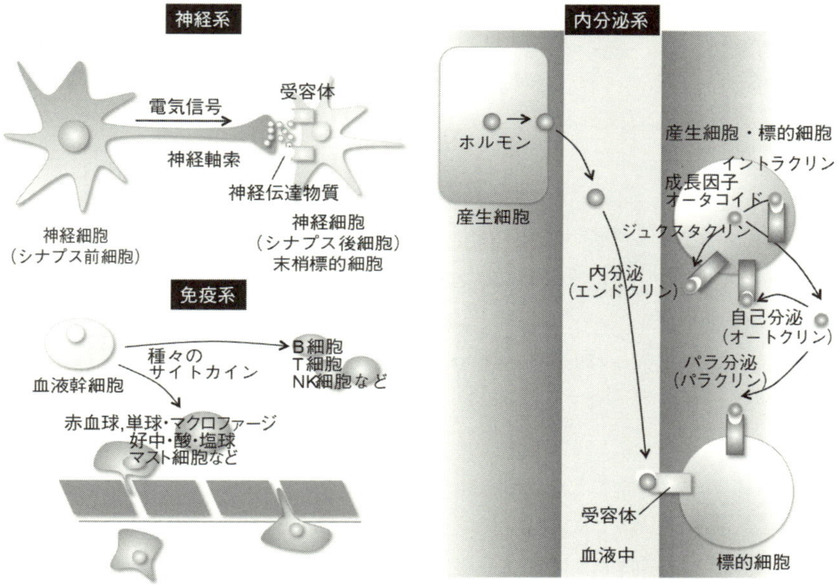

神経系，内分泌系，免疫系では，情報伝達の方法が異なり，このため生体内外の異なる変化をモニターし，標的細胞に情報を伝えている．

胞外基質への接着や細胞同士の結合，NO などのガス産生を介した機構なども存在する．

『農学』をはじめとした動物科学では，これらの系のリガンドの量や遺伝子発現量などを測定し，動物や細胞の応答の指標として解析する，いわゆる「生命現象の解析」の研究が広く行われている．逆にこれらの系を制御することにより生体を調節するという応用的アプローチも鋭意進められている．

5. 細胞内情報伝達の種類と特徴

これらのリガンドは，どのように標的細胞に情報を伝えるのだろう

図 4　リガンドの化学的性質に依存した体液中の動態と受容体の細胞内局在・機能

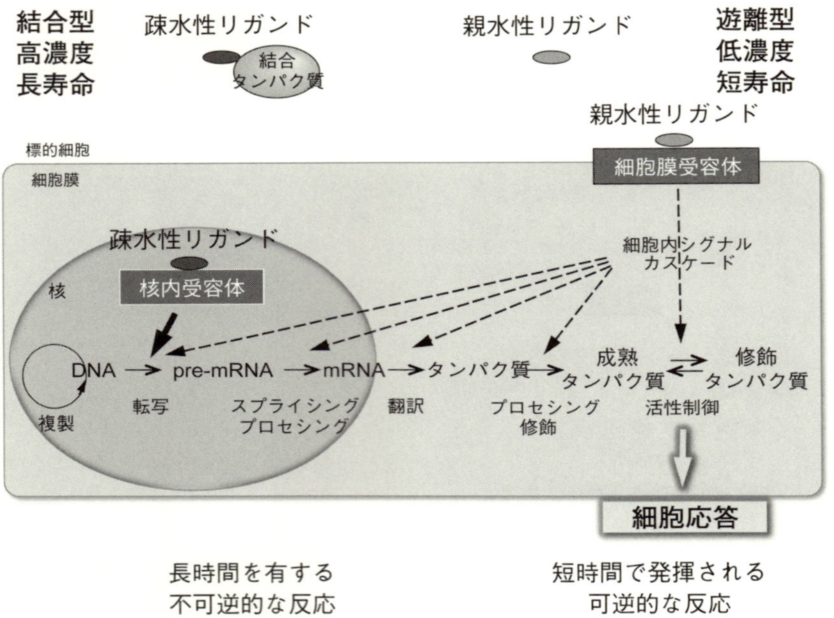

血液中で，疎水性リガンドは結合タンパク質と相互作用し，水溶性となる．細胞膜を通過できる疎水性リガンドは細胞内あるいは核内にある受容体と結合，この受容体は転写制御因子として機能する．このため，疎水性リガンドは，活性発現まで長時間を要し，いったんスイッチが入るとリガンドが受容体から離れても，新規合成されたタンパク質を介して発現する生理活性は，なかなか停止しない（不可逆的反応）．一方，親水性リガンドは血液中では一般に遊離型で，細胞膜上に受容体がある．後述するように主に三つの方法で細胞内にシグナルを伝えるが，主な作用機構は，既に存在するタンパク質を修飾して活性化し，これを介して細胞応答が起こるので，活性発現までに要する時間が短い．また，この修飾が元に戻ればすぐに不活性化される，すなわち可逆的な反応を誘導する．しかし，親水性リガンド受容体は，標的タンパク質の活性制御だけなく，特定の遺伝子の転写や翻訳などを制御する場合もあることが知られている．

か？　一般に**疎水性リガンド**は，水溶性が高い結合タンパク質と相互作用して血液中を循環している（図 4）．リガンドは結合タンパク質に守られて分解されにくくなるため，濃度が比較的高く，寿命が長い．これに対して，**親水性リガンド**は，遊離型で血液中を循環しており，分解されやすいため，濃度が低く，寿命も短い．血中を循環しているリガンドが到達する標的細胞は，細胞外と細胞内を脂質の二重層で隔てられているので，この細胞膜をリガンドが通過できるかどうかによって，情報伝達の戦略が異なっている．例えば，疎水性リガンドは，脂質二重層を通過できると考えられており，細胞質や核に受容体が存在する．一方，水溶性のリガンドは簡単には細胞膜を貫通できないので，標的細胞の細胞膜に受容体が存在する．一般に神経伝達物質とサイトカインは水溶性であるが，ホルモン・成長因子には水溶性と疎水性のリガンドが存在する（表1）．ここで，それぞれのリガンドがどのように細胞内に情報を伝達するか，見てみたい．

(1) 疎水性リガンドの場合

一般に疎水性リガンドの受容体は，リガンドと結合すると核内に移動し，**転写制御因子**として機能する．それぞれのリガンドは異なる受容体に相互作用するが，これらは標的遺伝子の発現を促進するようなエンハンサー領域に相互作用し，転写を促進する．それぞれの受容体は，異なる塩基配列を認識するため，その標的遺伝子，ひいては発現促進されるタンパク質が異なる．この応答は新しいタンパク質の発現を介するので，生理活性の発現に要する時間が長い場合が多い．

(2) 水溶性リガンドの場合（図5）

標的細胞に到達した水溶性リガンドは，細胞膜に存在する特異的な受容体と結合し，細胞内にシグナルを伝達する．もちろん例外もあるが，細胞膜受容体は大きく以下の三つに分類できる．

①キナーゼを内蔵あるいはキナーゼが相互作用した受容体

細胞膜に存在する受容体の一部は，チロシン残基を特異的にリン酸化する**チロシンキナーゼ**を内蔵している．リガンドが受容体に結合するとチロシンキナーゼが活性化し，受容体自身，あるいは細胞内基質のチロシン残基をリン酸化する．このリン酸化されたチロシン残基を含む近傍のアミノ酸配列を認識して，他のタンパク質が相互作用し，これが引き金となって細胞内にシグナルが伝わる．一方，チロシンキナーゼではなく，セリン / スレオニンキナーゼ活性を有する受容体も存在している．

表 1　それぞれの細胞外情報伝達機構で働く細胞外情報伝達因子（リガンド）とその性質

伝達系	分泌形式	伝達因子	構造	例	性質
神経系	神経分泌	神経伝達物質	モノアミン	アセチルコリン，セロトニン	親水性
			カテコールアミン	（ノル）アドレナリン，ドーパミン	親水性
			アミノ酸	グルタミン酸，グリシン，γ-アミノ酪酸	親水性
		神経ペプチド	ペプチド	サブスタンス P，エンケファリン，バソプレシン	親水性
内分泌系	エンドクリン	ホルモン	タンパク質・ペプチド	インスリン，成長ホルモン，ソマトスタチン	親水性
			糖タンパク質	卵胞刺激ホルモン，甲状腺刺激ホルモン	親水性
			アミン	（ノル）アドレナリン	親水性
			アミノ酸誘導体	ヨードチロニン	疎水性
			ステロイド	副腎皮質ホルモン，男性・女性ホルモン	疎水性
	エンドクリン パラクリン オートクリン ジュクスタクリン イントラクリン	成長因子	ペプチド	IGF，FGF，EGF，TGF	親水性
免疫系	パラクリン オートクリン	サイトカイン（ケモカイン）	ペプチド	インターロイキン，TNF，GM-CSF，IFN	親水性
		オータコイド	アミノ酸	ヒスタミン	親水性
			脂肪酸誘導体	エイコサノイド	疎水性
			ガス	NO	

更に受容体と相互作用しているタンパク質がチロシンキナーゼ活性を有しており，リガンドが受容体に相互作用すると，このキナーゼが活性化されて細胞内シグナル伝達が起こるという受容体も存在する．

②三量体型 GTP 結合タンパク質と共役する受容体

この種の受容体は共通して細胞内と細胞外を 7 回出たり入ったりする構造，すなわち 7 回膜貫通型構造を有している．リガンドが受容体に結合すると，この受容体と相互作用している種々の三量体型 GTP 結合タ

図5 水溶性リガンドの受容体の機能（Williams Textbook of Endocrinology 9th ed. の図を改変）

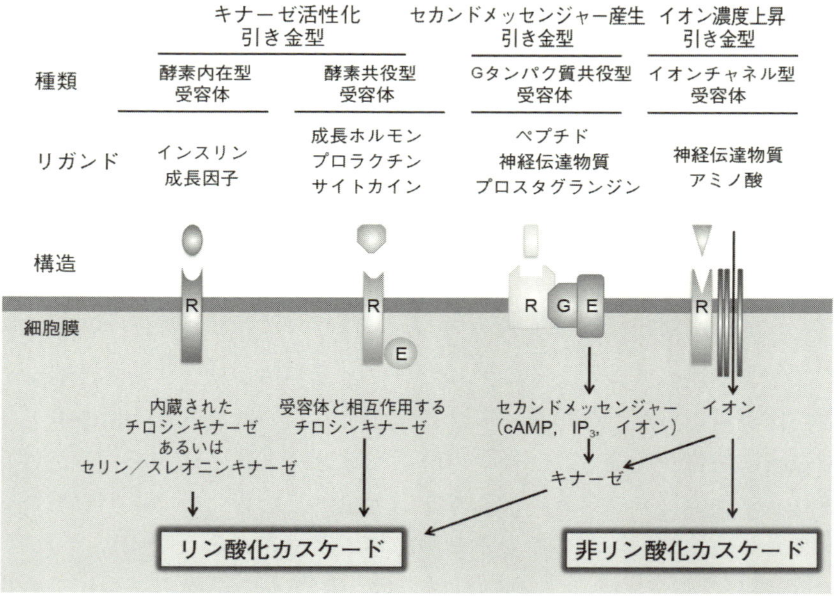

水溶性リガンドの受容体には，受容体自身が内蔵するキナーゼあるいは相互作用しているキナーゼを活性化するタイプ，cAMPをはじめとしたセカンドメッセンジャーを生成するGタンパク質共役型受容体タイプ，そして，イオン濃度を変えるイオンチャネル型受容体タイプが存在する．図の略号は，R：受容体，G：三量体型GTP結合タンパク質，E：酵素を示す．

ンパク質（α, β, γの三つのサブユニットで構成されているタンパク質）を活性化する．三量体型GTP結合タンパク質の活性化は，リガンドと結合した受容体が，三つのサブユニットのうち，αサブユニットに結合しているGDPをGTPに変化することで起こる．αサブユニットにはいくつか種類があり，それぞれ異なる酵素を活性化し，**セカンドメッセンジャー**を産生，このセカンドメッセンジャーが下流シグナル経路を活性化する．産生する代表的なセカンドメッセンジャーは，αsタンパク質を活性化すると，Aキナーゼというセリン/スレオニンキナーゼを活性化する「cAMP」が，αqタンパク質を活性化するとCキナーゼというセリン／スレオニンキナーゼを活性化する「ジアシルグリセロール」と小胞体内に貯蔵されているCa^{2+}イオンを放出する「イノシトール三リン酸」である．

③イオンチャネルを内蔵した受容体

この種の受容体は五つのサブユニットが合わさった構造をしている．このうちの二つのサブユニットはホルモンや神経伝達物質が結合するサブユニットで，ここにリガンドが結合すると五量体の真ん中に存在する親水性のアミノ酸が集まっている部分が開く．ここを通して，細胞外からNa^+，K^+，Ca^{2+}やCl^-などのイオンが取り込まれ，これらのイオン濃度の上昇に依存した種々の生理的現象が発現する．

(3) その後の情報伝達（表2）

ここまで述べてきたように，リガンドと受容体が結合すると受容体の活性化が起こるが，その後，表2に示すようないろいろな手段を介して細胞内に情報が伝達され，種々の酵素やタンパク質が修飾を受け活性化される早い応答や，あるいは転写を引き金とした新しいタンパク質の合成を介した比較的時間のかかる細胞応答が誘導される（図4）．

『農学』をはじめとした動物科学では，これらの細胞内情報伝達機構に関する研究を行うことにより，生命現象の「メカニズムの解明」を進めている．メカニズムの解明を主目的に研究を進めている学問領域も多いが，『農学』は「応用」という最終ゴールの意識が高いため，解明された新しいメカニズムを用いて生命現象を解明するという逆向きの研究アプローチはやや苦手と言える．今後『農学』の研究に関わる研究者は，この苦手意識を克服していく必要がある．生命現象は突き詰めれば，すべて分子・原子同士の相互作用，いわば物理現象である．生物学・化学的反応を物理の言葉で説明する必要があるわけで，これらのための「解析技術の開発」も研究推進の重要な方向性となろう．

6. 情報伝達機構の生理的意義

このような複雑な情報伝達機構は，生体の内外の変化を細胞に伝える

表 2　親水性リガンドの受容体活性化以降の代表的な細胞内情報伝達の手段とその例

細胞内情報伝達の手段	手段の具体例	シグナル経路の例
タンパク質のリン酸化カスケード	あるキナーゼが活性化すると伝達系下流のキナーゼをリン酸化，このリン酸化により活性化されたキナーゼが次のキナーゼをリン酸化し活性化することにより，伝達経路下流にシグナルが伝わる．	MAPK カスケード, PI 3-kinase カスケード
タンパク質の分子内修飾	タンパク質の特定のアミノ酸残基が翻訳後修飾されることにより，タンパク質のコンフォメーションが変化するなどして，そのタンパク質の活性が調節される．修飾により細胞内局在が変わる場合もある．	リン酸化, アセチル化, メチル化，ユビキチン化，糖付加，リポイル化
タンパク質–タンパク質間相互作用	あるタンパク質のドメイン構造（タンパク質のある領域が作るコンパクトな三次元構造）を介して他のタンパク質が相互作用することにより，シグナルが伝達される．	チロシンリン酸化タンパク質と SH2 ドメインを有したタンパク質の相互作用
タンパク質の細胞内局在の変化	タンパク質の化学修飾や相互作用するタンパク質によって，細胞内の特定の部位へのソーティングが起こる．	細胞膜への移行，核移行
GTP 結合タンパク質の活性化	GTP 結合タンパク質の GDP/GTP 交換反応により，GTP 結合タンパク質が活性化する．あるいは, GTP タンパク質に内蔵されている GTPase 活性の促進により，GTP 結合タンパク質が不活化される．	低分子量 GTPTP 結合タンパク質（Ras, Rho, Rac，Rab など）
ホスファチジルイノシトール代謝物の産生・分解	細胞膜中のリン脂質がリン酸化あるいは脱リン酸化，分解され，これがセカンドメッセンジャーとなる．	ホスファチジルイノシトール 3, 4, 5– 三リン酸
タンパク質の多量体化	タンパク質が他のタンパク質と相互作用し，活性を発現する．	Stat，Smad
タンパク質の分解	相互作用しているタンパク質が分解されることにより，活性が発現する．	NF–κB
転写因子の活性制御	転写因子が核内へ移行，分子内修飾，他の制御因子と相互作用することなどにより，転写活性が調節される．	核内受容体，転写制御因子

という単純な生理的意義以外にどういう意味があるのか，考えてみよう．

(1) 小さな情報を大きな応答に変える「情報の増強」

神経系と内分泌系の相互作用の一例として，脊椎動物の「大脳皮質→視床下部→下垂体前葉→内分泌器官→標的器官」axis（「軸」と日本語では呼ばれている）を挙げることができる．具体的には，生体の置かれている生体内外の情報（ストレス，運動，睡眠，食事摂取刺激など）を神経系で集め大脳皮質で統合した後，この情報を神経刺激として視床下部に伝える．この情報をもとに視床下部から**放出ホルモン**が分泌，この量を反映して下垂体前葉から**刺激ホルモン**が分泌される．解剖学的には視床下部と下垂体の間は血管で直接接続されており，低濃度の放出ホルモンでも効率よく下垂体に情報が伝わる．その結果，下垂体前葉から体全体に分泌される種々の刺激ホルモンの分泌が誘導される．この量を反映してそれぞれの内分泌器官から更に多くの量のホルモンが血流に分泌され，体中の標的器官にこの情報が伝わるのである．このように生体は，非常に弱い神経刺激をいくつかの内分泌器官を使って生体全体に伝わる強い刺激へと増幅している．

一方，細胞内情報伝達経路にも同様な増幅を認めることができる．細胞の多くの表現型は特異的な酵素の活性化によって決定されているが，この酵素濃度や基質濃度は，標的細胞に到達する神経伝達物質，ホルモン・成長因子，サイトカインの濃度に比べると極めて高い．例えば，典型的な親水性リガンドの血中濃度は 10^{-9} M レベルである．生体内で反応しなければいけない酵素の基質が 10^{-3} M あるとすると，単純に計算すれば細胞内で 10^{6} 倍シグナルを増強する必要がある．実際に細胞内では，セカンドメッセンジャーなどで活性化された酵素が，下流の酵素を複数個活性化し，これを何段階も繰り返すことにより，当初のシグナルの増強が可能となっている．上流にあるキナーゼが次のキナーゼをリン酸化して順々に活性化していく「リン酸化カスケード」などは代表例である．

(2) 一つの情報を様々な場所に伝える「情報の同期」

あるリガンドが，異なる臓器に異なる生理活性を発現する例はいくつもある．例えばインスリンは，肝臓ではアミノ酸から糖を産生する，「糖新生」という反応を抑制している．同時に，このホルモンは筋肉や脂肪組織に働いて血液中からの糖の取り込み，および細胞内の糖の利用を促進している．いずれの反応も，血糖値を低下させるという同じ目的を達するための手段で，この観点からするとリガンドの情報が合目的に統合されていると言うことができる.

一方，リガンドが受容体に結合すると下流のシグナル伝達経路が活性化されるが，同時に複数のシグナル経路が活性化される場合が多い．先に述べたように，脂肪細胞や筋肉でインスリンは，いくつかのシグナル経路の活性化を介して，糖の取り込みを促進し，取り込んだ糖をグリコーゲン合成に利用したり，解糖系に回して燃焼したりしている．この結果から，一つリガンドのシグナル伝達経路は分岐しているが，これらの最終的な発現活性が，合目的的に同期して，糖を利用するという一つの表現型を作り出すという仕組みに使われていることがわかるであろう.

(3) いくつもの情報を合流させる「情報の統合」

生体の応答は決して一つのリガンドで決まっていない．例えば糖代謝も，ホルモンだけでなく，神経系や免疫系によっても制御されている．これらの情報がどのように統合されているのだろうか．糖代謝を引き起こす共通のシグナル伝達経路に，内分泌系から来た情報，神経系や免疫系から来た情報が合流して，その強度や発現する活性が決まっていることが，最近明らかにされている．これは細胞外・細胞内情報伝達系があるから可能な仕組みと言える．他のリガンドのシグナルが合流するというパターンばかりでなく，一つの経路の情報が過剰になると，下流のシグナル経路で活性化されたシグナルが上流シグナルを阻害する「**フィードバック抑制**」機構も，生体のホメオスタシスには重要である.

一連の生理的意義は，大きな会社の仕組みの必要性と比べると理解しやすい．社長が命令を発すると（リガンドと受容体の複合体が活性化），異なる部署の責任者である複数の取締役に命令が伝わる（情報の同期）．この命令が，次々と複数の部下に伝わる（情報の増幅）．結果として異なる部署で行われる仕事を合わせると（情報の統合），一つの仕事が成就する（細胞応答）．これらは，他の会社との協働作業によっても更に方向が微妙に調整される（情報の統合）．ここまで説明してきたように，細胞外・細胞内情報伝達機構は一つの生理活性を発現するためだけに必要な訳ではなく，情報の同期や情報の統合にも必要で，この意味で巨大な細胞社会を統御する精巧な仕組みと言うことができる．

『農学』をはじめとした動物科学では，情報伝達系のリガンドの変化を指標として生体の応答を調べていることを先に述べた．このような情報伝達機構の生理的意義を考えると，一つの情報伝達経路に起こる変動だけに注目した解析は不十分で，複数の情報伝達経路がどのように相互作用するか，あるいは一つの情報伝達経路で起こった変化が他の経路にどのような影響を及ぼすかについても，十分注意を払って研究を進める必要があることは明白である．特に『農学』のように「応用」を考える研究では，生体の最終的な応答が重要であるので，短時間で起こる反応ばかりでなく，長時間が経った後の応答にも配慮する必要がある．

7. 動物の代謝制御における情報伝達の研究の実際

動物の物質代謝は，分解してエネルギーを取り出す「**異化反応**」と，エネルギーを利用して高分子化合物を作り出す「**同化反応**」とがある．糖代謝，脂質代謝，タンパク質代謝などの物質代謝の制御を見渡すと，異化反応を促進するリガンドは数多いが，同化反応を促進するリガンドは数少ないことに気づく．これは，動物がこれまで十分な栄養を得られた時代が短く，低栄養状態で得られた栄養素をどのように利用して生命を維持するかに腐心してきたことを物語っている．このような中で同化を促進するリガンド，同化ホルモンの代表は，インスリンとこれに構造が類似した**インスリン様成長因子**（IGF）である．私たちの研究グループは，これらのホルモンの生理活性調節機構とその生理的意義の解明をテーマに研究を進めてきた．そこで最後に，これらのホルモンを例に動物代謝制御の情報伝達研究の現状を紹介してみたい．

(1) インスリンとIGFの種類と性質（表3，図6）（高橋伸一郎 1998a, b，福嶋俊明ら 2007，豊島由香ら 2007）

インスリンとIGFは構造が類似しているのにも関わらず，明らかに異なる性質を有している．インスリンは膵臓で合成され，分泌は糖やアミノ酸といった栄養素によって一過的に促進される．これに対して，

表3 インスリンとインスリン様成長因子（IGF）の性質の比較（Endocrine Rev. 15：80-101 の Table 1 を改変）

	インスリン	インスリン様成長因子-I (IGF-I)	インスリン様成長因子-II (IGF-II)
分子量	5734（ヒト）	7649（ヒト）	7471（ヒト）
生産器官	膵臓ランゲルハンス島 β細胞	主に肝臓，その他広範	
分泌促進因子	グルコース・ロイシン・アルギニンなどの基質，インクレチンなどのホルモン	成長ホルモン・インスリンなどのホルモン，バランスのとれた栄養供給	組織の発達
分泌形式	一過的（短期）	構成的（長期）	
血中存在形態	遊離型	6種類の結合タンパク質と結合して存在する（主に，IGFBP-1はIGFをクリアランス，IGFBP-3はIGFの寿命を延長）	
成人血中濃度	0.5-5 ng/mℓ (35-170 pmol/liter)	200 ng/mℓ (30 nmol/liter)	700 ng/mℓ (85 nmol/liter)
血中寿命	10分	12-15時間	15時間
レセプターに対する親和性	インスリン受容体 >IGF-I受容体	IGF-I受容体 >IGF-II受容体 >> インスリン受容体	IGF-II受容体（分解を仲介する受容体） >IGF-I受容体 >> インスリン受容体
作用形式	エンドクリン	エンドクリン パラクリン/オートクリン	エンドクリン パラクリン/オートクリン

IGFは肝臓をはじめとした広範な組織で生合成され，特にIGF-Iは成長ホルモン・インスリンといったホルモンやバランスのとれた栄養状態などに応答して合成が促進されている．成長ホルモンで動物は成長すると考えている方も多いが，成長ホルモンの成長促進活性のほとんどはIGF-Iが仲介している．一方，IGFのもう一つの分子種であるIGF-IIは組織の発達にしたがって，分泌が促進されている．一般に，IGFの産生分泌は構成的（特定の刺激に依存して一過的に分泌するのではなく，生合成されると細胞外に放出される）であり，生体の置かれた状況に応答して少しずつ変化する点もインスリンと異なる．

血中では，インスリンは遊離型であるが，IGFはペプチドホルモンで

図6　インスリン，インスリン様成長因子の細胞内情報伝達機構

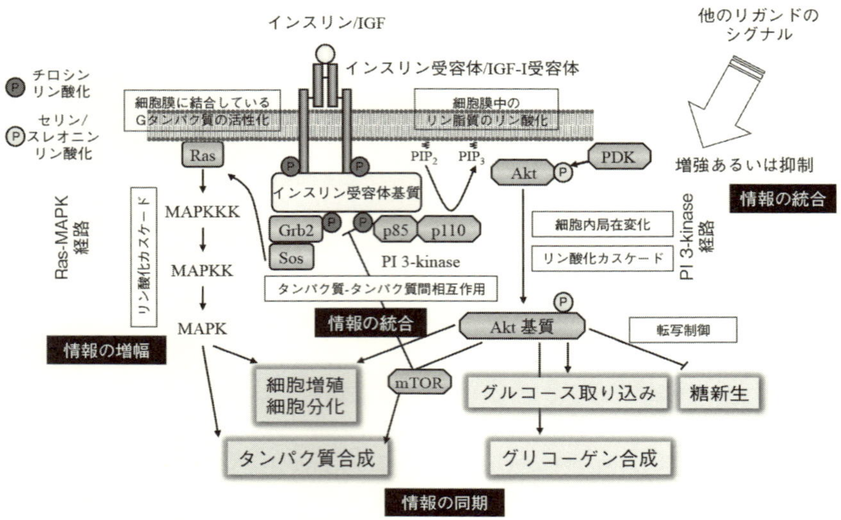

インスリンとIGFの細胞内情報伝達機構には，大きな差異は報告されていない．リガンドが受容体に結合すると受容体に内蔵されているチロシンキナーゼを活性化，これが受容体が有するチロシン残基をリン酸化する（自己リン酸化）．このリン酸化チロシン残基を認識してインスリン受容体基質（IRS）が結合する．活性化している受容体キナーゼはこの基質もチロシンリン酸化する．チロシンリン酸化されたインスリン受容体基質を認識してGrb2が結合，これと結合しているSosが細胞膜付近に集合することにより，Rasという低分子量Gタンパク質が活性化する．またチロシンリン酸化インスリン受容体基質を認識して，phosphatidylinositol（PI）3-kinaseが結合，これが細胞膜中のリン脂質をリン酸化する．これらを引き金としたリン酸化カスケードの活性化によって，Ras-MAPK経路，PI 3-kinase経路が活性化，広範な生理活性を発現すると考えられている．これらの経路は，情報電伝達経路の生理的意義である情報の増幅，同期，統合を可能にしている．

水溶性であるのにも関わらず6種類の特異的結合タンパク質（IGFBP）に結合している．それぞれのIGFBPは，結合したIGFの寿命や活性を異なる様式で調節していることがわかっている．例えば，IGFBP-1はIGFのクリアランスを促進し，IGFBP-3はIGFの寿命を延長する．

標的細胞でインスリンあるいはIGFそれぞれに高い親和力で結合する受容体が存在し，このインスリン受容体とIGF-I受容体は，やはり相同性が高いことが明らかになっている．それぞれのホルモンが，細胞

膜上に存在する受容体のαサブユニットに結合すると，βサブユニットに内蔵されているチロシンキナーゼが活性化し，いろいろな細胞内基質がリン酸化される．これを出発点として，シグナル分子同士が結合して次のシグナル分子を活性化する，あるいは「リン酸化カスケード」などを介して複数の情報伝達系の下流にシグナルが伝えられ，最終的に広範な生理活性が発現する（図 6）．

(2) インスリンと IGF の生理活性（表 4）（高橋伸一郎ら 2009）

先に述べたように，インスリンは，脂肪細胞や筋肉に対して糖取り込みを促進，グリコーゲン合成，脂肪酸合成，タンパク質合成や解糖系などを活性化するが，逆にグリコーゲン分解や脂肪分解を抑制する．また，肝臓でもグリコーゲン合成や脂肪合成を促進するが，糖新生を抑制する．このように，糖利用を促進し糖産生を抑制することにより，血糖値を低下させるのが，インスリンの役割である．一方 IGF は，培養細胞を用いた解析では，インスリンと同様に糖・アミノ酸の膜透過の促進，RNA 合成・タンパク質合成の促進など代謝性，特に同化促進活性を有する．しかし IGF は，インスリンでは弱いと考えられている細胞の運命を決めるような長期作用，細胞増殖・分化の誘導活性，細胞死の抑制活性などが強い点が特徴である．動物では，制御された IGF 活性が，正常な卵胞発育，着床，胎児発育，生後成長，成熟，タンパク質代謝を中心とした物質代謝，そして老化にも必要であることが示されている．このインスリンと IGF の生理活性の違いは，分泌様式や血中寿命の差異によるものかもしれない．

一方，これらのホルモンが標的細胞の回りに十分な量がありながら，作用が発現されない状態（「**ホルモン抵抗性**」と呼ばれている）に長時間陥ると，インスリンの場合にはⅡ型糖尿病，IGF の場合には，成長期の動物では成長遅滞が，成長期を過ぎた動物では筋萎縮などが起こる．これらは他の因子の細胞内シグナルによりインスリン・IGF のシグナル伝達が抑制されるために引き起こされることが明らかになりつつある（表 5）．

ここに述べてきたインスリンや IGF の一生における役割は，いろい

表 4　インスリンとインスリン様成長因子（IGF）の生理活性

インスリン	インスリン様成長因子（IGF）
細胞系	
糖・アミノ酸膜透過促進	細胞増殖誘導
グリコーゲン合成促進	細胞死抑制
グリコーゲン分解抑制	細胞分化誘導
糖新生抑制	細胞機能維持
脂肪合成促進	細胞癌化誘導
脂肪分解抑制	RNA 合成促進
タンパク質合成促進	タンパク質合成促進
タンパク質分解抑制	タンパク質分解抑制
RNA 合成促進　など	糖・アミノ酸膜透過促進（弱い）など
In vivo 系	
血糖降下作用	成長促進作用
同化促進作用	インスリン様作用
成長促進作用など	同化促進作用
	骨形成促進作用
	細胞増殖促進作用
	神経栄養因子様作用
	エリスロポエチン様作用
	子宮内発育促進作用
	腎血流増加・腎細胞保護作用
	免疫増強作用
	創傷治癒作用など
代謝を制御する	**細胞の運命を決定する**
短期活性が強い	**長期活性が強い**

ろな生理状態におかれた正常な動物や疾病モデル動物を用いた研究で検討されてきた．最近になり，インスリンや IGF そのものや，この生理活性発現調節に関係したタンパク質の遺伝子を欠失・高発現させたりした動物や細胞を用いた解析から，インスリンや IGF の新しい機能が更に明らかになりつつある．

表5　インスリン抵抗性とインスリン様成長因子（IGF）抵抗性の例と発生原因の候補分子

抵抗性	抵抗性の例	抵抗性を誘導する候補分子
インスリン抵抗性	インスリン受容体の変異	変異型インスリン受容体
	抗インスリン受容体抗体産生	抗インスリン受容体抗体
	肥満	脂肪細胞あるいはマクロファージが産生するTNF αなどのサイトカインの増加，遊離脂肪酸の増加
	加齢	低成長ホルモンによる肥満
	糖尿病	高インスリン，高グルコースなど
	炎症	TNF α，IL-1などのサイトカイン
	成長ホルモン過剰	高成長ホルモン
	副腎皮質ホルモン過剰	高グルココルチコイド
	酸化ストレス	活性化酸素の産生増加
	尿毒症	
IGF抵抗性	IGF-I受容体の変異	変異型IGF-I受容体
	低栄養	低アミノ酸，低エネルギー
	異化状態	TNF α，IL-1などのサイトカインの上昇
	サイトカイン過剰	TNF α，IL-1などのサイトカインの上昇
	腎不全	

(3) インスリン様ペプチドの進化から見る生理的意義

類似しながら相違点も多いインスリン／IGFシステムは，どのように進化してきたのだろうか．これまでいろいろな動物のインスリン様ペプチドの遺伝子解析が行われてきた．単細胞真核生物の代表である酵母にはインスリン様ペプチドの遺伝子は確認できないが，旧口動物の線虫では38種類，ショウジョウバエでは8種類のインスリン様ペプチドの遺伝子が存在していることがわかっている．これらは主に神経系細胞で産生されており，栄養状態をはじめとした生体の置かれた状況に応答して分泌が制御されている．一方，これらの生物にはIGF-I受容体／インスリン受容体に相同性の高い受容体が1種類しか存在していない．以降のシグナル伝達系は哺乳類のそれと良く似ており，これらの経路を介して末梢組織の代謝を調節，その結果，成長・成熟・老化などが制御されている．

これに対して，新口動物である脊索動物ではインスリン様ペプチドは1種類である．新口動物では個体サイズが大きくなり，大量に取り込んだ栄養素を代謝する必要が生じた脊椎動物への進化の過程で，IGFとインスリン，IGF-I受容体とインスリン受容体の遺伝子がそれぞれ出現し，IGFとインスリンの主要産生組織は末梢へと移り，これによって，IGFシステムがタンパク質代謝の調節を介して発達・成長・成熟・老化を制御（長期反応），インスリンシステムがエネルギー代謝を制御（短期反応）という分業化が行われたと考えられる．

これらの結果は，原生生物型祖先では，インスリン様ペプチドは1種類だったが，旧口動物ではこの種類を増やし，新口動物ではその種類を増やさずに同化反応を制御してきた可能性を示している．なぜ，新口動物では，旧口動物のようにインスリン様ペプチドを多種類にする必要がなかったのだろうか．その答えは定かではないが，新口動物では，進化の過程でIGFBPや，視床下部－下垂体－内分泌組織axis（GHRH-GH-IGF axis），他の多くのリガンドとインスリンシグナルのクロストーク機構などが出現し，これらを介して生体内外の変化をモニターすることにより，インスリン様活性が微妙に制御できるようになったためと考えることもできる．

(4) 生体の置かれた状況に応答したインスリン様ペプチドの生理活性の調節（図7）

これまで私たちは，成長期のラットや肝臓より調製した肝細胞を用いた解析で，絶食状態，あるいは摂取カロリーが必要量に満たないエネルギー欠乏状態，タンパク質の「量」あるいは「質」（栄養価）が十分でない食事を摂取している状態，成長ホルモンやインスリンが十分でない状態，副腎皮質ホルモンやサイトカインが高濃度な状態（ストレスが負荷や炎症が起こっている状態）では，IGF-Iの産生が減少し，血中IGF-I濃度が低下することを明らかにしてきた．このような生理状態では，IGFを分解して寿命を短くするIGFBP-1が増加し，IGFを分解から守

図７　低タンパク質食を給餌した動物のインスリンとインスリン様成長因子–I（IGF–I）の役割

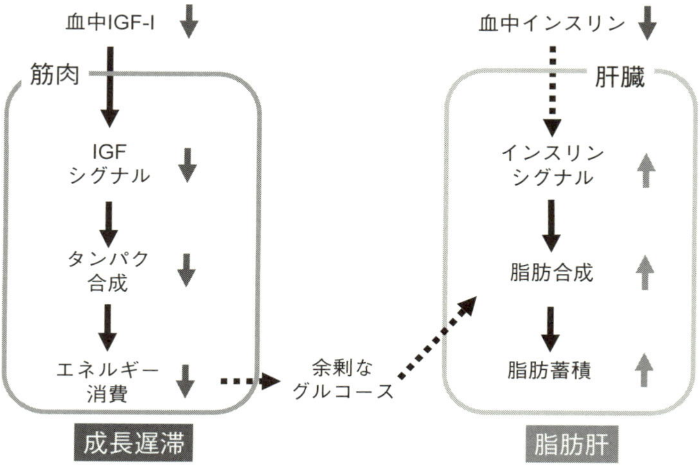

低タンパク質食を給餌された動物では，血中IGF–I濃度が低下するため，特に筋肉でのタンパク質合成が抑制され，成長遅滞が起こる．この際，タンパク質合成に使われたエネルギーが余剰となり，このグルコースは肝臓に取り込まれ，脂肪合成を経て脂肪として肝臓に蓄積される．このため，この動物は「脂肪肝」となる．このような機構で栄養失調症の一つ，クワシオルコルの症状の一部は説明ができる．

り寿命を延長するIGFBP–3の量が低下していた．更に標的細胞にIGFシグナルが流れない「抵抗性」（IGFが高濃度にあってもIGFの作用が発現しない）という状態が起こることがわかった．これらを反映して筋肉をはじめとした種々の臓器のIGFシグナルが減弱する．その結果，細胞の増殖や分化が抑制されると同時に，タンパク質合成も抑制され，動物の成長が遅滞するという機構の存在が明らかとなった．これは，生体がエネルギーを必要としている異化状態では，IGF活性を抑制することにより成長を犠牲にして生命を維持するホメオスタシスが機能する結果と考えることができる．

では，タンパク質の量を十分に摂取していない動物のインスリンシグナルはどのように変動しているだろうか．最近，私たちの研究グループは低タンパク質を給餌した低栄養状態のモデルラットの肝臓では，IGF

の細胞内シグナルの抑制と反対にインスリンの細胞内シグナルが増強され，糖新生が抑制され脂質合成が上昇していることを発見した．その結果，この動物は「脂肪肝」となる．この現象は，「低タンパク質食を摂取している動物ではIGF活性が抑制され，筋肉などではタンパク質合成が抑制され，基礎代謝などに必要なエネルギーが減少しており，このため，主なエネルギー源である糖が過剰となる．しかし，この余剰な糖は肝臓に取り込まれ，脂肪やグリコーゲンとして貯蔵される」ために起こると説明することができる．これは，私たち動物が，これまでの飢餓の危機を乗り越えるための仕組みとして発達させてきた機構と考えられる．

(5) インスリン様ペプチドの生理活性の利用

インスリンやIGFといったホルモンの活性は，自身の合成・分泌で調節されるだけでなく，それぞれの時期や組織で，生体内外の環境に応答した情報との相互作用によって制御されていることはご理解いただけたかと思う．この緻密な調節機構によって，正常な生体の発達・成長・機能維持が，初めて可能となっている．しかし，この調節機構に異常が起これば，疾病に陥る．このような研究は『農学』を含めた動物科学から見ると，どのように利用できるだろうか．いくつか例を挙げてみたい．

①成長・成熟遅滞，メタボリックシンドロームなどの疾患の予防法と治療法の開発

IGFやインスリンの活性が適切に制御されなければ，胎児期には子宮内発育不全，生後は成長遅滞，成熟後は糖尿病や早期老化を引き起こす．一方，この濃度やシグナルが高すぎれば，がんになるリスクが高くなることもわかってきている．したがって，これらの分泌量や標的組織でのシグナルを制御する技術や製剤は，これらの疾病を予防，そして治療する新しい薬剤として提案することができる．ヒトだけでなく，動物の健康年齢を延伸するための新しい切り口となることは言うまでもない．同時に，家畜や野生動物の生態や栄養状態を調べる上でも，これらの指標は重要な意味を持つ．例えば集団を作って生活する動物のグルー

ブリーダーはIGFの血中濃度が高いなどというデータもあり，野生動物での動物行動の新しいマーカーとなる可能性もある.

②高品質食資源の調製法の開発

IGFやインスリンのシグナル系は多くの動物で保存されており，これは飢餓状態を抜け出したときにすぐにエネルギーを再配分するための基礎的な制御と考えられる．これらは栄養状態やホルモン状態を変えられれば，動物の生理状態を変化させられることを示している．例えば，低タンパク質食を摂取させた動物は肝臓に脂肪蓄積することが明らかになったことは既に述べたが，この原理をトリに用いれば，ニワトリなどに白肝（フォアグラ）を作ることができる．また，脂肪を筋肉と肝臓の間でうまく調節できれば，霜降りの肉や逆に脂肪が少ない肉や肝臓など，高品質食資源を開発することが可能となろう．一方，IGF遺伝子は動物の大きさを決めることが明らかにされており，イヌの個体サイズの指標であることが近年報告された．また成長ホルモンやIGFを身体全体で高発現する遺伝子改変ウシなどの作出も試みられてきた．これらは筋肉量も増量しており新しい食資源動物として期待されているが，遺伝子組換え食品となることから，利用が十分できない現状である．しかし，これらの遺伝子・タンパク質は，個体サイズを調節する「育種」の新しい標的であることは間違いない．一方，成長ホルモンやIGFを乳腺に高レベルで作らせる遺伝子改変ウシなども作出されており，これらが多く含まれる牛乳などを作る試みも進められている.

③生態系の動物数の制御法の開発（尾崎依ら 2011）

動物の寿命のプログラムは，IGFシグナルに書き込まれていることが最近報告された．すなわち，IGFシグナルが減弱すると，酸化ストレスに対して強くなり長寿命になる．これは，動物プランクトン，ワムシでも同様である．ワムシは，IGFの分泌量を調節することによりストレス耐性能力を制御していると考えられている．栄養が豊富で多くのワムシが生存している場合には，IGFが増加してストレス耐性が低くなり，個体数がさらに増えようとするが，環境悪化で激減するリスクもある．これに対して，栄養が十分でなく個体数が少ない群では，IGFが低下しストレス耐性が高くなる．このように個体変動が調節されているワムシを餌とするサカナの個体数もこれを反映して変動することになる．この観点からすると，ワムシのIGFはサカナの個体数を変動させる重要な因子ということができる．将来的には，これらの発現を制御することにより，海の生態系を調節することも可能になるかもしれない．

8. おわりに―生命の強さの解明とその利用

ここまで，動物のホメオスタシスの仕組みを概説し，この中で特に情報伝達系に注目し，その性質や意義を説明してきた．そして最後に，物質代謝の同化を制御しており，すべての動物に保存されているインスリン様ペプチドの性質や利用法について述べた．このような研究は，決して『農学』に限った話題ではなく，医学や薬学，工学，理学に関わる研究者の協力によって推進すべき学問領域であることは言うまでもない．しかし，動物プランクトン，昆虫，脊椎動物までの動物種を研究対象とし，細胞から生態系までの広い視野に立った研究が必要で，研究成果を疾病や生体のモニターだけに用いるだけでなく，食品開発や生態系の制御までに利用するという意味では，農学の醍醐味を実感できる一例ではないかと考えている．

2003年にヒトの遺伝子配列がすべて明らかにされた．現在，研究者は，遺伝子の発現制御と遺伝子にコードされているタンパク質の機能の解明に奔走している．しかし，これらの分子それぞれの機能が明らかとなっても，おそらく生命維持の仕組みはわからないままであろう．なぜなら，生体は，生命の強さを生み出すために，これらを複雑に組み合わせて精巧な情報伝達機構を構築しているからである．それぞれの分子が持つ情報の相互作用を追求していく試みが必要であることは当然である．今後，「情報の相互作用」という観点からの基礎研究の成果が，生命現象の仕組みを解明し，新しい動物工学的技術の開発から産業応用へと，また新しい観点からの薬剤の開発から臨床応用へと，『農学』の目指す応用研究に役立っていくものと確信している．最後に本章執筆にあたり，お世話になりました伯野史彦，金子元，田中智，永井佑果，古田遥佳，竹中麻子，有賀美也子，曽根芽里，米山鷹介，高橋杏子の各氏に謝意を表します．

● 参考・引用文献

ギャノング生理学　岡田泰伸監訳　2011 年（丸善）

細胞の分子生物学　中村佳子，松原謙一監訳　2010 年（ニュートンプレス）

細胞機能と代謝マップ　日本生化学会編　1998 年（東京化学同人）

分子生物学イラストレイテッド　田村隆明，山本雅編　1998 年（羊土社）

高橋伸一郎（1998a）インスリン様成長因子とは何か．日本農芸化学会誌 72：159–160

高橋伸一郎（1998b）インスリン様成長因子の生理活性の調節．日本農芸化学会誌 72:161–166

福嶋俊明，伯野史彦，高橋伸一郎（2007）IGF が特定の生理活性を発現する分子メカニズム　—IGF 細胞内シグナル伝達系の特徴とその生理的意義—　ホルモンと臨床 55:259–306

豊島由香，高橋伸一郎（2007）IGF システムによる代謝制御 ホルモンと臨床 55：307–315

高橋伸一郎，福嶋俊明，岡嶋裕志，伯野史彦，豊島由香，竹中麻子（2009）成長ホルモン，インスリン様成長因子，インスリンの代謝活性の連携　ホルモンと臨床 57：307–317

尾崎依，大森文人，金子元（2011）ワムシ個体数変動の分子機構：高い環境適応力の謎を探る 化学と生物 49：736–738

第 11 章　食と健康の科学

神田 智正

（アサヒグループホールディングス株式会社）

キーワード

食品，発酵，健康，栄養，保健機能，エビデンス

概要

近年農学は，医学・薬学・理学・工学と交流し，学術的な境界線はかなり曖昧になってきている．そのような中，農学の最も重要な目的の一つに「食」と「健康」がある．まず農学の基本は，第一次産業としての農業，林業，水産業であり，特には，食品そのものや加工食品の原料となる有用な生物の生産を担う科学的研究である．食品に利用される生物は，植物，動物，微生物が主体であるが，植物の栄養価や収量，あるいはおいしさを向上させるための栽培法や品種改良，畜産動物や魚介類の飼育・養殖法，そして，これら生物を生産する上での衛生面に関する研究が農学の重要な要素である．次に第二次産業としての食品加工への貢献があり，これは食品の栄養や嗜好性，保存性などに加え，微生物や酵素による発酵に関する研究など，我々の生活を身近で支えている分野である．発酵食品は歴史的に人類に親しまれてきたものであり，日本においては味噌，醤油，納豆，漬物，鰹節，なれずし，酒，みりん，酢，焼酎など，世界的にはパン，ヨーグルト，チーズ，ナタデココ，キムチ，発酵調味料，紅茶，ウーロン茶，プーアル茶，バニラ，カカオ，ビール，ワイン，ウイスキー，ブランデーなどがあげられる．また，微生物や酵素を利用するという意味では，アミノ酸や核酸，有機酸，さらには食品ではないが，抗生物質など特定の成分

の発酵生産も行われている．これらは，カビや酵母といった真菌類，乳酸菌や枯草菌・酢酸菌などの細菌類，酸化や自己消化などの酵素類の働きを利用している．

一方，1980 年代には食品の機能性が提唱され，食と健康の関係がより注目されるようになった．すなわち，食品は第一次機能としての栄養機能，第二次機能としての嗜好性，第三次機能としての生体調節機能を有するという考え方である．以来，健康な生活を送るための第三次機能に着目した食品研究が発展し，近年ではそれに伴うさまざまな制度が各国で導入されている．現在，日本における健康や栄養に関する表示制度においては，生体の生理機能などに影響を与える成分を含む食品に健康機能の表示を許可した「特定保健用食品」と，主に不足しがちな栄養素ビタミンやミネラルについて一日当たりの摂取目安量と栄養素の機能を表示した「栄養機能食品」がある．これらは合わせて「保健機能食品」と称されており，生活習慣病などの疾病状態と健康な状態との境界領域にあるいわゆる未病状態のヒトに対して，健康の維持や疾病リスク低減に貢献するものである．

近年，食品産業のグローバル化・多様化が進む中，農学は嗜好性向上や品質安定化，生産効率向上，保健用途開発に貢献し続けている．本章では食と健康に関し産業界の視点から発酵食品，食品安全，食品の機能性について考察する．

1. はじめに

食と健康といえば，一般的に健康に良いといわれる食品や健康食品を想像する方も多いだろう．一方で，そのような食品を摂らなくても通常の日常生活において健康でいられる人が多いのも事実であり，食事から摂取する栄養のバランスが良く，適度な睡眠や運動および精神的な充足などの健康的な生活習慣の要素がそろっていれば，基本的には不健康にはならないものである．では，食と健康の関係性とはどのようなことなのだろうか．

地球上に生命が誕生してから現在のヒトの体の仕組みができ上がるまで，はかり知れないほどの進化を遂げてきた．さらに食そのものも基本は生物であり，ヒトと同様に多くの進化を経て今日に至っている．本章ではこれらについて考察してから，偶然あるいは経験的に作られるようになったと考えられている伝統的発酵食品とそれらから発展した技術について，次いで第 2 部・第 7 章にも述べられているが現代の食の安全について，さらに食品の機能性と研究の方向性や社会への影響および適用について，食品産業界からの視点で解説する．

2. ヒトと食

(1) ヒトの進化

人類は数百万年かけて進化を遂げてきたが，その大半が食糧を得るため，あるいは飢餓を乗り越えて生存し，子孫を残すためであり，さまざまな能力や体のシステムを獲得してきた．数百万年，もしくは猿人より前の生物の時代では，エネルギー源として**カロリー**の高い糖質や脂質，生体構成に必要なタンパク質やアミノ酸などは，甘味や旨味，良い香りなどに満足を感じて能動的に摂取するようになり，反対にカロリーを低減したり生体に危険を及ぼしたりする成分は，苦味や酸味，良くない臭いなどに忌避を感じるようになった．さらに，余剰したカロリーをエネルギー効率のいい高カロリーの脂肪やグリコーゲンとして体内に貯蔵できるようになり，飢餓時に蓄えたエネルギーを利用し血糖値を維持するシステムを獲得したのである．

世界人口は，紀元前数千年前では 1000 万人以下，西暦元年には 2～4 億人であったと推定されている．その後，産業革命や医学の発達によって 1800 年頃から急増し，1999 年に 60 億人，2011 年には 70 億人に達し，この増加傾向はまだしばらく続くと予想されている（図 1）．このように，文明が始まって以来人口が増加し続け，生活環境が急速に変化してきたため，進化が追いついていない形質もあるのではないかと考えられるが，基本的には飢餓時の生命維持を中心に進化・発達してきたことがうかがえる．食べ物も摂取の仕方や量，栄養素のバランスなどが時代とともに大きく変化している．近年の先進諸国では食糧が豊富に入手でき

図 1　世界人口の推移

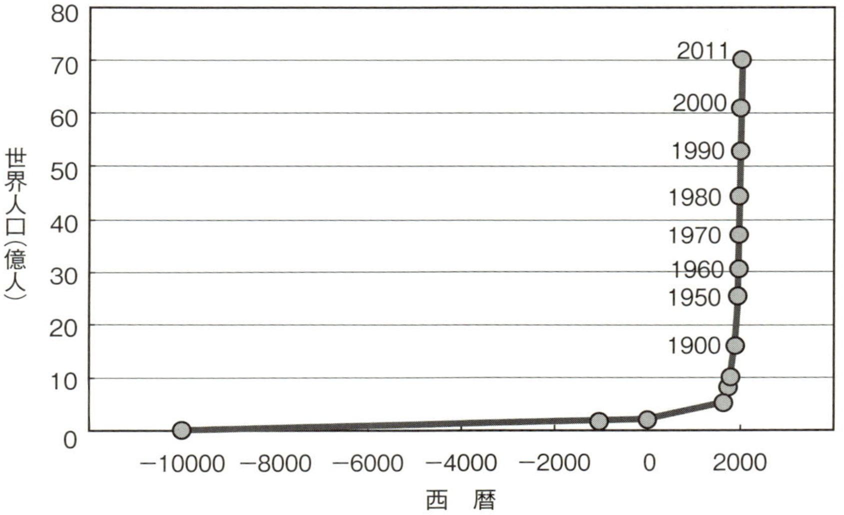

るようになった反面，これまでの進化で獲得した味覚や嗅覚によって摂食量が増大し栄養過多を生じたり，それに伴うメタボリックシンドロームなどの生活習慣病が生じたり，食中毒に代表される食品事故が起こったり，さらにはヒトの生活環境の変化も合わさってアレルギーが急速に広がるなど，食品や生活習慣・環境の変化が原因となる新たな問題が発生してきている．

(2) 食の進化

ヒトは進化の過程で，はじめはサルなどと同様に植物の芽や葉・花・果実・木の実など，あるいは昆虫や爬虫類などを主な食料とし，その後，鳥類や哺乳類・魚介類など狩猟するようになったと考えられている．人口が増加するにしたがって，食糧の獲得・確保が必要となったため，食用植物の栽培や動物の飼育が始まり，農耕や畜産の原型となった．また火や塩，蜂蜜などを使えるようになったことも大きく貢献し，乾燥や燻煙，塩蔵や砂糖漬けなどの加工によって飛躍的に食料の保存性を向上させた．さらにワインやビール，酢などの痕跡が紀元前 4000 ～

3000 年くらいの遺跡で見つかっているように，偶然あるいは経験的に微生物や酵素が関わる**発酵食品**が生まれたことが，世界各地で悠久の時節を越えて独自の食文化となって発展し今日まで伝えられてきたと考えられる．現在では加熱，濃縮，乾燥，洗浄，殺菌，冷蔵，冷凍，濾過，脱酸素，**食品添加物**使用などの加工技術や，容器および設備技術の発展によって，栄養面や嗜好面および安全面といった品質も素晴らしく向上した（ボックス 1）．また流通の技術やネットワークの発達も伴い，世界的に食料の供給が安定してきただけでなく，特に先進諸国ではいつでもどこでもおいしい食品や飲料を入手することができるようになってきた．しかしながら，依然として国や地域によって格差があり，急速な人口増加に食糧供給が対応できるかどうかは今後も重大な問題として残っ

ボックス 1

食品添加物

「食品添加物無添加」など食品添加物を敬遠するような表示を見ることがある．かつて合成甘味料や合成着色料に発がん性が見つかり，使用禁止になった事例は少なくなく，これらの記憶とそれにともなう情報が「無添加」の価値を引き出していると思われる．実際には食品添加物をゼロにした食生活は特に先進諸国では非常に困難であり，塩類を用いる豆腐やこんにゃく，香料や乳化剤・安定剤を用いるアイスクリーム，炭酸ガスやクエン酸を用いる炭酸飲料など，食品添加物無しには成り立たない食品が少なくない．添加物にはもともと食品成分であるものも多く，塩化マグネシウムや塩化カリウムなどの塩類，乳酸やクエン酸などの有機酸，ビタミン C や葉酸などのビタミン類，グリシンやグルタミン酸などのアミノ酸類も食品添加物である．現在では食品添加物は，各種安全性試験による無毒性量（NOAEL）や 1 日摂取許容量（ADI）などの設定が求められ，多くの有識者を擁する内閣府・食品安全委員会によって国際レベルの安全性が厳しく評価され認可されたものだけが食品添加物として登録されている．食品添加物とは，食品を形作ったり，食感を与えたり，色・香り・味を付与したり，栄養成分を補ったり，品質を安定させたりという目的をもって食品に使用した場合に添加物表示になるのである．

ている.

食品に利用される生物は，穀類や野菜・果実などの植物，牛や豚・鶏などの動物，魚や軟体動物・藻類などの魚介類，キノコや発酵食品などの微生物が主体であり，根本的な第一次産業を強化する目的として，植物の栄養価や収量，あるいは嗜好性を向上させるための栽培法や品種改良，動物や魚介類の飼育・養殖法，さらには，これら生物を生産する上での衛生面に関する科学的研究が重要な要素となっている．第二次産業としての**食品の加工**という面では，保存性や安全性，嗜好性に関わる化学的・生物学的な研究が広がりをみせてきている．そのなかでも伝統的な発酵食品については，微生物や酵素を理解し，コントロールすることで品質を安定させた大量生産が可能になり，発展を遂げてきた．さらに1980年代には食品の機能性が提唱され，食品が健康に及ぼす影響を研究する流れが大きく広がった．これはすなわち食品成分がヒトの**生体調節機能**に対して何らかの作用をもつという考え方であり，日本が世界に先駆けて発信し，現在各国で“functional foods”と言われている食品の発展に強い影響を与えた．

3. 発酵食品

(1) 伝統的発酵食品

食と健康に関する科学といえば，古くから親しまれてきた「発酵食品」があげられるであろう．発酵食品は世界各地で伝統的な食文化となっているものが多く，もともと自然発生的にできた発酵食品を安定的に生産するために，さまざまな手法や研究が積み重ねられてきたともいえる．日本においては味噌，醤油，納豆，漬物，鰹節，なれずし，酒，みりん，酢，焼酎など，また世界ではパン，ヨーグルト，チーズ，ナタデココ，キムチ，各種発酵調味料，紅茶，ウーロン茶，プーアル茶，バニラ，カカオ，ビール，ワイン，ウイスキー，ブランデーなど，非常にバラエティーに富んだ種類の発酵食品が各地にある．もちろんこれらは現在でも家庭で作られる場合もあるが，一定の品質を確保したものを大

図2　醸造用酵母 *Saccharomyces pastorianus*（下面発酵ビール酵母）

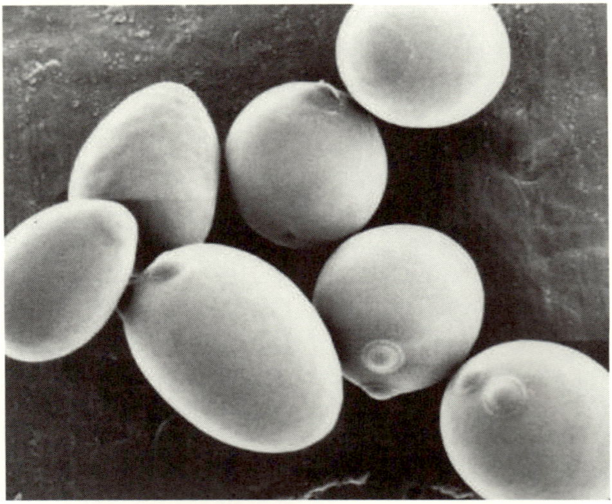

下面発酵ビール酵母は分類学書「THE YEASTS A TAXONOMIC STUDY」により分類名が変更されている.
第1版（1952）*S. carlsbergensis*，第2版（1970）ではメリビオース資化性があることから *S. uvarum*，第3版（1984）では接合性から *S. cerevisiae*，第4版（1998）では胞子発芽性やDNA相同性から *S. pastorianus*，第5版（2011）*S. pastorianus*.

量生産し流通させるために産業化されているものが多い.

ここで発酵食品の作り方をいくつか簡単に紹介してみよう．伝統的発酵食品は微生物発酵で作られるものが多い．たとえば**日本酒**では精米した米を蒸し，**コウジカビ**の胞子を加えて温度・湿度を保つことで菌を増殖させ麹を作る．その麹と新たな蒸し米を仕込み水に加えると，コウジカビ（のアミラーゼ）が米のデンプンを分解してグルコースなどの糖類を生成（糖化）し，次いで乳酸菌が乳酸を生成してpHが低下（乳酸を入れる製法もある）する．これに培養した酒母（**酵母**）を加え糖からエチルアルコールを生成させ，ろ過や殺菌を経て生産する．**醤油**や**味噌**では，大豆・麦・米などのさまざまな原料を蒸し，コウジカビの胞子を加えて麹をつくり，水と塩を加えて熟成させる．そこではコウジカビ・乳酸菌・酵母が共に働いており，原料の種類や製法（環境），菌の種類の違いなどによって，個性豊かな調味料となり地域に根ざした食文化を育てている．また，**ビール**はアルコール発酵前に麦を発芽させることによって麦芽内にアミラーゼを生成させ，破砕した麦芽を温水に入れデンプンを分解・糖化させる．ろ過した麦汁にホップを加えて煮沸し，ビール独自の香りや苦味を付与し，冷却した麦汁に酵母（図2）を加え発酵させると，エチルアルコールが生成する．ビールの生産量は2009年には世界中で1億8千万キロリットルに達し，食品産業のなかでも生産数量の多い分野である．発酵食品の中でもアルコール飲料は，健康に対する影響がヒトの遺伝子型や摂取量によって大きく異なるため，アルコール発酵をしていないビールテイスト飲料も開発され，新たな機能性分野が生み出されているのもまた特徴である（ボックス2）．

ボックス 2

酒は百薬の長？

アルコール飲料の摂取は健康にとって良い面と悪い面があるが，それには摂取量だけでなくヒトのアルコール分解遺伝子型が大きく影響する．アルコールは体内にあるアルコール脱水素酵素でアセトアルデヒドに変換され，それがさらにアセトアルデヒド脱水素酵素で酢酸に変換，最後は二酸化炭素と水に分解・排出される．アルコール飲料の悪い面を示す主たる原因となる物質はアセトアルデヒドであるため，アセトアルデヒド脱水素酵素の遺伝子型が，お酒に対するタイプ（お酒との相性）をほぼ決定づけている．いわゆるお酒に「強い（普通）」，「弱い」，「飲めない」の原因である．特に日本人はアルコール代謝に関する酵素の遺伝変異が多く，「弱い」タイプの比率が世界で最も大きい．

一方で“適量のお酒は体によい”ことが「Jカーブ（Uカーブともいう）」という考え方で示されている．これは，1981年にイギリスのマーモット博士が発表した「飲酒と死亡率のJカーブ効果」という疫学調査研究によるものであり，日本人でも同様の結果がみられている．その調査結果では毎日「適量」を飲酒する人は，全く飲まない人や時々飲む人に比べて，心筋梗塞などの冠動脈疾患による死亡率が低い傾向にある．ただし，毎日「大量」飲酒する人やアルコール依存症患者は，冠動脈疾患による死亡率が極端に高くなっている．この数値を横軸に飲酒量，縦軸に死亡率でグラフに表すと“J”の字に似るため，一般的にこれを「Jカーブ効果」と呼んでいる．ではアルコール飲料の適量とはどんな量なのか？　これまでのさまざまな研究で，純アルコール20～25 g/日とされている．（エチル）アルコールは比重が約0.8であり，アルコール濃度は容量％で表示されるため，飲み方にもよるが純アルコール20 g（25 mℓ）はおよそ，ビールでは中瓶1本（アルコール5％で500 mℓ），ワインではグラス2杯（12％で120 mℓ），日本酒1合（14％で180 mℓ），焼酎グラス1杯（アルコール25％で100 mℓ），ウイスキーではシングル2杯（43％で60 mℓ）に相当する．ただし，これはその人のアルコールに対する遺伝子型や，年齢，体重，性別，健康状態によっても異なるので，それぞれの人に合った「適正飲酒」が望まれる．

一方，紅茶やウーロン茶は**酵素**による発酵で作られる発酵食品である．もともと同じ *Camellia sinensis var. assamica* という種の茶葉を用い，葉に存在する酸化酵素などがカテキンなどのポリフェノールを酸化して作られるが，紅茶は完全発酵，ウーロン茶は半発酵とそれぞれ発酵度が異なる．また発酵食品の中でも，生きたままの菌を摂取するヨーグルトの**乳酸菌**や納豆の**枯草菌**などは，ヒトの健康への影響に関する研究が注目されており，腸の調子を整えたり，免疫力を高めたりすることが数多く研究され，そのメカニズムの解析や新たな菌種の育種や選抜などの研究開発も進められている．後述するが「おなかの調子を整える」という内容で，**特定保健用食品**としての表示許可を得ている菌もある．

(2) 近年の発酵技術

1908年，昆布の**旨味成分**として池田菊苗博士によって見出された**グルタミン酸**などの**アミノ酸**類や，鰹節の旨味成分として見つかったイノシン酸などの核酸類，乳酸やクエン酸などの有機酸類，ビタミンB_2などのビタミン類は，近年では微生物による発酵生産が行われている．さらには食品成分以外にも抗生物質や抗ガン剤などの医薬品といった特定の有用成分もまた発酵で作られている．これら発酵技術はカビや酵母などの真菌類，および乳酸菌や枯草菌，酢酸菌，コリネバクテリウムなどの細菌類といった微生物だけでなく，酵素による酸化や自己消化などの働きも利用されている．

現在，加工食品の原材料名の表示でよく見られる「調味料（アミノ酸など)」や「**酵母エキス**」などは，鰹節や昆布の「だし」と同様に味にコクや厚みを持たせる機能があり，塩分を低減する旨味として活用されている．アミノ酸系旨味成分の代表とされるグルタミン酸は，さまざまな製造法が開発されてきたが，現在では選抜・育種された *Corynebacterium glutamicum* によってサトウキビやサトウダイコン，トウモロコシなどの糖質原料を使用し，特定の条件で培養し発酵させることで糖をグルタミン酸に変換，精製する方法が用いられている．同様に核酸系旨味成分であるイノシン酸やグアニル酸もそれぞれ発酵に適した菌を選抜・育種し，特定の培養条件による発酵法で作られている．また酵母エキスも同様に，酵母菌株を選抜・育種し，さまざまな培養条件によってアミノ酸や核酸を発酵・蓄積した酵母をエキス化し，安全で旨味がある調味料として生産されている．以上のように伝統的に培われた発酵食品の技術を科学的に理解し，発酵微生物の特性を解明したり，より良い微生物を育種したりすることは，さらに優れた品質の発酵食品あるいは有用成分を安定的に大量生産することに貢献できる．微生物を深く理解する方法としては，ターゲットとする遺伝子やタンパク質の解析が行われているが，2000 年以降では発現解析（トランスクリプトミクス）やタンパク解析（プロテオミクス)，代謝物解析（メタボロミクス）など網羅的解析が行われるようになり，これまでよりはるかに多くの微生物情報が得られるようになってきている．

4. 食品安全

(1) 食品事故と制度

近年になっても食品の事故が後を絶たない．これらの事例には微生物汚染や化学物質汚染，生物毒などさまざまな要因が関わっている．有機水銀の蓄積した魚介類摂取による水俣病や，カドミウム濃度の高い米や野菜・飲用水によるイタイイタイ病が特に有名であるが，ヒ素や鉛などの重金属類，残留農薬やカビ毒などの化学物質，それにボツリヌスやサルモネラ，黄色ブドウ球菌，リステリア菌，腸管出血性大腸菌など微生物による食品関連事故は毎年のように起こっている．日本では食品に関連する法規は1900年から作られていたが，1947年に**食品衛生法**が制定され，その後も社会情勢に応じて随時改正されてきた．最近では牛海綿状脳症BSEや大腸菌O157，無登録農薬などの問題を受けて2003年に**食品安全基本法**が制定され，内閣府・食品安全委員会でリスク評価が行われるようになった．また国際的には消費者の健康を守ることを目的として，国連食糧農業機関（FAO）と世界保健機関（WHO）が合同で，国際貿易上重要な食品について国際的な食品規格を策定するための組織，**コーデックス**（Codex）食品規格委員会を1962年に設立している．

(2) 衛生管理システム

食品製造の業界は安全・安心のために，食品衛生法などに対応した衛生・品質管理だけでなく，**HACCP**（Hazard Analysis Critical Control Point）システムを取り入れている．これは食品原料の受け入れから製造・出荷までのすべての工程において微生物汚染などの危害をあらかじめ分析（Hazard Analysis）し，その結果に基づいて製造工程のどの段階でどのような対策を講じればより安全な製品を得ることができるかという重要管理点（Critical Control Point）を定め，これを連続的に監視することにより製品の安全を確保するという**衛生管理手法**で，元々は食中毒が重大事故につながってしまう宇宙食の安全性を高度に保障するために開発されたものである．これが後に一般食品にも広く応用され，また食のグローバル化により，現在では先進国だけでなく食品を貿易対象としている諸国においてもHACCPシステムの導入が進められてきた．日本では1995年，食品衛生法の改正により厚生労働大臣の承認制度として創設されている．本システムでは水分活性やpH，原料の種類などのように食品の性質やその容量に伴う各々の特徴によって適正な殺菌条件を算出・設定し，実際にその工程中の温度や圧力などのパラメーターの変動範囲でも常に十分な殺菌状態が実施されているかを検証した後，操業している期間中にモニタリングおよび記録することが骨子となっている．HACCP以外にも，目標とする品質を確実に作り上げるための責任体制や文書づくり（マニュアル化），および実施作業後にチェックと

図 3　液体クロマトグラフ質量分析機　LC-MS/MS

改善などが盛り込まれた**品質マネジメントシステム**の**国際規格**である**ISO**9000（ISO：International Organization for Standardization）シリーズや，このシステムを食品製造企業だけでなくフードチェーン全体，いわば「農場から食卓」を対象として食品安全管理に適用したISO22000も構築されてきた．また原料の品質をチェックする技術は，法律の改定や分析技術・機器の高性能化にともなって高度になり，残留農薬などの薬品やカビ毒などの危害成分を詳細分析するため，液体クロマトグラフ質量分析法（図3，**LC/MS/MS**）や，**遺伝子組換え**作物や原料の品種などを判別するための**PCR**（polymerase chain reaction）法を用いた**DNA鑑定**技術も導入されてきている．食品産業界はこれらの手法を製造現場や工場に導入し確実に実施することで食の安全・安心に漏れがないように日々努めている．

5. 食品の機能性

(1) 機能性の研究

1980年代に日本から提唱された食品の機能性とは，栄養素としての第一次機能や嗜好性としての第二次機能ではなく第三次機能を指してい

図 4　乳脂肪摂取量と虚血性心疾患による死亡率グラフ（左図）と乳脂肪摂取量をワイン消費量で補正した同グラフ（右図）

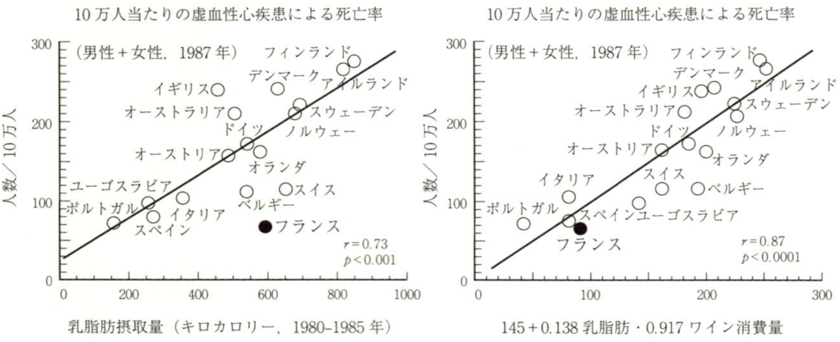

る．すなわち，糖質・タンパク質・脂質・ビタミン・ミネラルの栄養素以外の食品成分が，生体の生理機能に対する何らかの作用を有しているというものである．ここに食品の機能性研究として社会や同じ分野の研究者に大きなインパクトを与えた事例を二つ紹介する．

一つは**赤ワイン**である．1990 年代，**フレンチパラドックス**という言葉が流行した．これは，「フランスは他の欧米諸国と同様に脂肪摂取量が多いのにもかかわらず，虚血性心疾患の発症率が相対的に低い．これを赤ワインの消費量で補正すると脂肪摂取量と心疾患の発症率の相関性が高くなった（図 4），すなわち赤ワインを習慣的に飲めば脂肪を含む肉やバターをたくさん食べても心疾患になりにくい」というものである．実際，10 万人にも及ぶヒトを対象とした**疫学研究**（コホート研究）成果が医学系の重要な論文誌に掲載され，さらに世界中でこの情報が報道されたことで，世界の赤ワインの消費量が 40％以上も急増し，比較的有名なワインは価格が高騰することにつながった．また白ワインでは相関は補正されなかったことから，この作用に寄与する成分はワインの赤い色素，すなわちアントシアニンなどの**ポリフェノール**類であるとされた．この後，この疫学研究に追随して赤ワインのポリフェノールがコレステロールの酸化を抑制するといったさまざまな研究結果が**ヒト試験**レベルでも蓄積されたのである（ボックス3）.

ボックス3

生体内抗酸化

動物はエネルギー獲得のためミトコンドリアの電子伝達系でATPを産生しているが，その際消費される酸素のうち約2％が活性酸素に変換される．また紫外線や放射線を多く浴びることでも活性酸素は細胞内に発生する．さらに酸化されやすい脂肪などを多く摂取すると活性酸素が生体内に増大する．一方で活性酸素は血管の収縮を行ったり，免疫系で好中球などの白血球が，感染した病原菌や寄生虫に対して攻撃したりと，常に利用されている．活性酸素と呼ばれるものは，フリーラジカルとそうでないものなど数種類が存在する．さまざまな要因で発生した活性酸素の余剰分は，脂質やタンパク質，DNAなどを酸化し，動脈硬化や心臓病といった疾病や，老化の要因にもなっていると考えられている．生体内の活性酸素は各組織細胞に存在するSOD（Superoxide dismutase）やカタラーゼなどの酵素によって，あるいはトリペプチドであるグルタチオンなどの還元物質で消去される．またビタミンCやEなどの抗酸化性のあるビタミンや，ポリフェノール類，カロテノイドなど，食品から摂取される抗酸化力の強い成分も生体内抗酸化に有効になるのではないかと考えられている．

もう一つはβ-カロテンである．これは食品成分による生体機能への作用が複数の実験結果として得られたにもかかわらず，最終的には疫学研究などによってその作用が明確にならなかった例である．かつて，ニンジンやトマトに含まれるβ-カロテンにはガン予防効果があるという説は，試験管実験や動物実験，加えてヒト試験でも報告され，その効果は疑われていなかった．そこでβ-カロテンについてさらに深く研究が進められ，実際に中国やフィンランド，アメリカにおいて一試験で約2～3万人を対象とした大規模ヒト試験が行われたのである．しかしながらその結果，発ガンリスクが低下した結果もあれば，リスクが上昇して試験を中止した報告もあり，β-カロテンのみを**サプリメント**などの形態で摂取しても発ガンリスクが減らないばかりか，逆に高まる可能性も否定できないという結論になったのである．当時，食品機能の研究に携わる者は，数々の実験データが否定されることになったこの報道には非常に驚かされた．現在の見解では，ガン予防効果にはβ-カロテン以外のカロテノイドやその他の食品成分との共存が重要ではないかと考えられている．つまり，ニンジンやトマトをはじめ複数のカロテノイドを含有する通常の食品は体に良い，ということは事実広く認識されており，後述するが米国ではトマト（リコピン：カロテノイドの一種）はガンとの関連で限定的に表示が認められている．

(2) 特定保健用食品

食品の機能性の研究は医学や薬学分野と相互に大きく影響し合い，近年では食品成分が臨床レベルまで研究対象にされることも多くなった．しかしながら実際には**機能性食品**という名称の食品は日本にはなく，「特定保健用食品」という名称になっている．日本では少子高齢化が進み2010年度には医療費の総額は36兆円を超え，国民の負担が年々増大しているため，これまでにも単なる長寿だけでなく**健康長寿**であることが誰にとっても重要であることが示されてきた．厚生労働省（当時は厚生省）が2000年に始めた国民健康づくり運動「健康日本21」において健康寿命のための具体的な目標を設定し，また2003年には**健康増進法**が施行されている．一方，1991年に保健機能食品制度が定められ，その有効性や安全性などの科学的根拠を消費者庁（当初は厚生省）に提出し審査に合格したものだけが**ヘルスクレーム**と呼ばれる保健の用途，ならびに許可マークを製品に表示できる「特定保健用食品（以下『**トクホ**』と記載）」として政府から認可されることになった．逆に言えばトクホ以外の食品は一切の健康機能を謳（うた）ったり表示したりすることは違法であり，有効性に関する研究データが相当量あっても，伝承的にその機能が認められたり外国で認められたりしていても，政府の認可がなければ製品に健康機能を表示したり，効果効能の記述がある書籍などに製品名を記載したりすることは禁止されている．現在，トクホの主なヘルスクレームは，「お腹の調子を整える」，「コレステロールが高めの方に適する」，「血圧が高めの方に適する」，「ミネラルの吸収を助ける」，「骨の健康が気になる」，「虫歯になりにくい」，「歯の健康維持に役立つ」，「食後の血糖値が気になる方に適する」,「食後の血中中性脂肪の上昇を抑える」,「体脂肪が気になる方に適する」が設定されている.

トクホ申請のためには，その食品の有効性および安全性がヒト試験レベルで証明されていることが必須条件となる．また，医療が必要と判断される疾病状態のヒトは，臨床試験で効果が認められたとしてもトクホの対象として認められない．たとえば，高血圧に関するトクホの場合，収縮期血圧 140 mmHg 以上または拡張期血圧 90 mmHg 以上の高血圧症のヒトを対象とするのではなく，健康な状態と疾病状態の境界領域である**未病状態**といわれる血圧が高め，すなわち収縮期血圧 130 〜 139 mmHg または拡張期血圧 85 〜 89 mmHg のヒトを対象とするのである．このようにトクホは明らかに症状を有する疾病患者ではなく，医療行為が必要とされる少し手前の**疾病予備軍**や予防を意識する方に対して有効な食品として位置付けられている．また，ヒト試験では背景やデータのバラつきが必ず生じるため，ある程度の人数を確保し，**無作為割付比較対象試験**（被験者を被験群と比較対照群に無作為に割り付けて評価することによりデータの偏りを軽減する方法）で行われる．そのほかトクホ申請に必要な情報は非常に多岐にわたり，また**科学的根拠（エビデンス）**が求められる．具体的には，ガイドラインで求められる仔細な条件を満たしたヒト試験において統計学的有意差を認めたデータのほか，有効性をもたらす主要成分（関与成分）の特定と用量設定の根拠，作用メカニズムの解明や関与成分の同定・解析と有効性への寄与率などのデータ，さらに各種遺伝毒性試験や動物およびヒトにおける**安全性評価**試験，関与成分の吸収代謝に関する知見，製品中の関与成分含量の保存安定性などがある．これらの試験結果の中には，審査（査読）付き論文誌に掲載されて初めて申請資料として認められるものもある．このようなデータを元に申請した内容は，医学，薬学，農学などの各分野から選出された多くの専門審査官によって厳密に審査され，すべてに承認が得られればトクホ表示の認可を受けることになる．これまでに許可された表示内容とそれ応じた関与成分について表 1 に示した．

一方トクホとは別に，**必須栄養素**である**ビタミン**（ボックス 4）やミ

表 1　特定保健用食品の表示と保健機能成分（関与成分）

表示内容	保健機能成分（関与成分）
お腹の調子を整える	各種オリゴ糖，難消化性デキストリン，ポリデキストロース，ビフィズス菌，乳酸菌，グアーガム，サイリウム（食物繊維），低分子化アルギン酸 Na，ビール酵母（食物繊維），ラクチュロース，ラフィノース等
血圧が高めの方に適する	各種ペプチド，杜仲葉配糖体，γ-アミノ酪酸，燕龍茶フラボノイド，酢酸，クロロゲン酸　等
コレステロールが高めの方に適する	大豆タンパク，リン脂質結合大豆ペプチド，キトサン，植物ステロール，サイリウム，低分子化アルギン酸 Na，カテキン，ブロッコリー・キャベツ由来アミノ酸
血糖値が気になる方に適する	難消化性デキストリン，グアバ葉ポリフェノール，小麦アルブミン，豆鼓エキス，L-アラビノース　等
ミネラルの吸収を助ける	カゼインホスホペプチド，クエン酸リンゴ酸カルシウム，ヘム鉄，フラクトオリゴ糖　等
虫歯の原因になりにくい	パラチノース，マルチトール，キシリトール，エリスリトール，茶ポリフェノール　等
歯の健康維持に役立つ	キシリトール，リン酸化オリゴ糖カルシウム，リン酸-水素カルシウム，フクロノリ抽出物，乳タンパク分解物　等
骨の健康が気になる方に適する	大豆イソフラボン，フラクトオリゴ糖，乳塩基性タンパク質，ビタミン K_2，ポリグルタミン酸　等
食後の血中の中性脂肪を抑える	グロビン蛋白分解物，ウーロン茶重合ポリフェノール，コーヒー豆マンノオリゴ糖　等
体脂肪が気になる方に適する	中鎖脂肪酸，茶カテキン，EPA と DHA，ベータコングリシニン，りんご由来プロシアニジン　等

ネラルでは，厚生労働省が設定した基準で含有すれば審査を受けずとも「**栄養機能食品**」との表示ができる．すでに五大栄養素に認められているビタミン・ミネラルは他の栄養素と比べ不足しやすい成分として認識され，その欠乏症も明確になっていることから，国民が補助的に摂取できるよう設けられたのである．この「栄養機能食品」と「トクホ」とを合わせて「**保健機能食品**」と指定されている（図 5）．日本の法律において，これら「保健機能食品」以外の食品はすべて一般食品とみなされ，これらとは区別されている．これまで約 1000 品目のトクホ製品が認可されているが，上述した 10 種類程度の主なヘルスクレームのうち，

「お腹の調子を整える」と「食後の血糖値の上昇を緩やかにする」だけでその約半数を占める．トクホの関与成分として認可数が多い食物繊維や**難消化性デキストリン**など，用途や用量が指定された「**規格基準型トクホ**」として通常の審査を簡略化されているものもある．

図 5　保健機能食品の分類とその位置付け

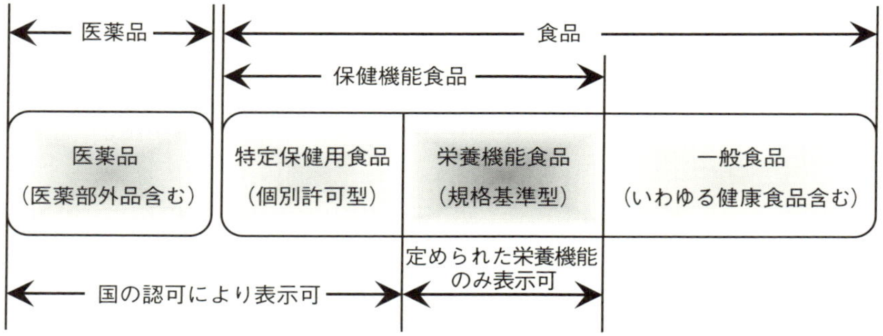

ボックス 4

ビタミンの発見は日本の農芸化学者？

ビタミンが重要な栄養素であることは現代ではよく知られているが，約100年前まではその存在さえも知られていなかった．単調なあるいは偏った食事を続けるとビタミン不足で壊血病や脚気といった欠乏症が起こるが，ビタミン発見以前，これらの症状は病気とされていた．壊血病や脚気の治療については，1790年にオーストリアの軍医クラマーが壊血病患者にオレンジ果汁を飲ませて治療し，また1882年に日本の軍医高木兼寛博士が食事のバランスで脚気を治した．実験的には，1897年オランダの医師エイクマンがニワトリに脚気を起こさせ，玄米を与えることでその脚気は治ったが白米では治らなかったことから，玄米に含まれる成分が抗脚気因子であるとした．1910年，日本の農芸化学者・鈴木梅太郎博士が米糠から抗脚気因子としてオリザニン（米の学名：oryza sativa）を物質として世界で初めて抽出し，ヒトや動物の新しい栄養素であるという概念を明示した．これが後のビタミンB_1（チアミン）である．ところがビタミンの命名者は1912年ポーランドの生化学者フンクとされた．フンクはイギリスで鈴木梅太郎博士と同様の実験を行って Vitamine（生命とアミンの意）学説を唱えた（後にアミン以外の成分もあることが判明し Vitamin となった）．鈴木梅太郎博士の論文が日本語であったことと，ドイツ語に訳される時に「新しい栄養素である」ということが訳されていなかったために，この成果は日本国内でのみ知られることになってしまったのであるが，世界で初めてビタミンを物質として手にしたのは鈴木梅太郎博士であることは間違いない．その後，イギリスの生化学者ホプキンズは，合成食の実験で 2 種類以上存在する補助的要素が動物の成長や健康維持に必須であることを見出した．1929 年，エイクマンとホプキンズはそれぞれ「抗神経炎ビタミンの発見」と「成長促進ビタミンの発見」の功績でノーベル医学生理学賞を受賞した．

(3) 国際的なエビデンス

国際的には食品の健康表示に関して科学的根拠（エビデンス）のレベルを示す方向性になっている．エビデンスとしてのヒト試験は科学的な質が問われ，研究デザインでは無作為割付かどうか，二重盲検（被験者および試験関係者は被験者にどの被験品が割り付けられたかを最終結果が出るまで明かさない方法）か，被験者数は十分か，コホート（疫学）研究か，**メタアナリシス**（複数の研究のデータを統合し，統計的方法で解析）か，などさまざまな評価が行われ，研究やデータの信頼性が位置づけられるようになってきた．たとえば米国では 1990 年に NLEA（栄養表示教育法）が制定され，FDA（米国食品

表 2　1990 年からの米国栄養表示教育法によるヘルスクレーム

(1)	カルシウムと骨粗しょう症
(2)	食事脂肪と癌
(3)	食事飽和脂肪，コレステロールと冠状動脈心疾患
(4)	非う蝕性糖質甘味料とう蝕
(5)	食物繊維を含む穀類，果物，野菜と癌
(6)	葉酸と神経管欠損症
(7)	果物，野菜と癌
(8)	果物，野菜，穀類と冠状動脈心疾患
(9)	ナトリウムと高血圧症
(10)	ある種の食品の水溶性食物繊維と冠状動脈心疾患
(11)	大豆たんぱくと冠状動脈心疾患
(12)	スタノール / ステロールと冠状動脈心疾患

医薬局）が科学的に**SSA**（significant scientific agreement：有意な科学的合意）基準により立証されていると認定した食品（あるいは成分）と疾病との関係について，**健康表示**が可能になった（表2）．SSA基準は信頼すべき公表論文に基づき，専門家が厳密に科学的な評価を行うため，ヘルスクレームは限られたものになった．さらに**健康強調表示**範囲を広げるため，1999年にはエビデンスの基準を明らかにし一定の条件をつけた限定的健康強調表示（**QHC**：Qualified health claims）を通常食品にまで認める制度が導入された（表3）．2009年にはSSA基準とQHC基準は統合され，科学的根拠の強さのランク分けが示されている（表4）．これはFAO/WHOの行った分類にも近いと考えられ，WHOでは心臓血管系疾患リスクと要因について，確実な科学的根拠（convincing evidence）があるリスク低減要因として定期的運動・果実・野菜・魚油・リノール酸・カリウム・少量または適量のアルコール摂取を挙げ，リスク増大要因として飽和脂肪酸・トランス脂肪酸・高ナトリウム摂取・多量のアルコール摂取が示されている．EUでも同様に2009年以降，非常に厳しいエビデンスが要求されるようになり，そのヘルスクレームの妥当性評価を行うのはEFSA（欧州食品安全機関）である．このように欧米両地域において安全性とエビデンスに対する要求は厳しくなってきているが，消費者側から見れば「機能性食品」として販売されるものは明確に有効かつ安全であるものに進化していくと考えられる．

表3　米国限定的健康強調表示（QHC）

がん関連	トマト（リコピン），カルシウム，緑茶，セレン，抗酸化ビタミン（ビタミンC，ビタミンE）
心血管疾患関連	葉酸，ビタミンB_6，B_{12}，ナッツ類（くるみ等），不飽和脂肪酸（オリーブ油，キャノーラ油，コーン油）オメガ-3脂肪酸
認知機能	フォスフォチジルセリン
糖尿病関連	クロムピコリネート
高血圧関連	カルシウム
神経管障害関連	葉酸

表 4　米国限定的健康強調表示（QHC）のランク付け

第 1 レベル（A） SSA 基準を満たす（限定無し，有意な科学的合意）	・結論が覆る可能性低い・専門家集団の見解が一致・試験の質が高い（無作為割付比較対照介入試験もしくは前向きコホート観察試験） ・十分な試験症例数・異なるデザインの試験でも同様の結果 ・対象の食品摂取で達成可能
第 2 レベル（B） 高いエビデンスの QHC	・ほぼ確実だが決定的ではない・試験の質が高度及び中程度（上記に加え，非無作為割付比較対照介入試験，症例対照研研究） ・ほぼ十分な試験症例数・異なるデザインの試験でもほぼ同様の結果 ・対象の食品摂取で達成可能
第 3 レベル（C） 中位のエビデンスの QHC	・科学的支持低い・専門家集団の見解の一致度低い ・試験の質が中程度か低いレベル・試験症例数が十分でない（非無作為割付比較対照介入試験，症例対照研研究） ・異なるデザインの試験でもほぼ同様の結果あるが不確実 ・対象の食品摂取で達成可能性が不確実
第 4 レベル（D） 低いエビデンスの QHC	・科学的支持低い・専門家集団の見解の一致度が極めて低い ・試験の質が中程度か低いレベル・試験症例数が十分でない（非無作為割付比較対照介入試験，症例対照研研究） ・異なるデザインの試験でもほぼ同様の結果あるが不確実 ・対象の食品摂取で達成可能性がかなり不確実 ・当該関係を支持する何らかの，信頼に足る証拠が必要 ・当該関係を否定する強固な証拠がないこと

6. おわりに

以上のように食と健康に関わる科学の発展により，安全でおいしい食品が安定供給されるようになっただけでなく，原材料表示，栄養成分表示，機能表示などのヒトの健康に影響する情報や制度も充実してきた．そして健康に良い食品とは安全や伝統，制度，エビデンスなどさまざまな観点で何を重視するかによって異なること，健康に関する機能表示を行うためには国の制度に則ったエビデンスに基づく研究結果が必要であること，特に，ビタミン・ミネラル以外の食品成分においては，表示許可取得のために膨大な研究データが必要であることなどを述べてきた．現在は，多くのエビデンスに基づいて作成された健康な食生活を推奨す

図６　食事バランスガイド

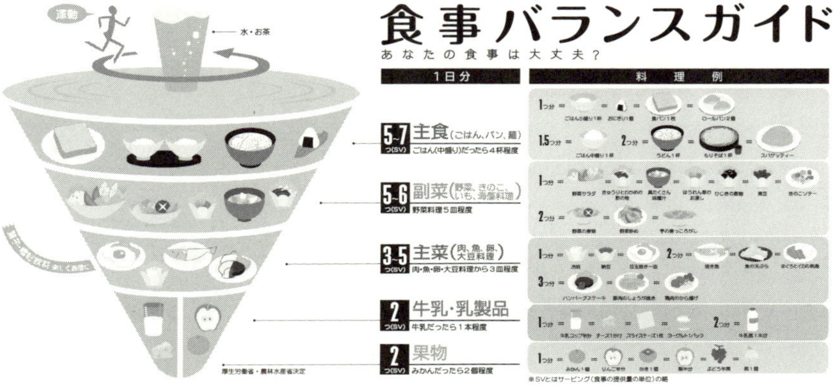

る「**食事バランスガイド**」（図 6）が厚生労働省と農林水産省から提示されている．年齢別にも用意されたこれらガイドにある食事バランスや，さまざまな発酵食品，保健機能食品などを積極的に活用することも健康増進の一助になると考えられる．個々人が正しい情報と良い食品を有効に活用し，おいしく健やかな食生活を送れるよう心がけてほしいものである．

● 参考・引用文献

日本食品衛生学会編：食品安全の事典，朝倉書店，2009
バイオインダストリー協会発酵と代謝研究会編：発酵ハンドブック，共立出版，2001
大塚謙一編：醸造学，養賢堂，1981
北本勝ひこ監修：発酵・醸造食品の技術と機能性，シーエムシー出版，2011
協和発酵工業㈱編：発酵の本，日刊工業新聞社，2008
竹井謙之編：アルコール医学・医療の最前線，医歯薬出版，2008
樋口進編：アルコール臨床研究のフロントライン，厚健出版，1996
相田浩，千畑一郎，山田秀明，滝波弘一，中山清編：アミノ酸発酵，学会出版センター，1986

食品機能性の科学編集委員会編，食品機能性の科学，産業技術サービスセンター，2008
日本ビタミン学会編：ビタミンの事典，朝倉書店，1996
満田久輝著：ビタミン，75 巻 11 号，521–524, 2001
清水俊雄著：特定保健用食品の科学的根拠，同文書院，2008
佐藤充克著：J. ASEV Jpn., Vol. 20, No. 1・2, 23–34, 2009
渡邊昌監修：NATURAL STANDARD による有効性評価，ハーブ＆サプリメント（Natural Standard Herb & Supplement Reference：Evidence–based Clinical Reviews），2007
United Nations, World Population Prospects：The 2004 Revision
Renaud S, & De Lorgeril M,：Wine, alcohol, platelets, and the French paradox for coronary heart disease, *Lancet*, 339, 1523–1526, 1992
Marmot M G, Rose G, Shipley M J, Thomas B J,：Alcohol and mortality：A U–shaped curve, *Lancet*, 1, 580–583, 1981
Guidance for Industry：Significant Scientific Agreement in the Review of Health Claims for Conventional Foods and Dietary Supplements（FDA, 1999）
Guidance for Industry and FDA：Interim Evidence–based Ranking System for Scientific Data, 2003
Guidance for Industry：Evidence–Based Review System for the Scientific Evaluation of Health Claims（FDA, 2009）
Diet, Nutrition and the Prevention of Chronic Diseases WHO Technical Report Series 916, 2005
厚生労働省のホームページ　http：//www.mhlw.go.jp/
財）日本健康・栄養食品協会のホームページ　http：//www.jhnfa.org/index.htm
日本食品添加物協会のホームページ　http：//www.jafa.gr.jp/index.htm
アサヒビール㈱のホームページ　http：//www.asahibeer.co.jp/index.html
国立健康・栄養研究所のホームページ　http：//www.nih.go.jp/eiken/

第Ⅳ部 環境科学の魅力

18世紀に英国で始まった産業革命以来，私たちは，身近な環境だけでなく地球規模でも多くの環境を急速に変えつつある．たとえば，身近な環境の変化としては，森林伐採による農耕地の造成，田園地域への都市の拡大，単一作物の大面積栽培，化学肥料による地下水の汚染や淡水域の富栄養化，化学農薬による特定害虫の多発化，外来種の侵入などがある．さらに私たちは，地球温暖化，酸性雨，オゾン層の破壊，熱帯雨林の開発，気候変動などの地球規模での環境問題にも直面している．人間活動とそれにより派生した環境問題は，私たちに多面的な問題を与えるだけでなく，生物多様性の喪失などを通じ人類へ多大な影響を与えている．自然環境に人為的な負荷をかけると，負荷が小さいときは自然の回復力により環境は回復するが，回復力以上の負荷がかかると回復は難しくなる．このような環境問題の解決に向けて，比較的大きな規模で自然環境を修復し，もとの生物群集を取り戻そうという事業も始まりつつある．私たちは，このような地球環境の変化をどこまで説明し，将来を予測できるのだろうか．第Ⅳ部では，私たちを取り巻く色々な環境とその役割及び問題点について紹介する．そして，農林水産業に関連した環境科学を通じ，環境科学の魅力を紹介し，私たちの今後の生き方について考えたい．

第12章では，「私たちを取り巻く環境」として，地球環境の成立と変遷について述べ，現在の地球環境を支えている生態系のしくみについて概説する．さらに，生態系の恵みである生態系サービスに触れ，私たちの生活と関連して生物多様性を維持する意義やその役割を応用生態学の側面から紹介する．そして，環境を中心にした農学のあり方を考える上で，幅広い分野の科学的知識や私たちの暮らし方を捉え直すなど，総合的な視点の必要性を指摘する．

第13章では，「里でのいとなみ」として，私たちの生活の場所であり，私たちが生活する上で色々と恩恵を受けている森林・里・海洋について簡単に触れ，そのつながりの重要性を述べる．そして，つながりから生じる自然のバランスの維持とその活用に触れる．特に，環境科学の視点から，里のいとなみである「農」を中心に，里での多面的な生物のいとなみとそれらの種間相互作用などを紹介する．そして，今後の農業のあり方を考える．

第14章では，「森を知り，まもり，つくる」として，森林生態系が提供する様々なサービスである森林の多面的機能を概説する．さらに，生活史戦略として樹木の多様な生き方に触れ，これらを通じ天然の更新で森をつくることを紹介する．そして，燃料問題や温暖化対策及び生物多様性の保全など，今後の森林の利活用の仕方について考える．

海洋は地球上で7割の面積を占め，色々な生き物の宝庫である．また，海洋生物は，私たちの生活に切り離せない，多面的な役割を果たしている．第15章では，このような海洋とそこで生活する生き物の多面的な役割及び私たちが直面している問題を紹介する．さらに，海洋の環境とそこで生活する生き物の多様性を俯瞰しながら，海洋における生物活動をコントロールしている基本的なメカニズムに触れる．そして，人間活動にともなって海洋の場で起きている環境上の問題点について考える．

第12章　私たちを取り巻く環境

宮下　直

（東京大学大学院農学生命科学研究科）

キーワード

物質循環，食物網，生物多様性，生態系サービス，生態系の再生

概要

地球環境は数10億年の歴史を経て形成されてきた．それは光合成による酸素の生成と物質生産を中心とした生物の営みが原動力であった．現在の生態系でも，炭素，窒素などの物質循環に生物が果たす役割は大きく，食う食われるの関係を基本とした生物間の相互作用がその原動力となっている．生態系の特徴は，陸上と水中で異なるのはもちろん，気温や降水量，栄養塩量などによっても大きく変化する．それには，生態系を構成する一次生産者の性質，たとえば高等植物か植物プランクトンか，といった違いが深く関与している．一方，消費者の役割も無視できない．植食者や捕食者の活動も，間接的に生産量や物質循環に影響しているからである．こうした生態系がもつ機能は，私たちにもさまざまな恩恵をもたらしており，生態系サービスとよばれている．生態系サービスは，しばしば生物の多様性と関係しており，現在そのしくみを解明する研究が進んできる．なかでも害虫防除や作物の送粉・結実のサービスは農業ともかかわりが深い．一方，人間活動は地球上の生物多様性や生態系サービスを急速に低下させている．生物多様性の危機をもたらしている要因は，四つに区分されている．すなわち，①人間による生息地の破壊や過剰利用，②人間による管理の衰退がもたらす環境の変化，③外来生物や化学物質による撹乱，④

地球温暖化である．現在，これらの要因を軽減し，生物多様性や生態系を再生する試みが各地で行われている．そうした試みは，国家レベルの政策だけでなく，地域に根差した政策や活動が重要であり，そのなかで農業や農学が果たす役割は非常に大きい．

1. はじめに

私たちの生活は，過去から現在，そして未来にわたり，そのすべてが「地球環境」に依存している．そしていまほど環境問題が世間の注目を集めている時代はかつてなかった．地球温暖化，オゾン層の破壊，砂漠化，異常気象など，どれも人類の将来に深刻な影響をもたらすと考えられている．この章では，地球環境に関連するキーワードのうちで，とくに第一次産業と密接に関係している「**生態系**」と「**生物多様性**」に焦点を当てる．それらが維持されているしくみを正しく理解することは，持続可能な第一次産業や社会のあり方を考えるうえで不可欠である．

2. 地球環境の成立と変遷

私たちが住んでいる地球は生命に満ち溢れた世界である．宇宙で他に生命がいる星があるかどうか，まだわかっていないが，地球に生命が住めるようになったのは奇跡ともいわれている．もう少し太陽に近かったなら，金星のように数百℃の灼熱の台地になっていただろうし，もう少し遠かったなら火星のように－50℃の極寒の世界となっていただろう．また地球には，金星や火星にはわずかしかない水がたいへん豊富にある．地球表面の7割を海が覆い，水の惑星ともよばれている．適度な温度と豊富な水の存在が，私たちを含めた生命を育む地球環境の母体となっているのである．

また，月という地球で唯一の衛星があることも生命の維持に重要らしい．地球の自転軸が23度傾いた状態で維持されているのは，月の引力のお陰だからである．これが熱帯は熱帯，温帯は温帯，寒帯は寒帯の気

図 1　大気中の酸素と二酸化炭素濃度の変遷（東京書籍「生物」を改変）

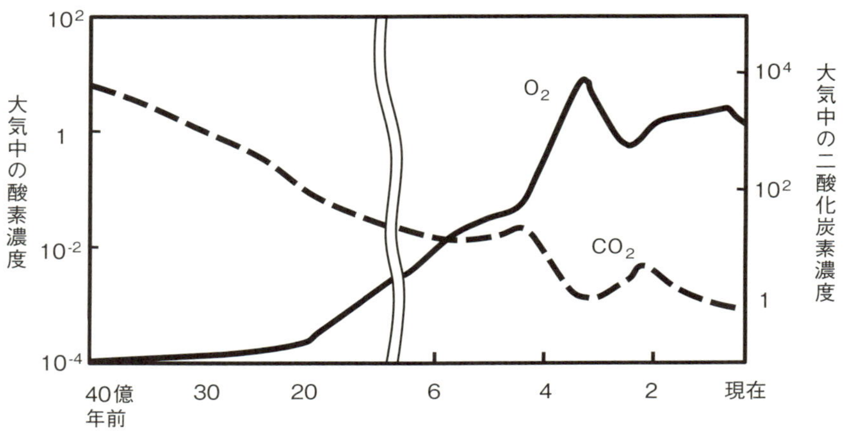

いずれも現在の濃度を 1 とした時の相対値.

候を長期間にわたって維持しているのである．もし月がなかったら，自転軸は 0 ～ 90° まで激変し，多くの生命は生き長らえることができなかったと考えられている．

地球が誕生したのは，およそ 46 億年前と推定されている．その頃の大気は水素とヘリウムからなっていたが，その後に火山活動が活発化し，大気中に多量の二酸化炭素とアンモニア，そして水蒸気が放出され，生命誕生の条件が整ってきたのである．

地球上に生命が誕生したのは，約 40 億年前と推定されている．その根拠は，およそ 38 億年前の堆積岩から細菌類が見つかっていることである．この頃の細菌は，硫黄やメタンなどを化学反応させてエネルギーを得る化学合成細菌であった．現在地球上でふつうに見られる光合成をする生物が現れたのは，およそ 32 億年前である．**藍藻類（シアノバクテリア）**が盛んに光合成を始めたことで，大気中の二酸化炭素が酸素に徐々に置き換わっていった．また光合成の産物である有機物が蓄積され，大気中の炭素が現在の化石燃料や石灰岩として地中に蓄積されていった．藍藻類の活発な光合成は大気中の酸素濃度を増加させ（図 1），エネルギー代謝のうえで有利な酸素呼吸をする生物を進化させることになった．

光合成による酸素の増加は，一方で陸上に住む生物にとって不可欠な**オゾン層**をつくりだした．オゾン（O_3）は，酸素に太陽エネルギーが加わることで比較的簡単に合成される物質であり，それが大気上層の成層圏（地上10～50 km）に豊富に形成されていった．オゾン層は，生命にとって有害な宇宙から照射される紫外線を吸収する性質がある．そのため地上部では紫外線量はおおきく減少し，およそ4億年前の古生代中期になると，多くの植物や節足動物が海から陸へと住み場所を広げることができたのである．その後，シダ植物や裸子植物，そして爬虫類が陸上で繁栄したのは周知の通りである．

このように，現在当たり前のように存在する物理的あるいは化学的な地球環境は，数十億年という気の遠くなるような長い時間を経て，生物が創り出してきた．見方を変えると，生物は自らの営みにより，自身の多様化や繁栄をもたらしてきたといえる．地球環境の形成は，生物と環境の相互作用の歴史としてとらえることができるのである．

一方で，生物は常に繁栄の連続だったわけではない．地質時代を通して5回の大量絶滅を経験してきた．その最大のものは，古生代の末期に起きたペルム期の大絶滅で，なんと90％以上の生物の種が絶滅したといわれている．古生代の海で大繁栄した三葉虫もその犠牲になった．私たちにとってもっとも馴染み深い中生代末期の**大量絶滅**はそれよりも小規模で，70％程度の絶滅であったと考えられている．現在では，巨大隕石の衝突による地球環境の激変が原因であるとされている．しかし，この大量絶滅こそが恐竜の時代から哺乳類の時代，そして現在の人類の繁栄を導いた大イベントであった．

そして現在は，第6の大量絶滅の時代といわれている．これは，私たち人類のさまざまな活動によりもたらされており，その絶滅速度は年間4万種と見積もる学者もいる（最近，この数字は過大であると批判されている）．生物種の絶滅は，森林の伐採，海洋や湖沼の汚染，気候の温暖化など，地球環境の大規模な改変がおもな要因である．これは**生物多**

様性の危機（biodiversity crisis）とよばれていて，私たちが享受している「**生態系の恵み**」(p318) を大きく損なうおそれが懸念されている．

3. 物質循環と食物網

つぎに，現在の地球環境を支えている生態系のしくみについて考えてみよう．

生態系の仕組みを明らかにするためには，物質やエネルギーが生態系内でどのように動いているかを調べることが重要である．物質には，水，炭素，窒素，リンなど，さまざまなものがある．ここでは水と炭素，窒素の循環について紹介しよう．

（1）水循環

地球上の水の97％は海に蓄えられているが，そこから大量の水が蒸発し，雲となり，雨となって陸上へ降り注ぐ．これこそが陸上生態系に住むあらゆる生き物の命の源になっているのであるが，淡水の量は地下水を合わせても，地球上の水の1％にも満たない．日本のような降水量の多い環境ではあまり想像できないかもしれないが，利用できる淡水の量が，後に述べる生態系の特徴や生物の豊富さを強く規定しているのである．

一方，生物自身も地球の**水循環**に対して一定の役割を果たしている．植物は光合成の副産物として水を生成し，大気中へ水蒸気を提供している．これが**蒸散**（evaporation）である．蒸散は，陸上へ降りそそいだ雨がそのまま川を通って海に流れ出る量を減少させる．この働きにより，熱帯雨林などの森林は大気中の湿度を一定に保つ機能を果たしている．森林が大規模に伐採されると，蒸散量が減って湿度が低下し，降雨量も減少するという悪循環が生じる．また，森林が水循環に果たす役割は蒸散だけではない．森林は有機物に富んだ土壌を形成する．また土壌中にはスポンジのような細かな隙間が無数にあり，それが雨水を貯留する機能をもっている．これが河川に一定量の水を安定供給するしくみとなっていて，洪水や旱魃などの極端な環境変化を抑制する緩衝作用を果

図2　生態系の栄養段階を通した物質の流れ

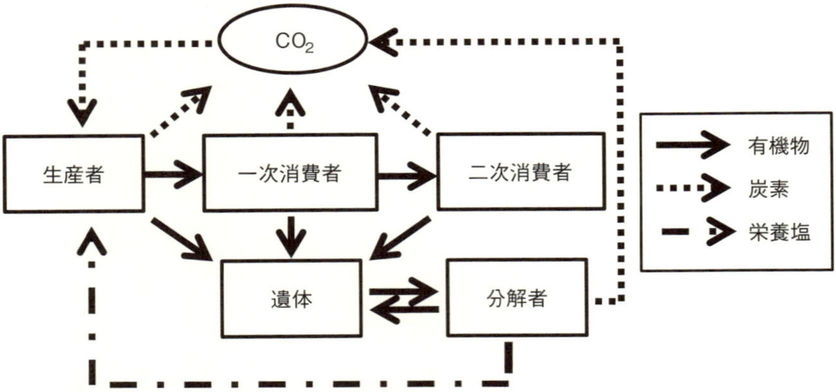

有機物には炭素のほか，窒素やリンなどの栄養塩を構成する物質も含まれる．

たしている．

(2) 炭素と窒素の循環，そして食物網

生態系の**物質循環**でもうひとつ鍵となるのは，炭素や窒素の循環である（図2）．水循環の研究は水文学とよばれる分野で発展してきたが，炭素や窒素の循環は生態学の中心課題のひとつである．それは，生物が光合成により炭素を固定し，それを窒素と結合させて生命活動に必須なタンパク質や核酸などの有機物を生成するという非常に重要な機能をもっているからである．

地質時代を通して，細菌や植物による光合成が酸素を放出して地球環境を形成してきたことは既に述べたが，有機物を生産するうえでも緑色植物の役割は非常に大きい．深海や温泉などの特殊な環境では，原始的な地球環境で生きていたと考えられる化学合成細菌がいまでも有機物を作っているが，その量は地球全体からするとごく僅かであり，緑色植物が生態系の基盤を形成しているといえる．

緑色植物が生産する物質の量を一次生産量（primary productivity），あるいは単に生産量（productivity）という．これは1年間に単位面積当たりで生産される生物量（バイオマス）で測られる．また，一次生産

量は**総一次生産量**（gross primary productivity）と**純一次生産量**（net primary productivity）に区別されることも多い．純一次生産量は，総一次生産量から植物の呼吸量を差し引いた正味の生産量のことである．たとえば，若いスギの人工林の純一次生産量は，およそ1～2 kg/m^2/年であり，総生産量の半分以下である．生態系においては炭素の蓄積や有機物の生成の役割が重要であるため，一般に純一次生産量が用いられることが多く，頭文字をとってNPPと略されている．

生産量とよく混同されるものが現存量である．現存量は，ある時点で単位面積当たりに存在する生物量であり，時間は単位のなかに含まれていない．したがって，有機物を長年にわたって木部などに蓄積する樹木では，現存量は生産量より通常はるかに大きな値になる．しかし，一年生草本のように毎年世代交代する植物では，枯死によって有機物が植物体に長期間蓄積されないため，現存量の方が生産量よりも小さくなることもある．

動物は生態系のなかで消費者であり，植物の生産量によって支えられている．生態系のなかでの生産者と消費者の「食う食われる」の関係を図化したものを**食物連鎖**（food chain）という．消費者には植物を餌とする**植食者**（herbivore）や動物を餌とする**肉食者**（carnivore）があり，それぞれ一次消費者，二次消費者とよばれる．食物連鎖はさらに高次の消費者も存在し，三次消費者や四次消費者も存在する．こうした食物連鎖の段階のことを**栄養段階**（trophic level）という．最近の生態学の分野では，食物連鎖という用語よりも**食物網**（food web）という用語の方が一般的に使われている．これは実際の食う食われるの関係は，直線的な鎖状ではなく，網目状に入り組んだ形をしているからである．

食物網は，もともと生物同士の関係性を食う食われるの関係で表現したものであり，生物群集の構造を表す一つの手段である．しかし，いっぽうで炭素や窒素などの物質を生態系の中で輸送するネットワークを表現しているともいえる．そもそも「食べる」ことの目的が，炭水化物やタンパク質を摂取することであることを考えれば当然であろう．

食物網は，生きた植物のみが基盤になるわけではない．菌類や細菌の多くは，生物の遺骸や排泄物に由来する有機物を消費する**分解者**（decomposer）である．生きた植物を食べる消費者からなる食物網を**生食食物網**（grazing food web）とよぶのに対し，遺骸有機物を消費する分解者からなる食物網を**腐食食物網**（detritus food web）とよぶ．腐食食物網では，有機物は最終的に硝酸塩やアンモニウム塩などの無機物に分解される．こうした分解産物は**栄養塩**（nutrient）とよばれ，植物の根から吸収され，光合成産物である炭水化物と結合し，植物体の形成に利用される．したがって，腐食食物連鎖は窒素循環を文字通りの「ループ」にするうえでなくてはならないものである（図2）．一方，分解の過程では代謝により二酸化炭素が放出される．もちろん，有機物の代謝は生食食物連鎖でも起きており，腐食食物網に特有の過程ではない．炭素が生態系で循環するのは，呼吸による二酸化炭素の放出と，光合成による二酸化炭素の吸収の過程にあり，これが窒素とは大きく異なる点である．

(3) バイオームによる生態系の違い

地球上にはさまざまな生態系が存在する．どの生態系でも生産者が基盤となって生物群集が形成され，物質循環が行われていることには変わりないが，生産量は生態系で大きく異なり（図3），またそこに住む生物のタイプも生態系で大きく異なる．

陸上の生態系では，降水量と気温が生産量を決めている．熱帯雨林は気温，降水量とも多く，生産量が最も高い．温帯，寒帯と移るにつれて生産量はしだいに減少していく．また，ステップや砂漠では降水量が少なく，生産量は極端に低くなる．こうした生産量の違いは，そこに住む生産者の性質にも大きく影響する．気温，降水量ともに高い地域では，常緑広葉樹林が発達するが，気温の低下とともに落葉広葉樹が優占し，さらに寒い地域では常緑の針葉樹林が広がる．北極や高山帯では高木は生育できなくなり，草本や低木，コケからなるツンドラが広がる．一方，気温が高くても乾季と雨季が明瞭な地域では森林は発達せず，イネ科草本や灌木からなるサバンナになる．このように，見た目が異なる植生からなる地域の生態系を**バイオーム**（biome）という．バイオームは

図3　さまざまなバイオームにおける生産量と現存量（Begon ら 2003 を改変）

バイオーム	生産量（g/m²）		現存量（kg/m²）	
	範囲	平均	範囲	平均
熱帯雨林	1000–3500	2200	6–80	45
温帯常緑樹林	600–2500	1300	6–200	35
温帯落葉樹林	600–2500	1200	6–60	30
北方林	400–2000	800	6–40	20
サバンナ	200–2000	900	0.2–15	4
温帯草原	200–1500	600	0.2–5	1.6
ツンドラ・高山	10–400	140	0.1–3	0.6
砂漠・半砂漠	10–250	90	0.1–4	0.7
外洋	2–400	125	0–0.005	0.003
湧昇域	400–1000	500	0.005–0.1	0.02
大陸棚	200–600	360	0.001–0.04	0.01
藻場・サンゴ礁	500–4000	2500	0.04–4	2

生物群系ともよばれ，植物だけではなくそこに住む動物や微生物も含めた生物群集の総体のことをいうが，実際には植物群集の見かけの構造で分けられている．

異なるバイオームでは，生産量だけでなく現存量にも顕著な違いがあるが，注目すべきは，生産量と現存量が必ずしも一対一の関係にない点である（図3）．たとえば，熱帯雨林はサバンナよりも生産量が2倍ほど高いが，現存量は熱帯雨林の方が10倍以上高い．これはバイオームを構成する植物の性質の違いによる．樹木は寿命が長く，長年にわたって生産物を木部に蓄積するのに対し，草本の寿命はふつう1年ないしは数年であり，生産物はわずかしか蓄積されない．つまり，サバンナでは物質循環の速度が速く，生産された物質が短時間で遺骸有機物となり，腐食食物連鎖に入って分解されるため，生産量の割に現存量が小さいのである．

森林と草原ではもうひとつ重要な違いがある．それは，消費者に流れる物質やエネルギーの量の違いである．樹木は木部に膨大な量の有機物が蓄積されるが，木部はセルロース，ヘミセルロース，リグニンといった難消化性の物質でできているため，動物の多くが直接餌として利用できない．これは熱帯雨林でも温帯落葉樹林でも，常緑針葉樹林でも，大差はない．そのため，生産者から消費者に流れる物質の量の割合は，草原では20～30％であるのに対し，森林では約5％ほどである．アフリカのサバンナで多数の草食動物や肉食動物が見られるのは，高い生産性に加えて，消費者に流れる物質の量が多いことが理由である．また，数千～数万年前に北半球の高緯度地方に広がっていた**マンモスステップ**とよばれる草原で，マンモスやバイソン，ウマなどの大型動物が繁栄したのは，草原における物質循環の速さが一因と考えることができる．

いっぽう，水域では陸上とは全く異なるバイオームが成立している．陸上では植生の概観でバイオームを分けていて，その区分も定まっているが，水域では海洋と陸水というような大きな区分もあれば，沿岸，外洋の区分，さらに沿岸でもサンゴ礁や藻場などの細かな区分になることもある．その区分はさておき，海洋や大きな湖沼などのバイオームと陸域の大きな違いは，陸上のように気温や降水量ではなく，窒素やリンなどの栄養塩の量が生産量を決める要因となっている点である．陸上から河川を通して有機物や栄養塩が供給される大陸棚や藻場，サンゴ礁などは，海洋でもっとも生産性が高い地域である（図3）．また，湧昇域とよばれる地域では，海底から表層部へ栄養塩が巻き上げられるため，やはり生産性が高い．一方，海の大部分を占める外洋は，栄養塩が少ないため生産性は著しく低く，海の砂漠ともよばれている．

陸上の生産者はおもに高等植物であるが，海洋や大きな湖沼の生産者はおもに植物プランクトンである．この両者は個体の大きさが異なるのはもちろんであるが，消費者による食べられやすさも大きく異なっていて，それが物質循環を特徴づけている．一般に，高等植物は消費者に対して化学的，物理的にさまざまな防御を身につけている．たとえば，植物体に含まれるタンニンやフェノールなどの二次代謝物質とよばれる化合物は，消費者である植食者にとって有害である．また既に述べたとおり，樹木ではセルロースなどの難消化性の木部が支持器官として発達している．一方，植物プランクトンはそうした防御物質がはるかに少なく，消費者である動物プランクトンに摂食されやすい．一般に，防御と増殖には**トレードオフ**（trade-off）とよばれる拮抗的な関係がある．つまり，防御物質の生成にエネルギーを投資すると，成長や繁殖への投資量が減る．高等植物は消費者に対する防御に，また植物プランクトンは増殖に，それぞれ重点をおいた生活様式をもっているといえる．こうした違いにより，海洋や大きな湖沼では，現存量が生産量に比べて著しく小さく（図3），また生産者から一次消費者（おもに動物プランクトン）へ流れる物質の量は50％にも達する．

(4) 食物網のもう一つの機能

食物網や栄養段階の概念は，生態系のなかで物質やエネルギーがどのように移動するかを考えるうえで重要である．これは**生態系生態学**（ecosystem ecology）とよばれる分野で研究が発展してきた．一方，生物の種数や個体数がどのような要因によって決まるかという問題は，**群集生態学**（community ecology）や**個体群生態学**（population ecology）が扱ってきたが，ここでも食物網の概念は中心的な役割を果たしている．それには二つの理由がある．ひとつは，物質循環と同様に，生産者が一次消費者の餌となり，一次消費者が二次消費者の餌となることで，上の栄養段階の生物の現存量や個体数，ひいては種数の下支えをしているという考えである．こうした下支えの効果を**ボトムアップ効果**（bottom-up effect）という．もちろん，生物は種によって繁殖や成長に対する投資が違ううえ，小さな子をたくさん産むのか，大きい子を少数生むのかといった生活史の違いがあるので，物質の量だけで個体数が決まるわけではない．ましてや生物の種数が物質の量だけで決まるとは考えられない．ただ，物質やエネルギーの量が有限である以上，その量の大小が個体数や種数に一定の影響を及ぼしていることも事実であり，ボトムアップ効果が個体群や群集の性質を決めるうえで重要であることは疑いない．もう一つ食物網の重要な点は，上の栄養段階の生物が下の栄養段階の生物を消費することで，下の栄養段階の生物の個体数や種数を制限しているという**トップダウン効果**（top-down effect）である．この

図4　3つの栄養段階をまたがるボトムアップ効果とトップダウン効果の例

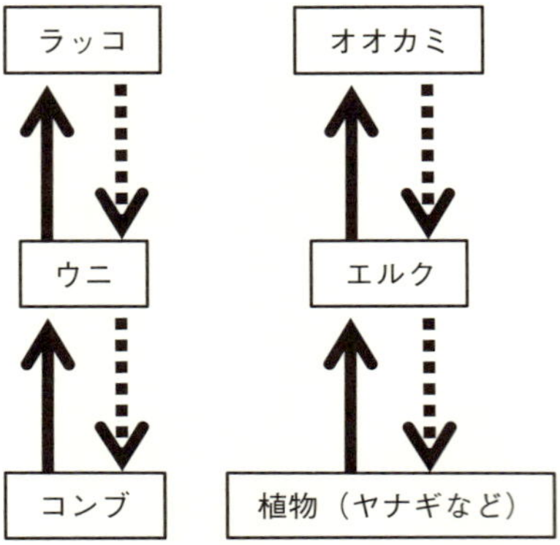

トップダウン効果では，捕食者が植食者の密度を下げることで，植物の密度を高める効果がある．
実線がボトムアップ効果，点線がトップダウン効果

効果は，物質循環のように単純な物質の移動だけからでは説明できない．実際は，生物を増やすボトムアップ効果と，生物を減らすトップダウン効果の双方によって，個体数や種数が決まってくるのである．

トップダウン効果が生態系でどのような役割を果たしているかについては，農業生態系における害虫とその天敵の関係において古くから研究されてきた．天敵が少ないと害虫の大発生が起こりやすいことや，害虫の大発生が終息するのは餌不足だけでなく，ウイルスや細菌などの病原菌（これも天敵）の蔓延によることがよく知られている．また最近では，自然の生態系でも捕食者によるトップダウン効果が生態系を維持するうえで重要であることも明らかになっている．北米太平洋沿岸の海では，「**ケルプの森**」とよばれるコンブが豊かに生育する生態系があるが，この森はラッコがコンブを食べるウニなどの植食者を食べることで維持されている（図 4）．また，オオカミなどの陸上の捕食者は，シカなどの有蹄類の密度を抑制し，植生を維持する効果があることが知られている（図 4）．アメリカ合衆国のイエローストーン国立公園では，増えすぎたエルク（シカの一種）の採食により，植生が衰退して生態系が大きく変化してしまった．しかし，絶滅したオオカミを再導入したところ，エルクが減少し，植生が回復した．このように，生態系のバランスを考えるうえでは，単に物質やエネルギーの流れを把握するだけでなく，食物網のなかでの「上からの効果」を定量化する必要がある．

ボックス 1

大型草食動物の生態系における役割

物質循環の速さを決めるのは，植物の成長や微生物の活性を促進する気温や降水量が重要であるが，大型草食動物の存在も重要である．その仕組みは大きく2つに分けられる．

一つめは，草食動物による採食と糞尿の排泄の一連の過程が，窒素などの栄養塩の循環を促進することである．草食動物に採食されない場合，植物は一定の時間を経過したのちに枯死して遺体（落葉など）となり，さらに微生物などに分解されて有機物から無機物に変わるまでにも一定の時間がかかる．一方，草食動物に採食されると，せいぜい数日のうちに糞尿として排泄される．排泄物はすでに一部が無機体となっているため，植物に栄養塩が戻るまでの時間は極めて短時間である．こうした物質循環のスピードが速くなると，物質が植物体や遺体にストックされる時間が短くなるため，植物の生産速度が向上する．

二つめの仕組みは，植物は草食動物に葉や茎などの地上部を採食されると，その刺激によって根から炭水化物を土壌中に放出する．これが土壌中の微生物の増殖を促し，枯死体の分解を促進し，物質循環を速めることになる．

以上の2種類の仕組みによって，草食動物は自らの餌である植物の生産性を高めている．草食動物による採食がないと，物質循環が遅延して草原から灌木が優占する生態系へ変化する．アフリカのサバンナ草原は，ガゼルやシマウマなどの草食動物で維持され

大型草食動物により採食が，物質循環に与える影響

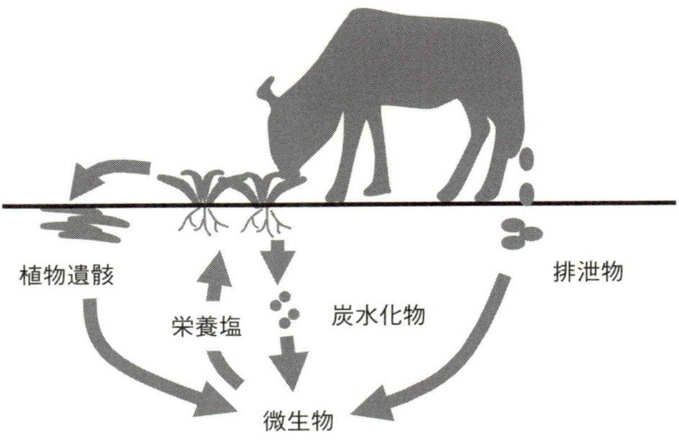

ているといえる．一方，シベリアやアラスカでは 1 万年ほど前は広大なステップ草原が広がっていたが，現在ではコケとわずかな灌木が茂るツンドラになっている．これはマンモスなどの大型草食動物が絶滅したことで物質循環が停滞し，生態系の仕組みが激変したためと考えられている．気候条件に変化がなくても，草食動物の有無で全くの別の生態系に変化しうるのである．

4. 生態系の恵み

生態系のなかに私たち人間も組み込まれているのは紛れもない事実である．生物としてのヒトは，その数万年の歴史のなかで，生態系の食物網のなかで独自の地位を占めて生活してきた．それは現在においても根本的に変わりはない．どんなに都市化された人工的な環境で暮らしていても，日々の食事は基本的に農産物や水産物から得ている．米，パン，魚介類，牛肉などは，耕作地や放牧地，沿岸などさまざまな生態系から生産されている有機物である．また，私たちは食料だけでなく，生態系そのものを生活の基盤としている．大気，水，そして大地自体が日々の生活を支えているのである．これは平常時には気づかないかもしれないが，最近の大震災や原発事故などの災害時には思い知らされる．こうした生態系の恵みは，**生態系サービス**（ecosystem service）とよばれている．この用語は，**ミレニアム生態系評価**という国際連合が 2005 年にまとめた報告書のなかで体系的に紹介され，現在では行政の政策文書などにも広く使われている．

ボックス 2

種の多様性が生態系機能を高める仕組み

生態系における物質の生産量，二酸化炭素の吸収速度，有機物の分解速度，水の浄化能力などをまとめて生態系機能という．これは生態系の基盤サービスや調整サービス（12 章 4.「生態系の恵み」を参照のこと）に相

種の多様性が生態系機能のレベルを高める仕組み（A）と，機能の安定性を高める仕組み（B）

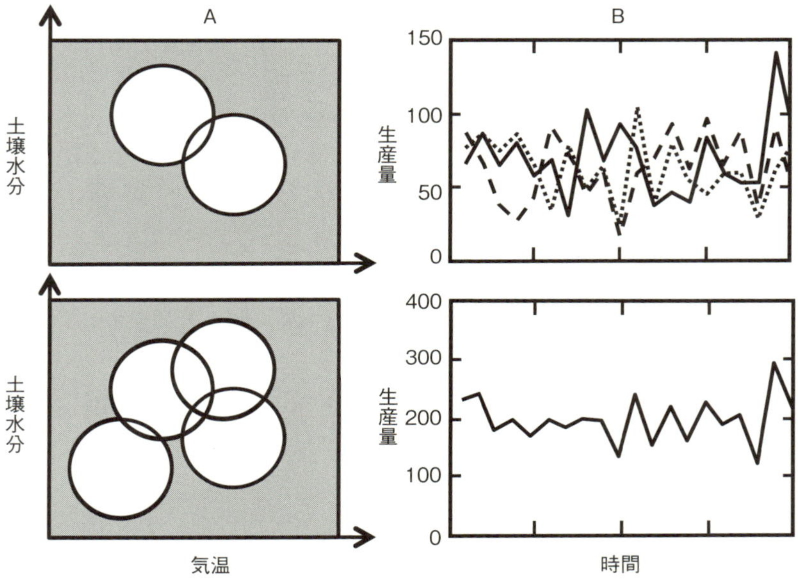

A：気温と土壌水分で表した各種植物のニッチ（○）．種数が多いと全体でカバーできる領域が広がり，全体の生産量が上がる．
B：個々の植物種が単独の場合は生産性の変動は大きいが（上図），混植すると変動が平均化され，全体の生産量の変動は安定化する（下図）．

当する．種の多様性は生態系機能を高める効果があるのか，種の多様性は生態系サービスにとってどの程度重要なのか，という問いは，最近の生態学の重要課題の一つとなっている．種の多様性が生態系の機能を高める仕組みは，大きく分けて機能のレベルを高める効果と，時間的な安定性を高める効果に大別される．

①機能のレベルを高める効果

一般に生物の種は，それぞれ活動に適した気温，湿度，光条件などの環境条件や，利用する餌の種類などが異なっている．こうした違いを生態的なニッチの違いとよんでいる．多様な種から構成される生物群集では，さまざまなニッチをもつ種が存在する．そのため，群集全体として栄養塩などの資源を効果的に利用でき，生産性などの生態系機能のレベルが向上すると考えられている（図A）．ただし，種数が増えるにつれ，ニッチは重なり合うようになるので，利用の効率の上昇は次第に頭打ちになる．

②機能の安定性を高める効果

それぞれの種は，環境の変化に対して同じように変動するとは限らない．むしろ，種によってニッチが異なるのであれば，変動のパターンも異なると考えるのが妥当である．その場合，種数が増えるにつれて，各種を足し合わせた群集全体の変動は次第に安定化するはずである（図B）．つまり，多様な種がいる生態系は，環境変動の影響を受けにくい系といえる．

（1）生態系サービス

生態系サービスは，4種類に区分されている（図5）．**基盤サービス**，**供給サービス**，**調整サービス**，そして**文化的サービス**である．

まず基盤サービスは，他の三つの生態系サービスを支えるものであり，地球上の生命の営みを可能にしているものである．これは既に述べた光合成による酸素の生成，水循環，物質生産，有機物の分解などの機能をさす．

供給サービスは，直接的な自然のめぐみであり，農産物や魚介類などの食料，植物繊維や木材などの「衣」や「住」を提供する原材料，医薬品の原料となる生物由来の化学物質などがその例である．また飲料水も該当するが，飲料水を作りだすしくみとしての水循環は基盤サービスに入る．

調整サービスは，洪水や土砂崩れなどの自然災害を防止する働きや，作物の害虫の大発生を抑制する天敵の働き，農作物の花粉を運んで結実させる働きなどが挙げられる．供給サービスは，私たちが直接的に生態系から物質を得ることによる利益であるが，調整サービスは間接的な利益であり，気象条件の変動や生物（病原菌や害虫，外来生物など）の侵入・大発生など，さまざまな外的な撹乱にたいする緩衝機能といい換えることができる．自然災害についていえば，地震による津波の被害を軽減する海岸林や屋敷林，台風の大雨による土砂崩れを防ぐ森林植生な

図 5　さまざまな生態系サービス

供給サービス	調整サービス	文化的サービス
農産物 魚介類 水 燃料 化学物質	気候の制御 洪水の調節 土砂崩れの防止 病害虫の制御 花粉媒介	レクリエーション 芸術 宗教 地域文化 哲学
基盤サービス 物質生産 有機物分解 土壌形成		

ここでは一部を挙げたのみである.

ど，最近話題になるものも多い.

最後の文化的サービスは，野外でのレクリエーションや，自然に由来するさまざまな事象をもとにした芸術，文化，宗教など，人間のさまざまな営みに関わる非物質的で精神的な恩恵である．心の癒しや精神のよりどころともなり，地域固有の文化の形成にも寄与してきた.

以上の 4 種類の生態系サービスは，どれも広い意味での農学とかかわりが深いことがわかる．とくに，供給サービスと調節サービスは，一次産業に直結するものであり，農学抜きでは語れないといっても過言ではない.

生態系サービスは，しばしば**生物多様性**（biodiversity）とセットで語られることがある．生物多様性とは，種数で表される種の多様性だけでなく，種内での遺伝的な多様性や，多様な生物を支える生態系の多様性を含む広い概念である．**遺伝的多様性**は，種内に存在するさまざまな遺伝的な変異である．遺伝的多様性は新しい種を生みだす源となり，生物の進化や種分化にとって欠くことができない．また，遺伝的多様性があると病原菌の蔓延が防止されることも知られている．病原菌は，一般に特定の遺伝的組成をもった宿主にのみ効率的に寄生できるからである．**生態系の多様性**は，雑木林，水田，河川といった場の多様性のことであり，種の多様性を育む基盤となっている．とくに，両生類や水生昆虫などは，幼生（幼虫）から成体（成虫）で住む生態系が異なるため，水田・溜池と雑木林などの異なる生態系が近くに存在することが必須である．

では生物多様性は，どの程度生態系サービスと関係しているのだろうか？　これについては現在さまざまな角度から研究が進んでいる最中であるが，概して米や麦，牛肉など，特定の農産物による供給サービスは，特定の種が対象となるため，生物多様性が直接関係しないことが多い．むしろ，生物多様性にとってマイナス面が多い大規模で集約的な農業の方が，少なくとも短期的には収量が多く，経済的に効率的である．人工林のように，均一な木材を効率的に生産することを目的とした森林経営についても同じことがいえる．一方，基盤サービスについては，生物多様性が高いと植物群集全体の生産量が上がることが実験的に証明されているが，それ以外の機能についてはよくわかっていない．調整サービスもすべてが生物多様性と関係しているわけではないが，他の生態系サービスに比べれば関係が深いといわれている．とくに，病害虫の防除に天敵の多様性が重要であることや，農作物の結実にハナバチなどの送粉昆虫の多様性が重要であることが明らかになっている．これら2点は農学ととくに関係が深いので，後に少し詳しく紹介する．最後の文化的サービスであるが，これは生物多様性が一般に重要であると考えられている．地域固有の文化にしても，レクリエーションにしても，多様な生き物との触れ合いが前提となっていることは想像に難くない．森も川も水田も，生き物のいなくなった生態系に魅力を感じる人はほとんどいないに違いない．しかし，文化的多様性の効用を測る場合，価値観や立場の異なる人間が主体となるため，客観的に評価することがもっとも難しい分野でもある．

(2) 害虫防除と天敵の多様性

天敵による農作物の**害虫防除**の効果は，世界で年間4000億ドルにも上ると推定されている．これは天敵がもたらす生態系サービスに他ならない．しかし，特定の種の天敵が優れた害虫防除効果をもっているとすると，生産面だけを考えれば天敵の多様性はあまり重要ではないことになる．つまり，さまざまな生物が住める農地環境はとくに必要ないといえる．はたしてそうなのだろうか．

2000年以降，生物多様性保全の機運の高まりとともに，天敵の多様性が害虫防除や農作物の被害の軽減に果たす役割を調べる研究が盛んになってきた．結論からいうと，結果はまちまちである．テントウムシなどの特定の捕食者のみがアブラムシの密度を抑えるうえで重要であるという研究（Straub & Snyder 2006）もあれば，むしろ天敵が複数種いる場合の方が効果が弱まるという結果さえある（Finke & Denno 2004）．後者の結果は，捕食者であるコモリグモが，害虫の捕食者であるカスミカメムシを食べてしまうことで起きているらしい．これは単純な食物連鎖ではなく，食物網の複雑な食う食われるの関係から生じたものといえる．しかし，やはり多様な捕食者が効果を高めるという研究もある．北米で牧草として広く栽培されているアルファルファ（ムラサキウマゴヤシ）には，エンドウヒゲナガアブラムシという害虫がいて，経済的に大きな損失をもたらしている．このアブラムシには，何種類もの天敵がいる．Cardinaleら（2003）は，ナミテントウ，マキバサシガメ，エルビアブラバチ（寄生蜂の一種）の3種類の天敵を使って，天敵の多様性がアブラムシの被害の抑制に効いているかを実験的に確かめた．その結果，3種の天敵がすべている場合に，個々の天敵が単独の場合よりもアブラムシの密度が抑制されて，アルファルファの収量が2倍程度上がることがわかった（図6）．一口に天敵といっても，害虫を襲う方法は種によって違うだろうし，活動する季節や一日のなかでの時間帯も違う可能性がある．こうした天敵の種特性の違いが組み合わさることでアブラムシの密度が抑制され，天敵の多様性の効果を生みだしたのではないかと考えられている．

図6　異なる天敵の存在下におけるアルファルファの収量(Cardinale *et al.* 2003を改変)

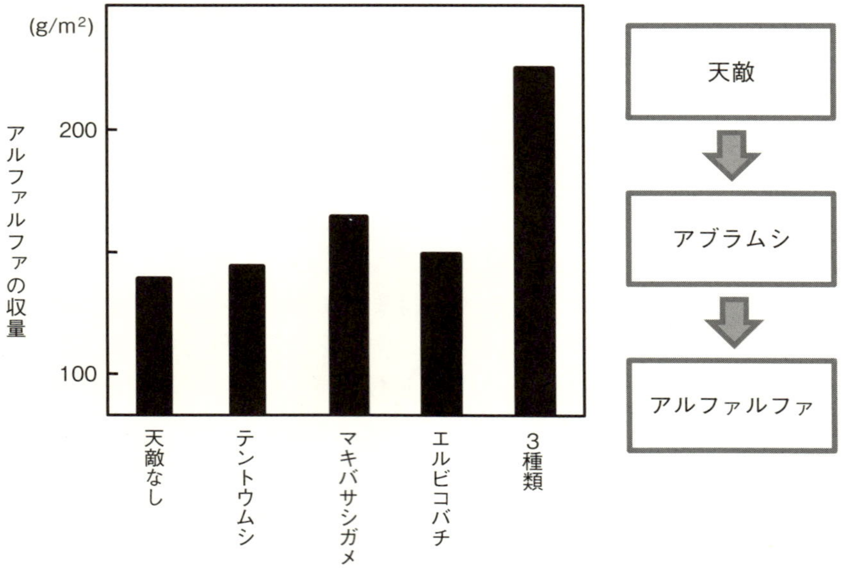

さらに，天敵と害虫の関係を考えるうえで重要なのは，害虫でも天敵でもない昆虫の存在である．これは「ただの虫」ともよばれている．水田では水中の腐食食物網から発生するユスリカが，畑地では土壌の腐食食物網に依存しているトビムシがその例である．これらの昆虫は，作物に直接被害を与えることもなければ，害虫を食べることもしない．しかし，ユスリカやトビムシは，まだ作物の害虫が発生する前の時期に数が増えるため，それらを餌とする害虫の天敵を高い密度に維持する役割を果たしているらしい（Settle *et al.* 1996, Harwood *et al.* 2004）．このように，ある生物が別の生物を介在して間接的に第三の生物に影響を与えることを**間接効果**（indirect effect）という．実は，天敵が別の天敵を食べるために害虫がむしろ増えてしまうという前段落で紹介した例も，しくみは違うものの間接効果には変わりない．生物の多様性が生態系サービスにどのような影響をもたらすかを解き明かすうえで，種間での食う

食われるの関係をきちんと把握することが重要である．

(3) 送粉サービスと種の多様性

昆虫などの送粉者が，結実量を通して作物の収量を増やす効果を送粉サービスとよんでいる．昆虫による**送粉サービス**は，世界で年間1200億ドルに上ると推定されている．スイカ，トマト，キュウリ，リンゴ，ナシ，そしてコーヒーなど，昆虫による送粉が必要な種は数多い．送粉者としては，働きバチの数が多く，送粉効率の高いセイヨウミツバチが用いられることが多い．もし，セイヨウミツバチのような特定の種が万能ならば，少なくとも作物の生産上は送粉者の多様性は必要ないだろう．しかし，近年，セイヨウミツバチが病原菌などの影響で世界的に減少傾向にある．送粉効率のうえでいかに優れていても，自然界にはさまざまな天敵がいるし，気象条件の変化もある．つねに特定の一種で事足りるわけではない．

最近，送粉者の多様性が作物の結実に大きな影響をもっていることがわかってきている．インドネシアのコーヒーの例では，野生のハナバチの種数が4種から20種に増えることで，結実率が60％から90％に増加した（Klein *et al.* 2002）．また，同じくインドネシアのカボチャの例では，ハナバチが3種から10種に増えることで，果実あたりの種子数が200から400に増えたことが報告されている（Hoehn *et al.* 2008）．ハナバチの種数が結実率や種子数に効いていた理由は，活動時間帯や訪れる花の地面からの高さなどに種による違いがあり，それが全体の結実率に影響していたと考えられている．また，アメリカのスイカ畑で行われた研究によれば，年によって個体数の多いハナバチの種が大きく異なるらしい（Kremen *et al.* 2002）．これは，長年にわたって安定的にスイカの収量を維持するには，自然条件下で多様なハナバチが住める環境が必要であることを意味している．

5. 生物多様性と生態系の保全

さまざまな自然の恵みを与えてくれる生態系は，いま人類の歴史のなかでもっとも危機的な状況に直面している．地球温暖化，オゾン層の破壊，砂漠化，生物多様性の減少などである．ここでは，生物多様性の減少と生態系の劣化について概説し，それを克服するための取り組みのうちで，とくに農学と関わる深い例を紹介する．

(1) 生物多様性の危機

1節で述べたように，現代は第6の大量絶滅の時代といわれている．過去5回の大量絶滅と明らかに違うのは，隕石の衝突や大規模な地殻変動など，地球の生き物にとってはどうしようもない外圧が原因ではなく，人間というたった一種の生物の活動がこの危機を招いていること，そして我々の判断しだいでこの危機を乗り越えることが可能であることである．

環境省がまとめた生物多様性国家戦略では，生物多様性の減少要因として，「3つの危機」に加え，地球温暖化と合わせて4つを挙げている．

第1の危機は，人為による生息地の破壊や乱獲などである．これは土地や生き物の過剰利用が原因であるため，**オーバー・ユース**ともよばれている．日本ではニホンオオカミやトキの絶滅がその典型例である．**第2の危機**は，第1の危機とは逆に人間活動の縮小がもたらす影響である．農業形態や生活様式の変化により，かつては燃料や肥料，家畜の飼料などに利用されていた雑木林，草地が放棄され植生遷移が進んだことや，水田耕作の放棄によって山間部の湿地が減少したことが挙げられる．これは**アンダー・ユース**ともよばれ，日本人が伝統的に維持してきた**里山**の環境変化に対応している（図7）．とくに草地の減少により，秋の七草（キキョウやオミナエシなど）で代表される植物や草原性の蝶類の減少が著しいほか，湿地性の植物や水生昆虫も減少している．**第3の危機**は，国外から持ち込まれた**外来生物**など人為的に持ち込まれたものによる生態系への影響である．外来生物はすべてが有害なわけではなく，農作物の生産や害虫の天敵として有益なものもいるが，いったん野外に定着して分布を広げると在来生物に大きな脅威になることも多く，駆除や根絶も困難である．そのため，影響の大きい種に対しては，外来生物法により輸入や飼育の規制や，野外への放逐が禁止されている．

図 7　里山の概念図

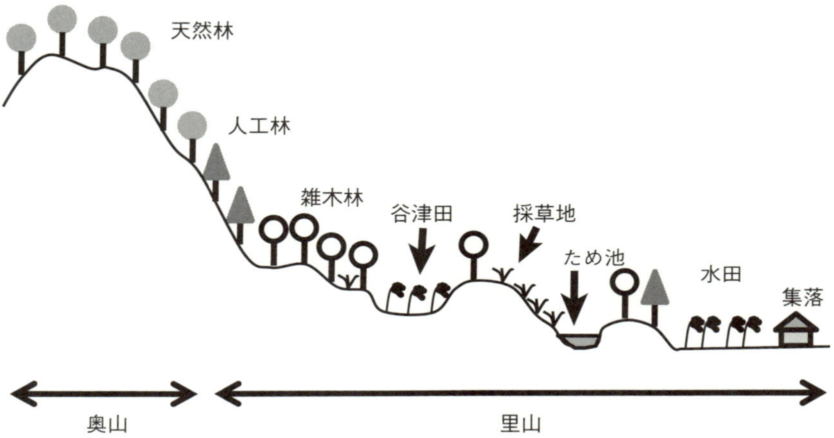

雑木林，谷津田（谷状の地形にある水田），採草地，ため池は，いずれも人為活動のために維持管理されてきた生態系である．

最後の**地球温暖化**は，三つの危機の後に付け加えられたものである．温暖化による影響は，とくに2000年以降に問題が顕在化しており，とくに高山帯や亜高山帯など寒い環境に適応した生物の分布域の衰退を招いている．

このうち，第2の危機は農学と特に関わりが深い．第2の危機にはいくつかの要因が関与している．つまり，①農耕の機械化により，それまで耕作の担い手であった牛の飼育が不要になり，飼料を採取する採草地がなくなったこと，②有機肥料の普及により，肥料として利用していた雑木林や採草地が不要になったこと，③コメの減反政策や農業従事者の高齢化により，山間部を中心に水田が**耕作放棄**され湿地が減少したことである．一方，農薬の普及は第3の危機に該当する．さまざまな水生生物を減少させたことが，食物網を通してそれらに依存していた鳥類などの捕食者の減少をもたらした．さらに第1の危機も少なからず関係している．**圃場**（ほじょう）**整備**により冬季に乾田化したことや，コンクリートでできた深く直線的な水路の設置により（図8），魚類や両生類の生息や移動が

図 8　圃場整備をしていない水路（左）と圃場整備をした水路（右）（片山直樹撮影）

妨げられたことが挙げられる．まとめると，農業の衰退と農地の管理形態の変化は，農地生態系に依存していたさまざまな生物の衰退をもたらしたといえる．

農地における化学肥料の大量使用は農地だけでなく，河川を通して下流の湖沼や沿岸生態系に影響を与えている．とくにリンや窒素の流入は深刻で，**富栄養化**とよばれる状況を作りだしている．水域生態系のおもな生産者であるアオコ（糸状藻類）や植物プランクトンは，リン濃度の上昇によって生産量を激増させ，水の透明度が低下し，それによる水草の減少や低酸素化をもたらしている．こうなると，水草だけでなく無脊椎動物や魚類なども著しく減少する．

(2) 生態系の再生：里山での事例

では生物多様性の減少を食い止めるにはどうすればよいのだろうか．端的にいえば，上で述べた減少要因を取り除けばよい．しかし，生物多様性や生態系を重視している人は一部であり，現実には経済活動や日々の暮らしを優先に考える人が多い．そうしたなか，国が主導で行う国家戦略や各種法律の制定は，全体の道筋を与えるガイドラインにはなる．しかし，それが自然的・社会的な背景が異なるそれぞれの地域において，実現可能な具体策を打ち出すことに直結するとは限らない．それを実現するためには，地域の住民や行政が中心となり，生態系や生物多様性の保全や再生に取り組むことが重要かつ効果的である．地域の自然は，社会の伝統やしくみに通じており，地域の人たちがいま何を考え，どのような具体策であれば多くの人の合意が得られるかを感覚的に理解しているからである．もちろん，生態学や農学に通じた外部の専門家の参画も重要である．

里山は，2000年以上にわたって人間が農耕を中心に形成・維持してきた生態系の複合体である．第2の危機で述べたアンダー・ユースをいかに復元するかが，里山の生態系や生物多様性の再生に直結する．各地で地域住民により再開されている草地管理（野焼き，草刈り）は，草原性の植物や蝶類の再生に不可欠である．また，いまやブラックバスやアメリカザリガニなどの外来種に侵略された溜池では，在来種を復活させるための外来種駆除が盛んに行われている．さらに，新潟県佐渡市や兵庫県豊岡市，宮城県大崎市では，トキやコウノトリ，ガン類など鳥類の生息地再生のため，水田や河川の再生が行われている．こうした取り組みは，長期間継続することで初めて成果が現れる．生息地の破壊は一気に進むことが多いが，復元はすぐには進まない．生態系の基盤サービスを提供する土壌の物理性や化学性の回復は遅いうえ，生物が新たな生息地に定着して個体数が回復するには相当な時間がかかるからである．

自然再生の取り組みに持続性をもたせるには，社会的，経済的な面からのさまざまな工夫が必要である．ここではその一例として，佐渡市の**トキ野生復帰**のための取り組みを紹介する．

(3) 佐渡のトキ野生復帰に関わる生態系再生

トキは東アジア固有種で，江戸時代までは日本各地に生息していたが，明治期以降の乱獲や生息地の劣化によって激減し，昭和40年代には佐渡島に少数が生息するのみとなった．当時の環境庁は，人工繁殖を試みるために最後の5羽を捕獲したが，結局2003年に最後の1羽が死亡し，日本から絶滅した．その頃，中国では生き残っていた10羽ほどの個体群が100羽以上に回復し，人工増殖にも成功した．日本政府は中国のトキを日本で人工繁殖させ，佐渡島に再導入する計画を進め，2008年から野外への放鳥が始まった．

しかし，トキの個体群が長期間にわたって存続するには，野外で少な

図 9　佐渡市の認証米のラベル（A），および「江」のある水田（B），冬期湛水をした水田（C）（宇留間悠香撮影）

くとも 100 羽程度を支えることのできる豊かな環境が必要であり，そのためには劣化した生態系の再生が急務である．トキはおもに水田や浅い河川でドジョウや両生類を採食するが，畔などの草地でもバッタやミミズなどの小動物を採食する．高度経済成長期以降の水田や河川の整備は，ドジョウや両生類が住みにくい環境に変えてしまった．多量の農薬の使用のほか，水路のコンクリート護岸で生物が水田と水路を行き来できなくなったことや，冬季の乾田化などが原因である．

佐渡市ではこうした背景を受け，水田や水路の再生によってトキの餌生物を増加させる取り組みを行っている．その中心となっているのが米の**認証制度**である．農薬や化学肥料を減らし，生き物を育む農法で栽培された米を，佐渡市が「朱鷺と暮らす郷米」というブランド米として認定する制度である（図 9）．認証の要件としては，農薬と化学肥料の量を従来の半分以下にすることに加え，生き物を育む農法として，①水田における「江」とよばれる溝の設置，②冬季湛水，③水田と水路をつなぐ魚道の設置，④ビオトープの設置，という四つの取り組みの中からいずれかを実施する必要がある．

江は年間を通して数十センチの水深のある溝であり，冬季や一時的に水田から水がなくなる夏にドジョウ，両生類，水生昆虫の貴重な住みかとなる．冬季湛水は水田が乾燥する冬に水を張ることで，さまざまな水生生物の住みかを提供し，とくにイトミミズやユスリカなどの食物網の基盤となる生物を増やす働きがある．魚道は，ドジョウなどの魚類が繁殖のために水路や河川から水田へ移動する助けとなる．ビオトープはイネの栽培を行わない水田であり，常に湛水されているため多くの水生および湿生生物の住みかとなる．

認証米は通常のコメの販売価格の約２倍の値がついているほか，市から農家に一定の補助金も支払われるため，認証を受けた水田面積は年々増加している．また認証米は，水田の生物だけでなく，私たち人間にとっても農薬などのリスクが少ない食品であり，価格の割に売れ行きは順調である．このように，認証制度は生態系の再生だけでなく，農業の再生や消費者にとっての食の安全性の向上といった好循環を生み始めている．農家，行政，消費者の３者の良好な関係を引き出すことは，持続性のある**生態系再生**を可能にするうえで不可欠である．いっぽうで，こうした取り組みが生態系や生物多様性の再生にどの程度効果をあげているかについて継続調査を行う必要がある．現在，佐渡市が中心となって，農家や市民による定期的な「生きもの調査」の実施を進めている．こうした市民参加による取り組みは，生物多様性のモニタリングの意味だけに留まらない．一般市民が生き物調査に参加することで，豊かな自然と触れ合い，生態系再生の意義を再認識するという環境教育の効果も大きいはずで，まさに一石二鳥の取り組みであるといえる．こうした取り組みから得られた成果を，科学的に分析・評価し，目に見える形で社会に発信していくことが生態系再生のさらなる持続性を保証することにつながるに違いない．

ボックス３

普通種でも絶滅する

絶滅が懸念されている種のことを絶滅危惧種といい，国際機関や国，地方などさまざまなレベルで「レッドリスト」として指定されている．個体数が少ない種や，個体数や生息地の減少速度が高い種をリストの対象としている．しかし，絶滅危惧種はもとより，すでに絶滅してしまった種でも，最初から個体数が少なかったとは限らず，むしろ昔はごく普通にいた種である場合も多い．

その有名な例が北米東部に住んでいたリョコウバトである．この鳥は19世紀初頭には数億羽が生息していて，渡り途中の集団で空が覆いつくされるほどであったが，100年ほど後の20世紀初頭には狩猟などの影響で絶滅してしまった．日本の絶滅生物であるニホンオオカミも江戸時代までは日本各地に分布し，現在の千葉県の平野部にもいたようである．明治初期にもかなりの数がいたようで，東北地方で家畜の被害が頻発したため，高額の懸賞金が懸けられたほどであった．しかし，明治以降の狩猟や生息地の破壊，そしてジステンバーウイルスの流行により，1905年に絶滅した．現在では世界で剥製がわずか4体しか残されていないのも，急激に絶滅が進んだ証拠であろう．他にもトキ，コウノトリ，ニホンカワウソは明治期までは日本の農地景観にふつうにいた生物であったし，タガメ，ナミゲンゴロウ，ベッコウトンボなどの水生昆虫類も戦前までは各地の水田にふつうにいたようで，1933年（昭和8年）に出版された昆虫図鑑，「原色千種昆虫図譜」（松村，平山）の標本は，東京の井の頭公園で採集されたものである．高山や原生林に住む生物とは違い，身近な環境に住んでいたからこそ人間の影響を受けやすかったともいえるのである．

ニホンオオカミの剥製（左），および井の頭公園産のベッコウトンボ（右）

東京大学農学部森林動物学教室所蔵

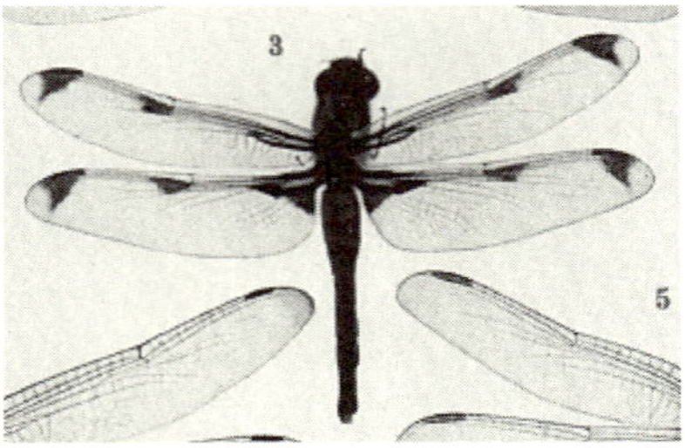

「原色千種昆虫図譜」（松村・平山：三省堂）より

6. おわりに

この章の内容からわかるとおり，環境を中心に据えた農学の在り方を考えるには，幅広い分野の科学的知識が必要であると同時に，社会のしくみや私たちの暮らし方を捉え直すことも視野に入れた総合的な視点が必要である．また，生態系や生物多様性が置かれている問題を解決するうえで，持続的な第一次産業の模索こそが重要なカギとなっており，農学が果たすべき役割はたいへん大きいといえよう．

● 参考・引用文献

Finke, D.L., and R.F. Denno（2004）Predator diversity dampens trophic cascades. Nature 429, 407–410.

Cardinale, B.J., C.T. Harvey, K. Gross and A.R. Ives（2003）Biodiversity and biocontrol: emergent impacts of a multi-enemy assemblage on pest suppression and crop yield in an agroecosystem. Ecology Letters 6, 857–865.

Settle, W.H., H. Ariawan, E.T. Astuti, W. Cahyana, A.L. Hakim, D. Hindayana and A. S. Lestari（1996）Managing tropical rice pests through conservation of generalist natural enemies and alternative prey. Ecology, 77, 1975–1988.

Harwood, J.D., and K.D. Sunderland（2004）Prey selection by linyphiid spiders: molecular tracking of the effects of alternative prey on rates of aphid consumption in the field. Molecular Ecology 13, 3549–3560.

Klein, A,M, I. Steffan-Dewenter and T. Tscharntke（2003）Fruit set of highland coffee increases with the diversity of pollinating bees. Proceedings of the Royal Society of London Series B-Biological Sciences 270, 955–961

Hoehn, P., T. Tscharntke, J.M. Tylianakis and I. Steffan-Dewenter（2008）Functional group diversity of bee pollinators increases crop yield. Proceedings of the Royal Society B-Biological Sciences 275, 2283–2291.

Kremen, C., N.M. Williams and R.W. Thorp（2002）Crop pollination from native bees at risk from agricultural intensification. Proceedings of the National Academy of Sciences of the United States of America 99, 16812–16816.

Snyder, W.E., G.B. Snyder, D.L. Finke and C.S. Straub (2006) Predator biodiversity strengthens herbivore suppression. Ecology Letters 9, 789–796.

第13章　里でのいとなみ

安田 弘法

（山形大学農学部）

キーワード

自然のつながりとバランス，森林・里・海洋，自然生態系，農業生態系，緑の革命，環境保全資源循環型農業，総合的生物多様性管理

概要

環境科学の使命の一つは，自然の中で生活する生物のつながりを知り，それらの生物のバランスを成り立たせている機構を解明することにある．人口の爆発的な増加や人類が発明した文明及び活発な人間活動は，自然の回復力を低下させ，そのバランスを崩している．我々は今，自然の回復力が低下しつつある森林，里，海洋を活用しながら生活している．森林や里及び海洋の生態系の特徴と機能を理解し，各生態系のつながりとバランスを中心に生態系の動態を把握することで自然の回復力の機構が解明できる可能性がある．まず，ここでは我々の生活と密接に関係している農業生態系について，その特徴を自然生態系と関連させて比較する．農業生態系は生物の多様性が低く，そこでは単純な食物連鎖網が形成されている．そして，それは耕起，播種，病害虫及び雑草防除，収穫などを通じ人為的に撹乱される不安定な生態系である．また，農業生態系の害虫管理では，生物的防除を効率的に行うため，ユスリカなどの「ただの虫」を増加させ，それを餌とするクモなどの広食性捕食者を利用する腐食連鎖を通じたつながりを活用することも重要である．

生物群集は多くの生物により構成され，そこでは複雑な生物間相互作用が形成されている．これらの相互作用には，捕食，競争，共生などの直接効果とみ

かけの競争，間接共生，多栄養段階の相互作用などの間接効果がある．生態系における生物のバランスは，直接効果と間接効果などの生物間相互作用により決定されている．1960年代以降の世界の食料増産に貢献した緑の革命では，作物の収量は増大したが，化学肥料や化学農薬の大量投与により環境破壊や病害虫の大発生が生じた．これらを反省し，今後の農業は化学肥料や化学農薬の使用はできるだけ少なくし，自然の調和機構や多様な生物の機能を利活用した環境保全資源循環型農業が望まれている．これは農業生態系の持つ物質循環機能を活かし，生産性と環境との調和を通じ，豊かな生物や健全な土及び水環境などに留意する農業である．そして，それは土作りを基本として化学肥料や化学農薬の使用の節減などによる環境負荷の軽減に配慮する持続的農業でもある．

農業生態系での生物のつながりの活用として，土壌微生物・植物・植食性昆虫・天敵のつながりがある．農業生態系の多様性や複雑さは，天敵を増加させ，害虫を低密度に維持し，害虫と天敵の関係を中心とした生態系のバランスを保つと思われる．さらに農業生態系及びその周辺環境の生物多様性を創出することは，生物のバランスを維持するのに必要であると考えられる．

1. はじめに

環境科学の使命の一つは，自然の中で生活する多様な生物の相互作用など，そのつながりを知り，それらの生物が自然のバランスを成り立たせている機構を解明することにある．そして，我々は，自然のつながりの機能やバランスの機構を理解し，農林水産業を通じてそれを我々の生活に有効に活用する必要がある．「山に木がなくなれば，海の魚は生きられない」と沖縄の古老はいう．海を守るのは，山に生育する森や里を流れる河川であり，森林・里・海洋は相互につながり，お互いが影響を及ぼしているシステムでもある．

地球環境やその中での色々な生態系は，多くの生物的及び非生物的要因が相互につながり，お互いに作用しあって全体を構成するシステムである．このようなつながりとそこから生じる自然のバランスを解明し，我々の生活に活用することは，多様な生物が限られた資源と閉鎖された空間の地球上で共存するために不可欠である．ここでは，まず私たちの生活の場所であり，私たちが生活する上で色々と恩恵を受けている森林・里・海洋について，そのつながりを述べる．そして，つながりから生じる自然のバランスの維持とその活用に触れる．特に，里のいとなみである「農」を中心に環境科学の視点から自然のつながりとバランスに注目し，里でのいとなみなどを紹介する．

2. 森林・里・海洋とそのつながり

日本の森林は国土の約７割を占め，国土に占める森林の割合は世界で第３位である．それゆえ，日本は森林大国ともいえる．また，我が国の周囲は海に囲まれ，日本は有数の海洋国でもある．このような森林と海洋の間に我々が生活している里がある．そして，森林，里，海洋の各生態系は，河川により密接につながり，流域，河川，沿岸域の環境が形成され，お互いが相互に影響を及ぼす連環となっている．それゆえ，森林，里，海洋を個々別々に扱うだけでなく，これらは有機的なつながりのある総合的なシステムとして扱うことが必要である．森林，里，海洋のつながりとそれらの機能を図１に示した．森林，里，海洋は多面的な機能を持ち，我々の生活と深く関わっている．我々は，このような機能を理解し，それを維持しながら森林，里，海洋を活用しなければならない．

現在，人口の爆発的な増加や人類が発明した文明及び活発な人間活動により森林，里，海洋の生態系や各生態系のつながりは劇的に改変され，多くの環境問題が我々の周辺で生じつつある．たとえば，森林では伐採などの開発による生物多様性の減少や保水力の低下と，それによる土壌栄養分の流亡及び土砂崩落の多発などがある．また，森林の保水力の低下は，里に洪水をもたらす連環となっている．一方，里では，農耕地での化学肥料や化学農薬による水質及び河川の汚染があり，海洋では赤潮や磯焼けなどがある．農耕地で使用された化学肥料や化学農薬は，河川を通じ海洋の生物の生存や分布にも影響を及ぼす**連環**となる．

図1　農業・林業・水産業の多面的な機能（H20農業白書から引用）

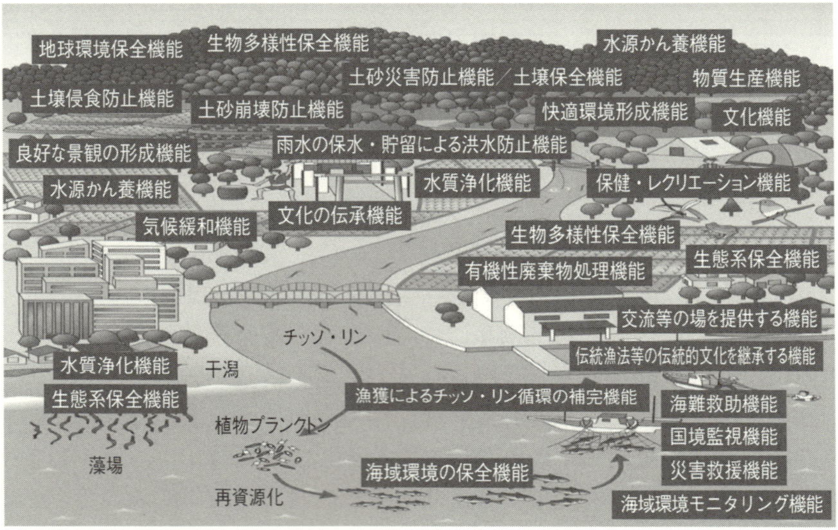

森林には，多くの植物や動物及び微生物が生息し，これらの生物は互いに連環し森林生態系を構成している．森林の多様な樹木は，森林で生息する生物の住み処であり，動物の餌にもなる．森林では複雑な**食物網**や**食物連鎖**が形成されている．樹木は根から養分や水分を，葉から二酸化炭素を吸収し，セルロースなどの有機化合物を合成する．そして，広葉樹は秋に落葉し，これらの葉は土壌の微生物や生物により分解されて有機肥料が作られ樹木が利用する．このように森林は，いくつかの生態系が階層状になった生態系により構成され，お互いの生態系は相互に連環している（第14章参照）．

里では動植物以外に人間も生活し，人間の多様な活動は生態系のバランスを崩し，色々な環境問題を発生させている．特に，多くの人工物は自然が作る有機物と異なり，そのままの状態では物質循環の中に組み込まれ難い．また，化石燃料の利用に起因する大気中の二酸化炭素濃度の上昇は，地球温暖化の一因になると考えられている．この**地球温暖化**は人間生活だけでなく，多くの動植物の生存や分布にも影響を及ぼしている．

海洋には河口域，藻場，アマモ場，マングローブ域，サンゴ礁などさまざまな生態系がある（第15章参照）．これらの生態系では海岸からの距離や砂地及び岩礁帯などの物理的な環境要因，さらには生息する動植物の違いにより食物網や**生物間相互作用**は異なる．しかし，異なる海洋生態系でも植物プランクトン，動物プランクトン，小魚，肉食魚につながる食物連鎖があり，遺体は細菌などにより分解される．海洋での食物連鎖や物質循環は，里や森林で見られるものと基本的な部分での違いはない．我々の生活は，漁業のインパクトや海洋汚染を通じ，海洋生態系にも多くの影響を及ぼしている．

このように森林，里，海洋にはそれぞれの内部に種々の生態系とそのつながりがある．生態系は単独で完結することは少なく，多くは異なる生態系とつながりを保っている．そして森林と里及び海洋は多くの場合，河川によりつながっている．森林から里や海洋に向かい，河川を通じ土砂や化学物質が運搬される．また，サケやアユなど多くの魚は川と海を移動して一生の生活を完結する．さらに鳥や昆虫なども森林や里を移動し，それぞれの生態系に多面的な影響を及ぼしている．里と海洋のつながりに注目すると，水田で化学肥料や化学農薬を使用すると水田の水は排水となり河川を通じ海に流れ込む．その結果，里の水田管理が河川や海洋の生物の生存や分布に影響を与えることもある．それゆえ，里での生物の多面的ないとなみとその影響を把握するには，森林，里，海洋は，相互に影響を及ぼすシステムであることを理解する必要がある．

3. 里の生態系

(1) 里の生態系

生態系は，ある地域に生息しているすべての生物とそれらの生物の生活に影響を与える温度，風雨，pH などの無機的環境要因からなる複雑なシステムである．そして，生態系の中の生物に注目すると植物などからなる生産者と，昆虫，魚，ほ乳類などの消費者及び細菌やカビなどの分解者の三つのサブシステムに分けられる．生態系は生物が生息する地域や生物相の特性により草原生態系，湖沼生態系，河川生態系，森林生態系，海洋生態系，砂漠生態系，極地生態系，農業生態系，都市生態系などに区別される．里には，草原生態系，農業生態系，湖沼生態系，河川生態系，都市生態系など多様な生態系が混在している．ここでは，我々の生活と密接に関係している農業生態系について，その特徴を自然生態系と関連させて紹介する．

農業生態系は，農地における作物や害虫及び天敵などを含む生物群集と無機的環境を一つのまとまりとしたシステムである．そこでは，1次生産者の作物とそれに依存して生活する1次消費者の害虫及び2次消費者の天敵などが生息する．しかし，農業生態系では消費者の一部を構成している動物や昆虫及び病原菌などは有害生物として排除され，さらにミミズや糞虫及び細菌など自然の分解者の役割は軽視されやすい．それゆえ，**農業生態系**は**自然生態系**と比較して生物の種数は少なく食物連鎖網は単純である．また，作物は一定期間後に収穫されるので植生遷移は阻止され，その後の耕起と播種により，植生組成は更新される．農業生態系では単一作物の大規模栽培により，作物が異なる畑と畑の間では不連続に異なる植生タイプに移行する．さらに自然生態系が下草，低木，高木などの層状をなしているのに対し，農業生態系は作物だけの単層的構造になり気象条件などの外部要因の影響を受けやすい．物質循環については，農業生態系では作物が収穫されると地中の栄養は収奪されるが，その後の施肥により栄養が補給されバランスが保たれる．一方，自然生態系は比較的自己完結的で，落葉などが分解され有機肥料となり，それが植物に利用される．また，作物の遺伝的変異の幅は狭く，その環境変動や種間競争に対する耐性は低い．さらに，作物は年齢構成が単純で発育経過がそろう．これらは農業生態系の単純化の一因でもある．

このように，農業生態系は構成種の多様性が低く，そこでは単純な食物連鎖網が形成され，耕起，播種，病害虫及び雑草防除，収穫などを通じ人為的に撹乱される不安定な生態系である．このような特徴にも起因し，農業生態系では少数の害虫が大発生し作物に甚大な被害をおよぼすこともある．それゆえ，農業生態系の管理においては，これらの特徴を十分理解することが必要である．

(2) 里の生態系での生物のつながり

生態系の構成種のうち捕食関係に注目すると，お互いに餌と捕食者の関係が網の目のようにつながっている．このつながり全体を食物網とよぶ．食物網の中で餌と捕食者，さらに捕食者を捕食する捕食者へと構成種を捕食関係でつないで構成したものを食物連鎖という．食物連鎖には，植食性昆虫が植物を食べ，さらに捕食性昆虫が植食性昆虫を捕食する生きた植物から始まる**生食連鎖**と，林床の落葉や落枝などの植物遺体を餌とする生物から始まる**腐食連鎖**がある．たとえば，水田に生息するウンカやコブノメイガなどのガの幼虫はイネを餌とする植食性昆虫である．水田では，これらの害虫をクモやカエルなどの捕食性生物が捕食する生食連鎖と腐食者のユスリカをクモなどが捕食する腐食連鎖がある（図 2）．

農業生態系の害虫と天敵との関係に注目すると害虫が増加すると天敵も多くなり，天敵による害虫の抑制が始まる．最近，農業生態系で天敵として重要な役割を果たすクモなどの広食性捕食者を中心に，イネを起点とする害虫を中心にした生食連鎖と，主に生物遺体などの腐食を利用し，害虫でも天敵でもないユスリカのような「ただの虫」を起点とする腐食連鎖が結合した相互作用網の研究が行われている．腐食連鎖は農業生態系での「ただの虫」を利用した天敵の維持に有益な方法で，クモなどの広食性捕食者を利用する害虫管理に活用できる．たとえば，水田でデトリタスを摂食する腐食者のユスリカが発生すると，広食性捕食者のクモが増加し，害虫の抑制を通じ，作物の被害が軽減する（図 3A）．このような例として，インドネシアのジャワ島の水田で，腐植者，捕食者，植食者の機能群に分けて，それぞれの機能群の発生消長を調べた研究がある．この研究では，腐食者，捕食者，植食者の順に個体数が増加したことが明らかにされた（図 3B）．さらに，腐食物を付け加えることで腐食者と捕食者が増加したことから，捕食者は腐食者の密度に依存し

図2　水田における食物網（日鷹 2012）

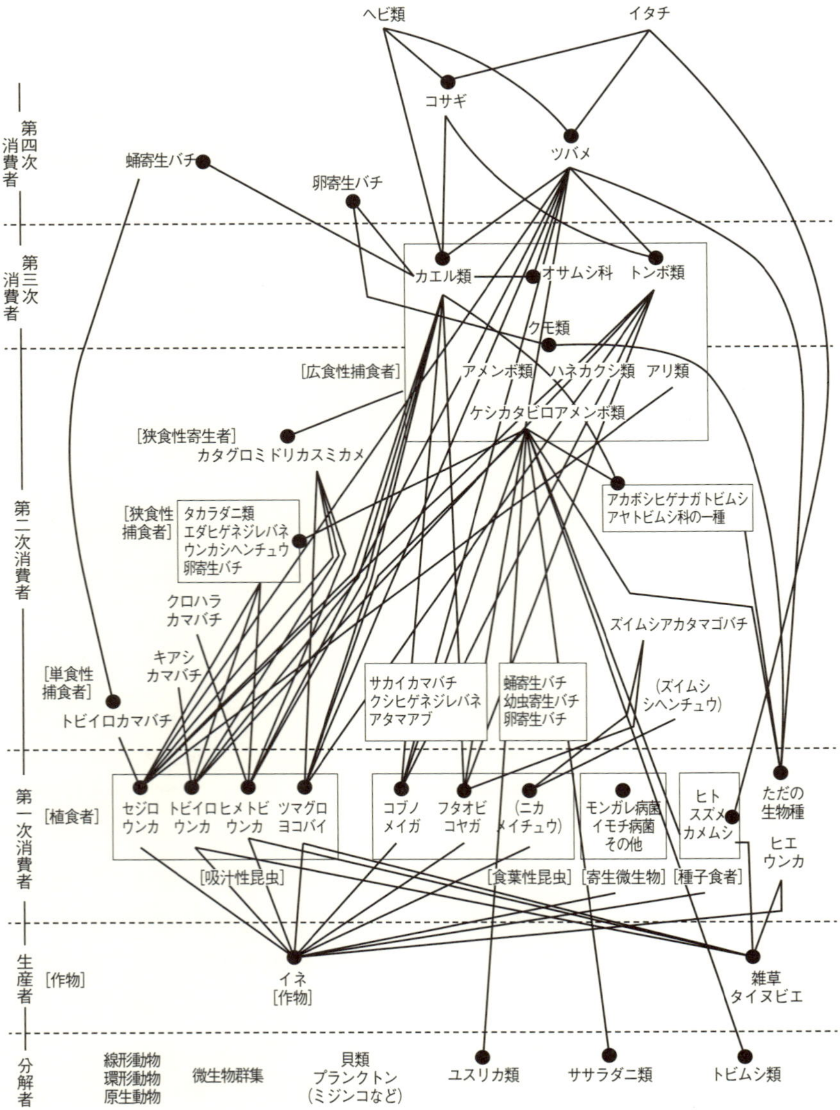

図３　(A) デトリタス，腐食者，天敵，害虫，作物間の直接効果（実線矢印）と間接効果（破線矢印）及び (B) ジャワ島の水田における各機能群の発生時期（田中 2009）

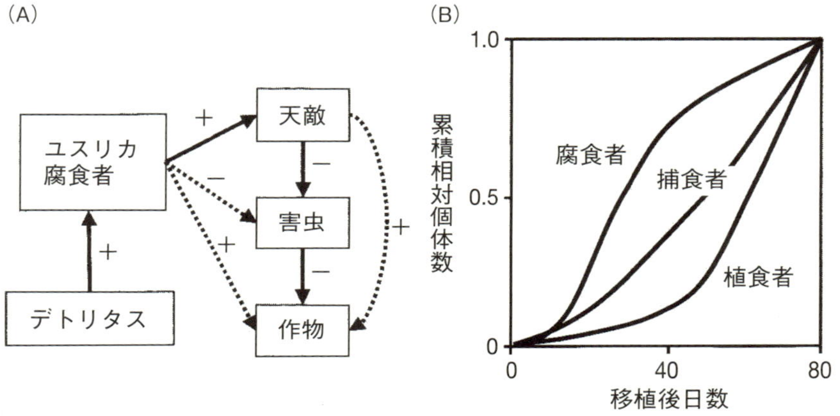

て増加したと考えられた．それゆえ腐食者による捕食者の増加で，害虫を抑制することも可能である．ユスリカが多発する水田では，クモが多く生息し，腐食連鎖は害虫の抑制にも機能している．

農業生態系の害虫管理では，作物と害虫及び天敵のつながりが重視され，天敵で害虫を防除する生物的防除に関心が持たれてきた．生物的防除が効率的に実施されるには，害虫が発生する前に天敵を維持する必要がある．そのためには，ユスリカなどの「ただの虫」を増加させ，それを餌とするクモなどの広食性捕食者を利用する腐食連鎖を通じた天敵の活用も重要である．

ボックス１

外来種とそれに起因する問題

生物はその種に固有な分布域を持っている．外来種とは，過去あるいは現在の固有の分布域以外の地域に侵入した種のことである．このような外来種が生態系や生物多様性及び人の健康や生産活動になどにもたらす望ましくない影響やそれに生起する問題を外来種問題という．日本における外来種は，ほ乳類28種，鳥類39種，魚類44種，昆虫類415種，植物1551種を含む多くの種が記載されている．そして，これらの生物は，生物種間相互作用を通じ在来種への個体数や分布に負の影響を与え，在来種の自然のバランスを崩している．たとえば，捕食による在来種への影響としては，1910年に沖縄のハブやイタチを駆除する目的で導入されたマングースの問題がある．このマングースはヤンバルクイナなどを捕食し，ヤンバルクイナの個体数や分布域が著しく減少した．また，外来種のセイタカアワダチソウは，2～3mの草丈により在来種との光をめぐる競争に優位であることや，種子及び地下茎による繁殖力の旺盛さなどにより日本の多くの地域で分布を拡大している．一方，外来種は農林水産業にも多くの負の影響をおよぼしている．たとえば，1919年に八重山群島で外来種のウリミバエが発見された．このウリミバエはニガウリやキュウリなどウリ科の作物の重要害虫であり，ウリミバエの侵入により沖縄や奄美大島などの南西諸島からニガウリなどを九州以北に持ち込むことが禁止されていた．このウリミバエを根絶する事業が実施された．これは，雄にガンマー線を照射して不妊虫として野外に放飼し根絶する不妊虫放飼法である．沖縄本島では1972年に不妊虫の放飼が開始され1993年に根絶が確認された．この根絶までの22年間に延べ従業者数31.8万人，総放飼頭数530億頭，直接経費170億円が投資された．

さらに外来種は，日本の林業や漁業にも負の影響を与えている．たとえば，マツノザイセンチュウによる松枯れやアメリカシロヒトリによる街路樹の加害なども外来種に起因する大きな問題となっている．また琵琶湖などでは，外来種のブルーギルやブラックバスによる漁獲高の減少も報告されている．このように外来種が侵入すると農林水産業に多大な被害が生じることがあり，動物や植物検疫を通じて外来種の侵入は厳しく規制されている．しかし，最近では外来種をペットとして輸入し，このペットが逃げて野外で生息することに起因する外来種問題も増加している．

(3) 里の生態系での生物のバランス

生物群集とは，さまざまな生物の個体群がある場所に集まって形成される生物集団のことである．たとえば，水田ではイネを中心にタイヌビエやコナギなどの雑草による植物群集が形成される．そして水田には，トビイロウンカやコブノメイガ及びニカメイガ幼虫など多くの害虫がイネを餌として生息している．さらに，クモやアメンボなど多くの天敵がこれらの害虫を捕食する（図２参照）．また，害虫や天敵の死体は，ゴミムシやハエなど腐食性昆虫の餌となる．一方，天敵や腐食性昆虫もカエルやオサムシなど上位捕食者に捕食される．それゆえ，水田では昆虫などの節足動物，カエルなどの両生類，爬虫類，鳥類，哺乳類など多様な動物が複雑な動物群集を形成し，生物のバランスが保たれている．しかし，このような自然のバランスが崩される場合がある．特に，最近では外国から侵入した外来種が在来種の個体数や分布に負の影響を与え自然のバランスが崩されることが多い．このような外来種問題をボックス１で紹介した．

生物群集の全ての構成種は，多くの生物とさまざまな生物間相互作用を形成して，個体を維持し個体群を存続させ，他種と共存している．生物間相互作用には，餌と捕食者の捕食関係，種内・種間競争関係，共生関係，寄生関係などがある．

最近では，これらの生物間相互作用の他に，**ギルド内捕食**が捕食性節足動物の種ごとの個体数決定に重要な役割を果たすことが指摘されている．ギルドとは，類似した餌を同じような摂食様式で利用する生物集団を意味し，餌を同じくする捕食者間の捕食をギルド内捕食という．たとえば，ナミテントウとクサカゲロウは，アブラムシを餌とする捕食者である．ナミテントウがクサカゲロウを捕食した場合にギルド内捕食とよぶ．

生物間相互作用には捕食や種内・種間競争，共生などの２種間の直接効果と，第３の種を介して作用する間接効果がある．たとえば，植物・植食者・捕食者のシステムに注目すると，捕食者が植食者を捕食すると植食者の数が減少し，植食者が植物へ与える食害は低下する．捕食者が植食者の減少を介して植物の食害を低下させ，捕食者は植物に正の間接効果を与えている（図 4A）．これは多栄養段階の相互作用とよばれている．この他の間接効果もある．２種の植物 A と B が生息場所をめぐる激しい種間競争にあり，それが２種の植物の現存量を決定するとしよう．そして，二つの植物には，それぞれ植食者 a と b がいる．今，植

図 4　間接効果：（A）多栄養段階の相互作用，（B）間接共生，（C）見かけの競争（大串 2003）

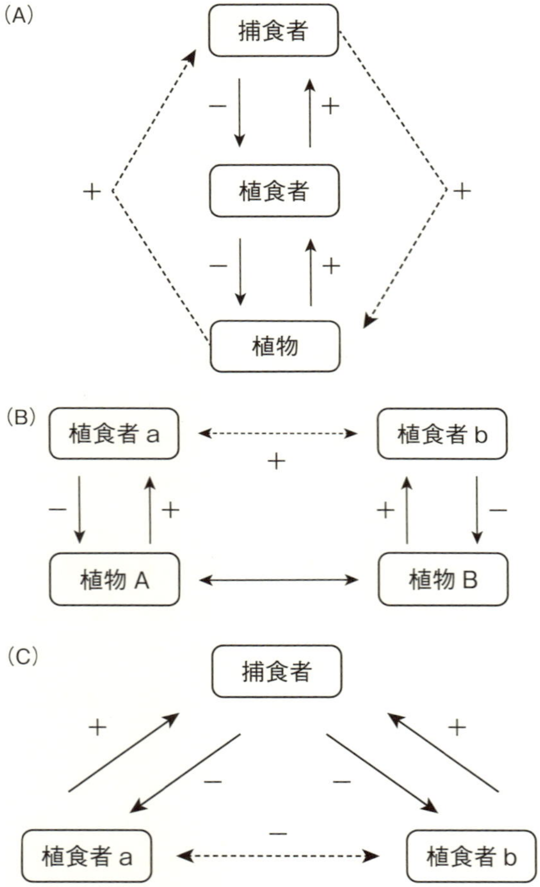

実線は直接効果を，破線は間接効果を示す

食者 a が植物 A を摂食すると，植物 A の現存量は減少する．その結果，植物 A と厳しい種間競争にあった植物 B は植物 A との競争が弱くなり，植物 B の現存量は増加する．そして植物 B を餌としていた植食者 b が増加し，間接的に植食者 a が植食者 b を増加させることになる．これは間接共生とよばれている（図 4B）．見かけの競争とよばれる間接効果もある．これは 2 種の植食者で餌をめぐる競争がなくても，捕食者が植食者 a を捕食し，捕食者が増加すると，捕食者が植食者 a から植食者 b に餌を代え，植食者 b が減少する．この場合，植食者 a が植食者 b を減少させたように見えることから見かけの競争とよばれている（図 4C）．生物群集では多くの生物が，複雑な生物間相互作用を形成している．そして，この間接効果も直接効果と同じく自然のバランスを維持するのに重要な相互作用である．

見かけの競争の具体的な例を紹介しよう．ユタ州のアルファルファ畑には，害虫としてエンドウヒゲナガアブラムシとアルファルファゾウムシが生息し，天敵としてはゾウムシには寄生蜂が，アブラムシにはナナホシテントウがいる（図5）．この4種の昆虫のバランスは，天敵と害虫の直接効果及び天敵を介した害虫間の間接効果により決定されている．害虫のゾウムシとアブラムシは餌のアルファルファをめぐる競争関係にはない．しかし，アブラムシが増加するとテントウムシも増加し，このテントウムシはゾウムシの幼虫も捕食する．それゆえ，アブラムシとゾウムシの間に見かけの競争が生じ，アブラムシが増加するとゾウムシは減少する．さらに，ゾウムシの天敵の寄生蜂はアブラムシの甘露を餌とすることから，アブラムシが増加すると寄生蜂も増加し，寄生蜂がゾウムシに寄生する割合は高くなる．このようにアルファルファ畑の4種の昆虫では，お互いに直接及び間接相互作用によりバランスが保たれている．

図5　ユタ州のアルファルファ畑でのアブラムシとその捕食性テントウムシ及びゾウムシとその寄生蜂の直接及び間接の種間相互作用作用（Evans and England 1996）

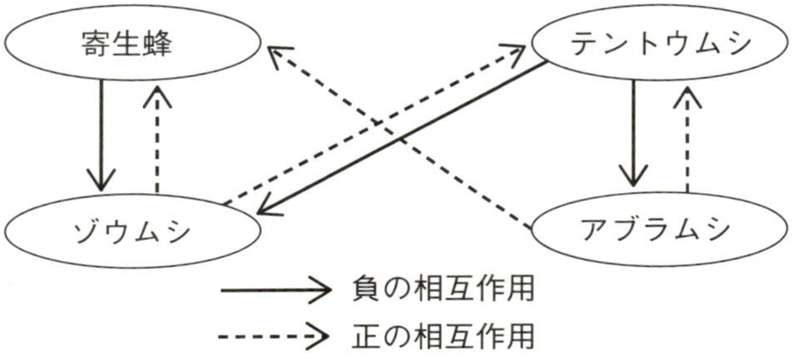

この見かけの競争は，植物で被覆する**リビングマルチ**や天敵の働きを強める植物である**バンカープラント**の利用として，すでに害虫管理に応用されている（図6）．たとえば，ダイズにつくアブラムシを防除する場合に，リビングマルチとしてムギをダイズと混作すれば，リビングマルチのムギに寄生するアブラムシによってヒラタアブやアブラコバチなどの天敵の密度を高く維持することができる．その結果，ダイズ上でアブラムシが増加する時期には，リビングマルチのムギの天敵がダイズに

図 6　ムギによるリビングマルチの有無がダイズのアブラムシの抑制に果たす役割（小野・城所 2009）

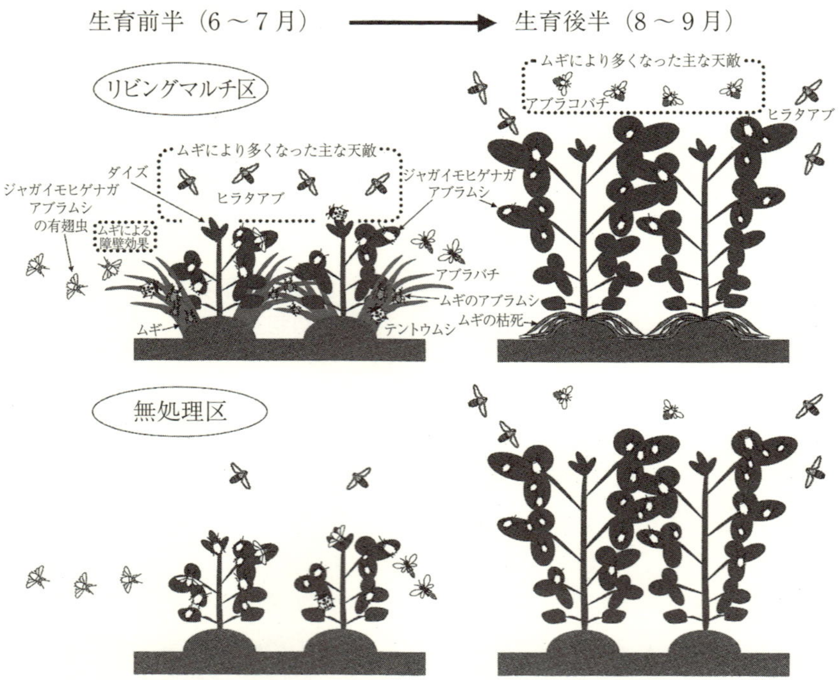

移動して，ダイズのアブラムシを低下させる．温室でのナスの無農薬栽培では，ナスの周辺にヨモギなどを植えてバンカープラントとし，ヨモギに寄生するアブラムシで天敵を維持し，この天敵でナスに寄生したアブラムシを防除する方法も実用化されている．いずれも天敵を植食者で高密度に維持し，その天敵で作物の害虫を防除する見かけの競争の利用である．

4. 里でのいとなみ

(1) 緑の革命の功罪

人類が狩猟及び採集生活を始めた紀元前 8000 年頃の人口は，500 万人程度と推定されている．そして，農耕生活を始めた西暦の初めに約 1 億人に達した人口は，18 世紀にイギリスで始まった産業革命の頃には 8 億人となり，その後，指数的に急増し，現在は 70 億人を超えている．このような人口の増加とともに食料の増産は喫緊の課題となった．

世界規模の食糧増産の一環として**緑の革命**（Green Revolution）が知られている．1940 年代以降にメキシコなどを中心に栽培されたコムギの新品種と，1960 年代にフィリピンなどアジアを中心に栽培されたコメの新品種によりコムギやコメの大量増産が可能となった．この緑の革命は，多量に施肥しても倒れにくい背丈の低い高収量品種の栽培が特徴である．さらにコムギやコメの大量増産が可能となった背景には，灌漑設備の整備，病害虫の防除技術の向上，農作業の機械化などもある．特に，コメの増産には，フィリピンに設立された国際イネ研究所（International Rice Research Institute：IRRI）で品種改良された高収量品種 IR–8 が貢献した．

緑の革命では，収量は増大したが，化学肥料や化学農薬の大量投与による環境破壊や病害虫の大発生，さらには伝統的農村文化の崩壊を招いたなどの批判もある．たとえば，東南アジアのコメ栽培ではトビイロウンカなどの害虫が化学農薬に対して抵抗性を獲得し，農薬が効かなくなった．さらに，クモなどの天敵が農薬で死亡し，害虫の大発生が生じた．また，化学農薬の使用は，水田生物の多様性の減少要因にもなっている．さらにツングロ病などの病気も大発生した．このような病虫害の大発生は，単一品種の大面積栽培にも起因すると考えられている．一方，多量に使用した化学肥料により土壌の劣化なども指摘されている．化学肥料や化学農薬は，化石資源に由来しており，この化石資源も近い将来に枯渇することが予測されている．このような点からは，今後の農業は化学肥料や化学農薬の使用はできるだけ少なくし，自然の調和機構や多様な生物の機能を利活用した**環境保全資源循環型農業**が望まれる．

(2) 環境保全と資源循環の農業

環境保全資源循環型農業では，農業の持つ物質循環機能を活かし，生産性と環境との調和を通じ，豊かな生物や健全な土及び水環境などに留

図7　環境保全を重視した農業生産（H20 農業白書から引用）

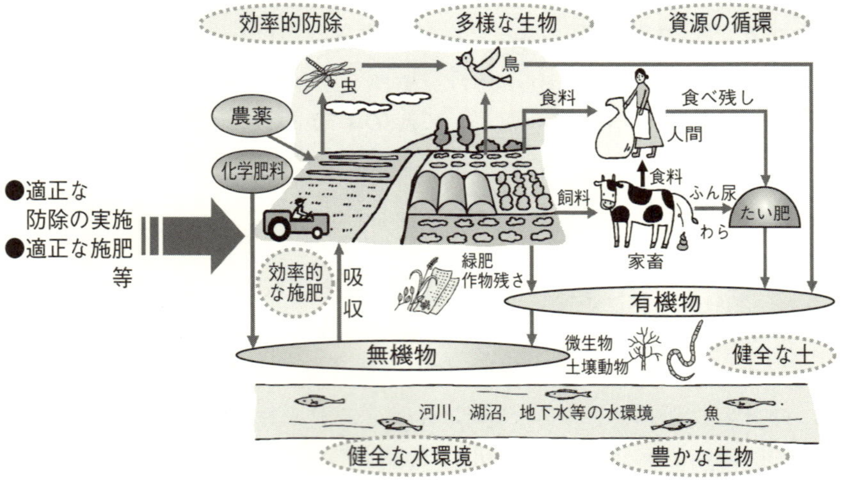

意する（図7）．そして，それは土作りを基本として化学肥料や化学農薬の使用の節減などによる環境負荷の軽減に配慮した持続的農業である．それゆえ，家畜糞尿や農作物残渣などを農耕地の有機肥料とし資源を循環させて活用する．このような農業が注目されてきた背景には，化学肥料や化学農薬などの多投入及び家畜糞尿の不適切な処理が環境に悪影響をおよぼし，多面的な環境問題を発生させていることがある．たとえば，これらの問題として化学肥料による湖沼や閉鎖性水域が富栄養化するといった悪影響及び化学農薬による生物多様性の減少や特定病害虫の大発生があげられる．さらに農業生産活動は，色々な環境に多面的な影響をおよぼしていることから，環境保全資源循環型農業では可能な限り環境への影響を軽減させることが重要である（図8）．

環境保全資源循環型農業では，土作り，施肥，病害虫防除，作付け体系，資源循環などを総合的にとらえる必要がある．まず，その基本は土作りである．それには土壌の物理，化学及び生物的特性を改良し，健全な根が養分を効率的に吸収することが重要である．すなわち，作物の根が良く伸張し，その根が円滑に機能するように土壌環境を整え，土壌の

図８　農業生産活動別の主な環境へのリスク（H20 農業白書から引用）

主な農作業	河川・湖沼・地下水・海域	大気・温暖化・オゾン層	土壌・生態系
施肥	○過剰な施肥による水質汚濁・富栄養化	○肥料成分由来の温室効果ガス（一酸化二窒素）の発生	○品質が不良な肥料の使用による重金属の蓄積のおそれ ○化学肥料への依存による土壌の劣化
防除	○不適切な農薬使用による水質への影響のおそれ	○土壌消毒用臭化メチルによるオゾン層の破壊	○不適切な農薬使用による周辺自然生態系への影響のおそれ
かんがい	○水田代かき期の濁水流出等による水質汚濁・富栄養化		
加温施設・農業機械等		○化石燃料の使用による温室効果ガス（二酸化炭素）の発生	○農業機械作業による土壌の鎮圧
プラスチック資材等		○野焼き等による有害物質の発生	○不適切な埋立等による生態系のかく乱
家畜飼養	○畜舎からの排水，家畜排せつ物の不適切な処理等による水質汚濁・富栄養化	○悪臭等 ○反すう動物の消化管内発酵による温室効果ガス（メタン）の発生	
ほ場管理	○土壌粒子の流亡等による水質汚濁・富栄養化	○水田土壌等からの温室効果ガス（メタン）の発生	

作物生産能力を向上させる．このような土作りにより作物生産の向上と安定化が図られる．そして，土壌水分や窒素栄養などの制御による作物の品質向上や養分の効率的な利用，さらには不良土壌により生じる湿害などの回避により作物の生育を健全にする．

土作りと関連し，施肥も作物の栽培に欠かせない．施肥は，作物栽培において土壌中にある天然の肥料のみでは不足する栄養分を肥料として補給するものである．過剰な施肥は水や大気など環境へ悪影響を及ぼす．それゆえ，作物の生産性と環境との調和を図り，土壌の状態や作物の種類に応じた適切な施肥が必要である．特に，化学肥料の節減を図り，肥料効率を促進させることが重要である．

無防除で作物を栽培すると，作物は病虫害の被害を受け，さらに雑草が繁茂することで収量が軽減する．それゆえ，高品質かつ安定した作物生産を維持するには，適切な病害虫及び雑草管理が不可欠となる．環境保全資源循環型農業における害虫管理では，生物的防除を基幹とし，化学農薬の節減を図る**総合的害虫管理**が重要である．

図 9　ウンシュウミカンに寄生するカイガラムシを中心にした昆虫群集の種間相互作用の概念図（市岡 1996）

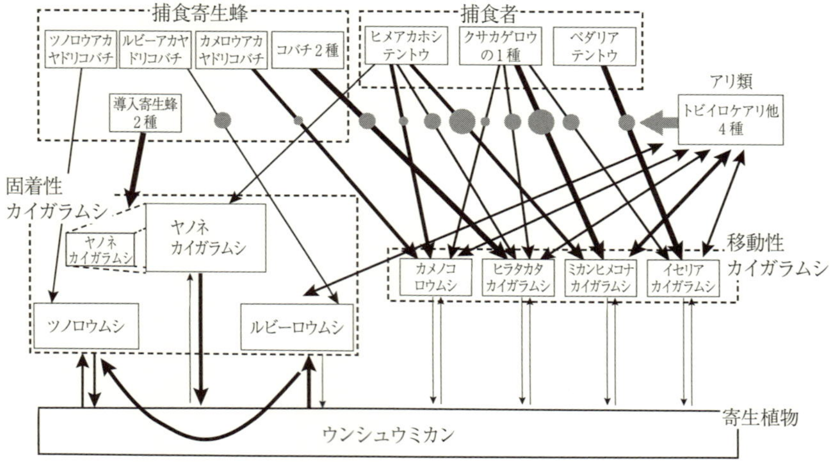

矢印の向きと直線の太さ及びアリから左へ伸びる円の大きさは，それぞれの種の個体群及び種間関係に与える作用とその相対的な大きさを示す．

和歌山県のウンシュウミカン園で害虫と天敵の生物間相互作用を利用し，自然のバランスを保ちながら無農薬で害虫の密度を低く抑えている例を紹介しよう（図 9）．このミカン園では，害虫として固着性 3 種と移動性 4 種のカイガラムシがいる．そして，それらの天敵として 7 種の寄生蜂と 3 種の捕食性昆虫及び 4 種のアリが生息し，複雑な生物間相互作用が形成されている．これらのカイガラムシの個体数は 12 年間低く保たれており，その個体数決定機構は，天敵による各種カイガラムシへの捕食と寄生が重要であった．さらに，この群集では，カイガラムシの種によっては捕食と寄生以外にカイガラムシとアリとの共生関係や，生息場所をめぐる種内競争も個体数決定に重要である．このようにカイガラムシの種によりその個体数を決定している生物間相互作用は異なり，種特異的な相互作用を通じ害虫と天敵のバランスが保たれ害虫が低密度に維持されている．果樹園などでは化学農薬を使用しないと多様な生物群集が形成され，そのような群集では生物のバランスが保たれ，多種の

図 10　営農類型別にみた環境保全型農業に取り組む農家の割合（H20 農業白書から引用）

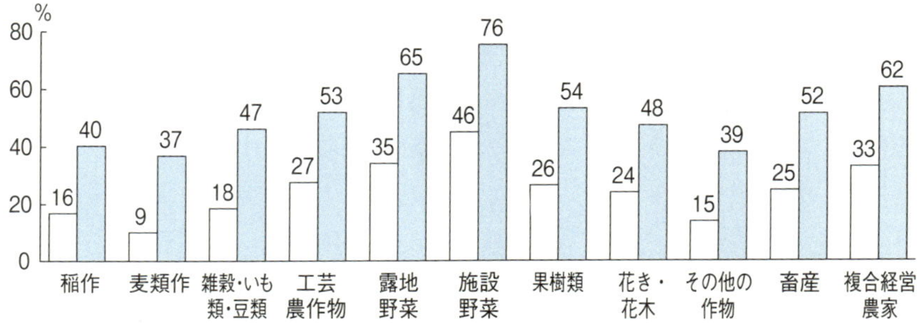

H12 年は白で，H17 年は水色で記述.

天敵が多種の害虫を低密度に維持していることもある.

環境保全資源循環型農業に取り組んでいる農家の割合を平成 12 年と 17 年で比較した（図 10）．このように，最近では多くの農家が環境保全資源循環型農業に取り組んでいる.

(3) 農業生態系における生物のつながりとその活用

先進諸国の農業は，化学肥料の多用により生産性を飛躍的に増加させたが，その代償として土から健康を奪い環境に大きな負荷を与えた．そして，土中の栄養バランスがくずれ，作物を虚弱体質にしている．このような化学肥料は，石油などの化石資源から生産され，それは近い将来に枯渇することが指摘されている．化石資源が枯渇することを考えると化石資源に依存しない農業を考えることも必要である．たとえば，水稲栽培に注目すると化学肥料や化学農薬が頻繁に使用されるようになったのは，1960 年代以降である．それ以前は，化石資源への依存度は低く水田生態系の生物のつながりとバランスを利活用した水稲栽培であった．農業生態系では多くの微生物や生物が生息し，互いにつながりを持ち複雑な相互作用を形成している．そして，その相互作用は作物や病害虫を含む多くの生物の生存や発育に影響を与えている．これからの農業では，農業生態系での多様な生物のつながりを明らかにし，これらの生物が持つ機能を活用することも重要である．

化学肥料の使用の軽減には，**土壌微生物**が植物の生育を促進させる機能を活用することもある．地中には無数の微生物がいる．たとえば，土壌1gには数億から数十億の微生物が生息している．このような土壌微生物の中には，マメ科植物と共生して根粒を形成する根粒菌がある．根粒菌が大気中の窒素をアンモニアに変換し，作物の生育を促進させることは古くから知られている．最近，根粒菌以外の土壌微生物が植物の生育に及ぼす影響についても明らかにされつつある．このような土壌微生物を作物の生育に利用する方法は必ずしも普及してはいないが，今後の環境保全資源循環型農業において重要な技術になる可能性がある．ここでは，土壌微生物・植物・植食性昆虫・天敵のつながりを明らかにした最近の研究を紹介しよう．

カビの仲間である糸状菌が植物の根の組織内に侵入することや，根の表面に付着して植物と共生しているものを菌根（mycorrhiza）とよび，共生している糸状菌を菌根菌（mycorrhizal fungi）とよぶ．陸上植物の7～8割がこのような菌根を形成し，この菌根菌の一種に**アーバスキュラー菌根菌**（arbuscular mycorrhizal fungi：AM菌）がある．AM菌の機能としては，リン酸や微量栄養素の吸収の促進，水ストレスに対する耐性の増大，病害耐性の増大，植物ホルモンの生産，土壌構造の維持などにより，植物の生育を促進することが知られている．

AM菌が植物の生育を促進し，それが植食者の発育におよぼす影響が明らかにされている．たとえば，AM菌を接種したヘラオオバコは，植食性昆虫に対して摂食阻害物質（iridoid glycosides）を生産し，それによりガの幼虫の発育に負の影響を与える．一方，菌根菌・ダイズ・植食性テントウムシの系では，土壌中のリン酸が少ない低リン酸施肥区のAM菌を接種した植物で植食性テントウムシへの防御物質が軽減した．さらに共生している菌根菌がリン酸を吸収することで植物のリン酸が増加し，植食性テントウムシの生存と発育が良好になった．また，このように菌根菌が植物の生育を促進し，植食性昆虫の生存と発育を促進することはアブラムシの一種でも知られている．

最近，AM 菌が植物の生育を通じ，植食性昆虫の天敵の行動に影響を与えることが野外実験で明らかにされた．それによるとAM 菌を減少させた殺菌剤散布区でヒナギクの草丈は低くなり，ハモグリバエとその寄生蜂の寄生率は高くなった（図 11）．殺菌剤散布区では，ハモグリバエから出る匂い物質に寄生蜂が誘引され寄生率が高くなったと推測されている．一方，AM 菌が多い水散布区では，AM 菌が植物の生育を促進させ，植物の構造が複雑になった．その結果，寄生蜂によるハモグリバエの探索が困難となり，これが寄生蜂の寄生率を低下させた原因であると考えられている．

図 11　野外での殺菌剤処理が，ヒナギクの一種の草丈，ハモグリバエ，寄生蜂による寄生率に及ぼす影響（Gange *et al.* 2003 を改変）

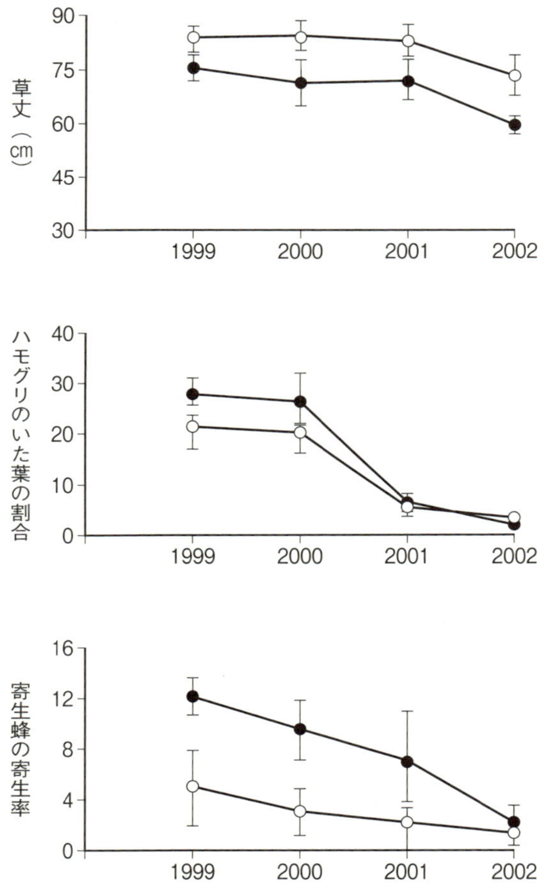

○は水散布，●は殺菌剤散布．

最近の AM 菌・植物・昆虫によるつながりを明らかにした研究では，AM 菌接種区のトマトで非接種区よりアブラムシの天敵の寄生蜂が誘

図 12　環境保全を重視した農業生産（H20 農業白書から引用）

引されやすいことや，AM 菌接種区では非接種区と比較し，訪花するハナバチの数が増加することなども知られている．

土壌微生物・植物・植食者・捕食者及び捕食寄生者がつながった研究は始まったばかりである．これらの研究では，土壌微生物が地上部の生物間相互作用に影響を与えていることを示唆している．化学肥料の多用により生じる問題の軽減には，作物の生育に好適な働きをする土壌微生物の機能を解明し，農業生態系の土壌微生物・作物・害虫・天敵のつながりと微生物の機能を農業に活用する試みも重要であろう．

(4) 里での生物の多様性とバランスの維持

1992 年にリオデジャネイロで開催された環境サミットで，**生物多様性条約**の枠組みが決定されてから，生物多様性は 21 世紀のキーワードの一つになった．そして，生物多様性の維持は自然環境のみならず，農林水産業の場でも避けて通れない問題となっている．たとえば，農林水産省生物多様性戦略では，有機農業など環境保全型農業や生物多様性に配慮した生産基盤整備などを通じ，生物多様性の保全を重視した農林水産業が推進されている（図 12）．そのためには，生物多様性の維持機構と多様性の役割を知ることが不可欠である．そして，色々な生態系で生息する多様な生物のつながりを理解し，生態系のバランスの維持機構を明らかにすることが必要となる．ここでは，農業生態系に焦点を当て，1）一つの畑における単作と混作，2）農業生態系の植生の複雑さや多様性，3）農業生態系周辺の景観レベルの多様性や複雑性について空間レベルの異なる三つの農地環境の複雑さや生物の多様性が害虫の低密度維持におよぼす影響を紹介しよう．そして，農地及びその周辺環境の生物多様性や複雑性が，害虫と天敵との相互作用を通じ害虫の低密度維持に及ぼす影響を例に，生物の多様性とバランスの維持について考えてみたい．

一つの畑で植生が単純な単作と多様な混作で，害虫及びその天敵の個体数を比較すると，害虫は単作より混作で少ない傾向にある．一方，天敵の種数や個体数は，単作より混作で多い傾向がある．混作で増加した天敵は，寄生蜂などの捕食寄生性天敵が多い．このような天敵は花蜜などを餌とすることから，多様な作物がある混作では，花蜜のある時期が長く，天敵の個体数が多くなったと考えられている．それゆえ，ある畑での作物の種数が多くなると，天敵が増加し害虫が減少する傾向がある．そして，作物の多様性が高くなると天敵の多様性も高くなり，これらの天敵は害虫を低密度に保ち，害虫と天敵とのバランスが維持されやすいと思われる．

また，単作と混作，雑草の有無，植物の高さや葉の繁茂などによる植生の構造，リターや堆積物の有無及び量などの生息場所構造の多様性は，捕食者の数及び捕食者と餌との相互作用に影響を与える．特に，クモなどの無脊椎動物の捕食者は多様で複雑な構造の生息場所で密度が高い．そして，植物や植生の構造及びリターや堆積物の多様性が高いと捕食者は多く，生息場所の構造を単純にすると捕食者は減少する．それゆえ，生息場所構造を多様にすると天敵が増加し，害虫は低密度となる傾向がある．

複雑な生息場所で捕食者が増加する理由としては，複雑な生息場所は共食いや捕食者同士の捕食から回避する隠れ場となり，捕食者の生存率が高くなると考えられている．さらに，植生が多様で複雑な生息場所では，花粉及び花蜜など植食性昆虫の餌資源が豊富で植食性昆虫が多い．また造網性のクモでは複雑な場所ほど網場所として好適であるなど，捕食者の生存を高める要因が多い．これら以外にも，生息場所が多様で複雑であると天敵に好適な微気候の生息場所を提供することもある．

景観の多様性や複雑性が，天敵の個体数や多様性を増加させせることは，多くの生態学者が認めているが，実証例は少ない．米国中西部の「単純な景観」と「多様な景観」が周囲にあるトウモロコシ畑で，害虫への天敵の寄生率が調査された．「単純な景観」とは，トウモロコシ畑の周囲に少数の大規模な農地がある場所で，「多様な景観」には，多数の小規模な農地があり，農地の境界には広葉樹などの樹木がある．景観の多様性の高いところで害虫への天敵の寄生率が高い．それゆえ，害虫の密度は低く抑えられていると思われる．これは，「多様な景観」では，天敵の優占種が多いことに起因していた．このような「複雑な景観」がある農耕地では，「単純な景観」がある場合と比較し，天敵により害虫の密度が低く抑えられていることは，他の研究でも知られている．

生息場所や景観レベルが多様で複雑であれば，天敵が多くなり害虫は低密度に抑えられる傾向がある．それゆえ多様な生息場所や景観の複雑性を維持することは，害虫を低密度にするのに重要である．農業生態系の多様性や複雑さは，天敵を増加させ害虫を低密度に維持し，生態系のバランスを保つと思われる．

最近，**総合的生物多様性管理**（Integrated Biodiversity Management）という概念が提唱されている．たとえば，水田生態系の生物の生息場所は，水田に限られるものではない．それは水田に棲む生物の行動を通じて畦畔，水路，ため池，休閑田，周辺農地，雑木林，遠隔地の越冬場所なども含まれる（図13）．水田にその生活の一部もしくは多くを依存している生物の保護や保全には，生活環の完結に必要な各種の生活空間のセットが必要となる．水田に生息する動植物は，イネの他に昆虫を含む節足動物，両生類，爬虫類，魚類，鳥類，雑草と多岐にわたる．これらの生物は，水田以外にもそれぞれの種の生活様式にあう生息場所を利用

図 13　攪乱と管理により維持されている水田生態系と生物多様性（桐谷 2004 から引用）

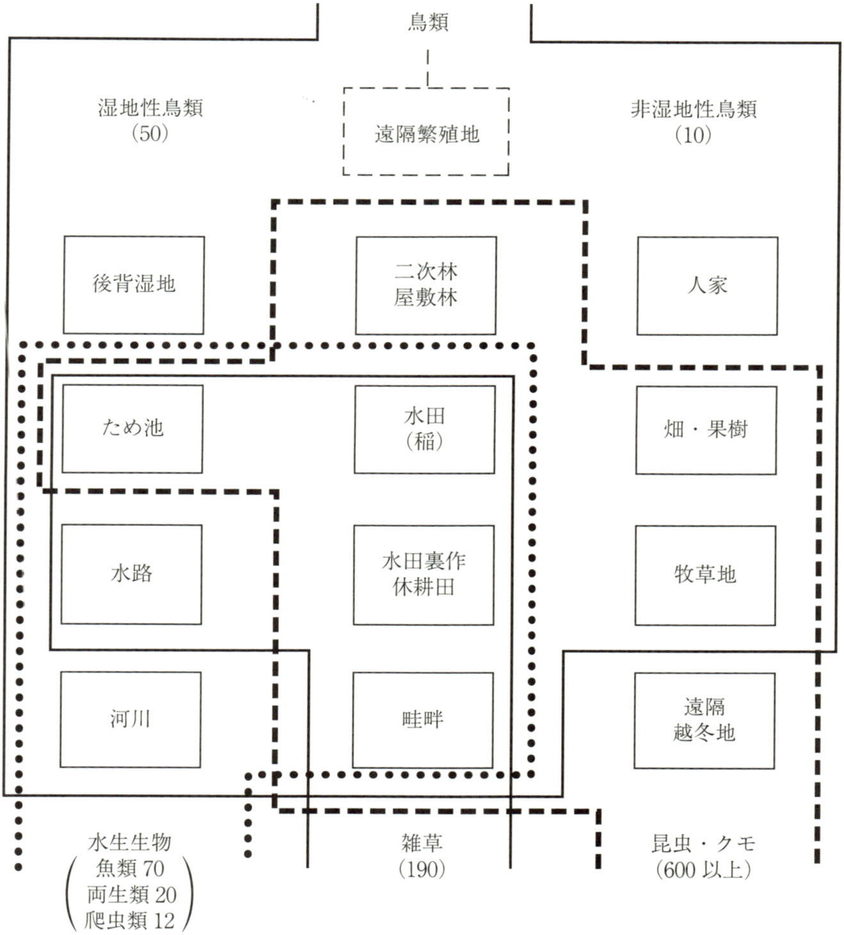

（　）内は種数を示す.

している．それゆえ，水田生態系の生物多様性を保持するためには，これらの生物の多様な生息場所を含めた管理が必要となる．これが総合的生物多様性管理である．

これまでの研究では，農業生態系の生物多様性の機能が十分には理解されていない．しかし，農業生態系及びその周辺環境の生物多様性を創出することは，多様な生物のバランスを維持するのに必要であると考えられる．

5. おわりに

里での生き物や我々の生活は，農業などを通じ森林や海洋と密接に関係しているつながりから成り立っている．それゆえ，森林，里，海洋の関係を一連のつながりとして捉え，それらは相互に依存したシステムであることを理解する必要がある．特に，農林水産業の重要な基盤である農地，森林，海域は，相互に密接にかかわりながら，多面的な機能を発揮している．そして，農業は，食料供給に加え，国土の保全，水源のかん養，自然環境の保全など色々な役割を果たしている（図１参照）．

一方，化学肥料や化学農薬などの化石資源の大量消費に依存した近代農業は，持続型農業から消費型農業に変貌し，色々な環境を改変した結果，多くの環境問題を生じさせた．このような現状を踏まえ，今後は，資源の投入量を減少させる環境保全資源循環型農業を推進しなければならない．そのためには，化学合成資材の使用を軽減し，農業生態系のバランスを活用した農業が好ましい．しかし，日本の多くの地域では，化学肥料や化学農薬に依存した資源多投入の農業が行われている．省力化しつつ病害虫の被害を軽減させ効率的に農作物の収量を上げるには，現状では化学合成資材を利用せざるを得ない．しかし，一度，農業生態系が，化学合成資材投入型の農業体形になると自然のバランスが崩れ，生物の多様な機能を活用した農業の実践は難しい．また，農業は本来，農業生態系の持つ自然循環機能及び生態系機能により成り立っているが，これらの機能の解明が遅れているのも資源多投入型の農業が主流である一因かもしれない．さらに，農作物の増収に重点を置くと化学合成資材に依存し，農業生態系に負荷のかかる農業となる．農業は，食料，資源，環境，経済，政治など多面的な問題と関連しているので，資源低投入で資源循環型の農業の実施は一筋縄では行かない難しさがある.

今後は，化学合成資材を使用しない水田や果樹園を中心に農業生態系の持つ自然循環機能及び生態系機能を解明するのが喫緊の課題であろう．そして，そのような研究の進展により，初めて資源投入量を軽減した資源低投入で資源循環型農業が可能となる．このような農業の実施には，土壌微生物の多様な機能を解明し，その機能を活用することも興味深い．また，天敵による永続的な害虫管理のためには，農業生態系の生物の多様性を維持するだけでなく，その周辺環境の多様性の維持も不可欠である.

● 参考・引用文献

Evans, E.W. and England, S.（1996）Indirect interactions in biological control of insects：pest and natural enemies in alfalfa. Ecological Applications, 6：920–930.

藤本文弘（1999）生物多様性と農業．農山漁村文化協会

古野雅美（1974）緑の革命の虚像と実像 「模索する東南アジア農業 —緑の革命の明暗を追って—」．p27–p46, 日本農業の動き No 34, 農政ジャーナリストの会

Gange, A.C., Brown, V.K., and Aplin, D.M.（2003）Multitrophic links between arbuscular mycorrhizal fungi and insect parasitoids. Ecology Letters, 6：1051–1055.

市岡孝朗（1996）ウンシュウミカンを寄主植物とするカイガラムシ類ギルドにおける種間相互作用．久野英二編，『昆虫個体群生態学の展開』pp.239–263，京都大学学術出版会

巌俊一・桐谷圭治（1973）害虫の総合防除とは．深谷昌次・桐谷啓治編，『総合防除』pp.29–38，講談社

環境保全型農業技術指針検討委員会編（1997）環境保全型農業技術．家の光協会

桐谷圭治（2004）「ただの虫」を無視しない農業．築地書館

宮下直（2009）生食連鎖と腐食連鎖の結合した食物網と害虫管理，p.115–133, 安田弘法ら編著，『生物間相互作用と害虫管理』，京都大学学術出版会

長崎福三（1998）システムとしての〈森–川–海〉：魚付林の視点から，農山漁村文化協会

農林水産省編（2010）食料・農業・農村白書．農林統計協会

小野亨・城所隆（2009）生息場所管理による土着天敵の利用とダイズ害虫管理．安田弘法ら編著，『生物間相互作用と害虫管理』pp.201–222, 京都大学学術出版会

田中幸一（2009）生物多様性と害虫管理，pp.225–243, 安田弘法ら編著，『生物間相互作用と害虫管理』，京都大学学術出版会
Vandana Shiva（1991）The violence of the Green Revolution. Third World Network, 緑の革命とその暴力：浜谷喜美子訳，日本経済評論社
安田弘法（2009）害虫管理の新展開　群集生態学の視点から，pp. 63–94, 大串隆之ら編，『新たな保全と管理を考える』，京都大学学術出版会
安田弘法（2011）生物間相互作用を活用した資源低投入型の害虫管理，遺伝，Vol. 65, No 5, p39–46
安田弘法・梶田幸江・滝澤　匡（2009）捕食者—餌系の種間相互作用」，pp.19–43, 安田弘法ら編著，『生物間相互作用と害虫管理』，京都大学学術出版会
山下洋監修（2007）森里海連環学：森から海までの統合的管理を目指して，京都大学学術出版会
村上興正・鷲谷いづみ（2002）外来種ハンドブック，地人書館
大串隆之（2003）間接効果，pp. 95–96，巌佐　傭ら編集，『生態学事典』，共立出版
日鷹一雅（2012）ギルド構造から垣間見た水田群集の実際的食物網と潜在的食物網，日本生態学会誌，62, 187–198.

第 14 章　森を知り，まもり，つくる

小山 浩正

（山形大学農学部）

キーワード

多面的機能，ギャップダイナミクス，攪乱，更新，生活史戦略

概要

森林は生物多様性の保全や温暖化防止，あるいは土砂流出の防止や水源涵養機能など，多岐にわたる環境機能を発揮して，私たちの生活基盤を支えてくれている．しかし，人々がそれを認識したのはごく最近になってからである．農業生産が始まってからこれまで，人類は森林を消費し続けてきた．それが文明の崩壊を招いたことは歴史が教えてくれている．それにも関わらず，いまでも熱帯林の減少に歯止めがかからない．そろそろ私たちは森林を保全し，これを再生する技術をもたねばならない時にある．

そのためには，自然状態における森林の世代交代の仕組み（更新様式）を熟知しておく必要がある．その際には，生態系における攪乱の意義を再認識するべきである．台風や山火事などの攪乱は生態系の健全性を損なう災いのようだが，ギャップダイナミクスという視点からみると，世代交代を促進し，多様な樹種が共存するメカニズムとして重要な役割を果たしている．攪乱がなければ遷移は一方的に進行して，極相種（陰樹）ばかりになり，先駆樹種（陽樹）は排除されかねない．この極相種と先駆種は生活史戦略においても互いに対局をなし，それぞれが主体とする更新立地での定着を成功するために独特の種子生産，散布，休眠，発芽，成長特性ももっている．こうした性質を考慮した上で，

いま進行しつつある里山崩壊の原因を理解しなければならないし，目的とする種の戦略論に沿った再生技術を施さねばならない．その典型例としては，先駆樹種の森林を造成に適したかき起こしや，人工林下にある広葉樹稚樹を利用した，極相種を中心とする近自然的な森林の造成方法がありえる．

1．はじめに

森は必要か？　森林生態学という科目を受講する学生にそう尋ねて，「必要ない」と答えた強者にまだ逢ったことがない（そりゃ，そうか）．では，なぜ必要か？　と聞いてみると，以下のような答えが返ってくる．まず，①生物多様性保全のため，次に，②炭素を吸収・貯留する，続いて，③土砂災害を防止する，④水源としての機能がある，⑤木材生産のため等々．すべて正解である．ただ，その順番は時代を反映するようで，かつて森林といえば木材生産の場とみるのが主流だったが，近年では上記①～④のような環境機能に関わる項目が上位を占める．これは一般の人でも同じで，「森」といわれてきれいな空気や水をイメージしても，材木やチェンソーを思い浮かべる人は少ない．もちろん木材供給も依然として大切だから，森林に期待するものが交代したというより多様化したという方が正しい．森林生態系が提供するこうした様々なサービスは「**多面的機能**」と呼ばれ，環境意識の高まりとともに注目されるようになった．森林が必要であることを確認するためにも，これらの機能について簡単に概括しておこう．

森林の機能を他の生態系との比較において考える際に，それが高さにおいて突出した三次元的な空間であることに改めて注目して欲しい．例えば，熱帯林の樹高は60～80メートルに達する．だからこそ単位面積当たりのバイオマス量は膨大で，それだけ多量の炭素を貯留している．また，その最上層にいたるまでには，草本層，低木層，亜高木層，高木層が存在し，その各層において幹，葉，花および果実があるので，それぞれを目当てに異なる昆虫や動物が集まる．その中には花粉や種子を運ぶ媒介者として樹木に恩恵を返すものもいるし，さらにこれらを摂食する上位捕食者もいる．こうして張り巡らされた生物間相互作用が地表から地上数十メートルまで絶え間なく，かつ構成種を変えながら連続していることが他の生態系にない特異な点であり，生物多様性の拠点としてかけがえのない存在にしている．天蓋のような林冠（上層の葉と枝の層）は直射日光を遮るので土壌は乾燥を免れ，個々の葉がとらえた降雨は小枝から大枝へ集まり，やがて樹幹を伝って緩やかに地中に浸透する．そのため雨滴が直接土壌を叩くことなく浸食が起きにくい．地面に達した水分は，落葉層とその土壌層に適度に保持され，豪雨で過剰になった時でも一度に出水するのを防ぎ，逆に渇水の時には順次供給することで水源涵養の機能を果たす．地中に張り巡らされた根系が地面を強固に保持するので，森林が無い場合に比べれば土砂崩壊も起きにくい．こうした諸機能を果たす装置を人工的に作ろうとすれば，それぞれ個別に何かを造成せねばならないが，森林という構造物はこれらを同時に果たすのが多面的機能をもつとされる所以である．

さて，これらを確認した上で改めて問い直してみよう．あなたは森が無くて，具体的に何か困った経験をしたことがあるだろうか？　ほとんどのヒトが「否」と答えるはずだ．つまり，私たちの多面的機能への理解は極めて観念的なのである．しかし，だからといって，科学的実証主義に基づいて実験で検証するのも現実的ではない．なにせ，日本の森を全部伐ってみて，何か困ったことが起こるのか確かめてからでは取り返しがつかない．ならば，どうして「森は必要」といい切れるのだろう．

こんな時こそ，かの孔子が説いた「温故知新」が役に立つ．過去8千年間に約45％の森林が人間の活動により失われたとされる．そうした場所で何が起きたかを知れば，森林の価値を改めて実感できるだろう．考古学や花粉分析という手法の発達により，森林の消失は農業の開始に由来することが分かってきた．つまり，森林喪失は極めて農学的な問題なのだ．人類最古の文明であるメソポタミアでは，農地開拓と都市国家建設のためにレバノンスギの森が伐り拓かれた神話が残されている．花粉分析はそれが史実であることを示した．森林消失が原因で塩害が発生し，農地に土砂が流入し，時代の経過とともに小麦の収穫量が減少したことに気をもむ徴税人の苦悩が粘土板に刻まれている（パーリン1994）．不足する木材資源を周辺国に求めるものの，次第に供給側が経済力をつけて輸入もままならず，やがて文明の主座を地中海地方に譲るのである．同様の歴史は，舞台を移しながら今日まで各所で繰り返され，現在ではとりわけ熱帯林の消失として顕在化している．豊かな熱帯林で発見される遺伝資源の所有権を巡り，強まる途上国側の主張を先進諸国が無視できなくなっているのも，まさに文明の主役が移行しつつあることを示唆しているのではなかろうか．こうした歴史的査証から，森林資源を「外」に求めて行くのではなく，持続的に保全（まもり）し，再生（つくる）する必要が認識されるようになったのは，ようやく近年になってからだ．

森を“まもり”，“つくる”には，まずはヒトの介入が無かった時代に森林がどんなメカニズムで世代交代をしていたのか“知る”必要がある．最終氷期が終わり，現在と同じ森林植生が成立してから約1万年が経過している．1本の樹木の平均的な寿命が200年とされるから，自然林は少なくとも50回の世代交代に成功してきたことになる（おそらく実際はもっと多い）．その成功の秘訣を知れば，自ずと森林の保全と造成に不可欠な知見を取り出せるに違いない．その秘訣の一つとして，本章では特に「**攪乱**」の役割を強調する．何らかの原因で森林が破壊されることを攪乱と呼び，攪乱を契機に森林が新たに再生することを「**更新**」という．自然状態では，台風などの攪乱によって林冠層に欠損部（ギャップ）が生じ，それが更新の契機となる．森をつくる際には，攪乱後の更新メカニズムに即することが合理的なのはいうまでもないが，攪乱そのものが森林の維持に重要な事も知って欲しい．しばしば誤解されることだが，自然は手つかずにしておけば良いというものではない．時にヒトによる攪乱の代行も必要になる．このことは，後に紹介する里山の崩壊という問題と深く関わる．

一方，自然林では多様な樹種が共存するだけに，各樹種の生き様，すなわち生活史戦略も更新に大きな影響を及ぼす．生活史とは生物の一生のことだが，樹木では種子生産から稚樹の定着に至るまでの初期戦略が何より重要である．このことは，従来の林業における人工林の造成が，なぜタネ播きからではなく苗木の植栽から始めるかを考えても明白だ．自然界では，種子から稚樹までの生存が極めて不安定だからこそ，そこをヒトが代行したのである．逆にいえば，自然林での世代交代はこの期間の生活史戦略が成功するか否かにかかっている．だからこそ，更新初期の生活史戦略に精通し，これに沿った再生方法を施すのが不可欠なのだ．

本章の最後は実践編として，それまでに紹介した森林の更新論と各樹種の戦略論を使い実際の森林再生に応用した例を紹介する．登場した概念やキーワードを思い出しながら森林再生を追体験して欲しい．では，更新論から始めよう．

2. 森林の更新

(1) ギャップダイナミクス

高校時代に，森林の遷移について次のように教わった記憶がある．裸地ができるとまず草本が入り，次にカンバのような陽樹が侵入する．陽樹の稚樹は豊富な陽光を必要とするのでカンバ林の下でカンバの稚樹は生育できない．そこには暗さに強いブナなどの陰樹が入って，次第に陽樹と置き換わる（以降は，陽樹のことを「**先駆樹種**」，陰樹のことを「**極相種**」と呼ぶことにする）．極相種（つまり陰樹）は暗くても更新できるから，以降は極相種による世代交代が続く．ブナ林はずっとブナ林になるのである．この状態を「極相林」と呼ぶ．

以上が一般的な理解ではないだろうか．しかし，このシナリオにはややおかしなところがある．極相林が本当に極相種の世代交代だけで維持されるなら，世の中の森林はいずれブナだけになり，先駆樹種のカンバはとっくに絶滅していておかしくない．しかし，実際にはカンバは絶滅してないし，相当古い森林でも見つけることができる．なぜだろう．この謎を解く鍵は，図1にみるような林冠のあちこちに開いた穴である．森林生態学ではこの穴のことを「**ギャップ**」と呼ぶ．ギャップは大風や

図 1　ブナ林内のギャップ

土砂崩れ，山火事などの「攪乱」で，樹木が倒壊したり流出したりすることでできる．ギャップができると，その直下は陽光が射すので若木の世代交代が促される．攪乱によるギャップ形成と，それを契機に始まる更新過程は「**ギャップダイナミクス**」と呼ばれ，森林の構造や維持に大きな影響を与えていることが明らかになってきた（山本 1981）．

攪乱のたびにギャップが違う場所で断続的に作られ，その都度，更新が始まるとすれば，森林全体は発達段階の異なるパッチがモザイク状に配置されることになる．実際に，世界中の天然林がそうした構造になっていると指摘されるようになった．たとえば温帯ではワットが，ヨーロッパのブナ林が発達段階の異なるパッチの組み合わせで構成されていることを見いだし（Watt 1947），ホイットモアーは，熱帯多雨林が成熟した相，ギャップができたばかりの相，そして再生途上にある相という 3 相からなることを明らかにしている（Whitmore 1975：図 2）．このように，天然林は攪乱による部分的な破壊と再生を繰り返しながら全体として維持されていたのである．これから森に行く機会があれば，時々上を見上げて欲しい．林冠層には思った以上にギャップが多いことを実感するはずだ．そのギャップの下でどんな更新が始まるのか，次項で詳しくみてみよう．

（2）前生樹と後生樹からの更新

一口にギャップといっても，その大きさは様々で，病気の樹が単木で

図２　マラヤの熱帯雨林の林冠層の状態（Whitmore 1975 より）

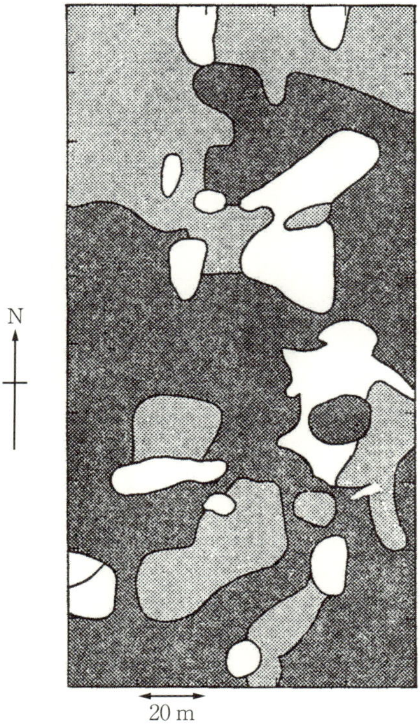

倒れても小さなギャップにしかならないが，大型の台風で複数の樹木がまとまって倒れたら，それだけ大きなギャップができる．極小のギャップは周囲の木が側枝を伸ばしてすぐに埋めてしまうが，ある程度の大きさ以上なら，もはや周囲の枝が伸びるだけでは埋めることはできない．その場合は，下方から成長する稚樹がギャップを修復することになる．この時，すでに林床に稚樹があるなら，それらの成長が促されるだろう．こうした稚樹はギャップができる前から生きていたという意味で「前生樹」と呼ばれる．これに対してギャップの形成後に種子が侵入するなどして新たに更新する稚樹を「後生樹」と呼ぶ．風で親木が倒れるだけならば前生樹からの更新が期待できるが，地滑りのように地表の植生も削られる場合は後生樹からの更新が主体となる．

前生樹から更新するには，ギャップができるまでしばらくは暗い林床で耐えなければならない．したがって，前生樹型の更新は耐陰性の高い極相種にしかできない芸当である．逆に，被陰に耐えられない先駆樹種の稚樹はギャップでないと生存できないから，もっぱら後生樹型の更新をすることになる．実際に台風被害を受けた森林が再生する過程を，前生樹と後生樹という観点で調べた例を紹介しよう．

1954 年の 15 号台風は数十年に一度ともいわれる非常に大型なもの

図 3　ブナ林床の稚樹バンクの様子

で，当時函館と青森をつないでいた連絡船「洞爺丸」が転覆し，多くの人命が犠牲となった．そのため，この台風は「洞爺丸台風」と呼ばれ後々までその惨劇が語られている．滅多に来ない台風は北海道各地の森林にも被害をもたらした．北海道南東部にある北海道大学苫小牧演習林で行われた直後の調査によれば，全立木の 40 % が根返り，幹折れあるいは傾斜といった被害を受けたというから，いかに大きな攪乱だったか分かる．攪乱後は様々な樹種が更新しており，現在は二次林として再生の途上にある．この二次林を伐倒して年輪を調べたところ，台風以前にすでに林床にあったもの（つまり前生樹からの更新）が全体の 35 %，台風後に発生した後生樹が 65 % だった（肥後 1994）．樹種ごとに見ると，前生樹からの更新した割合が高いのはモミジやカエデの仲間などで，更新稚樹の 40 % 以上が前生樹に由来していた．逆に，カンバやヤナギの仲間は後生樹からの更新のみであった．やはり，樹木種には前生樹としてギャップの形成を待機できる極相種グループと後生樹としてしか更新できない先駆樹種グループがあることが分かる．わが国の温帯を代表するブナも典型的な極相種だからやはり前生樹型の更新をする．図 3 は東北日本海側の森林の林床で，ブナの前生樹が高密度に生えている様子を写したものである．このように林床において極相種の稚樹が前生樹として集団的にギャップを待機している状態を「**稚樹バンク**」と呼ぶ．極相種の葉は弱い光量でも効率良く光合成ができるので稚

樹バンクを形成できる．

一方，後生樹として更新するカンバやハンノキなどは典型的な先駆樹種である．これらの葉はギャップ下の強い光のもとで高い光合成速度を実現する．しかし，耐陰性に劣るので，暗い林床では生育できず，それゆえに後生樹からの更新に限定されてしまう．ただし，ひとたびギャップでの更新に成功すれば，その後の成長は極相種とは比較にならないほど速い．したがって，すでにギャップとなっている明るい環境が先駆樹種の持ち味を発揮できる更新立地といえる．

(3) 攪乱と多様性

ここまで見てきたように，森林の更新には攪乱が大きな役割を果たしている．そろそろ，最初に投じた「なぜ，先駆樹種が森林から無くならないのか？」という疑問にも答えが出たようだ．遷移がそのまま進行すれば，確かに時間の経過にともない耐陰性の高い極相種が競争に競り勝ち，次第に優占度を高めるだろう．こうした現象は「競争的排除」と呼ばれる．何も起こらず時が過ぎれば，やはり先駆樹種は排除されてもおかしくない．しかし，自然状態では遅かれ早かれどこかで攪乱が生じてギャップが提供されるのである．こうした場所では，いわば遷移の進行が振り出しに戻されるので先駆樹種の侵入が許される．次節の生活史戦略でも説明するように，ギャップへの到達能力はむしろ先駆樹種の方が優れているから，攪乱がある限り先駆樹種は決して森林生態系から駆逐されることはない．いい方を変えれば，攪乱が先駆樹種と極相種を共存させていたのであり，さらにいうなら攪乱が無くなれば先駆樹種の存続は危うくなる．実は，ほんの数十年前までは，森林生態学においても攪乱は遷移の進行を妨げるノイズと理解されていた．しかし，ギャップダイナミクスの視点でみると，攪乱こそが森林の世代交代を促し，種の多様性を保つ重要な鍵を握っていたのである．

こうなると，私たちの自然感も従来とはやや変えざるをえない．攪乱という語音からイメージできるように，山火事や洪水，土砂崩れなどの大規模攪乱は，人間社会に災害をもたらす脅威でもある．したがって，ヒトは消火技術や護岸工事，土留め工などで攪乱を抑える方法を開発してきた．しかし，そのために攪乱に依存する特定の生物グループが生育立地を奪われてきたのも事実なのである．守るべき人命と多様性のバランスをどう取るのか，難しい選択である．また，開発の結果として，現存する生態系が小面積でしか残っておらず，そこに守りたい生物種がいる場合，罪悪感から一切の人為的影響を排して保護したい気持ちにかられるが，その生物種が先駆性の攪乱依存種だった場合は，手を加えずに見守るだけでは遷移の進行による競争的排除が働いて，かえって消滅を助長することになりかねない．自然に対する無知な善意が仇になる典型であり，この場合は思い切ってヒトが攪乱を代行し，遷移の初期ステージにリセットしてやる勇気も必要になる．

3. 生活史戦略

(1) 種子生産のトレード・オフと散布能力

前節で紹介した極相種と先駆樹種の違いは，更新パターンが前生樹か後生樹かだけに留まらない．種子の生産や散布，発芽，芽生えの定着など，生活史の各段階において，それぞれの更新立地への適応の仕方の違いとして常に対極の関係にある．ここでは，それぞれの段階における，両者の生き様（**生活史戦略**）の違いを紹介し，その理由を探ろう．

最初に紹介するのは，種子生産の戦略である．図4は冷温帯の主要な約30の樹木種について，横軸に種子重を，縦軸に枝50センチメートル当たりに生産された種子数を打点したものである（水井 1993）．両者は負の相関があることが分かる．つまり，サイズの大きい種子は数が少なく，数が多いものはサイズが小さい．この関係は「サイズと数のトレード・オフ」と呼ばれる．この関係の両極にあるタイプはそれぞれ「大種子少産型」および「小種子多産型」と呼ばれる．大種子少産型は図中の右下に位置し，これに属する樹種のグループにはクルミ，ミズナラ，イタヤカエデなどの極相種が並んでいる．一方，小種子多産型のグループは図中の左上に位置し，こちらにはカンバ，ヤナギ，ハンノキなどの先駆樹種が打点されている．極相種が大種子少産で，先駆樹種が小種子多

図４　主要広葉樹30種の種子重と種子数の関係（水井 1992より引用改変）

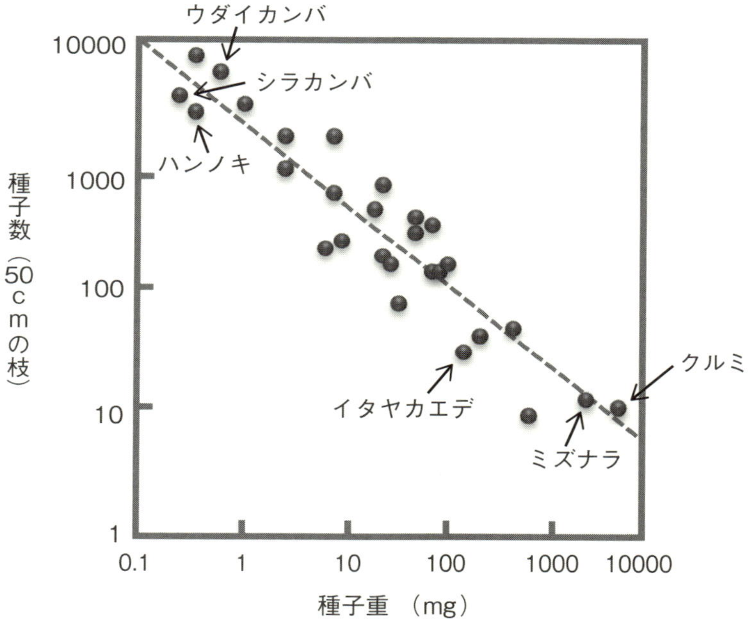

産型の傾向は熱帯から温帯にかけてかなり普遍的なものである（Salisbury 1942；Foster & Jonson 1985）．では，この組み合わせには，何か合理的な必然性があるだろうか？

大まかにいえば，大きな種子ほど豊富な栄養をもっていて，そのため発芽直後はしばらくそれを消費して独自に生きてゆける．これは，極相種が暗い林床で稚樹バンクを形成するのに都合が良い．たとえば，林床ではリター（落葉・落枝）が厚く堆積していて幼根や子葉の伸長を阻害する．しかし，大きな種子に由来する芽生えは豊富な栄養を使って一挙に成長できるので，リターを押しのけて定着に成功する（Gross 1984；Foster 1986）．また，芽生えの初期成長が大きいことは，それだけ高い位置で子葉を展開できることを意味する．林床では高い所ほど明るいので，発芽後の光合成に有利に働く（Grime & Jeffery 1965）．このように，極相種の種子が大きいことは，彼らの更新立地である林内で稚樹バンクを形成するのに適している．

では，先駆樹種が小種子多産であることのメリットはあるのだろうか．少ない栄養しかない小種子は，芽生えも小さいから同じ条件ならば大種子に比べて不利だろう．しかし，これらを多量にばらまくことは，どこにあるか分からないギャップへ少なくともいくつかを送り込むのに都合が良い．いわば「下手な鉄砲，数打ちゃ当たる」方式だ．先駆樹種の種子には翼や冠毛という浮力を増す器官が付いている場合も多いので，飛散能力はさらに高くなる．遠くまで分散できれば，ギャップへ到達する確率も高まるはずだ．

ここでもう一度，極相種が大種子であることに視点を戻そう．大きな種子は遠くに散布されるには適さない．数も少ないからギャップにヒットする機会は先駆樹種に比べて相当に減る．しかし，極相種の更新パターンは稚樹バンクとしてギャップを待つやり方だから，そもそも種子がギャップに到達することはさほど重要でない．それよりも，発芽してからの芽生えが暗がりで耐えられることに重きが置かれているといえる．そのため，被陰下でも芽生えの高い生存率が期待できる大種子生産が選択されたのだろう．

(2) 発芽パターン

散布で生息場所の定まった種子は，次に発芽の時期を選ばねばならない．幸運に適地に着いたとしても，そこが常時良い条件とは限らないからだ．種子は芽生えの元である胚を胚乳や種皮が覆い，種類によってはさらに果肉や果皮が包み込んでいるから，低温や乾燥などのストレスにかなり強い．ところが，発芽したばかりの芽生えは，こうした環境ストレスであっさり死滅してしまう．環境ストレスは時々刻々と変化するので，できるだけ危険の少ないタイミングで発芽する必要がある．発芽はそれだけ危険な「賭け」なのだ．だから，野外で観察される発芽パターンは，それぞれの樹種にとって最適なやり方が進化の過程で選択された現れといえる．各樹種はどんなタイミングで発芽しているのだろう．

図 5 は広葉樹 8 種の野外での発芽時期を調べたものである．一番早く

図 5　広葉樹 8 種の芽生えの発生パターン（林田・小山 1990 より引用改変）

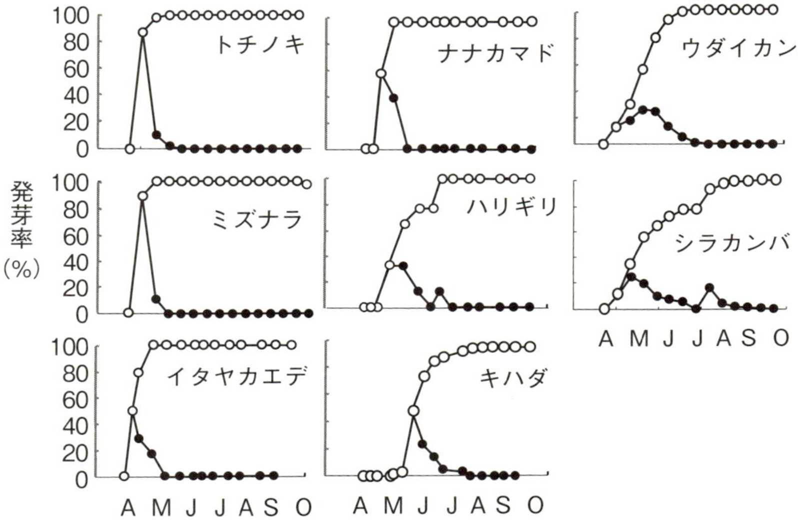

黒丸はその都度の発芽率，白丸はその積算を表す．

発芽するのは極相種のトチノキやミズナラ，イタヤカエデで，わずかに遅れてナナカマドも発芽する．これらは雪が解けた 5 月の中旬に一斉に発芽していた．6 月にはもう発芽しなくなるから，極相種は春先の 2 週間ほどでその年の発芽を完了したことになる．それに遅れて発芽するのがキハダやハリギリだった．これらは，発芽開始から終了までの期間も極相種に比べると少し長い．先駆樹種のウダイカンバの発芽期間はもっと長かった．さらに，シラカンバでは 5 月から 10 月と，かなりの時間をかけて次々と発芽していた（小山・林田 1990）．

こうしたパターンもそれぞれが更新する立地環境への対応として説明できそうだ．発芽が初期に集中した極相種は林床で前生樹としてギャップを待つ．ただし，耐陰性が高いといっても光があるにこしたことはない．冷温帯落葉広葉樹林では，春先の林床はまだ上木が葉を展開していないので明るい．やがて上木の展葉とともに次第に暗くなり，真夏に最も暗い時期をむかえ，秋に落葉が始まると再び明るくなる．こうした季節変動の下で芽生えの生育に都合の良い時期は，雪が解けて気温が高くなった頃から林床が暗くなる夏までの間である．暗くなった夏に発芽しても光合成できない．極相種には春先に一斉に発芽するしか合理的なタイミングはなさそうだ．

一方，カンバはギャップに更新を依存する先駆樹種である．ギャップ下の光は一年中豊富だから必ずしも春の早い時期に発芽する必要はない．むしろ，あまり早く発芽すると，遅霜に遭遇する危険もある．それだけでなく林冠の被覆がない裸地は気温や水分の変動が激しく，予測しがたい危険が不定期に起こりうる．このような場所で種子が一斉に発芽すると，直後に劣悪な条件が一回起きただけで全滅する．種子どうしで発芽する時期が少しずつずれている方が，少なくともどれかは定着できるだろう．長期におよぶ発芽パターンは裸地での定着をより確実にする戦略と理解できる．シラカンバも先駆樹種なので発芽の期間が長いのはつじつまがあう．しかし，それにしてもシラカンバの発芽期間は 5 月から 10 月と長すぎるように思える．詳しく調べてみると，彼らはさらに巧妙な戦略をもっていた（小山 1998；2002）．これについてはボックス 1 を参照されたい．

ボックス 1

シラカンバは危険分散して発芽している

実は，シラカンバは秋に散布された種子集団が，当年の秋（9 月～ 10 月）と翌春（5 月～ 7 月）に分かれて発芽する（小山 2002）．この結果，雪のない期間はずっと発芽し続けていることになる．こうした発芽をするメリットはおそらく危険分散だろう．秋に発芽した芽生えは，冬期にほとんど死滅してしまう．したがって，普通は翌春に発芽する方が有利である．ところが，観察していると秋発芽した芽生えには，わずかに冬期を耐えて生き残るものがあった．しかも，年によっては比較的多くの芽生えが越冬に成功していた．そのような年は冬期の環境が通常よりも穏やかだったのだろう．生き残りさえすれば秋発芽の芽生えは早く発芽していただけに，春に発芽した芽生えより大きく成長できる．植物ではサイズが少しでも大きいことは，後の生存競争に有利に働く．つまり，秋発芽は通常は無駄に終わることが多いのだが，まれに穏やかな冬が来ると有利になる．親木の立場からすると冬の環境がどちらに転んでも，どちらか一方の芽生えの集団が確実に成功することになる．このように2タイプ以上の子供を用意して，変動環境下で子孫の全滅を防ぐやり方が危険分散である．

これは競馬の両賭けと似ている．持ち金をハイリスク・ハイリターンの大穴（ここでは秋発芽に相当する）と，ローリスク・ローリターンの本命（同じく春発芽に相当）の両方に賭けておいて破産を回避する方法である．資産を複数の金融機関に預けたり，貯金や株など異なるタイプの金融商品に分散して運用したりするのとも似ている．生物の戦略は，経済や普段の生活のアナロジーとして考えると分かりやすく，何より楽しいのでお勧めの思考訓練だ．

(3) 埋土種子からの発芽

種子からの更新で，もう一つ忘れてはならないのが埋土種子からの更新である．埋土種子とは散布された種子が直ぐには発芽せずに，休眠して長く土中に埋まっているものである．これらは地上でギャップができるのと同時に発芽して更新を始める．前生樹としてギャップを待っている稚樹たちを稚樹バンクと呼んだように，土壌中に蓄積している埋土種子群は「**土壌シードバンク**」と呼ばれる．

土壌シードバンクを形成するには，種子が休眠しながら何年間も生存できる能力が必要だ．弥生遺跡から出土したコブシの種子を播いたら発芽したというニュースが報道されたことがある．弥生時代はいまから約2千年も前だから，その間ずっと休眠していたことになる．そこまでいかずとも，広葉樹の種子には数年から数十年間は休眠できるものが多い．少なくとも10年以上はササ原であった場所の土を温室で播きだしすると，キハダやホオノキの芽生えが発芽してくることがあるから（林田・小山 1990），これらはかなりの期間を種子としてギャップを待っていたことになる．こうしたやり方は「時間的な種子散布」ともいえる．

土壌シードバンクを形成するのはどんな樹種か考えてみよう．つまり，先駆樹種と極相種ではどちらが時間的な散布を採用するのだろう．結論からいえば，極相種は土壌シードバンクをつくることはほとんどない．これらは，発芽した稚樹が前世樹としてギャップを待機するので，種子休眠に依存する必要はないのである．やはりギャップで再生する先駆樹種に土壌シードバンクをつくるものが多い．新たに道路を敷設した法面からタラノキやアカメガシワなどが一斉に更新してくることがあるが，これらも先駆樹種が土壌攪乱を機に，的確に更新チャンスをとらえている現れである．

埋土してギャップを待機している先駆樹種の種子がおかしてならない過ちは暗い林内で発芽してしまうことである．逆に，地上でギャップができたなら，確実にそれを検知して直ちに発芽しなければ競争に乗り遅れる．だから，休眠種子は寝ているようでいても，常に外界の環境の変化をモニタリングしている．種子はどんな環境変化をギャップ形成の手がかりとしているのだろう．代表的なものは光と温度のあり方である．ギャップができると林床の光量が増すのでそれに反応する種子も多い．また，陽光が地表に直接当たると，昼夜の地温の較差が大きくなるので，これをシグナルとしてギャップを検知することもある．特に，温帯では春先に地温の日較差が最も大きくなるので，ギャップという立地と最適な季節の到来を同時に選択できることから，温度変化を発芽のシグナルとする種は多い．

最近では，喪失した自然の再生手段としても土壌シードバンクが利用される．日本では過去数十年に大幅な土地改変が行われて地上植生が損なわれてきた．その過程で，絶滅またはその危機に陥った植物も少なくない．しかし，これらの中には地中に土壌シードバンクとしてまだ種子がストックされているものもある．そこで，土壌を播きだし，休眠していた種子を光や温度変化にさらして発芽させることで，絶滅危惧種の再生に活かす方法が採られることがある．野外においても，地表に人為的に攪乱を与えて，土壌シードバンクの発芽を促す再生方法が試みられることがある．

一方これとは逆に，本来の生息域外から持ち込まれた外来種が繁茂し

図６　ブナの結実豊凶パターン（Yasaka *et al* 2003 より引用改変）

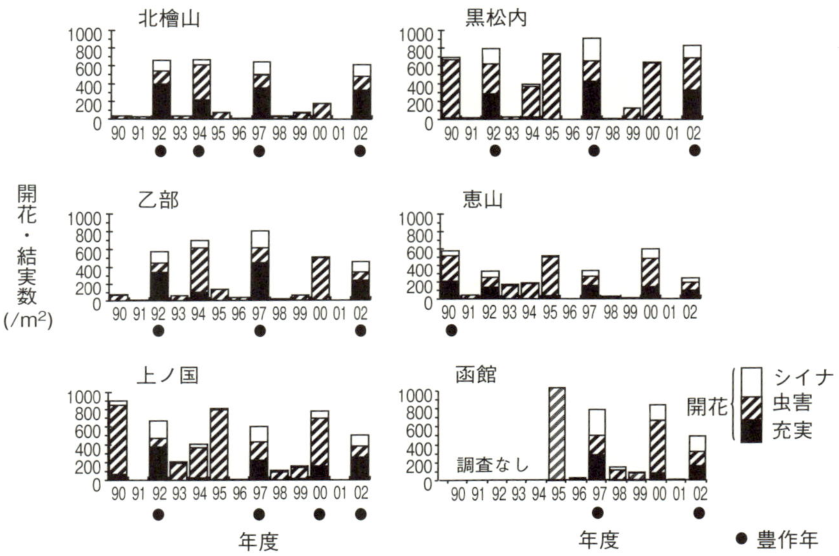

黒が充実した種子，斜線がブナヒメシンクイに捕食された種子，白がシイナ（中身の充実していない種子）．ここでは，1 平方メートル当たり 200 粒以上の充実種子が落下した年を豊作年と定義し，相当する年度の下に黒丸を付した．

すぎてコントロールできない事態も生じている．そのような植物の中にも土壌シードバンクを作るものがあるが，この場合の駆除や制御は一層困難になる．荒廃地緑化のため北米から導入されたニセアカシアは，旺盛な繁殖力により植栽地から河川流域や海岸林などで繁茂している．この樹種は，おそらく数十年以上は休眠できる種子を生産し，地下部に高密度の土壌シードバンクを形成していることが確かめられている（高橋ら 2008）．この場合，ただ地上部を伐採したり，引き抜いたりしただけでは根絶できない．外来種の土壌シードバンクにどのように対処すればよいのか，今後の大きな課題となる．

（4）結実豊凶性

樹木は多かれ少なかれ結実に**豊凶性**があるものだ．中でも年間の変動幅が著しいのがブナである（図６）．ブナのもう一つの特徴は，個体間の同調性が高いことにある．だから，ある年にはその地域のブナがみな結実し，足の踏み場がないほど種子が落下したかと思えば，翌年にはどこを探しても一粒も見つからないことが起こる．結実が不定期で，かつ個体どうしで同調する現象は多くの生態学者の好奇心を刺激し，その原因について多くの仮説が提案されてきた．その中で，特に有力視されているのが「捕食者飽食仮説」である．ブナにはブナヒメシンクイという天敵がいる．この蛾の幼虫はブナの花を専門に摂食する．豊凶性は，この天敵から逃れるための進化的対抗手段ではないかと考えるのがこの仮説である．ブナ林が全体で開花しない年があれば，ブナヒメシンクイは激減するだろう（なにせ，この天敵はブナの花しか食えない）．その翌年に，今度は一斉に開花すれば，たとえわずかに生き残った天敵がいたとしても，かなりの花が食害から逃れて大量に結実できる．実際に，ブナ林の開花と結実を長年調べた結果をみると（図6），全く開花のなかった年の翌年に大量開花すれば豊作になるケースが多い（Yasaka *et al.* 2003；図6で確認してみよう）．まさに「赤信号，みんなで渡れば怖くない」．個体が同調しながら年間の開花数に較差をつけることが敵から逃れる秘訣となっているようだ．

ただ，この不定期な結実は，ヒトがブナ林を再生させようとする場面ではやっかいな性質となってしまう．次節で説明するように，更新を促す手段を施すタイミングが難しいからだ．この問題の解消のために開発されたブナの豊凶予測の方法についてはボックス3を参照されたい．

また，ブナの種子は脂質に富んだ栄養価の高い餌になるので，最近ではその豊凶変動とクマなどの野生動物が里への出没する行動との関係も注目されている．

(5) 萌芽更新

これまで主に種子からの更新パターンを見てきたが，萌芽（ほうが）による再生も重要な更新パターンの一つである（酒井 1997）．萌芽とは，幹の地際や根から芽が吹き出し，新しい幹を作ることである．山火事や伐採などの攪乱を受けたところでは，焼け残った株や切り株から萌芽することがある．この萌芽能力にも種によるタイプがある．多くの樹種では特定の樹齢に萌芽しやすいピークがあり，たとえばブナは25～30年，イタヤカエデで20～25年，ヤマモミジは40～45年で最大となり，それより高齢になると次第に低下していた．これに対してミズナラやホオノキは樹齢の増加にともない萌芽数が増加している（紙谷 1986）．もしかしたら，これらの種の萌芽ピークはもっと高い樹齢期にあるのかもしれない．

こうした萌芽の研究は，里山管理との関わりで，今後ますます重要になる．**里山**とは，集落，人里に隣接した結果，人間の影響を受けた森林のことである．高度成長期以前には生活資材を里山から調達しており，カシ・ナラなどの強い萌芽性を利用した薪炭林が持続的に維持管理されてきた．しかし，燃料革命以降，里山が利用されなくなりボックス2で示すように様々な問題が発生し，新しい形での里山利用が模索されている．急がねばならないのは，上で見たように数十年で萌芽能力のピークを過ぎる樹種があることだ．高度成長期からすでに半世紀が経過しているので，このまま放置していると里山は再生能力を失いかねない．萌芽による更新の研究は古くて新しい問題であり，早急に社会に反映させなければならないテーマでもある（ボックス2参照）．

ボックス 2

崩壊から里山をまもる

現在，里山では深刻な問題が進行している．「生物多様性の喪失」とか「ナラ枯れが止まらない」あるいは「クマの被害が増えている」などの記事が紙面を賑わしている．こうした問題の主原因は，里山とヒトの生活が乖離したことによる．高度成長期以前の日本の山村では，人々は農地の周囲の里山に頻繁に入り，燃料や生活資材を調達していた．このことが，里山で，特に萌芽による世代交代を促し，明るい環境が維持されたことで先駆性の植物を含む多様な生物の生育が保証されてきた．頻繁にヒトを見かける場所だったからこそ，元来は臆病なクマも里山を越えて下方の集落までは降りなかったといわれる．里山はまさに奥山と集落との緩衝地帯だったのだ．現在，各地で蔓延している「ナラ枯れ」の被害も昔から出ていたようではあるが，枯死木は優先的に伐採して燃やされていたので，現在ほど広がることも無かったそうだ．里山の半自然植生はヒトの利用が自然攪乱の代行として機能した生態系だったといえる．

ところが，化石燃料や化学肥料が普及してヒトが里山を利用しなくなると遷移が進行するので，競争的排除が働いて多様性が消失し始めた．里山からヒトの気配が消えたことも野生生物が集落の近くまで降りてくる原因とされる．したがって，里山の崩壊は「ヒトの利用（攪乱）」と「ヒトの気配」が里山から消えたからといえる．だから，解決の方向は再びこれらを里山に戻すことなのだが，人間生活がかつての生活に戻れない以上は，実際にそれをどのような形で実現するかが難しい．それでも，かつて里山を賢く利用していた時の生活の知恵（伝統知）は，新しい利用法を創造する上でも大いにヒントを提供してくれるはずだ．里山生活を知る世代が高齢化している今では，取材や記録などを通して伝統知を発掘・保存する社会科学的調査も急務である．

4. 天然の更新で森をつくる

(1) かき起こし作業

最後に，これまでみてきた自然状態における更新パターンを参考にした森林の造成技術を紹介する．

択伐（たくばつ）作業は大きくなった木を伐採収穫すると同時に，そこでできたギャップ下の前生樹の成長を促進させることをねらった作業である．だから，そもそも前生樹のない場所で択抜をすると次世代は育たない．特に林床にササが生息する地域では，上層木を伐採するとササが繁殖するだけで終わってしまう場合も多い．無立木のササ地では，たとえ樹木の種子が周囲から飛散してきても，厚いササのリター層に阻まれて発芽・定着できない．こうした場所で後生樹からの更新が始まるには，山火事や地滑りで地表面が裸出するタイプの攪乱が必要なのである．ならば人為的にそうした攪乱を与えて裸地を作ってやれば良い．そう考えた先人が始めたのが「かき起こし」という作業である．これはブルドーザーなどを用いて草本やササをはぎ取り，裸地を造成するものである．まさに自然の更新パターンをモデルにした技術といえる．かき起こしを行うと，カンバやヤナギ，ハンノキなどの小種子多産型の先駆樹種がヘクタール当たり数万本のオーダーで発芽・定着することが多い．またかき起こしは，地上植生を排して，裸地を造成するものだから，地表温度の日較差が大きくなることがシグナルとなり土壌シードバンクの発芽を促すこともある．このように，かき起こしは先駆樹種の後生樹からの更新を促す方法として有効な施業である．

一方で，代表的な極相種であるブナの天然更新も，かき起こし作業によって進められてきた．ただし，ブナの種子は比較的大きいので，カンバのような先駆樹種の小種子に比べると飛散距離がかなり限定される．極相種だから土壌シードバンクもつくらない．したがって，ブナの場合は一定量の母樹を残してかき起こしを実施する「母樹保残法」という方法が実施されてきた．ただ，それでさえまだ確実な更新方法とはいい難かった．その原因はブナ自身の性質による．すでに紹介したようにブナには結実の豊凶性があるので（Yasaka *et. al* 2003；図 6），凶作の年にかき起こしを行うとブナは更新できない．そうなると，多くの場合はカンバが更新してしまう．カンバは豊凶差が少なく，また前節でみたように種子のギャップ到達能力が高い．さらには発芽パターンも裸地での定着に有利な戦略を採っているから時と場所を選ばず再生してくる．元々ブナ林だった場所で，ブナの再生を目的としてかき起こしを行ったのだから，カンバが再生しては施業が成功したとはいい難い．豊凶性のある樹種の再生を促すには，少なくともかき起こしのタイミングを豊作に合わせなければならない．ブナでは豊作を予測する技術が開発されたので（八坂ら 2001），以前よりは確実に再生を促す体制が整うようになっている（ボックス 3 参照）．

ボックス 3

ブナの結実豊凶予測と天然更新

すでに紹介した「捕食者飽食仮説」を思い出して欲しい．ブナが豊作に

図A　9月に採取したブナの冬芽内部の様子と花原基

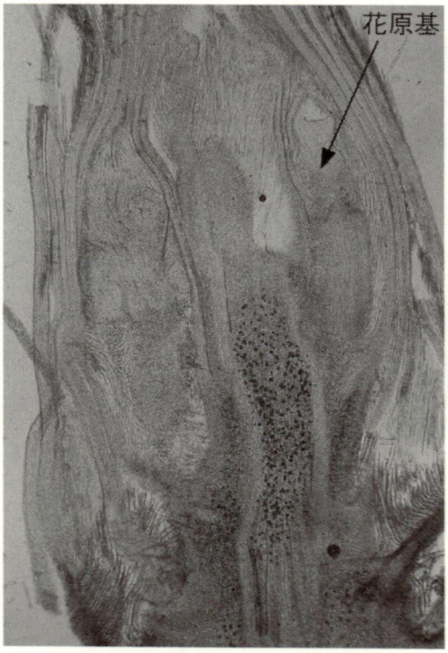

（八坂通泰氏撮影・提供）

図B　ブナの花芽（a）と葉芽（b）

花芽（a）　　葉芽（b）

花芽の方が大きいことが分かる．

なる条件は，大量に花が咲いて，それが虫害を受けないことであった．この虫害の割合は，前年との開花量の比が関係していた．つまり，前年の開花がごくわずかで，翌年に大量開花が起これば結実に至る確率が高いのである．長年の調査結果から，前年の20倍以上の開花があると豊作となる確率が高いことが明らかになった．したがって，来年の豊作を予測するためには，今年と来年の2年分の開花数が分かれば良いのである．今年の開花は調べれば分かるが，来年の開花数をどう推定すれば良いのだろう．ブナは8月中旬には来年の冬芽ができている．この時点ではまだ顕微鏡で見なければ内部の花の原基を確認できないが（図A），秋になれば肉眼でも来年開花する芽（花芽）と開花しない冬芽（葉芽）を識別できる．図Bで明らかなように花芽の方が葉芽よりも大きい．したがって秋に枝を採取して，総冬芽数における花芽の割合を数えてやれば，来年の開花程度を推定できる（八坂ら2001）．今年は開花しておらず，来年咲くはずの花芽が多ければ来年は豊作になるという理屈だ．この方法によって，1996年の秋に翌年の北海道南部のブナの結実を予想した．1996年は開花がほとんど見られず，秋に採取した枝には花芽がかなり含まれていたので，多くの地域で翌年が豊作になるだろうと予測したのである．結果は，概ね予想どおり多くの地域で豊作となった．ただし，豊作が予測できたとしても，それが本当に更新の成功に貢献していなければ意味がない．豊作だった1997年にかき起こしをした場所で発生稚樹の調査をしたところ，多いところではヘクタール換算で70万本以上が見つかった．一般的にヘクタール当たり10万本以上の稚樹が芽生えれば更新は成功とみなされるので，これだけあれば十分だろう．しかし，注意しなければならないのは，その稚樹も親木から10メートル以内のところに集中していたことである．大種子であるがゆえに種子散布距離の短いブナでは，母樹が十分に残っている場所でなければ，たとえ豊作年でも更新は期待できないことを心に留めておくべきだ．前節で紹介した各種の散布や結実など，生活史戦略の知見が森林の再生技術に不可欠な所以である．

(2) 針葉樹人工林の林床に更新した前生樹を利用する方法

戦後の復興期に広葉樹の天然林が大量に伐採され，そこにスギ，ヒノキ，カラマツなどの針葉樹の人工林が一斉に造成された時代がある．拡大造林期といわれたこの時代に植えられた人工林がちょうど収穫の時期を迎えている．ところが，安価な外国産材におされて収益が見込めないなどの理由から伐採されずにいたり，伐採したとしても，その跡を植林せずに放置したりして，国土保全の観点からも問題となっている．しばらくは再び人工林とするつもりがないのならば，こうした場所で天然更新を促して広葉樹林に誘導するのも選択肢の一つだ．高齢な人工林を踏査すると，場所によっては林床に様々な広葉樹が稚樹バンクのごとく生育していることがある．60年生以上のカラマツ人工林で，林床に侵入している広葉樹を調べると，ナラ，ヤチダモ，ハリギリなど高級木材として価値のある広葉樹の稚樹が豊富な場所が多数見つかる．他にも，ホオノキ，ナナカマドなど多くの樹種を見つけることができる．これらの広葉樹について注目すべき特徴が二つある．一つは種子が鳥類や小動物に散布される樹種が多く含まれることである．この事実は，周辺の天然林から動物たちが種子をもち込んだことを意味している．カラマツ人工林が動物たちの活動の場として機能してきた証拠である．針葉樹人工林は単純な生態系で多様性に劣るといわれてきたが，意外に豊富な動植物がいるようだ．生物の生育場所として人工林を再評価する必要がある．もう一つは，極相種の稚樹が比較的多いことである．人工林も林床はやはり暗いのでカンバのような先駆樹種は定着しにくい．また先駆樹種の更新は，先に紹介したかき起こしよる再生方法が確立しているから，ここは，むしろ極相種による森林造成を目指すのが良いだろう．上層の針葉樹を収穫することで人工的にギャップを形成し，極相種広葉樹の林へ誘導することが可能ではなかろうか．林床の広葉樹を稚樹バンクとして利用する方法は，苗木の養成や植栽・保育の作業が省略でき，個体の配置やサイズが画一的にならず自然な景観の森林ができる．周辺から自然に侵入した種子からの再生だから，他から買い付けた苗木で地域の遺伝子を攪乱する心配もない．もっとも，どの人工林でも稚樹バンクが豊富なわけではなく，全く広葉樹は見つからない林もある．したがって，稚樹バンクが存在を確認した上でなければ，この方法は推奨できない（というよりやってはならない）．今後は，どんな樹種が，どのくらいのサイズで何本あればこの方法が適用可能なのかなど，実施条件の見極めが必要になる．

5. おわりに

ここまで見てきたように，森林を保全し（まもり），再生する（つくる）ためには，自然状態における更新のメカニズムを理解して（知る），その流儀にあった方法を施す必要がある．だから，この章のタイトルを「森を知り，まもり，つくる」にした．残念ながら，私たちは更新のメカニズムを完全に理解できているわけでもない．それゆえに確実に森林を再生し，存続させる方法を確立したわけでもない．しかし，21世紀は，燃料問題，温暖化対策，生物多様性の保全など，ますます森林の存在意義が高まるだろう．地球の人口が70億人を超えて食料問題が深刻化すれば，農地にするか森林として残すべきかという選択も深刻になるはずだ．「はじめに」で述べたように，森林の問題は農学的な問題なのである．そんな時代に備えて，私たちは今まで以上に森林の更新を深く理解しておき，賢く利用する術を見つけておかねばならない．観察対象の生活史が観察者のそれよりも長い森林の調査研究は確かに長い年月を要する．しかし，同時にそれは農学を学ぶ者として，真理（森理と呼ぼうか）を探求する者として，一生を賭すに値する未来志向の学問であり，その未来に責任を担うべき若者たちが取り組むにふさわしい領域といえるのではないだろうか．

● 参考・引用文献

Foster,S.A.（1986）On the adaptive value of large seeds for tropical moist forest trees：a review and synthesis. Bot.Rev. 52：260–299.

Foster,S.A. and Jonson,C.H.（1985）The relationship between seed size and establishment conditions in tropical woody plants. Ecology 66：773–780.

Grime,J.P. and Jeffery,D.W.（1965）Seedling establishment in vertical gradients of sunlight. J.Ecol. 53：621–642.

Gross,K.L.（1984）Effect of seed size and growth form on seedling establishment of six monocarpic perennial plants. Journal of Ecology 72：369–387.

林田光祐・小山浩正（1990）北海道の針広混交林におけるかき起こし地の更新初期の動態（Ⅰ）―埋土種子の分布とかき起こしによるその変化―日林論 101：447–448.

肥後睦樹（1994）風害跡地二次林を構成する樹種の再生様式　―前生樹割合，成長速度，閉鎖林冠部での稚樹密度にもとづいて―．日本林学会誌 76：531–539.

紙谷智彦（1986）豪雪地帯におけるブナ二次林の再生過程に関する研究（Ⅰ）主要構成樹種の切り株の樹齢と萌芽能力の関係．日林誌 68：127–134.

小山浩正（1998）　シラカンバの発芽戦略（Ⅰ）発芽時期とその生態的意義．　北方林業 50：193–196.

小山浩正・林田光祐（1990）北海道の針広混交林におけるかき起こし地の更新初期の動態（Ⅱ）　―当年生実生の発生パターン―　日林論 101：449–450.

小山浩正（2002）シラカンバの発芽フェノロジーと適応戦略としての意義．北海道林業試験場報告 39：1–38.

水井憲雄（1993）落葉広葉樹の種子繁殖に関する生態学的研究．　北海道林試研報 30：1–67.

パーリン・J（1994）森と文明；安田嘉憲・鶴見精二訳，pp469. 晶文社，東京.

酒井暁子（1997）高木性樹木における萌芽の生態学的意味．―生活史戦略としての萌芽特性―．種生物学研究 21：1–12.

清和研二・菊沢喜八郎（1989）落葉広葉樹の種子重と当年生稚苗の季節的伸長様式．日生態誌 39：5–15.

Salisbury,E.（1942）The reproductive capacity of plants. London,Bell & Sons.

高橋文・小山浩正・高橋教夫（2008）赤川流域におけるニセアカシア（Robinia pseudoacacia L.）の分布拡大と埋土種子の役割．日本森林学会誌 90：1–5.

Whatt,A.S.（1947）Pattern and process, and natural disturbance in vegetation. Bot. Rev.45：229–299.

Whitmore,T.C.（1975）Tropical Rain Forests of the Far East. Claredon Press,Oxford.

Yasaka, M. Terazawa, K. Koyama, H. Kon, H.（2003）Masting behavior of Fagus crenata in northern Japan：spatial synchrony and pre-dispersal seed predation. For. Ecol. and Manage. 184：277–284.

八坂通泰・小山浩正・寺澤和彦・今博計（2001）冬芽調査によるブナの結実予測手法．日林誌 83：322–327.

山本進一（1981）極相林の維持機構　―ギャップダイナミクスの視点から―．生物科学，33：8–16.

第15章　海のいとなみ

武田 重信

（長崎大学大学院水産・環境科学総合研究科）

キーワード

海洋生態系，プランクトン，漁業管理，海洋汚染，気候変動

概要

海洋は地球上で7割の面積を占め，多彩な生き物の宝庫である．しかし，生物活動が活発な場所は海の表層付近に限られ，海洋の大部分は低温，高圧で暗黒の世界である．海洋表層の環境も，陸域の影響を強く受ける河口・沿岸域と，大規模な循環流の支配下にある外洋域との間で大きく異なる．陸上に比べて海洋の生物量と種多様性は低いが，海洋環境に生息する生物群は，私たちの生活に切り離せない多面的な役割を果たしている．海洋生物は，生活様式から浮遊生物，遊泳生物，底生生物に分けられ，機能面からは一次生産者である植物プランクトンや海藻など，一次消費者である植食性動物プランクトン，さらに高次の肉食性動物プランクトンや魚類などの遊泳生物，分解者としての細菌に分けられる．生物の死骸や糞などからなるデトリタスは底生生物の有機物源として重要である．海洋植物プランクトンの増殖は，おもに光量と栄養塩の供給量によって制御されており，陸域から栄養塩が豊富に供給される沿岸域では，生物生産が活発に行われている．干潟に生息する多様な生物群は水質の浄化機能を有し，アマモ場は幼魚の育成場として重要な役割を果たしている．マングローブ域やサンゴ礁においても独特の生態系が維持されており，そこでの生産性は高い．世界の漁獲量は過去50年間で劇的に増加したが，乱獲によって利

用可能な漁場は縮小傾向にある．人間活動にともなって海域へ流入した大量の栄養塩は，沿岸域を富栄養化しており，増えた大量の植物プランクトンの死骸の分解によって底層水が貧酸素化すると，底生生物などの大量斃死を引き起こす．海洋汚染は外洋域を含む海洋全体に広がっており，海洋環境は驚くべき速さで破壊されている．自然界には元々存在していなかった有機塩素化合物などは，食物網のなかで生物濃縮され，高次栄養段階の生物に深刻な影響を及ぼしている．大気中から海水に溶け込んだ二酸化炭素は，海洋の酸性化を引き起こしつつあり，将来，海洋生態系に深刻な変化をもたらすことが懸念されている．

1．はじめに

広く地球表面を覆っている海洋には多種多様な生物が生息しており，海洋生物は私たちの生活に切り離せない多面的な役割を果たしている．本章では，海洋の環境とそこで生活する生き物の多様性を俯瞰（ふかん）しながら，海洋における生物活動をコントロールしている基本的なメカニズムを理解し，人間活動にともなって海洋の場で起きている環境上の問題点について考える．

2．青い海の下に広がる暗黒の世界

青い惑星，地球において，生命は海洋で誕生し，現在も海洋は多くの生物に巨大な生息空間を提供している．海洋は地球の表面積の 71％を占め，北半球における海の面積は陸地の 1.5 倍，南半球では 4 倍にもなる．海洋の平均水深は 3800 メートルにおよび，地球上の水の 94％は海水として海に蓄えられている．しかし，植物が光合成を行うのに十分な太陽光が届き，生物の生産活動が活発な場所は海面下 200 メートル程度までであり，1000 メートル以深では高感度の目をもつ深海魚でさえも太陽光を感じ無くなる暗黒の世界となる（図 1）．

海面は，太陽放射で暖められ，大気との熱交換も起こるため，海洋表層の水温は－1.8℃付近の低温から 32℃ぐらいの高温まで大きく変化

図 1　太陽光の海中への透過割合に基づく生態区分（光強度は対数表示）

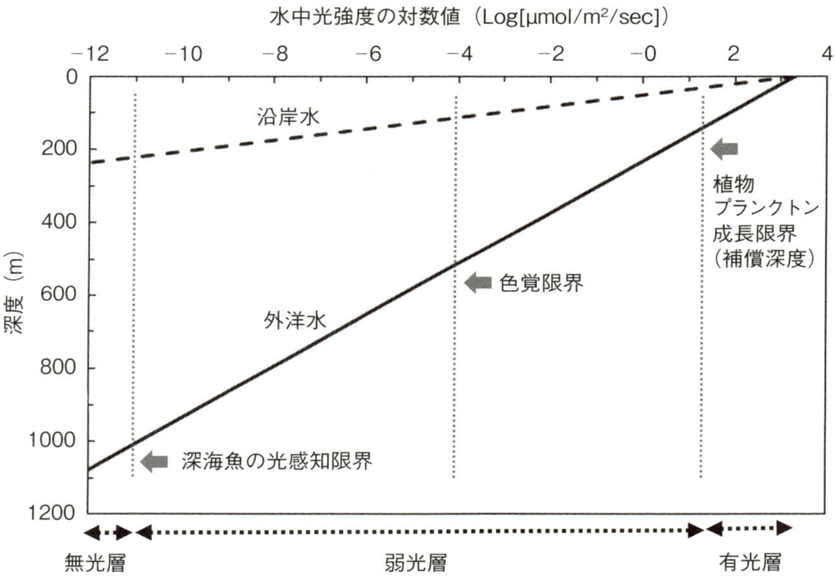

する．一方，深層の水温は深度 2000 メートル付近で 2℃前後と冷たく，変動幅も小さい．海水中では，深度が 10 メートル増すにつれて圧力が 1 気圧ずつ上昇するため，深海底における水圧は 500 気圧以上にまで達する．

多くの生物にとって生存に不可欠な溶存酸素は，深層水においても約 3.5 mℓ O_2/リットルと比較的高く維持されている．むしろ，海水中の溶存酸素濃度が低くなっているのは，沈降有機物の分解が活発な 1000 メートル付近の中層である（図 2）．これはグリーンランド沖で冬季に冷やされて重くなった表層水が，大気から溶け込んだ酸素を沢山含んだまま 2000 メートル以上の深さにまで一気に沈み込み，深層を北大西洋から南極海を経て北太平洋まで 1000 年ほどかけて流れているためである．これを**熱塩大循環**と呼ぶ．

このように海洋の大部分を占める中・深層は，私たち人間にとって過

図2　北太平洋の本州南方海域における水温と溶存酸素濃度の鉛直分布

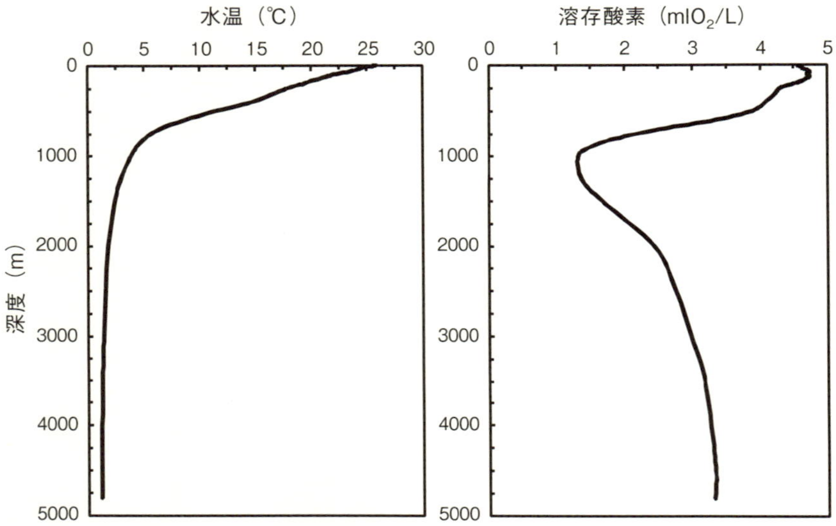

酷なように思える暗黒，低温，高圧の環境であるが，海洋の生物は進化の過程でこれらの環境に適応した機能を獲得し，繁栄している．

海洋を水平的に見ると，陸地から流入する物質や海底堆積物の影響を強く受ける河口・沿岸域や陸棚域，風と流れの作用によって局所的に深層水が表層へ湧き上がる湧昇域，大規模な海洋循環流の支配下にある外洋域との間で，環境の特性は大きく異なっている．また，海洋環境を変化させる物理的要因には，昼夜変化，潮汐，風や波で表面付近の数メートルから数百メートルの深さまで海水がかき混ぜられる表面混合層の深度と水温の季節変化，2～10年ごとに発生する周期的な海面水温変動（エルニーニョ），100年以上に及ぶ海水位変動などさまざまな時間スケールのものがあり，それらが複雑に作用し合って，生物の活動に影響を及ぼしている．

図 3　代表的な海洋プランクトン（Duxbury *et al.*, An Introduction to the World's Oceans, Sixth Edition を改変）

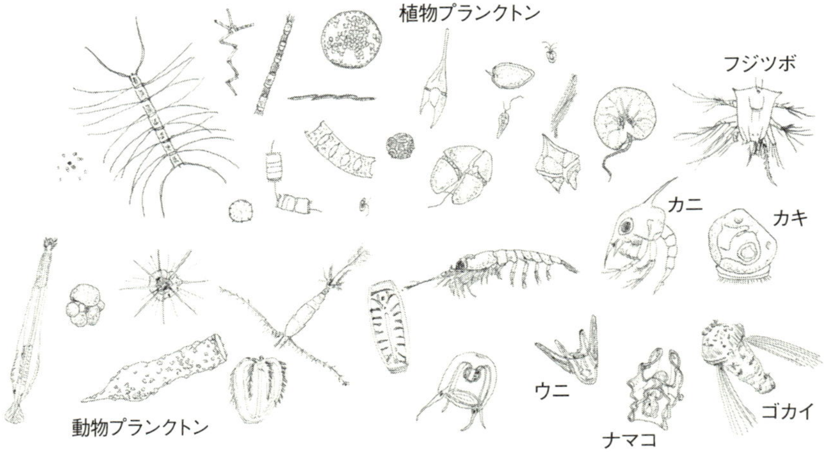

3. 海の生物とその営み

(1) 海洋生物の生活様式と機能

海洋生物を生活様式から分類すると，浮遊生物（プランクトン），遊泳生物（ネクトン），底生生物（ベントス）の三つに大きく分けられる．**プランクトン**とは，水の動きに沿って受動的に漂流する生物のことであり，多少の運動能力をもっていたとしても，海水の流れに逆らって移動できない動物や植物はこれに含まれる（図 3）．植物プランクトンには，細胞サイズが 2 ～ 1000 マイクロメートルと比較的大型で，しばしば群体を作る珪藻（けいそう）や渦鞭毛藻（うずべんもうそう），やや小型の円石藻（えんせきそう），2 マイクロメートル以下と微小な単細胞生物であるシアノバクテリア（藍藻（らんそう））などが含まれる．動物プランクトンとしては，海産甲殻類のカイアシ類やオキアミ類などが良く知られており，2 ～ 20 マイクロメートルサイズの小型鞭毛虫から全長数メートルに達するクラゲ類まで存在する．魚類や底生生物の多くは，卵や幼生の期間をプランクトンとして過ごすため，一時プランクトンと呼ばれる．それに対して，生活史の一生を通して水柱内で浮遊して過ごすものを終生プランクトンという．

ネクトンには，魚類，イカ類，爬虫類，海棲哺乳類などが含まれる．植物**ベントス**には，コンブなどの大型海藻，顕花植物のアマモ，砂粒上に生息する底生微細藻類などがある．動物ベントスは，サンゴ，カイメン，フジツボなど海底表面に固着したり，ヒトデのように底質上を匍匐（ほふく）したりする表在動物と，二枚貝やゴカイ類のように体を底質に埋在させて生息する埋在動物で構成される．

海洋生物を機能の面から分類すると，有機物の一次生産者である植物プランクトンや海藻・海草と特殊な独立栄養性の細菌類，一次消費者である植食性動物プランクトンなど，二次消費者である肉食性動物プランクトンや小型魚類，さらに高次の消費者である大型魚類やイカ，クジラなどの遊泳生物，そして有機物を無機物に戻す分解者としての細菌に大きく分けられる．

(2) 海洋生物の種多様性

海洋に生息する生物は約 16 万種で，陸上に比べて 1 桁少なく，その約 98 % は海底で生活を送る底生生物である．海洋生物の種数が少ないのは，海水の組成や温度など海洋環境が比較的単調で安定していることに起因すると考えられ，海洋の中でも環境が多様な海底で生活する生物の種数が相対的に多くなっている．

海洋の植物プランクトンは 3500 ～ 4500 種，海洋を含む水圏に生息する甲殻類は約 3000 種と，陸上植物や陸生昆虫に比べてはるかに少ない．しかし，高次栄養段階の分類群を考えると，海洋には 33 の動物門のうち 28 門が生息しており，13 門が固有である．これらの大半は種数においても分類群においても底生生物が占めていて，一生を通して浮遊あるいは遊泳生活を送る生物は 11 門に過ぎない．この数字は陸上に生息する動物門の数に等しく，海水中で浮遊・遊泳する生活様式を獲得することが想像以上に困難であったことがうかがえる．

プランクトン生態系の特徴の一つとして，均一な環境と思われる狭い空間内において非常に高い**種多様性**が見られる点が挙げられる．たとえば，10 ミリリットルの海水中に数十種の植物プランクトンが観察されることがある．各海域のプランクトン生態系の種数には，生物の現存量の大きい高緯度域で少なく，現存量の小さい低緯度域で多くなる傾向がみられる．南極側と北極側を比較すると，南極側で多様性がやや高くなっている．これは氷期における環境変化が，北極側で大きかったためと考えられている．鉛直的な多様性の違いをみてみると，やはり現存量の大きい表層で多様性は低く，現存量の小さい中・深層で多様性が高くなっている．このように海洋のプランクトン生態系では，物理的な環境が比較的安定していて，栄養供給が乏しく現存量の小さい場所で，種多様性が高いことも特徴の一つである．多くの場合，プランクトン生態系は少数の優占種と多くの非優占種から構成されていることから，物質循環やエネルギーの流れなどを考える場合，優占種のみを考慮することで全体像を把握することができる．

(3) 一次生産：海洋生態系の起点

地球全体の**一次生産**の約半分は海洋で行われている．その大部分を担っているのが，海洋表層で光合成を行う数マイクロメートルサイズの植物プランクトンである．海藻の中には全長 50 メートル以上になる巨大なものもあるが，海藻やアマモなどの海草による一次生産は，海底にまで光が届く浅い沿岸域に限定されるため，海洋全体で見ると寄与は小さい．水中の光は，水分子や溶存物質による吸収と，懸濁粒子による散乱・吸収によって減衰するため，光合成に利用可能な光量は 100 メートル深くなる毎に 1/10 から 1/1000 に減ってしまう．植物プランクトンによる光合成が呼吸を上回り，正味の一次生産が起こるのに必要な量の光が届く深さ（補償深度）は外洋でも表層の 150 メートル付近までで，沿岸域では数 10 メートルから数メートルと浅くなる．

海洋における一次生産速度は，水中の光量だけでなく，**栄養塩**の供給量によってもコントロールされている．海洋で不足しやすい無機栄養塩としては，窒素とリン，すなわち硝酸塩，亜硝酸塩，アンモニウム塩とリン酸塩が挙げられる．代表的な植物プランクトンである珪藻は，細胞がケイ酸質の殻で覆われているため，窒素，リンに加えて溶存ケイ酸も必要とする．また，南極海や北太平洋の亜寒帯域などでは，微量栄養素である鉄が不足している（ボックス 1）．海水中の栄養塩濃度は，表層では植物プランクトンに消費されるため低く，深層では沈降してきた有機物が細菌によって無機化されて窒素やリンが再生するため高くなっている．したがって，海洋における一次生産速度は，植物プランクトンが光合成を行う上で十分な光の届く**有光層**内に留まるための水柱の鉛直的な安定性，すなわち成層の強さと，どれだけ下層から有光層内に栄養塩が供給されるか，すなわち鉛直混合の強さという，相反する物理的要因のバランスによって変動する．

ボックス 1

二酸化炭素の生物ポンプと鉄制限仮説

海洋は，人間活動によって大気中に増加しつつある二酸化炭素を吸収し，急激な地球温暖化の進行を緩和する能力をもっている．その能力は，植物プランクトンを起点とする物質循環に依存している．南極海沖合域では，表層の栄養塩濃度が十分高いにもかかわらず，周年にわたり植物プランクトンの現存量が低く抑えられていることが，長らく海洋学上の謎であった．そこで，海洋化学者 J・マーチンは，表層水の溶存鉄濃度が著しく低いことを見出し，微量栄養素である鉄の欠乏によって植物プランクトンの増殖が制限されているとの仮説を提示した．

この鉄欠乏による海洋生物生産と二酸化炭素吸収の制限に関する仮説を検証するため，50 ～ 300 平方キロメートルに及ぶ自然海域に鉄を散布する開放系実験が，1993 年以降これまでに 14 回実施された．その結果，南極海や太平洋の亜寒帯域・赤道域では鉄の不足が原因で一次生産と海洋深層への炭素輸送が抑制されていることが確認された．しかし，鉄散布による海洋の二酸化炭素吸収の促進効果は当初の予想を下回ることも明らかになった．また，同じ海域・季節に実験を行っても，年によって生物応答の規模や群集組成が異なるという結果が得られ，海洋生態系のもつ複雑な側面が浮かび上がってきている．

このような科学研究とは別に，ベンチャー企業によって，鉄散布による二酸化炭素固定に関する特許取得や，固定された炭素のカーボンクレジットとしての取扱いの検討が進められつつある．こうした動きを受けて，海洋投棄の規定を扱うロンドン議定書締約国会合や生物多様性条約締約国会議において，商業的な海洋肥沃化行為の禁止と，海洋肥沃化に関する実験研究の環境影響評価の枠組みが策定されている．海洋肥沃化のような地球工学的アプローチが地球システムに与える様々な影響に関して，科学者側からの情報発信がよりいっそう求められる時代になってきている．

たとえば，外洋の中緯度付近では，冬季の鉛直混合と夏季の成層にともなう光と栄養環境の変化に応じて，生物生産が季節的に変動する（図4）．冬季は海面が冷却されて鉛直混合が強まり，下層から栄養塩が供給されるが，植物プランクトンも鉛直混合によって深層に運ばれて平均受光量が不足するため，十分な生産が行われない．春季に海面が暖められて鉛直混合が弱まり成層が強まると，十分な光量と豊富な栄養塩を使って活発な一次生産（春季ブルーム）が起こる．やがて表層の栄養塩は植物プランクトンに利用されて枯渇するため，夏季には一次生産が再び減少する．秋季になって鉛直混合が始まると，下層から栄養塩が供給されて一時的に一次生産は増えるが，鉛直混合が深くなると再び光不足に陥る．熱帯域では，年間を通して強く成層しており，下層から栄養塩がほとんど供給されないため，一般に一次生産が低く維持されている．一方，極域では，光が強くて成層が起こる夏季の短い期間に集中して一次生産が行われる．沿岸の湧昇域や発散性の渦（表層水が渦の周囲に運ばれて，渦の中心付近で下層の水が表層に引き上げられる渦流．北半球では反時計回りの渦）で一次生産が高くなるのも，栄養塩の豊富な深層水が上向きの鉛直流によって表層の有光層へと運ばれるためである．

(4) 二次生産：大が小を食す

魚類や無脊椎動物などの消費者が行うバイオマスの生産を**二次生産**と呼ぶ．植物プランクトンなどの一次生産者は光の届く表層に分布しているので，中層に生息する動物プランクトンや小型の遊泳生物（マイクロネクトン）の多くは日周的な鉛直移動を行い，おもに夜間に表層に上がって餌生物を摂食する．これは夜間の方が大型魚類などの視覚捕食者に発見され難くなるためである．また，深層に生息する生物や底生生物

図 4　中緯度海域における植物・動物プランクトン量の季節的変動と光および栄養塩環境の関係

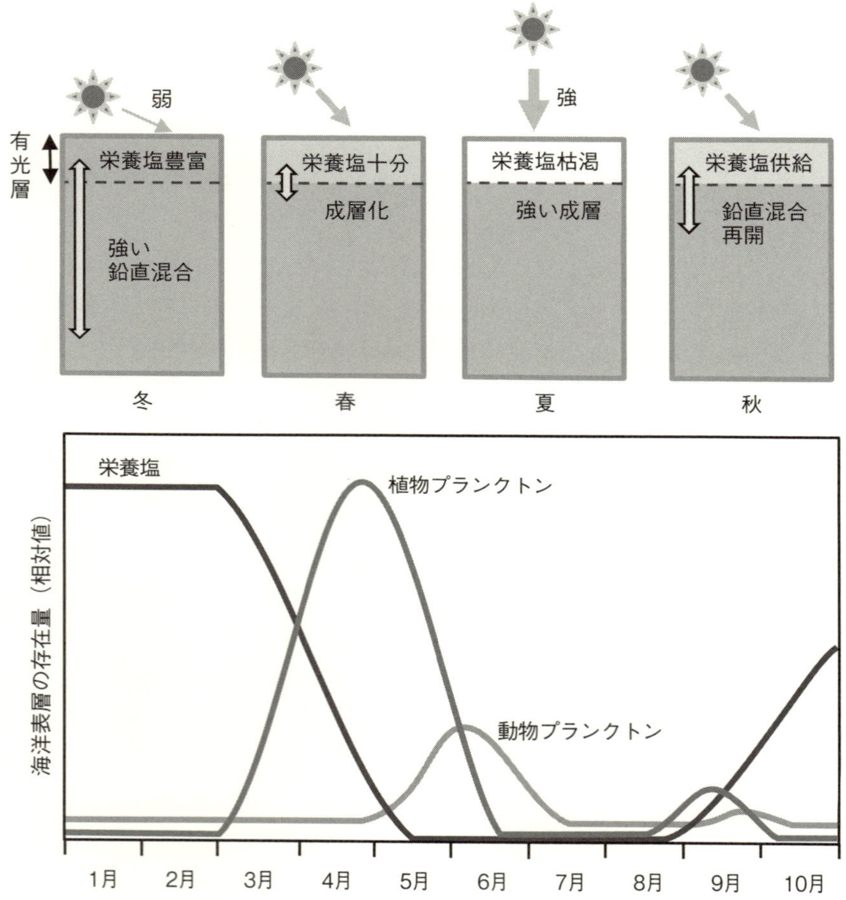

は，表層から沈降してくる植物プランクトンの死骸や動物の糞などの**デトリタス**を有機物源として利用している．水柱をふわふわと揺れ落ちる多数の大型凝集粒子は，マリンスノーとも呼ばれる．

陸上生物に比べて海洋生物のバイオマスはわずか 0.2％と少ないが，年平均の一次生産量は陸上と海洋との間でほぼ等しい．これは海洋の植物プランクトンが活発に増殖しているものの，増殖して増えた分が短時間のうちに二次生産者によって摂食されており，バイオマスの中身が速い速度で入れ替わっていることを意味する．このため海洋生態系では，生物の現存量よりも，そこでの物質やエネルギーの移動量を知ることが重要になる．その指標の一つとして用いられる生産（P）とバイオマス（B）の比率，すなわち**P/B 比**は，その生物の生活史や体サイズと関係があり，一般に大型生物で低く，小型生物で高い値を示す．

海洋生態系における二次生産量は，一次生産物がどれぐらいの割合で消費者のバイオマスに転換されるか，そして，その消費者による生産物のどれぐらいの割合が餌としてさらに高次の**栄養段階**の生物に利用されるかという二つの要素で決まる．動物プランクトンや魚類の転換効率は 10 ～ 60 % であるため，食物網の各栄養段階において消費されたエネルギーの 10 ～ 60 % が捕食者の体に転換され，残りの 40 ～ 90 % は呼吸や食べこぼし，未消化物として失われる．その結果，食物網の上位に位置する生物の生産は下位のものより低くなり，食物網に含まれる栄養段階の数が多くなるほど生態系全体の二次生産は低くなる．また当然のことながら，一次生産性の高い生態系では，二次生産も高くなる．

主要な一次生産者である植物プランクトンの細胞サイズは小さく，二次生産者では栄養段階が上位に移るにつれて体のサイズが大きくなると同時に，その存在重量が約 1 桁ずつ減っていく（図 5）．小型で，栄養段階が低い生物ほど，より多くの餌生物にありつけることになるので，一般的に海洋生態系では，多くの小型生物による低次生産によって，少数の大型生物による高次生産が支えられるという構造をもつ．また，細胞サイズが小さくなると，表面積 / 体積比が大きくなり，海水中の栄養塩の取り込みに有利に作用するため，栄養塩濃度の低い外洋域に生息する植物プランクトンは一般に小型で，栄養塩の豊富な沿岸域や湧昇域で優占する大型の珪藻類などよりも細胞サイズが 1 ～ 2 桁小さい．その結果，外洋生態系では必然的に栄養段階数が多くなり，大型魚類や海鳥，鯨類など食物網の最上位に位置する生物の二次生産も低くなっている．

図 5　海洋生態系の食物網と栄養段階の生物生産ピラミッド（三角形の中の数字は相対的な生物量を表す）

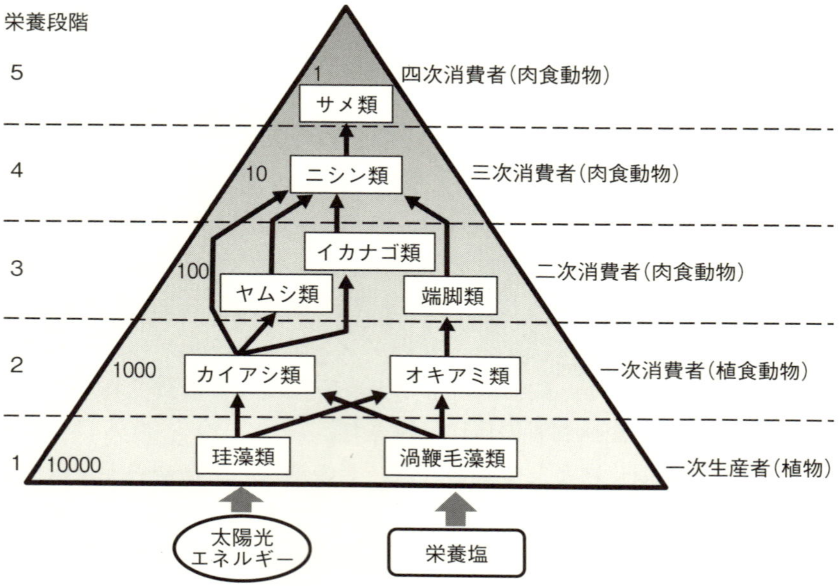

（5）微生物分解：炭素循環の立役者

海洋生態系において細菌や古細菌などの原核微生物は，有機物の分解と無機物の再生に重要な役割を果たしている．分解される有機物としては，植物プランクトンや動物の死骸，糞などの粒子態有機物と，さまざまな生物が増殖や摂食の過程で放出する溶存態有機物がある．生物起源の粒子は主としてセルロース，タンパク質，キチン，脂質で構成されており，タンパク質や炭化水素などの易分解性有機物は，細胞外酵素あるいは細胞表面の酵素によって低分子化合物に変えられた後，微生物の細胞内に取り込まれて呼吸分解を受ける．一方，細菌自体の細胞膜などは酵素による分解作用を受けにくく，難分解性有機物となって海洋環境中に数千年の長期にわたって滞留する．

粒子態ならびに溶存態有機物を利用して増殖した原核微生物は，従属

図６　微生物連鎖系を含む栄養段階のつながり

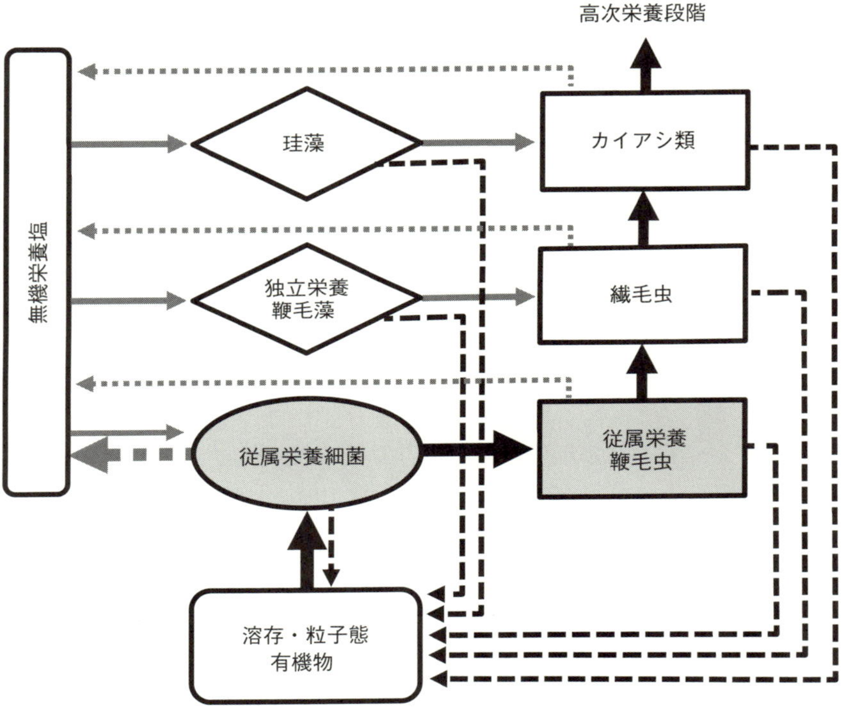

栄養性の小型鞭毛虫や，鞭毛虫よりも細胞サイズが１桁程度大きい繊毛虫と渦鞭毛虫に捕食される．それらの生物は，さらにカイアシ類などの動物プランクトンの餌となって海洋の食物網に組み込まれる（図6）．この微生物を起点とする食物網は，植物プランクトンの光合成ではじまる食物網と共に，海洋の二次生産を支えている重要な過程である．

微生物による有機物の分解過程や動物プランクトンなどの排泄によって水中に放出される無機窒素の化学形態は，アンモニウム塩である．アンモニウム塩は，海水中のアンモニア酸化細菌と亜硝酸酸化細菌による硝化作用によって最終的に硝酸塩に変えられ，深層水中に蓄積する．硝化細菌は，おもに有光層の底部付近に分布しており，有機物の生産と分解が活発に起こる湧昇域などの一次生産性の高い海域では，硝化速度も大きくなっている．一方，沿岸域の堆積物中のように，有機物が豊富で嫌気的な環境条件下では，脱窒細菌によって海水中の硝酸塩が窒素ガスに変えられて，海洋の窒素が大気へ失われる．

このように微生物は，植物プランクトンなどと共に海洋における炭素や窒素の循環に中心的な役割を果たしており，大気中の二酸化炭素濃度の変動にも深く関わっている．海洋における炭素の分布は，溶解ポンプおよび**生物ポンプ**と呼ばれる二つの独立した過程によっておもにコントロールされており，前者は，大気から表層水に溶け込んだ溶存無機炭素が海水の物理的な流動，すなわち熱塩大循環によって輸送される過程である．後者は，植物プランクトン，微生物，動物プランクトンによる有機物の生産と分解によって駆動されるもので，海洋表層で一次生産者の光合成によって二酸化炭素から生産された有機炭素が深層に輸送されて微生物分解を受け，再び二酸化炭素に無機化されて深層水中に放出される過程である．生物ポンプによって輸送された二酸化炭素は，数百年以上の時間スケールで深層水中に貯蔵される．

4. 海洋環境を構成する多様なシステム

(1) 河口域：陸と海の間で

河口域は，河川水が海水と混ざる半閉鎖的な水域で，陸水系から海洋系へと移行する場所である．そこでは塩分，水温，溶存酸素濃度などの環境条件が大きく変化することから，海洋生物にとって過酷な環境となっている．河口域では淡水性と海水性の両方の生物を見ることができるが，主に生息しているのは生体内の体液と外部の水中の塩濃度のバランスを調整することのできる**浸透圧調節**能の高い生物である（図 7）．塩分以外にも，底泥の状態や温度，水の流動も河口域における生物の分布を決める重要な要因になっている．

河川から流入する淡水の量は，河口域生態系の生産性や多様性に大きな影響を及ぼしている．また，河川水に含まれる栄養塩と，堆積物中の

図 7　河口域における種の多様性の変化（Pinet 1992 転載許可）

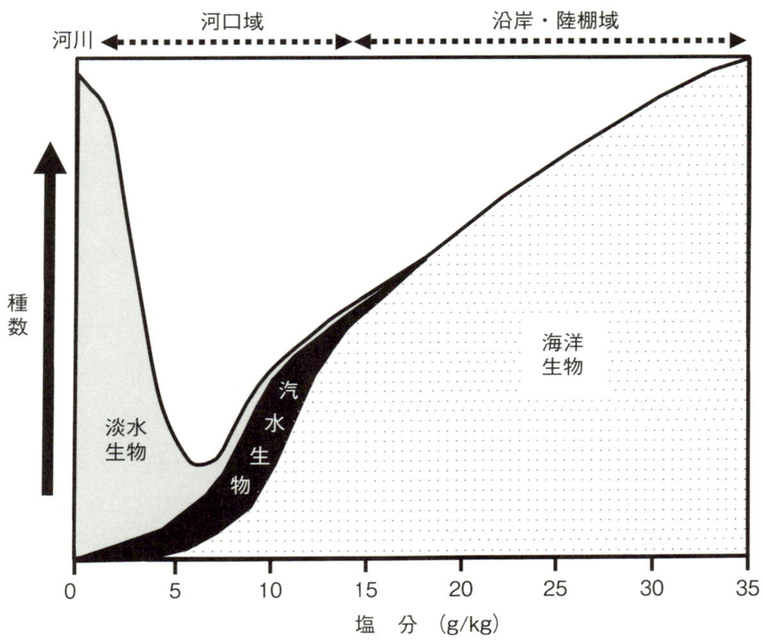

有機物分解により再生する栄養塩は，河口域における高い一次生産を支える重要な要素となっている．その結果，河口付近は，豊富な餌生物の存在により，多くの海産魚類の幼魚の成長と生残に適した育成場となっている．とくに無脊椎動物の生物量が多い干潟は，渡り鳥にとって貴重な生息場を提供している．

河口域の食物網においては，海洋起源，淡水起源，陸起源そして河口域起源の多様なデトリタスが，有機物源として生物に利用されている．ただし，秋季や冬季に大量に流れ込む落ち葉などの陸起源有機物は，海洋生態系の有機物源としてあまり重要でないと考えられている．干潟に生息する甲殻類や貝類などの多様な生物群は，水中の懸濁態有機物を活発に捕集して餌として利用することから，原核微生物や底生微細藻類とともに水質の浄化に大きな機能を果たしている．

(2) 藻場：海中にゆらめく林

大型の海藻類が繁茂する場所を藻場といい，沿岸の岩礁域ではコンブ場（冷水性コンブ目褐藻），ガラモ場（ホンダワラ目褐藻），アラメ・カジメ場（暖水性コンブ目褐藻）といった優占種の異なる特徴的な**藻場**（もば）が発達している．藻場は多くの場合，光の届く水深40メートル以浅の潮下帯に形成される．大型の海藻類の成長は一般的に速く，コンブ目褐藻は好適な環境条件下で1日に30センチメートル以上成長することが知られている．このため藻場は，海洋で最も高い一次生産力をもつ生態系の一つとなっている．

藻場の海藻類は，葉上動物や付着藻類に生活の場を提供するとともに，幼魚などに対しては高次捕食者からの避難場所を提供している．しかし，海藻類による一次生産物のうち，藻場内で直接消費される有機物の割合は少なく，その多くはデトリタスとして海底や系外に運ばれていく．さらに，ホンダワラ類などの気泡を有する藻類の中には，付着基質からちぎれて離れた後，**流れ藻**となって表層海流により外海へと運ばれるものがあり，沖合を漂う流れ藻は，特定の海洋生物の産卵場や初期生育場として利用されている．

従来は藻場であった場所から，広範囲にわたって大型海藻が消失して，下層に生息していた石灰藻（無節サンゴモ）が顕在化し，大型海藻を摂食していたアワビなどの磯根資源が著しく減少する現象を**磯焼け**と呼ぶ．その原因として，ウニや魚類による高い摂食圧や，高水温・栄養欠乏による海藻の生育阻害などが考えられている．

(3) アマモ場：多様な生物のゆりかご

主に砂浜域に発達する**アマモ場**は，後述するマングローブ域とともに，生物の生産性と多様性がともに高く，最も価値の高い海洋環境の一つと考えられている．アマモは，海水に完全に浸かった状態で生育できる唯一の顕花植物（海草）で，南極を除く世界中の沿岸域に約50種が分布しており，アマモ場の面積は全海洋面積の0.1～0.2％に及ぶ．アマモ場は，水深が浅くて透明度の高い水域の下干潮帯で，やわらかい堆積物のある場所におもに形成され，潮間帯や岩礁域でも認められる．アマモの葉は多様な付着藻類の付着基質となっているが，アマモと付着藻類の関係は複雑で，海水中の栄養塩の濃度が増加すると，付着藻類が繁茂しすぎてアマモが枯れてしまうこともある．付着藻類はアマモ場に生息する小型の甲殻類や貝類の餌として利用される．一方，アマモを直接摂食する生物としては，ウニ，ウミガメ，ジュゴン（海牛）が代表的なものである．

アマモ場は周囲の砂泥域に比べて物理的に複雑な環境を提供するため，アマモ場で見られる魚類や無脊椎動物の生物多様性は非常に高い．それらの種多様性と生物量は，個々のアマモの生息密度やアマモ場全体としての被覆面積と関係している．アマモ場で生産される大量の有機物は，周辺の沿岸生態系に輸送され，水産資源としても重要なエビ類などを含む食物網で利用されている．また，アマモの根は堆積物の流出を抑える作用をもち，葉や茎は海水の流動を弱めて堆積物の再懸濁を防いでいる．アマモは，海水中の栄養塩と二酸化炭素を取り込み，微生物分解を受け難い葉の形に変えて貯蔵することから，富栄養化の緩和や生物的な炭素固定にも貢献している．人間によって収穫されたアマモの葉は，梱包材や敷物，容器などとしても活用されている．残念ながら世界のアマモ場面積は，1993 年以降の 10 年間で約 15％減少した．これは，アマモの生育が，光環境や栄養塩濃度の変化に対して敏感に応答し，人間活動に伴う物理的な環境擾乱の影響を強く受けるためである．

(4) マングローブ域：働き者のカニ

マングローブは，おもに熱帯の陸地と海の境界域に茂る樹木で，形態的ならびに生理的な適応により，水面下の嫌気的な堆積物中に根を張ることができ，高塩分環境にも耐えることができる．**マングローブ域**では，陸棲生物と海洋生物がさまざまな形で共存しており，多くの鳥類の生息場にもなっている．最も重要な海洋生物はカニ類である．マングローブの落ち葉はタンニン含量が高いため，ほとんどの無脊椎動物は利用できないが，カニ類と巻貝（キバウミニナ）だけはマングローブの落ち葉を食物源として利用することができ，マングローブ生態系における炭素循環に大きく寄与している．また，カニ類による巣穴の掘削作業

図8　亜熱帯域におけるサンゴ礁，アマモ場，マングローブ域のつながり

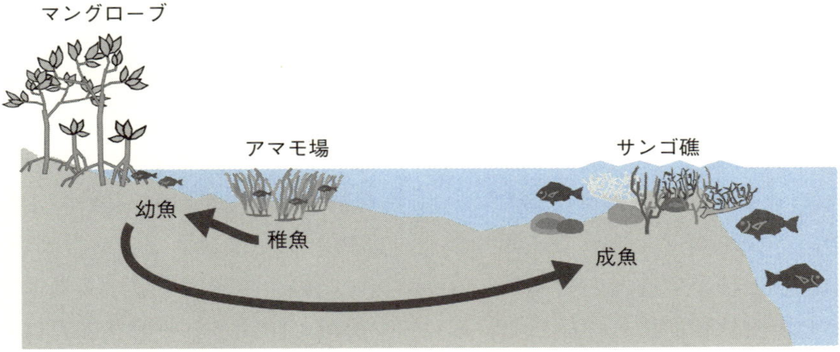

は，堆積物のかき混ぜや，堆積物への酸素供給，マングローブの根への栄養供給に重要な役割を果たしており，マングローブの生産性にも深く関与している．

マングローブの落ち葉の一部はカニ類などによって消費されるが，その大部分は海を漂って周辺の沿岸生態系へと運ばれていく．しかし，アマモと異なり，マングローブの葉は有機炭素源として海洋生物に直接利用されることがほとんどない．このため，落ち葉が微生物分解を受けて無機化され，再生した栄養塩が藻類などの一次生産に利用されることで周辺の沿岸生態系の物質循環とつながっている可能性が考えられる．一方，マングローブ林は，嵐や大きな波浪による海岸の浸食を防ぐ物理的なバリアとしての機能や，沖合のサンゴ礁への濁った水の拡散防止に役立っている．サンゴ礁に生息する魚類には，稚魚期をアマモ場で過ごした後，成長にともなって餌が豊富なマングローブ域に移動して幼魚期を過ごし，再びサンゴ礁に戻ってくるものが多い（図8）．従って，サンゴ礁の魚類を保全するためには，近隣のマングローブ域とアマモ場の保全についても考慮しなければならない．

(5) サンゴ礁：不思議な共生関係

我々が目にする**サンゴ礁**は，刺胞動物門に属するサンゴ虫の小さなポリプが集まってできており，ポリプが分泌した炭酸カルシウムの外骨格

図９　サンゴ礁生態系の生物生産ピラミッド（Pinet 1992 転載許可）

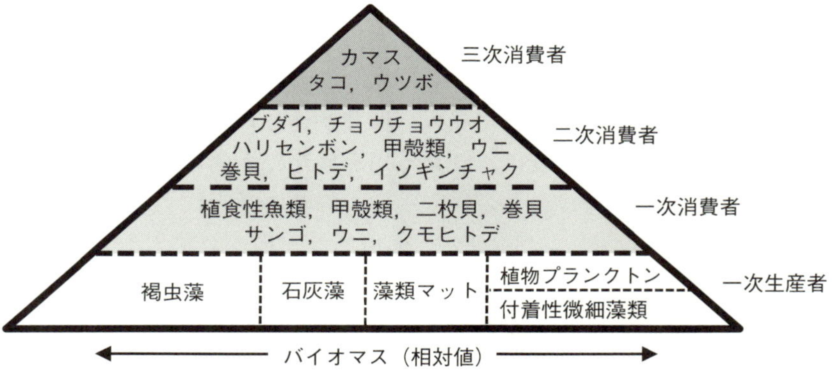

の集合体である．一般に造礁サンゴは，水温 18 ～ 36 ℃の環境下にある北緯 30° から南緯 30° の間の熱帯・亜熱帯域に分布する．サンゴ礁生態系の最も大きな特徴は，豊富な生物量と熱帯雨林にも匹敵する生物多様性の高さである（図 9）．インド洋・太平洋区のサンゴ礁には少なくとも 500 種を超える造礁サンゴが生息しており，ほとんど全ての動物門と綱に属する動物が，サンゴ礁生態系でみられる．魚類についても，全種数の約 25 % がサンゴ礁域から報告されている．この多様性をもたらす大きな要因の一つとして，サンゴ礁が作り出す生息空間構造の複雑さが考えられている．しかし，サンゴ礁は安定した生態系というよりも，むしろ発達を続ける動的な場であって，さまざまな時間スケールの物理的な擾乱の影響を受けて常に変化している．すなわち，現在のサンゴ礁の姿は，過去 2 億年に及ぶ地殻の隆起や変動の結果を反映したものとなっている．

造礁サンゴは，触手を使って動物プランクトンなどを捕食する一方，褐虫藻と呼ばれる渦鞭毛藻類が共生して光合成を行う混合栄養者である．最近問題になっている**サンゴ白化現象**とは，高水温などの環境ストレスで共生褐虫藻がサンゴ虫から離脱した状態をいう．サンゴ礁生態系では，共生褐虫藻だけでなく，付着藻類および植物プランクトンなども一次生産者として機能している．しかし，熱帯・亜熱帯域の表層水は貧栄養で，外部からの栄養塩供給が少ない環境にあるため，生態系内で効率よく栄養塩が再生循環していると考えられている．

サンゴ礁によって支えられている巨大な生物群集は，世界中の数百万人に及ぶ人々に対して，食料や収入，環境サービスを提供している．しかし，サンゴ礁の成長速度は，浸食作用を僅かに上回る程度のものであり，共生褐虫藻の光合成による炭素固定も群集の呼吸に必要不可欠な量でしか行われていない．このため，環境条件が僅かにでも変化すると，サンゴ礁の群集構造の遷移だけでなく，サンゴ礁の衰退や生産性の喪失に直ちにつながる可能性がある．サンゴ礁生態系は，人間による漁業活動，水質汚染，堆積物の流入，地球規模の気候変動などの環境擾乱に対して非常に敏感であり，最も人為的な環境破壊を受けている場となってしまっている．

5. 人為的擾乱と海洋生態系の応答

(1) 人間の存在

現在，およそ22億人もの人間が海岸から100キロメートル以内の圏内で生活しており，2025年にはその数は2倍になると予想されている．これらの人々の多くは，海洋資源を食料や収入源として直接利用している．海洋は，漁業を通してさまざまな食料資源を供給してくれるだけでなく，廃棄物の処分場，風力・潮流などの再生可能エネルギーや石油・天然ガスならびに重金属などの鉱物資源の供給源，人の移動や物の輸送経路，観光産業の基盤となるリクリエーションの場としても私たちの生活と深く関わっている．海洋にはまだまだ未知の分野が多く残されているが，海洋に関する知識と技術の進歩は，同時に過剰な海洋資源の開発と利用を誘発し，人間活動は海洋環境に深刻な影響を及ぼすようになった．たとえば，東南アジアのマングローブ域は，木炭にするための伐採と，ウシエビ（ブラックタイガー）などのエビ養殖場の開発によって，広い範囲で破壊されている．また，現在進行しつつある地球規模での急速な気候変動は，水温や台風の発生頻度・規模の変化，二酸化炭素濃度上昇にともなう海水の酸性化など，さまざまな形で海洋生態系の構造や機能にインパクトを与えている．数百年にわたって継続されてきた漁業活動も，海洋の生態系構造を根本的に変貌させてしまうほど強い圧力を与えるケースが見られるようになっている．

(2) 漁業のインパクト

海洋全体の**漁獲量**は1950年の2000万トン弱から1990年代にかけてほぼ一定の割合で増加してきたが，最近は毎年8000万トン程度で推移している（図10）．そのうちの40％以上は僅か20種類の魚類で占められており，代表的なものとしてカタクチイワシ類，タラ類，アジ類，ニシン類，サバ類が挙げられる．漁業による特定の生物個体群の漁獲は，その個体群のバイオマスを減らすと同時に，より大型の個体を選択して漁獲する傾向にあるため，その個体群を構成する生物の平均サイズの小型化をもたらす．しかし，小型の生物の方がバイオマス当たりの生産（P/B比）が高いことと，個体群のバイオマスが減ることによって餌や生息場などに対する種内競争が緩和されてP/B比を高める効果があることから，漁獲の影響は二次生産よりもバイオマスの減少に顕著に現れる．また，多様な生活史をもつ生物群集に対して漁獲を行う場合，成長速度の遅い生物や，自然死亡率の低い生物において二次生産に対する漁獲の影響が強くなる．一般に小型の生物ほど，成長速度が速くて死亡率が高くなる傾向にあることから，漁獲が進むと生物群集の優占種がP/B比の高い小型の生物に遷移し，やはり二次生産に比べてバイオマスの減少の効果が大きくなる．

最近の漁獲量が頭打ちになっていることは，多くの魚種で過剰な漁獲圧が生じていることを示唆している．実際，世界の約7割の漁場が**乱獲**されているものと推定されている．乱獲を防ぐためには，成魚個体群への新規加入量に見合った総水揚げ量，漁船数や漁網サイズの規制が不可欠である．しかし，漁業管理のための基礎理論の前提となる条件が単純化され過ぎていたり，漁獲量や資源推定量にも不確かさがあること，政治的な配慮から漁獲枠を大きめに設定したりする傾向があることなどか

図 10　海洋における世界全体と日本の漁獲量ならびに養殖業の生産量の変遷（FAO 2011）

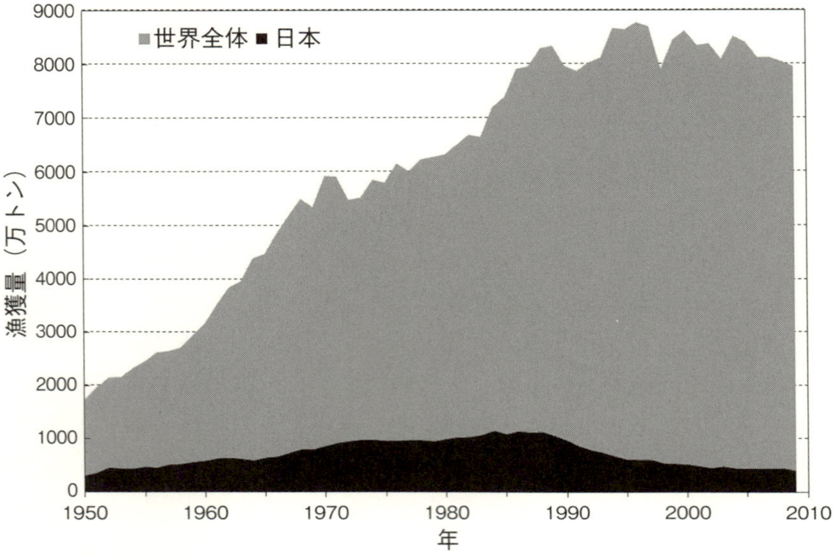

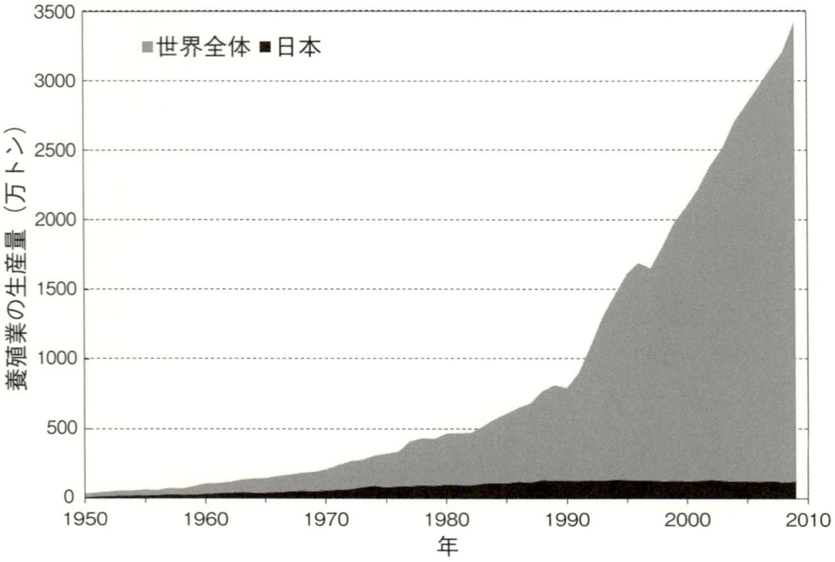

ら，魚類資源量の長期的な予測と，それに基づく漁業管理の成果としては必ずしも十分なものが得られていない．また，漁獲物の中には目的としていなかった魚介類も混獲されて含まれており，市場価値の低いものは海に廃棄される．その量は実に世界の漁獲量の約 3 割に達すると見積もられている．能動的漁具であるトロールなどの底引き網は，とくに沖合域のベントス群集に対する影響が大きく，生物多様性や希少種の現存量の減少を引き起こすことが多い．受動的漁具である刺し網には，海鳥や海棲哺乳類が捕らえられることもある．将来，漁業の崩壊を防ぐためには，意図せずに資源を減少させるような漁業慣行を抑制し，予防原則に基づいた慎重な漁業資源管理体制を速やかに整備することが肝要である．

近年，世界規模で魚介類の**養殖**が盛んになっている（図 10）．養殖される海産魚のほとんどは肉食性であり，生魚あるいは魚粉配合飼料を主要な餌に用いていることから，それらの餌を確保するための漁業と養殖業は根本的に共通の課題を抱えている．また，海面生簀（いけす）を使った魚類養殖では，養殖海域の海底に堆積する残餌や糞により底層水の貧酸素化などの問題を生じることも多い．それに対して海藻や二枚貝の養殖は，周囲の生態系に及ぼす影響が比較的小さい．ただし，養殖の規模がその海域の環境収容力を越えた場合には，天然の生物群集と養殖生物との間に栄養塩や餌生物の競合が起こり，沿岸生態系全体の生産力を低下させる可能性がある．そのほかにも，他海域からの養殖種苗の導入に伴う病原性生物の拡散や，遺伝子組換え生物の自然界への逃げ出しなどの問題が懸念されている．

漁獲の対象となる魚類など多くの海洋生物において，個体群の生産性や生残は，水温など物理環境や餌となる植物プランクトンの一次生産量，他の生物群との相互作用や資源の自律的増減など，漁獲による減耗以外にもさまざまな自然の条件による影響を受けて変動している．このため，漁獲対象生物の個体群が自然界でどのように制御されているのかを明らかにする学問である水産海洋学のさらなる進歩が不可欠であり，その知見を漁業管理に役立てる工夫が必要である．そして，漁業を通して得られる社会経済学的な恩恵が最大となり，かつ生物多様性の保全と資源の持続性が達成されるように，世界の漁獲水準を大きく減らす努力が求められている．

(3) 海洋汚染

海洋汚染は外洋域を含む海洋全体に広がっており，海洋環境は驚くべき速さで破壊されている．海洋汚染とは，直接あるいは間接的な，人間による物質およびエネルギーの海洋環境への導入であり，それによって生物資源の損害，人類の健康への有害作用，漁業などの海洋における活動の妨害，海水利用における質の悪化や利便性の減少のような有害な影響をもたらすものが全て含まれる．海洋汚染の原因物質には天然物質と人工物質があり，無機粒子，栄養塩・有機物，微生物，石油，放射性物質，微量金属などの天然物質が自然の濃度レベルを上回るケースと，人類が作りだしたポリ塩化ビフェニル（PCB），農薬，プラスチック，炭化水素，揮発性有機化合物，有機金属塗料，ゴミなどの人工物質によって発生するケースに分けられる．いずれの汚染物質も，海洋の中でも生産性の高い沿岸域において人間活動による負荷が集中している．

栄養塩は海洋の一次生産に欠かすことができない．このため，人間活動にともなって大量の窒素，リンが海域に流れ込むと，沿岸域が**富栄養化**して，一時的に一次生産ならびに二次生産が高められる．その後，大量に増殖した植物プランクトンが死滅すると，沈降・分解して底層水の**貧酸素化**あるいは無酸素化を誘発し，海水中の溶存酸素濃度が 0.5 mℓ O_2/リットル以下の状態が長期間続くことで，魚類や底生性の無脊椎動物の大量斃死（へいし）を引き起こす．また，特定の植物プランクトン種の異常発生，すなわち有毒・有害**赤潮**が発生して養殖魚や天然魚を斃死させたり，貝類を毒化させたりする場合もある．したがって，沿岸域の富栄養化によって，最終的には二次生産が大きく損なわれると考えられている．さらに，底層水の溶存酸素が無くなって嫌気状態になると，硫酸還元細菌が有機物の分解を担うようになり，その過程で硫化物イオンが生成する．風が吹いて沿岸湧昇が起こり，硫化物イオンを含む無酸素水が海面近くに浮上してくると，硫化物イオンが大気から溶け込んだ酸素

図 11　沿岸生態系における有機塩素化合物 DDT（ジクロロジフェニルトリクロロエタン）の生物濃縮（濃度単位は ppm）（Libes, An Introduction to Marine Biogeochemistry を改変．転載許可）

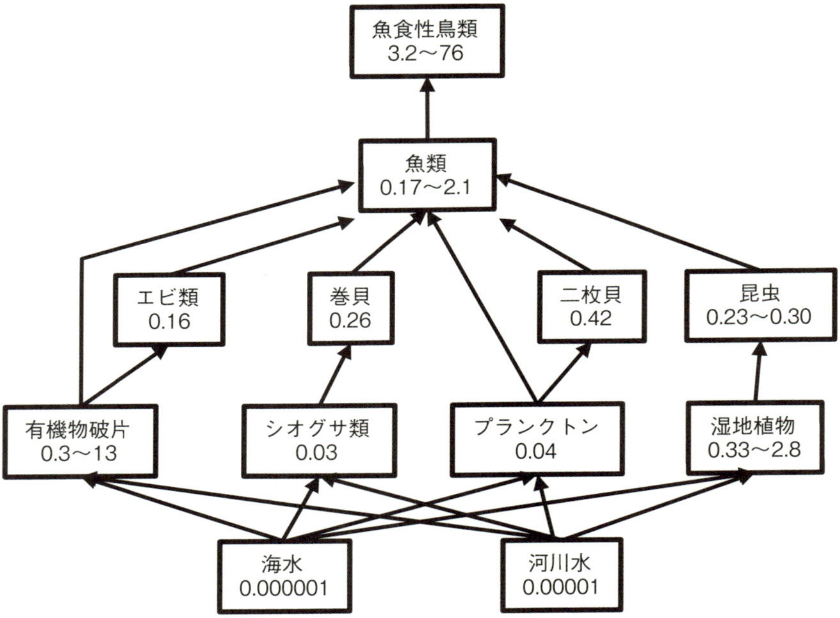

によって酸化されてイオウコロイドを生じ，水色が青白く変色して青潮になる．**青潮**は，アサリなど干潟に生息する底生生物の大量斃死を引き起こし，沿岸生態系に大きな影響を及ぼす．

沿岸域に流入した汚染物質は，食物網を通して高次の栄養段階へと伝搬し，生活史の一部を沿岸で過ごす外洋性種によって外洋へと拡散していく．代表的な汚染物質が生物に及ぼす急性毒性や致死濃度は生物検定などによってある程度わかっているが，生理的変化，行動・生態の変化，環境ストレス・病気への耐性など，低濃度の長期的な影響の結果として生じる慢性毒性については，ほとんどわかっていない．多くの生物は，海水から受動的に汚染物質を吸着するだけでなく，汚染物質を生体内に能動輸送して組織や骨格などへ蓄積し，**生物濃縮**する．さらに，高次栄養段階に移るにつれて生体内の汚染物質濃度は上昇するため，食物網の最上位に位置する海鳥や哺乳類で汚染物質濃度が最も高くなる場合が多い（図 11）．このように汚染物質は，海洋生態系の物質循環に組み込まれると，さまざまな経路を経て伝播していくことから，その影響が生態系内に行き渡り，有害作用が目に見える形で生じるまで数十年に及ぶ時間を要する場合がある点に注意が必要である．

これまで人類は，すべての汚染物質の濃度が，海洋に希釈・分散されることによって，無害なレベルにまで十分低くなると考えてきた．また，海洋は広大でほとんど問題になるような変化を生じず，海流は汚染物質を沿岸から外洋に運び去ると仮定してきた．しかし，汚染物質の負荷量の増大と，過去の影響が蓄積されてきたことによって，現在の汚染物質の負荷は沿岸域の自浄能力をはるかに越えている．海洋を含めた地球上の物質循環が繋がっていることを科学知識として持ち合わせている人類が，海洋資源を利用する一方で，未だに海洋への汚染物質の投棄を続けている現状は，早急に改善しなければならない．

ボックス 2

バラスト水による海洋生物の拡散

人間が世界を旅するようになって以来，さまざまな生物種が栽培・飼育などを目的として意図的に他の地域へと運ばれてきた．元々生息していた場所と新しい場所の環境が類似している場合，その種は移動先の植物相あるいは動物相に加わることができる．侵入生物が移動先に固有の動・植物種との競争に打ち勝ち，そこでの生物多様性を損なうほどにまで大量に増えると，大きな問題を引き起こす．このような事例は，成長速度と再生産速度が速く，分布拡散能力や物理環境・餌環境に関する適応能力の高い生物種や，前の生息場所で生物量を低く抑えていた捕食者や病原生物が移動先にいないような場合に発生することが多い．

タンカーや貨物船は，荷物の陸揚げに合わせて船底のバラストタンクに港湾の海水を注水し，喫水を深くして船を安定させる．荷物の積地への航海を経て，船に荷物を積み込む際には，バラストタンクの海水を排水して喫水を調整する．バラスト水を船内に取り込む際には，網を通すので魚やクラゲなどが入り込む可能性は低いが，小型のプランクトン，卵，細菌などは容易にタンク内に取り込まれる．貨物船が運ぶバラスト水の最大量は総トン数の約半分にもなるので，これらの生物が積地においてバラスト水とともに排出され，侵入生物となって繁殖すると，移動先の生物多様性にとって大きな脅威になるだけでなく，人の健康や経済活動にまで影響を与えることになる．

たとえば，オーストラリアでは，1980年代に麻痺性貝毒原因種の無殻渦鞭毛藻が急激に数を増し，それを餌として摂食した養殖貝に毒が蓄積され，人が貝毒の被害にあったが，この藻類はバラスト水を介して運ばれてきたと考えられている．このような赤潮プランクトン以外にも，移動先に固有の生態系に深刻な影響を及ぼす侵入生物として，ヒトデ，ゼブラ貝，ワカメ，カニ，ハゼ，モクズガニ，ミジンコ，クシクラゲ，コレラ菌が挙げられている．

(4) 気候変動と海洋酸性化

気候変動は，海洋における一次生産の大きさ，時期，分布の変化を生じさせることから，二次生産にも影響を及ぼすと考えられる．たとえば，大西洋では，気候変動にともなう風向・風速のパターンや冬季の気温の変化が一次生産量に影響を及ぼしており，春季の一次生産が高く，かつ低水温の年には，ある種のカイアシ類の二次生産が高くなり，それを餌とする多くの仔稚魚の生残率が上がって，漁業対象種の新規加入が増え，漁獲量の増大をもたらすことが知られている．それ以外の年には，別の小型カイアシ類が優占するが，サイズが小さいために仔稚魚にとっての餌料価値が低く，生残率が下がる．そのような年に，漁獲圧を強く受けると対象魚種のバイオマスが著しく減少することが予想される．

海水には，酸性雨のような人為起源の酸性物質の流入に対してかなりの程度までpHを維持する仕組みがある．しかし，大気中の二酸化炭素濃度変化は，その量がはるかに大きく，**海のpH**を簡単に変えてしまう．海洋は化石燃料起源の二酸化炭素の約半分を吸収していて，大気中の濃度増加を緩和している．その結果，海水にガスとして溶けている二酸化炭素濃度が増加し，海洋は酸性化しつつある．産業革命以前の大気濃度 280 ppm の時，海の平均的な pH は 8.17 程度であったが，2010 年の大気濃度 380 ppm で pH はすでに 8.06 程度にまで低下している．深層水の二酸化炭素濃度も次第に高まるが，表層に比べればゆっくりした変化であるため，まず問題となるのは，海洋表層の二酸化炭素濃度増加の影響である．

海洋には**炭酸カルシウム**の殻や骨格を持つ多くの生物種がいる．炭酸カルシウムの殻を持つプランクトンは殻の重みで浮力を調整しているといわれており，甲殻類には炭酸カルシウムの粒で殻を強化しているものがいる．イカは平衡石，魚は耳石という体のバランスを保つための組織に炭酸カルシウムを利用している．サンゴは炭酸カルシウムの骨格を残しながら次の世代を群体としてその上に成長させる．このように炭酸カルシウムが多くの生物で利用されているのは，海水が炭酸カルシウムにとって過飽和状態にあり，比較的簡単に炭酸カルシウムの固体を作ることができるためである．しかし，二酸化炭素濃度が増えると，二酸化炭素自身が出す酸（H^+）によって炭酸イオン（CO_3^{2-}）が中和されて濃度が下がり，炭酸カルシウムの生成が難しくなる．温度の低い極域の海では，海水の pH が 7.84 になると生物による炭酸カルシウムの生成は止まってしまうが，このままでは 21 世紀の後半にこの pH に到達すると予想されている．

近い将来，酸性化によってどのような変化が海の環境にもたらされるか？　その予測には，まず影響のありそうな生物種，重要な機能を持つ生態系が，二酸化炭素濃度増加と酸性化にどう応答するのかを実験的研究によって明らかにする必要がある．これまでの結果は，炭酸カルシウムの溶解に至る濃度よりも低い二酸化炭素レベルで海洋生物への影響が起こり始め，生態系変化を通して海洋の炭素循環や生産性に変化が生じる可能性を示唆している．海洋酸性化への対策は，二酸化炭素の大気への放出量を減らすという根本的な温暖化対策以外に方法は無い．海洋から二酸化炭素を取り除くことが困難であるが故に，海洋生物と生態系への影響が一旦生じてしまうと，その回復手段がないことを我々は十分に意識すべきである．

6. おわりに

多彩な生き物の宝庫である海洋が，すでに人間活動による深刻な影響を受けていることは，本章で述べてきたとおりである．一刻も早く海洋の保全を進めるために，人類の英知を集めて海洋環境を長期的な視点に立って管理してくことが求められている．これまでにも海洋環境および資源の保全と持続可能な利用開発の両立を目指した国際条約や国内法の整備が図られてきている．それらの活動を実質的な海洋保全に結び付けるには，生物学，生態学的な側面からだけでなく，その保全活動が漁業を含めた地域経済や社会・文化にもたらす影響についても考慮しなければならない．

ボックス 3

植物プランクトンが雲を作る

海の生物生産が高まると，大気から海洋への二酸化炭素吸収が促進されるだけでなく，地球の温室効果に正または負の作用を及ぼすさまざまな微量気体が海洋生物によって作られる．これらの気体は，海表面から大気中に放出され，気候へのフィードバック作用を生じる．たとえば，黄砂などの陸起源土壌粒子が大気から降下して海水中に鉄が溶け出すと，植物プランクトンの増殖を引き起こす．植物プランクトンの光合成で作られた有機物の一部は深層に沈降し，無機物に分解されて炭酸水素イオンなどとして深層水中に蓄積することにより，大気から海洋への二酸化炭素吸収が促進される．一方，植物プランクトンから放出された硫化ジメチル（DMS）は，大気中で硫酸に酸化されて雲凝結核となり，雲の発生を促す．その結果，雲粒による太陽光の散乱が増大して，地表の温度を低下させる．

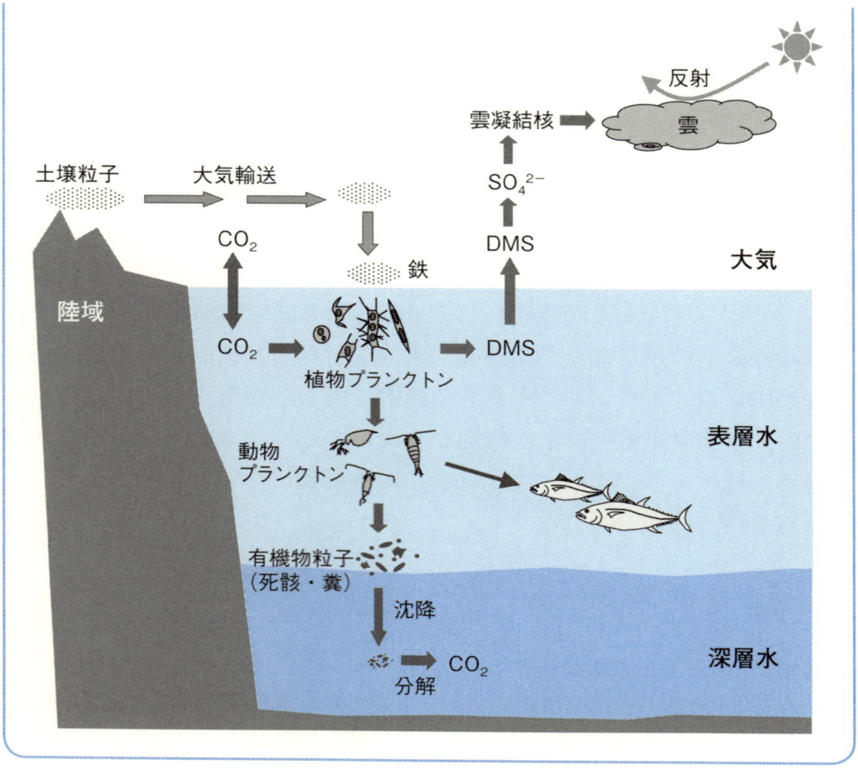

• 参考・引用文献

Edwards, C.A.（1973）Persistent Pesticides in the Environment, 2nd ed., CRC Press

FAO（2011）FAO yearbook. Fishery and Aquaculture Statistics. 2009, Food and Agriculture Organization of the United Nations

Kaiser, M.J, Attrill, M.J., Jennings, S., Thomas, D.N., Barnes, D.K.A., Brierley, A.S., Hiddink, J.G., Kaartokallio, H., Polunin, N.V.C, and Raffaelli, D.G.（2011）Marine Ecology, Processes, Systems, and Impacts, Second edition, Oxford University Press

Libes, S.M.（1992）An Introduction to Marine Biogeochemistry, John Wiley & Sons, Inc.

野尻幸宏（2007）ここが知りたい温暖化(6)，地球環境研究センターニュース，Vol. 18, No. 1, p13–15.

Pinet, P.R.（1992）Oceanography, An Introduction to the Planet Oceans, West Publishing Company

Preston, M.R.（1988）Marine Pollution, J.P. Riley ed. Chemical Oceanography, Vol. 9, p53–196.

田口史樹（2007）生物分布の拡散－バラスト水問題． Ship & Ocean Newsletter, No.157

武田重信（2006）海洋に鉄を撒く－植物プランクトンを介した海洋の CO_2 吸収は促進されるか．学術の動向，Vol. 11, No. 9, p42–47.

終章　農学の持ち味とは

1. 農学からの旅立ち

農学が非常に幅の広い学問であることは，本書の目次を一瞥（いちべつ）しただけでも感じ取ることができるであろう．農学は生物学や化学や物理学，さらには経済学などの基礎科学を駆使して，食料・生命・環境の諸問題を解き明かすことを目指している．

農学の対象の広がりも半端ではない．耕地・里山・森林・海洋はすべて農学の教育と研究の対象である．およそ動植物の生息する空間であれば，そこは農学のフィールドだと言ってもよい．対象のスケールという点でも，分子レベルから個体レベル，さらには個体群から生態系のレベルまで，多元的である．

農学の幅の広さは，卒業生の進路の多様性にも反映されている．本書を閉じるにあたって，卒業後の職業にも触れておくことにしよう．なお，農学系学部の卒業生の場合，理系学部に共通する傾向として，大学院に進学する割合も高い．そこで修士課程修了者に関するデータも補足しておく．

入門書の読者に出口について語るのは，少々せっかちだと思われるかもしれない．けれども，将来の仕事に考えをめぐらせることは，具体的な問題意識の醸成につながり，毎日の意欲的な学習にも結びつく．あるいは，入学時に明瞭なビジョンを描いていた読者であっても，学習が進むにつれて，考え直すケースも少なくないであろう．そんな読者にとっても，卒業後の進路の概観を得ておくことは無駄ではあるまい．

文部科学省の「学校基本調査」によれば，2012 年 3 月に農学系学部を卒業し，職に就いた学生は 10,213 人であった．同調査は，就業先について職業のタイプ別と産業分類別の数値を掲載している．職業のタイプ別割合の上位5位は次のとおりである.

専門的・技術的職業従事者	37％	販売従事者	25％
事務従事者	22％	サービス職業従事者	6％
農林漁業従事者	5％		

専門的・技術的職業が37％とトップであるが，販売従事者や事務従事者の割合も高い．ちなみに同年の工学系学部の場合，専門的・技術的職業が74％，販売従事者10％，事務従事者7％であった．販売従事者は多種多様であり，「学校基本調査」からその内訳を知ることはできない．ただ，すぐあとに紹介する産業分類別のデータによれば，農学系の場合，小売業への就業者の比率が高い．食品中心の小売ビジネス，典型的には量販店への就職がある程度の数を占めているようだ．一方，事務従事者の高い比率の要因のひとつは，工学系や理学系に比べて公務員として就職する割合が高いことである．この点もあとでデータを確認する．また，農学系学部には社会科学系の分野が含まれており，いわゆる文系就職の卒業生がいることも忘れてはならない．

専門的・技術的職業の37％（3777人）の内訳をみると，広い職種をカバーする製造技術者の割合が20％と高いものの，農学系学部の特徴もよく現れている．まず，獣医師が製造技術者と肩を並べて，20％を占める．農林水産技術者も16％に達している．また，建築・土木・測量技術者が8％を占めている点も目を引く．教員は8％であった．高校教員が6割弱，中学教員が3割である．もうひとつ農学系学部の特徴として，栄養士が4％に達している点も指摘しておきたい．

同じ10,213人を産業分類別に集計した結果の上位6位は次のとおりである.

製造業	21％	卸売業・小売業	18％
公務	12％	学術研究／専門・技術サービス業	9％
農業・林業	5％	教育／学習支援業	5％

製造業で高い割合を占めるのは食品部門であり（統計上の表記は「食料品・飲料・たばこ・飼料製造業」），65％を占める．このほか化学工業にも15％と，比較的多くの学生が就職している（同じく「化学工業，石油・石炭製品製造業」）．農学系学部は創薬とも関連が深いことから，この中には製薬会社就職のケースも含まれていると考えられる．先ほども触れたが，卸売業・小売業への就職のうち57％は小売業であった．また，公務の比率は12％で，工学系の5％，理学系の7％に比べてかなり高い．学術研究／専門・技術サービス業の中心は獣医師で，教育／学習支援業の中心は教員である．

修士課程の修了者についても，データを紹介しておく．2012年3月に農学系の修士課程を修了し，職に就いた学生は3,353人であった．職業のタイプ別割合の上位5位，産業分類別割合の上位6位は下記のとおりである．職業タイプ別では，専門的・技術的職業従事者が3分の2近くを占め，学部卒業生に比べて研究者や製造技術者の割合が高まる点に特徴がある．産業分類別では，情報通信業が6位に登場する．農業・林業は3％で7位であった．

専門的・技術的職業従事者…65％　　事務従事者…………15％
販売従事者……………………8％　　サービス職業従事者…3％
農林漁業従事者………………1％

製造業…………44％　　公務………………………………12％
卸売業・小売業…7％　　学術研究／専門・技術サービス業‥7％
教育／学習支援業‥5％　　情報通信業……………………4％

3点を補足しておく．ひとつは，農学系学部の卒業によって取得できる資格についてである．よく知られているのは獣医師で，獣医学の卒業生には国家試験の受験資格が与えられる．また，農業工学や森林科学の卒業生は，所定の単位を取得することで測量士補の資格を取得できる．専門的・技術的職業従事者に占める建築・土木・測量技術者の割合が比較的高かったのは，この資格にも関係している．このほかに樹木医補，栄養士，建築士などの（受験）資格を取得できる農学系学部がある．大学で学科の名称・構成や授業科目が異なり，また，資格によって実務経験等の要件にも違いがあるため，具体的には各人で所属学部に問い合わせていただきたい．同じことは教員免許状の取得についても言える．農学系学部では中学・高校の理科の一種免許状が標準的であるが，履修すべき科目の開講状況や教育実習など，早い段階で確かめておく必要がある．

補足の第2は，「学校基本調査」の集計分類枠のそれぞれについて，仕事の幅がかなり広いことである．例えば公務員には国・都道府県・市町村の3つのカテゴリーがある．このうち国と都道府県の場合，農学系学部の出身者は専門の領域の仕事に従事することが多いが，当然のことながら，その対象は農業・林業・水産業・食品産業などに分化している．公衆衛生分野の公務員として活躍する獣医師も少なくない．あるいは多くの農学系卒業生が就職する食品製造業は，ナショナル・ブランドの大企業から地元の食材を活用する中小・零細企業まで，多様性に富むことを産業の特徴としている．就職先の選択にさいしても，ひとことで食品産業と括ることはできない．

第3に，農業や林業・漁業の現場との関わりについて触れておきたい．上述のとおり，目下の就業率はそれほど高くはない．けれども，農学系の卒業生からトップクラスの農業者が生まれていることも事実である．例えば中部地区9県の40歳以下の農業者を表彰の対象とする中日農業賞では，このところ農学系の卒業生が最優秀賞となるケースが続いている．若手のリーダー層に着目するならば，農学系卒業生の存在感が次第に高まっているわけである．また，2009年の農地法改正によって，借地の形態であれば，一般企業やNPOも農業に参入できるようになった．食品産業を中心に，企業の農業参入が加速している．このように農業と他産業を隔てていた垣根が低くなることで，農学系の卒業生が農業の現場と関わりを持つ機会も増大することであろう．

2. 農学の農学らしさ

前節では農学の幅の広さを確認し，卒業生の職業選択の多様性につながっていることを確かめた．それだけに，農学系学部にとって隣接する学問領域との交流が重要であり，卒業後も仕事の上で他学部の卒業生と交わる機会も多い．農学は周囲との良好なつきあいを通じて自らの使命を果たしていく学問だと言ってよい．けれども，このことは農学の存在意義とは何だろうかという問いにもつながっていく．これは同じ対象を扱う他の学問，あるいは方法を共有する他の学問との違いを問うことでもある．

農学の農学らしさとは何か．この問いに画一的な答えはないであろう．むしろ本書の読者には，学習のステップを踏んでいく中で，それぞれに農学の農学らしさを摑み取ってほしいとも思う．このことを前提に，以下では農学のアイデンティティについて，3つの切り口から筆者なりの考えを述べてみたい．多少なりとも，読者の農学観の形成に参考になれば幸いである．画一的な解答はないものの，自分なりの農学観を持つことは，他の分野との実のある交流のためにも大切である．

その1：ものづくりと農学

農学や工学はものづくりに関係の深い学問であり，その意味でいずれも実学である．農学のものづくりは農業であり，林業である．漁業も養殖であれば，ものづくりの範疇（はんちゅう）に含めてよいであろう．また，農産物や林産物の多くは食品加工や林産加工のプロセスを経由して世の中に出ていく．こうした農産物や林産物の加工も農学の教育研究の重要な領域であることは言うまでもないが，ここでは農業と林業に限定して，いわば農学的なものづくりの意味について考えてみたい．比較の対象は，工学的なものづくりとしての製造業である．

ものづくりとして見た場合，農業・林業と製造業の本質的な違いはどこにあるか．答えは農業・林業が生物生産だという点にある．人間の生産活動とは対象への人為的な働きかけにほかならないが，その対象が植物であり，動物なのである．製造業の対象の多くは無機質の素材であり，生物起源の素材である場合にも，すでに生命体ではなくなっているのが普通である．この簡明な事実から，農業や林業には製造業にはない著しい特色が生じることになる．

いま，生産活動とは対象への働きかけだと述べたが，正確に表現するならば，農学的なものづくりの場合，対象に直接働きかけるのではなく，対象である植物や動物を取り巻く環境を巧みに調節することで，植物や動物の生長を促すスタイルをとる．温度，日照，湿度，水分，栄養素，雑草，病害虫など，調節すべき環境の要素は数え切れないほどある．資源量を賢く管理することが求められている点では，漁業全般についても，環境を整えるタイプのものづくりに含めてよいかもしれない．

これに対して工学的なものづくりは，対象に直接働きかける点に特徴がある．「一人の男は針金をひき伸ばし，もう一人はこれをまっすぐにし，第三の者はこれを切り，第四はこれをとがらせ，第五はその先端をとぎみがく」．これは**アダム・スミス**の『国富論』の有名な一節である．ピン製造の工場内分業の様子を描いているのだが，対象そのものを変形する作業の連続である．『国富論』は1776年に出版された古典だが，この意味での製造業の本質はいまも変わらない．

同じものづくりにも，環境に働きかける営みと素材を加工する営みがある．農学的なものづくりは前者である．人間の思うようにはならない存在．それぞれに個性的で完全に同一ではあり得ない生命体．こんな対象を，環境の調節という間接的な方法でもって育てあげる営み．ここに農業・林業・漁業の難しさと面白さがあり，これが農学の難しさと面白さにもつながっている．

その２：環境科学としての農学

農学の研究領域が拡大する流れについては，過去10年，20年に限っても，個々の専門分野ごとにいくつも例をあげることができる．けれども農学全体を俯瞰してみるとき，もっとも顕著な変化は，農業・林業・漁業に密着した研究を引き継ぎながらも，同時に自然環境と人間社会の関係を広くカバーする学問へと脱皮した点にある．環境科学としての農学の形成であり，発展である．この流れは教育組織にも反映されている．現代の農学系の学部や学科の名称には「環境」を含むものが少なくない．

農学の環境科学への展開は必然であった．農業・林業・漁業が営まれる空間，つまり耕地や森林や海洋・内水面は，それ自体が地球環境の一部を構成しているからである．空間の産業的な利用のあり方が，環境のありようを規定している．第一次産業に関わる農学が環境を視野に含み込むに至ったことは，いわば自然な成り行きであった．

製造業やサービス業の事業場の大半が閉鎖系であるのに対して，農林水産業は開放系のもとで営まれている．開放系であるから，その空間を取り巻く広域の環境とも接続している．例えば耕地は，それ自体が環境の一部であると同時に，大気や水系とのあいだに広い接触面を有する空間でもある．したがって，耕地とこれを包み込む環境のあいだには双方向の濃密な影響関係が作用している．この点からも，環境科学が伝統的な農学の自然な延長線上に位置することが理解されよう．人間活動としての農林水産業はさまざまなかたちで環境に負荷を与えている．逆に，地球環境の劣化は人間活動としての農林水産業に深刻な影響をもたらすに違いない．

いま述べた「人間活動」が環境科学としての農学のキーワードである．そして，この点に他の学問分野の環境科学との違いが見出される．例えば，理学部の環境科学との違いを問われたとしよう．単純な境界線を引くことには慎重でなければならないが，自然それ自体を深く探求することに力点が置かれている理学系の環境科学に対して，農学的な環境科学は，人間活動とりわけ第一次産業との関わりにおいて自然環境の真実に肉薄するところに特色がある．

農学の環境科学には人間社会の営みが組み込まれている．その意味で人間中心主義でもある．もちろん人間中心主義と言っても，私たちは私たちの利己的な行動が私たち自身の首を絞めていることを知っている．これが現代の環境問題の本質でもある．次世代の人間の生存条件を掘り崩しながら，現在の世代が豊かな生活を享受することも許されない．第1章で学んだように，これは持続可能性の定義にほかならない．農学的な環境科学は人間中心主義である．けれども，それは自覚的な人間中心主義でなければならず，反省的な人間中心主義でなければならない．

その3：経済学の有効域

農学は人文社会科学の領域もカバーしており，筆者の専門は経済学である．農業経済学と呼ばれることが多い．では，経済学部の経済学と農学系学部の経済学はどこがどう違うのか．この問いへのとりあえずの答えとして，農学の経済学には応用のツールとしての性格が強いことがあげられる．この点では，労働経済学や環境経済学も農業経済学と性格がよく似ている．いずれの応用経済学であっても，学習の早い段階では経済学の基礎的な理論が教えられているに違いない．もっとも，経済学部の経済学にも応用的な側面は含まれているから，理論重視と応用重視の違いは程度の差とみることもできる．

実を言えば，農業経済学を学び，教えて40年近くになったいま，筆者には経済学部の経済学と農学系学部の経済学のあいだには，理論重視と応用重視の違い以上に重要な差異が横たわっているとの思いがある．それは，農学としての経済学が，経済学の有効域を強く意識させる経済学だという点である．言い換えれば，この世には経済学のロジックが役に立たない問題が存在することを，当の経済学を応用するプロセスで学び取ることができる学問，それが農業経済学なのである．経済学の有効域を市場経済の有効域と言い換えてもよい．

オーソドックスな経済学の対象は，端的に言えば，選択のある世界である．予算の制約と価格条件が与えられたとき，消費者はみずからの満足を最大化するように財の購買量を選択する．これが消費者行動に関する理論のスタートである．この起点を共有するならば，あとは演繹的に需要曲線が導かれ，同様に企業利潤に関する制約つきの最大化問題から導出される供給曲線とあいまって，市場メカニズムの分析へと展開していく．

ところが，農業経済学が対象とする食料は，高度に選択的な財であると同時に，絶対的な必需品でもある．絶対的な必需品としての性格が端的に表れるのは飢餓の問題であり，栄養不足人口の問題である．豊かな先進国の人々にも，食料が絶対的な必需品であることを意識する場面はある．不測の事態への備え，つまり食料の安全保障は，国家のもっともプライオリティの高い政策課題のひとつでもある．

農学的な経済学は，選択の余地のない世界にも正面から向き合う経済学である．選択のある世界，つまり市場経済の有効域のすぐ隣には，選択の許されない領域，つまりその配分に市場経済以外の方法を必要とする領域が存在する．市場経済が有効に機能している社会であっても，近い将来，食料の配給に依存する状況が生じないとは言い切れない．市場経済の有効域，したがって経済学の有効域を明確にすること，これも経済学の大切な任務なのである．筆者はここに農学的な経済学の良きスピリッツがあると思う．

3. むすび

書き進むうちに，どうやら一人称の語り口になってきた．このあたりで，本章を，したがって本書を閉じることにしよう．一人称の語り口と述べたが，自分自身で考えて語りかけることは大事だ．ただ，独りよがりや手前味噌を振り回されては，まわりが迷惑する．先ほどは読者に自分なりの農学観を持っていただきたいと希望したが，むろん独りよがりの農学観に閉じこもってもらっては困る．

農学に限らないが，大学の学習活動には周囲との交流によってレベルアップしていく要素がかなりある．農学の場合，学年が進むにつれて実験や実習の機会が多くなり，さらに卒業研究に向けて研究室に配属されることで，交流によるレベルアップの要素は一段と強まっていく．同級生との会話や先輩からの助言を通じて，そして教員の指導に真摯に向き合うことで，自分でもはっきり成長を自覚できるようになる．他者とのコミュニケーションは，自分自身の考えを鍛え上げるためにも不可欠なのである．

ささやかな本書ではあるが，読者の学習の道案内として，また，周囲と議論を交わすさいの素材として活用されることを願いたい．

● 参考・引用文献

Adam Smith, An Inquiry into the Nature and Causes of the Wealth of Nations, 1776（水田洋・杉山忠平訳『国富論』岩波書店，2000 年）．

索　引

き

く

け

す

せ

JCOPY <出版者著作権管理機構 委託出版物>

2020

2013年9月20日 第1版第1刷発行
2020年3月25日 第1版第3刷発行

農学入門

著者との申し合せにより検印省略

著作代表者 安田弘法(やすだ ひろのり)

発行者 株式会社 養賢堂
代表者 及川雅司

印刷者 株式会社 三秀舎
責任者 山本静男

定価(本体3800円+税)

発行所 〒113-0033 東京都文京区本郷5丁目30番15号
株式会社 養賢堂
TEL 東京(03)3814-0911 振替00120-7-25700
FAX 東京(03)3812-2615
URL http://www.yokendo.com/

ISBN978-4-8425-0519-0 C3061

PRINTED IN JAPAN

製本所 株式会社三秀舎